机电BIM进阶101问

章 琛 编著

本书立足于工程实践一线，以 BIM 技术为平台，介绍了机电业务的技术标准、技术流程以及提高效率的技巧，主要包括：机电工程的识图和原理、建模阶段技术、出图和管线综合技术、Dynamo 技术及项目管理技术的难点和要点，书中的内容都是基于作者实际工作的探索和总结。同时，本书编写中突出了“进阶”，并从施工、设计、咨询等项目相关从业者的角度介绍了实际工作中 BIM 的使用经验。

全书通过一题一议的方式，将机电 BIM 的使用全流程进行了梳理，提炼出了从设计、建模到安装管理过程中的 101 个关键点，进行了有的放矢的解答，以便于读者有选择地查阅使用。

图书在版编目（CIP）数据

机电 BIM 进阶 101 问/章琛编著 .—北京：机械工业出版社，2022. 5
ISBN 978-7-111-70416-4

Ⅰ. ①机… Ⅱ. ①章… Ⅲ. ①机电设备 – 建筑设计 – 计算机辅助设计 – 应用软件 – 问题解答 Ⅳ. ①TU85-39

中国版本图书馆 CIP 数据核字（2022）第 047569 号

机械工业出版社（北京市百万庄大街 22 号 邮政编码 100037）
策划编辑：薛俊高 责任编辑：薛俊高
责任校对：刘时光 封面设计：张 静
责任印制：李 昂
北京联兴盛业印刷股份有限公司印刷
2022 年 4 月第 1 版第 1 次印刷
184mm × 260mm · 18 印张 · 480 千字
标准书号：ISBN 978-7-111-70416-4
定价：99.00 元

电话服务 网络服务
客服电话：010-88361066 机 工 官 网：www. cmpbook. com
010-88379833 机 工 官 博：weibo. com/cmp1952
010-68326294 金 书 网：www. golden-book. com
封底无防伪标均为盗版 机工教育服务网：www. cmpedu. com

序一　机电现场施工需要怎样的BIM技术

中建八局发展建设有限公司安装经理　齐劲青

章琛同志的新书即将出版，承蒙其邀请，让我介绍一下机电工程施工现场需要怎样的BIM技术。根据我的经验，今为读者简要介绍如下：

1. BIM需要及时性。因为BIM排布涉及预留预埋及机电安装，因此要求BIM排布工作能在现场开始施工前就可以下发，以便于预留预埋阶段就可以按照BIM进行预留预埋，做到提前规划，有图可依。

2. BIM需要合理性。因为BIM涉及的专业比较多，需要考虑各专业之间的避让性，各专业预留预埋通常不可调整，故不能仅仅考虑后期机电安装问题，同时要考虑实际使用的可行性，车道位置的设备高度；设备机房的碰撞问题解决后同时要考虑检修和维护的位置方便问题。BIM不仅仅要修复机电安装专业，个别时候结构下翻梁和反柱帽等都会影响机电安装的排布和施工。

现场出现最多的是预留管线及线盒位置和设备与管道位置冲突问题，往往导致大面积预留预埋的线盒被浪费，造成二次施工。

配电箱位置的竖向管线和风管管道竖向冲突，这是不容易注意的，但由此而造成的大面积拆改的工作量也是巨大的。

大型高基配电室桥架进出位置，常会发生大面积的冲突问题，桥架和暗埋电工套管和线盒也常常发生冲突。

中控室地面会有桥架和静电地板支腿冲突问题。

井道尺寸和阀门尺寸冲突问题，导致大阀门无法拆卸和安装。

住宅类型，地下室通道尺寸较小，桥架和管道较多，造成桥架和管道将空间占满，后期电缆、桥架盖甚至灯具无法安装。

通风的空间和消防管道、桥架、排水管道等冲突，需要合理设计管道位置，设置共同支架，降低支架费用。

3. BIM需要计量性。设计完成后可以直接出图，依据图纸可以直接算出合理的工程量，最大限度地指导算量核实工作的推进，最大限度地减少材料浪费，保证工程量准确。这不仅仅涉及车库和主楼地下室，也可以应用于装配式叠合板内配管设计，还可以应用于园区市政、绿化等各类易冲突位置。这些位置因为属于埋地施工，工程量计量更加困难，所以需要具备计量性。

章琛同志的这本书系统介绍了提高机电BIM工程工作效率的方法。希望BIM从业者通过这本书，能从许多重复单调的软件操作中解放出来，把更多的时间和精力放在解决现场实际问题上，从而转型为真正的BIM使用及管理者。

序二　BIM技术在设计院的应用

中国电建集团华东勘测设计研究院有限公司 BIM 经理　徐四维

受章琛同志邀请，在这里介绍一下设计院 BIM 技术应用情况以及设计院 BIM 从业者的职业发展规划，希望能帮助读者扩展视野。

数字化转型作为住房和城乡建设部“十四五”规划中的重点，是勘察设计行业的未来发展方向。BIM 作为数字经济下建筑业的数据生产要素，是驱动产业转型的核心。在工程全生命周期中，主要的 BIM 信息形成于勘察设计阶段，因此设计院将会成为建筑业产业转型的领头羊，承担着重要的行业及社会责任。

过去十年，建筑信息模型（BIM）概念已在全球范围工程行业广泛传播并实践，但在我国，特别是对设计院来说，对 BIM 技术仍存疑虑。一方面，在实践时缺乏体系化理论支撑；另一方面在传统设计流程中 BIM 带来的帮助甚微，甚至成为负担。

对于新技术带来的变革，人们总会有不同的看法，如果我们将其一分为二，从两个角度去看，或许可以找到其客观的定位以及矛盾的核心。

从理念角度出发，由英国行业标准 PAS1192 以及其演变而成的 ISO 19650 国际标准，包括设计信息在内的工程信息的集成和交互是 BIM 理念中重要的一个部分——BIM 作为信息容器在工程各阶段传递。理念革新应是“自上而下”推行的，即由业主或组织方统筹推进 BIM 的应用，如提出明确的 BIM 需求（包括应用目标、建模深度、信息传递要求等）。同时，业主或组织方也应该意识到，在体系化应用包括 BIM 技术在内的数字化技术并获取数字资产的过程中，有着大量独立于传统工程流程中的工作，因此设立 BIM 专项费用是十分必要的，这也是新加坡推行 BIM 技术的做法。BIM 的意义在于形成了建筑业数字化转型的基础土壤，它在其他方面（如提高建设效率、缩减工期、提高经济效益）的意义是无法衡量的。BIM 包含比传统设计图纸更多的信息，在设计阶段，对于大多数专业来说，使用 BIM 正向设计效率更低，更不必说翻模，均为以 BIM 形式交付设计成果产生的额外工作。当额外的工作量被压到了基层设计人员身上时，提出唱衰 BIM 的论调，也是可以理解的。

当然从应用角度出发，随着 BIM 的发展，BIM 技术在部分应用点上提效显著且已获得各方认可。BIM 技术应用推广其实就是一场性价比游戏。BIM 软件层面实现了效率突破，这已不用刻意推广，BIM 必然逐渐成为主流。而设计院人员不愿意使用 BIM 软件，核心原因还是效率低下。值得引起思考的是，目前使用的 PKPM、纬地软件，其实也包含三维信息，只是因为无法在软件生态中有效与各专业进行交互协同，所以并不被主流纳入 BIM 生态。如果从这个角度看，其实 BIM 一直伴随着我们。同时，BIM 技术也会颠覆性地改变设计行业，利用 BIM 的空间表达可以更好地传递设计信息，利用参数化可以快速实现方案的迭代。当整个行业使用第一性原理回归设计本质时，也许目前的设计流程、出图方式都将会被改变。

BIM 技术发展，离不开理念以及应用层面的双向发展。一方面业主方在推行理念时，要充分考虑费用、效率及生态发展情况，不要提出一些无法落地的要求；另一方面设计院应积极拥抱BIM技术，主动参与应用生态的构建。

1. 设计院BIM从业者的职业发展规划

来自墨尔本大学的数字建筑设计副教授多米尼克·霍尔泽博士，在其2016年出版的《BIM经理手册——建筑、工程和施工领域专业人员指南》中提出了大型设计院中可能的BIM角色分布，结合作者工作中与国际工程公司的接触，此架构有效概括了设计院工程数字化角色的类型以及关系（图1）。

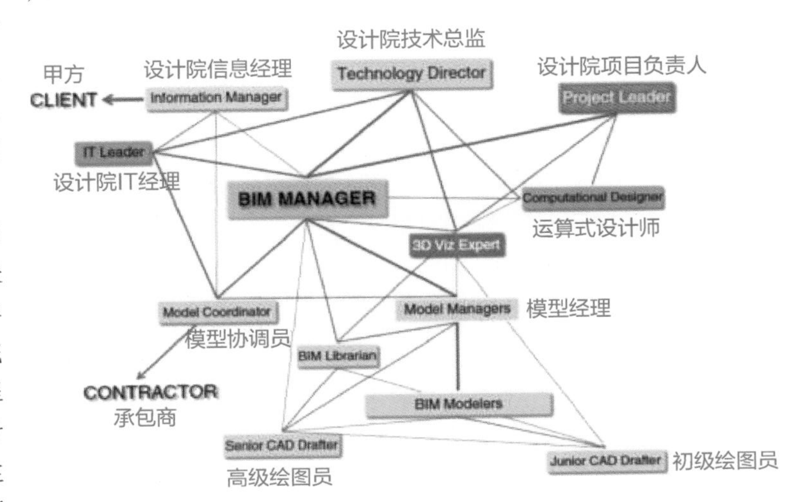

图1 大型设计院可能的BIM岗位分布

可以看到，西方设计院在工作分工上，如制图、建模、3D可视化、协调、参数化设计均设置了不同的岗位。

在从手绘到CAD绘图的变革及近20年建筑业快速增长的浪潮中，高效率市场需求使得我国设计院中制图员岗位逐渐与工程师岗位融合，工程师同时负责设计与绘图，目前在设计院中已很少保留制图员的岗位。西方设计院习惯形成细分岗位体系，正如此前绘图员体系，当BIM应用成为行业主流时，西方设计院正通过新增BIM建模员，以快速实现BIM成果的交付从而应对甲方从上至下的BIM交付需求，但此方式对设计效率提升较小。

真正能帮助提高设计效率的，是参数化设计工程、二次开发以及在这过程中进行协调的一些管理型岗位。可以看到在西方设计院的普遍认知中，此类岗位会独立出来，以提供更专业的服务。由于目前设计行业内卷及管理缺位，参数化设计、二次开发、BIM协调等工作岗位完全依赖员工的自身能力，国内设计院几乎未形成BIM相关的岗位体系，多处于一片混沌中。而且在以产值为核心的传统分配模式下，很难形成驱动产业数字化转型的土壤。

结合中西方设计院的组织现状和特点，笔者认为目前在设计院中BIM的职业规划主要有三个方向：BIM设计、BIM协调以及BIM软件专家。

（1）BIM设计是指掌握BIM技术的设计人员。这涉及产业数字化转型的关键及必经之路。随着我国各地政府对BIM图审的规定、甲方对BIM的需求以及BIM软件技术的革新，此后使用BIM正向设计将会成为主流。依托软件，将设计内容和三维模型同步进行创建，并且进行多专业协同。BIM建模员可以暂时解决在过渡阶段加入模型需求后的工作量激增的问题，但是未来设计院是否会设置该职位，有较大的不确定性。

（2）BIM协调是指工程各阶段应用过程中与BIM相关的协调工作。因为BIM运转是一个相对复杂的体系，相关专职BIM协同岗位也应运而生，在中国香港、新加坡等地均已形成了成熟的协调体系岗位。设立专门的BIM经理以及BIM协调员负责BIM执行体系的建立、

BIM 协调会议的组织、BIM 公共数据环境 CDE 的建立及管理、BIM 工作流程的管理、BIM 文件的交互、协调、碰撞分析、BIM 应用等工作。当然因为国内设计市场的实际情况，BIM 建模、4D 模拟、工程量统计等工作，也可能包含在 BIM 协调工作范围内。

（3）BIM 软件专家。包括二次开发、参数化设计，同时也可以将视觉模拟等内容包含在此类方向中。作为 BIM 软件的专家，熟悉软件，并且可以通过二次开发提高正向设计、模型应用等内容的效率，减少机械及重复工作。参数化设计则是利用设计数据的参数化，辅助设计人员快速进行方案调整。

2. 当前设计院 BIM 的应用情况

根据 BIMBOX 对国内从业者的调研，设计企业使用最多的 BIM 软件排序如下图所示，可以看出 Autodesk 系列软件是目前 BIM 应用的主流软件。

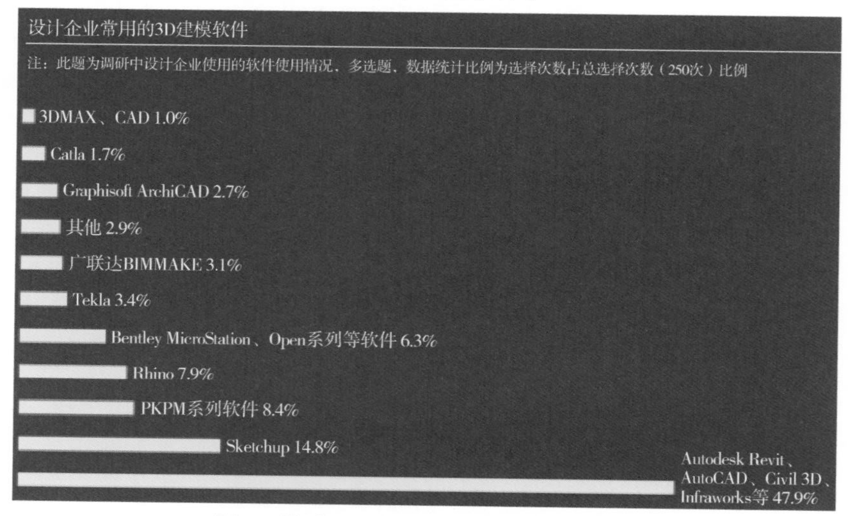

图 2　设计企业使用最多的 3D 建模软件

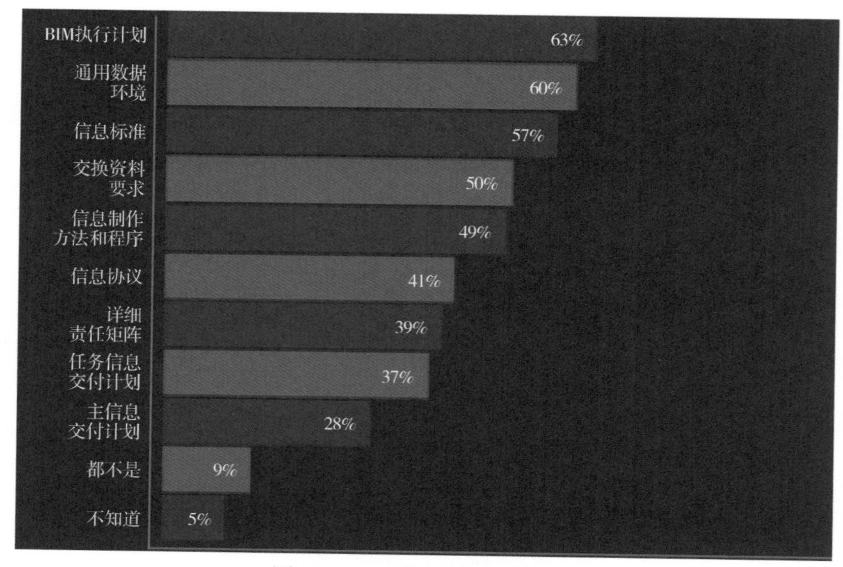

图 3　BIM 项目参与方式统计

根据英国 NBS（国家建筑规范）在全球范围内的调研，71%的受访者所在的组织已经开始使用 BIM 技术，对于设计顾问来说使用 BIM 的比例为 75%，如果把范围缩小至建筑专业，这个比例则进一步升高至 81%。除了建模，越来越多的人将 BIM 作为信息管理工具，根据 NBS 调研结果，受访者参与 BIM 的主要工作内容，包括了 BIM 执行计划编制、公共数据环境 CDE 的使用及信息标准应用等。

对 BIM 的理解不应该仅停留在某个岗位或者专业，BIM 成果导向也并非仅仅是模型，BIM 应该是体系化推进的，是全员参与的生态体系。在新加坡虚拟建造标准中，明确指出虚拟建造是整个团队的目标，而不是一个部门或者个人的目标。

图 4　机电管线虚拟建造与实际成果对比图

理想的 BIM 工作方式，应该是在行业及公司的 BIM 指导框架下，于项目初期便依据业主要求开展相关的 BIM 执行策划，确定各专业 BIM 建模深度、应用目标、工作流程等内容，并在过程中利用公共数据环境充分进行信息交互。

然而，即使按 BIM 最佳实践开展相关工作，在工程各阶段仍存在缺口。新加坡虚拟建造规范指出，从设计阶段到招标阶段，主要的差距在于设计在提交 BIM 审查后对模型就不再进行维护。而在招标阶段与施工准备阶段之间，需要花费大量时间来核对图纸模型的一致性和设计意图上理解的差异。同时施工阶段对基于 BIM 模型的应用也未十分充分。

BIM 在发达国家及地区的应用仍有鸿沟需要跨越，更不必说在我国的发展，确实任重道远，行业数字化转型并非一蹴而就。对于建设工程而言，设计先行，设计院一马当先，需要引领这种改变，为后续阶段提供充足的数据要素，近年来政府推进的 BIM 图审也出于这样的考量。同时，设计院也要做好转型与效益之间的博弈，高屋建瓴，避免过多追求高大上，使得 BIM 成为噱头但无法带来效益，以促进转型的健康发展。

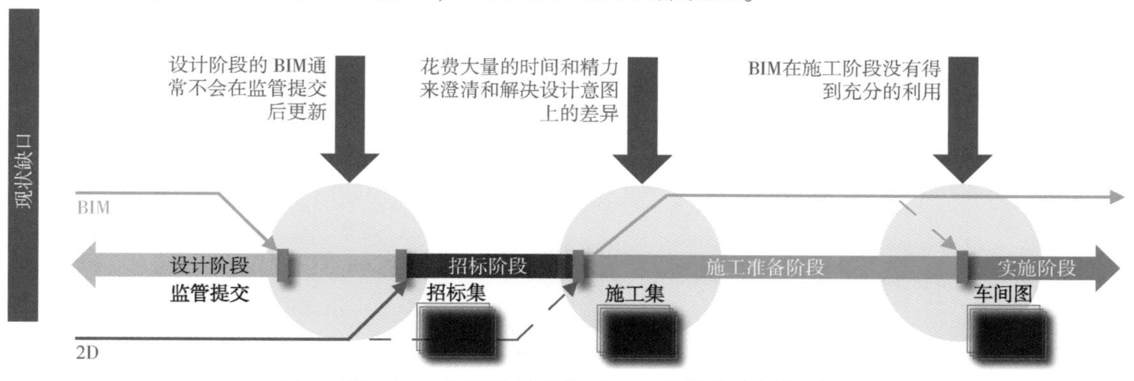

图 5　新加坡虚拟建造规范关于 BIM 各阶段应用的缺口

尽管大家对BIM这个新理念下包含哪些具体工作仍持有疑惑，也习惯用不同的术语来描述目前涉及BIM的内容，或亦趋亦步或锐意进取地探索BIM的应用方式，但不能否认，数字化的工作方式和更好的信息管理正在帮助我们创造一个更好的工程环境。

希望章琛同志的这本书，能帮助大家提高工作效率，为建筑行业信息化做出更大的贡献。

序三　BIM 二次开发行业概况

北京橄榄山软件有限公司　叶雄进

章琛同志的这本书，里面有很多使用 Dynamo 解决实际问题的案例，其中一半以上都有 Python 语言编程调用 Revit API 的内容，相信不少读者读后会对 BIM 二次开发产生浓厚的兴趣。受章琛同志邀请，我在这里简要介绍一下二次开发的行业概况，希望能对有意向投入二次开发行业的读者提供参考。

BIM 二次开发泛指 BIM 基础平台软件上的编程形成插件。BIM 平台软件主要包含 Autodesk 公司的 Revit 软件、Trimble 公司的 SketchUp 软件以及 Robert McNeel 公司的 Rino 软件等。下文以二次开发群体规模最大的 Revit 来介绍其二次开发的情况。

Revit 软件作为全球使用广泛的 BIM 软件平台，在全球拥有大量的 BIM 用户群，在北美、欧洲、大洋洲以及中国具有广泛的用户基础。作为平台级应用，Revit 提供基本构件建模和数据的基础功能以及编程接口 API（Application Programming Interface），但没有提供所有工程行业中需要的高效率功能以及各类本土化计算功能。Revit 二次开发让 Revit 用户能以自动化的方式批量准确完成工作，让工作效率大幅度提升。Revit 插件应用非常广泛，几乎每一位 Revit 用户都会使用到 Revit 插件。Revit 二次开发的商机前景巨大。

中国涉足 Revit 二次开发的公司有 50 多家，主要分布在北京、上海、广州、武汉等大城市。总体从业人数大约在 1500 人，对 Revit 二次开发比较有兴趣或进行单位内部插件研发的人数约有 5000 人。这个群体相对几百万从业者的工程建设行业来讲，比较小众。Revit插件用户群体是工程行业工程师或设计师，Revit 二次开发者中 80% 具有工程建设的行业背景。其次需要精通软件研发语言和计算机软件算法基础。Revit 二次开发工程师是 T 型复合型人才，一般市面上即使是软件大厂，也无法培养这样的人才，所以 Revit 二次开发从业者属于珍稀人才，行业缺口较大。二次开发人员的薪资待遇普遍比工程行业的设计师和建模人员要好得多，入职起薪高，工作环境和工作氛围更好。高强度加班比设计师和 BIM 建模人员要少得多。

中国从国家层面大力推进数字化智慧建造，从国家发展战略的高度上明确提出要加快数字经济和智慧建造的发展。工程建设行业智慧建造的基础就是完备的工程构造物的信息，三维 BIM 模型可较好表达空间造型和构件的完备几何信息，同时构件也可以承载更多的建造信息，三维 BIM 模型还能精确表达各构件的关系，因此 BIM 模型在未来的智慧建造中成为必要条件。未来若智慧建造应用很好，那么所有建筑采用 BIM 技术一定会成为必然。中国建筑行业规模目前世界第一，中国的土木工程在国际上也很有竞争力，所以 BIM 技术的应用市场空间将会非常宽广。

向前展望，不久的将来，建筑规划、建筑设计、管线综合、施工图设计、构件生产都将应用到 BIM 技术。BIM 二次开发就是加快这其中的每一个环节的速度和提高数据自动化、管理自动化的过程。Revit 二次开发技术必将有很大的应用空间，对 Revit 二次开发人才的需求量预计会超过万人。

北京橄榄山软件有限公司（简称橄榄山）在中国持续7年做了Revit二次开发工程师的培养，共培养出近300位研发工程师，仍无法满足二次开发单位的需求缺口。

Revit二次开发人员在BIM软件研发公司里会不断成长进步。入职前，需要自学C#编程语言、计算机算法基础，并且学习Revit软件的操作，掌握Revit研发的流程、基本动作要领，能跟踪调试代码。在二次开发公司里首先做实习程序员和程序员，效率高的工程师用心工作3年可独立负责不大的项目研发。在此期间学习提高研发技术、增强研发能力，持续积累可成为项目软件的研发负责人。可带领三人左右的研发团队完成公司的小型研发任务。项目研发需求清晰明确，交互设计和UI界面设计已经由产品经理设计完成。研发负责人根据既定的设计文档，编写代码实现能运行的插件即可。

完成3~4个项目的研发工作经历，约需要3~4年时间，在此过程中亲身经历软件研发的所有环节，与客户的沟通中理解用户的需求核心点。可逐渐根据用户的大致需求来深化设计软件的交互、界面，练就指挥团队的协作能力以及如何与甲方打交道的技巧，从而具备一个软件产品设计和研发负责人的基本能力。软件产品的要求往往比软件项目研发的要求更高。软件产品具有通用性，需要考虑到不同用户的多样性需求，需设计出来最合理的交互方法和UI界面。软件产品负责人的成长路程比较长，一开始负责小产品的功能规划设计和研发工程师的研发管理，并协调测试团队进行软件全面功能测试，还要听取用户的使用反馈不断优化和迭代产品研发，直到软件产品能被用户顺畅高效使用。

当负责了两个被用户接受的优秀软件产品的研发（需要8~10年时间），具有可复制的产品研发经验和管理经验，就可升职成为研发部门的经理或研发技术总监，管理多个软件产品的全生命期的研发运营。若还能将多个软件的研发管理成功，让这些软件大多数能得到用户的认可并实际应用，那么就可以胜任二次开发公司的副总。

Revit二次开发工作会带来很大的成就感，期待的功能通过努力终于顺畅可用，是非常具有成就感的，想到这个功能会给广大用户带来工作效率和工作质量的提高，满足感和成就感也就油然而生。要有投身于这项事业造福用户的坚定决心，才能克服重重困难。需要不断地学习各种相关的函数库、新的研发技术、新的底层技术。

在工程建设领域，50多家软件研发单位主要提供如下方面的插件产品：

1. BIM正向设计插件，在建筑、结构、机电领域，有鸿业软件。

2. BIM建模和管综[㊀]出图，比如橄榄山快模GKM软件，能够高效率创建高精度BIM土建和机电模型。

3. BIM模型轻量化，将BIM模型导出为一个文件，在网页里显示并用于项目管理的信息载体。

4. 设计校审：编写代码对设计BIM模型进行检查。

5. PC装配式构件深化，例如BeePC、橄榄山PC。

6. 交通行业设计软件，比如公路、铁路、隧道、地铁等行业设计软件，高效率创建设计模型并高效率标注出施工图插件。橄榄山已经投入研发地铁行业BIM软件多年，效果显著。

㊀ 管线综合的简称，全书余同。

7. 特种结构形式的设计插件，比如冷弯薄壁结构的设计。

8. 地基基础、岩土工程等设计插件。

9. 施工现场插件，用于高效率创建并优化施工现场场地布置。

以我亲身经历来介绍，橄榄山经过7年的发展，越来越感受到插件研发需求的丰富性。橄榄山为万达研发的建筑正向设计插件，满足了设计院高效率正向设计的使用要求。为中建三局总承包公司研发的BIM插件集，实现高效率土建机电建模和管综出图的施工BIM需求。为中建某局研发的PC深化软件，高效率实现了装配式构件的深化配筋和自动化绘制施工图的需要。一共完成了20多个公司定制Revit扩展软件的研发，有越来越多的公司正在与我们商谈其他方向的研发。

BIM二次开发研发领域内容十分广泛，主要得益于其参数化功能和模型驱动。在实际工程项目中，根据工作痛点和具体需求，插件功能研发方向正呈现出广泛性和多样性趋势。

学习二次开发，存在学习曲线比较陡，刚开始学不进去的问题。这本《机电BIM进阶101问》中二次开发有关的内容都是使用Python语言+Dynamo实现的。Python语言语法比较简单，而Dynamo具有可视化编程的特点，这让书中的案例可读性比较强。加上本书还详细介绍了编程的思路和Revit二次开发重要的概念，使本书完全可以起到很好的垫脚石作用，从而为读者下一步继续学习使用C#语言进行更加专业的插件开发打下基础。

前言

目前市场上与BIM有关的书，内容多是介绍Revit软件建模的具体操作。而实际工作中，建模大都使用翻模软件完成，且建模只是项目整个工作中的一小部分。这导致市场上的书和现实工作关联不大。

从事机电BIM工作的工程师，软件基本操作都没有问题，但大家更需要的是能够大幅提高自身工作效率的技术和方法。

本书第1章系统介绍机电工程设备和系统的原理。因为只有了解背后的原理，才能建好模型，才能做好管综。

第2章介绍建模阶段技术要点，内容上分为翻模软件使用、建模过程常见问题、软件操作技巧三节，选取的都是一些能极大减轻工作强度，让人感觉相见恨晚的技巧。

第3章介绍出图和管综技术要点。目前市场上出图有关的资料很少，管综则大部分只有“小管让大管，有压让无压”之类原理上的介绍。本书不仅有留洞图、管综图、支吊架图等后期业务的具体操作方法，还有对管综非常详细的讲解，以期帮助从业人员快速掌握机电BIM工程中最复杂的管综和出图工作。

第4章从零开始介绍Dynamo二次开发技术，并提供了包括自动布置留洞套管、自动进行车位不利因素分析等在内的21个机电工程常见问题的解决方案，所有节点文件读者均可扫码（见本书P251）后直接下载使用。目前土建方面插件比较成熟，但是机电工程还是存在大量重复枯燥的操作，应用本书提供的一揽子程序，可以极大地提高工作效率。

第5章详细介绍了项目业务的标准和流程，包括咨询报告编制方法、BIM工作流程、注意点等和实际工作息息相关的内容。

本书还请施工、二次开发、设计等项目相关方的从业者，介绍了自己行业BIM有关的应用及发展情况，作为序言放在了本书的最前面，旨在扩大读者视野，为机电BIM工程从业者今后的职业规划提供参考。

衷心希望本书能帮助读者将工作效率提高到一个新的台阶。让我们一起努力，在追求个人的职业成长的同时，为行业发展、为国家建设做出更大的贡献！

目录

第1章 机电原理

第1节 机电设备原理

Q1 各种阀门是怎样工作的

给水排水建模的时候，初学者经常出现遗漏阀门、放错阀门等问题。同时，由于对阀门图例不熟悉，在来回找图纸上也花费了很多时间。本节介绍机电常用阀门的图例、记忆方法、实物照片、工作原理、使用部位和注意点等知识，以便帮助大家加深对阀门的理解，从而加快建模的速度和准确度。

1. 和消防有关的阀门

（1）减压孔板

1）图例，见图 1.1-1。

图 1.1-1　减压孔板图例

2）图例记忆方法：和实物照片相似，中间一个圆孔。

3）实物照片，见图 1.1-2。

图 1.1-2　减压孔板实物照片

4）作用和工作原理：高层建筑由于层数较多，低层的水流动压力比高层的水流动压力大很多。扑救火灾时，往往造成低层消防水带爆裂，减压板对水流的动压力具有减压功能。

5）使用部位和注意点：在湿式报警阀前对喷淋系统进行竖向分区的减压，设在各层配水管或配水干管的起点端，一般设在安全信号阀之后。应设在直径不小于 50mm 的水平直管段上，前后管段的长度均不宜小于该管段直径的 5 倍。

（2）信号阀

1）图例，见图 1.1-3。

⋈	信号阀

图 1.1-3　信号阀图例

2）图例记忆方法：中间的弯折部分理解为引出的电线，传递出阀门开启或关闭的信号。

3）实物照片，见图 1.1-4。

图 1.1-4　信号阀实物照片

4）作用和工作原理：阀门有个电节点，阀门开启、关闭时，有信号传到消控中心。信号阀一般设置在常年需要开启，不能轻易关闭的地方，多用于配合检修，主要目的就是怕关闭阀门检修设备，结束后忘记打开恢复。

5）使用部位和注意点：在自动喷水灭火系统中，配水干管和配水管道都需要设置信号阀。

自动喷水灭火系统，供水侧采用环状管网时，环状管网中需设置信号阀。

水流指示器前（水先经过的为前）如果加控制阀，则应采用信号阀。

报警阀进水口和出水口处需要分别设置信号阀。

水炮都需要电磁阀或者电动阀来进行启闭，而电磁阀或者电动阀需要手动阀配合检修使用。

（3）电磁阀

1）图例，见图 1. 1-5。

2）图例记忆方法：图例上“M”是磁的英文单词 magnetic 的第一个字母。

图 1. 1-5　电磁阀图例

3）实物照片，见图 1. 1-6。

4）作用和工作原理：用于控制水炮开启和关闭。

电磁阀密闭腔在不同位置开有通孔，每个孔连接不同的油管，两面是两块电磁铁，哪面的磁铁线圈通电阀体就会被吸引到哪边，通过控制阀体的移动来开启或关闭不同的排油孔；而进油孔是常开的，由此液压油就会进入不同的排油管，然后通过油的压力来推动液压缸的活塞，活塞又带动活塞杆，活塞杆带动机械装置。

图 1. 1-6　电磁阀图例

5）使用部位和注意点：每台水炮都需要电磁阀或者电动阀来进行启闭。

（4）水流指示器

1）图例，见图 1. 1-7。

图 1. 1-7　水流指示器图例

2）图例记忆方法：图例中的 L 是液体的英语单词 liquid 的第一个字母。

3）实物照片，见图 1. 1-8。

4）功能和工作原理：将水流信号转换成电信号的一种水流报警装置，起到报告起火位置的作用（某个区域起火时，自动喷淋系统工作，对应的区域有水流动）。

水流指示器的叶片与水流方向垂直，喷头开启后引起管道中的水流动，当桨片或膜片感知水流的作用力时带动传动轴动作，接通延时线路，延时器开始计时。到达延时设定时间后叶片仍向水流方向偏转无法回位，电触点闭合输出信号。当水流停止时，叶片和动作杆复位，触点断开，信号消除。

图 1. 1-8　水流指示器实物照片

5）使用部位和注意点：每个防火分区、每个楼层均应设水流指示器。安装在主供水管或横干管上（出水管道之后）。

（5）报警阀组

1）图例，见图 1. 1-9。

2）图例记忆方法：圆圈代表水力警铃。

图 1. 1-9　湿式报警阀组图例

3）实物照片，见图 1. 1-10。

4）功能和工作原理：只允许水单向流入喷水系统并在规定流量下报警的一种单向阀。

由于阀瓣的自重和阀瓣前后所受水的总压力不同，阀瓣处于关闭状态（阀瓣上面的总压力大于阀芯下面的总压力）。发生火灾时，闭式喷头喷水，由于水压平衡小孔来不及补水，报警阀上面水压下降，此时阀瓣前水压大于阀瓣后水压，于是阀瓣开启，向立管及管网供水，同时水沿着报警阀的环形槽进入延时器、压力开关及水力警铃等设施，发出火警信号并起动消防泵。

5）使用部位和注意点：安装在报警阀间；报警阀距地面的高度为 1.2m。

图 1.1-10 湿式报警阀组实物照片

（6）末端试水装置

1）图例，见图 1.1-11：

2）图例记忆方法：和实物照片长得很像。

3）实物照片，见图 1.1-12。

末端试水装置

图 1.1-11 末端试水装置

4）功能和工作原理：为了检测系统的可靠性，测试系统能否在开放一只喷头的最不利条件下可靠报警并正常起动，要求在每个报警阀的供水最不利处设置末端试水装置。末端试水装置测试的内容，包括水流指示器、报警阀、压力开关、水力警铃的动作是否正常，配水管道是否通畅，以及最不利点处的喷头工作压力。

5）使用部位和注意点：在每个报警阀的供水最不利处设置末端试水装置。

其他防火分区、楼层均应设直径为 25mm 的试水阀。

末端试水装置和试水阀应有标识，距地面的高度宜为 1.5m，并应采取不被他用的措施。

图 1.1-12 末端试水装置实物照片

（7）自动排气阀及截止阀

1）图例，见图 1.1-13。

2）图例记忆方法：和实物照片长得很像。

3）实物照片，见图 1.1-14

4）功能和工作原理：将水管中的气体排除。

当系统充满水的时候，水中的气体因为温度和压力变化不断逸出向最高处聚集，当气体压力大于系统压力的时候，浮筒便会下落带动阀杆向下运动，阀口打开，气体不断排出。当气体压力低于系统压力时，浮筒上升带动阀杆向上运动，阀口关闭。自动排气阀就是这样不断地循环运动着。

自动排气阀及截止阀

图 1.1-13 自动排气阀及截止阀图例

5）使用部位和注意点：广泛用于分水器、暖气片、地板采暖、空调和供水系统，一般安装在系统容易集气的管道部位，如系统的最高点、一段管路的最高点，有利于顺利排气。

自动排气阀必须垂直安装。

小结：火灾发生后，自动喷淋系统的喷头开始喷水。

图 1.1-14 自动排气阀实物照片

管道内的水发生流动，水流指示器将发生流动的防火分区位置发给消防控制系统。喷水后，报警阀组两端的水压不一致，报警阀组启动，发出报警信号，向喷淋系统补充水。

为了检修方便，需要设置阀门。为了防止检修完忘记打开阀门，需要常开的阀门使用信号阀，信号阀会将自身的开关信息传递给消防控制系统。

2. 其他常用阀门

(1) 截止阀

1) 图例，见图1.1-15。

2) 图例记忆方法：最基础的阀，图例上没有其他东西。

3) 实物照片，见图1.1-16。

4) 功能和工作原理：截止阀在管路中主要作切断用，见图1.1-17。

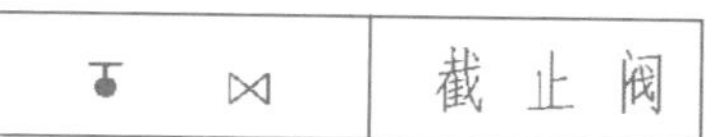

图1.1-15 截止阀图例

5) 使用部位和注意点：截止阀使用较为普遍，但由于开闭力矩较大，结构长度较长，截止阀的流体阻力损失较大。因而限制了截止阀更广泛的使用。

截止阀安装时要注意水流方向，应低进高出。

图1.1-16 截止阀实物照片

(2) 闸阀

1) 图例，见图1.1-18。

2) 图例记忆方法：图例中间的一道竖线可以理解为闸板。

3) 实物照片，见图1.1-19。

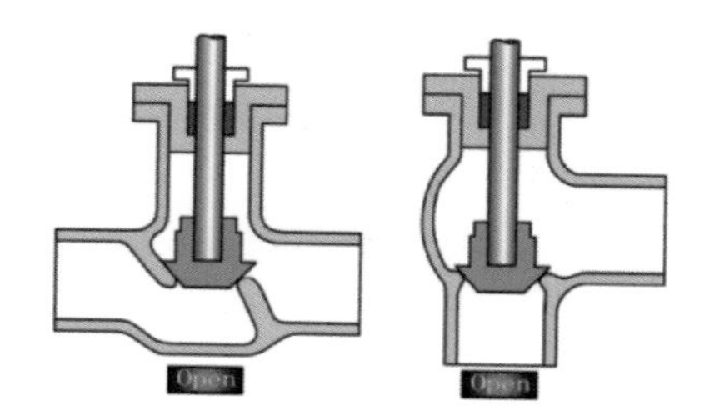

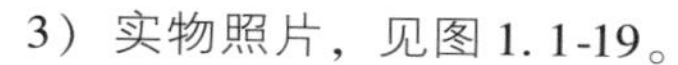

图1.1-17 截止阀工作原理

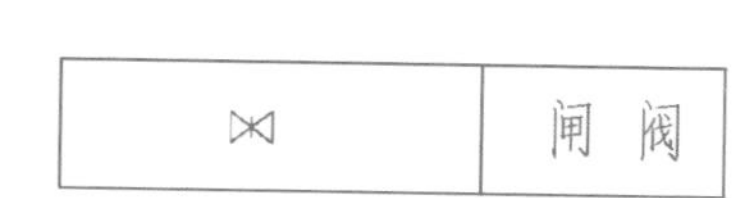

图1.1-18 闸阀图例

图1.1-19 闸阀实物照片

4) 功能和工作原理：闸阀在管路中主要作切断用。闸板做升降运动，以控制水流通过，如图1.1-20所示。

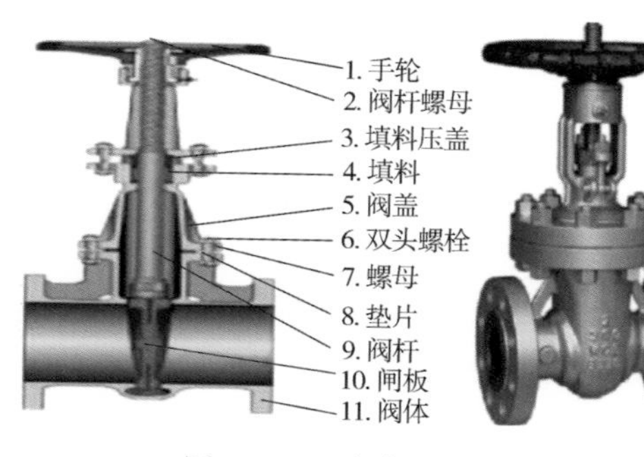

图1.1-20 闸阀工作原理

5）使用部位和注意点：闸阀通常适用于不需要经常启闭，而且保持闸板全开或全闭的工况。不适用于作为调节或节流使用。

截止阀构造简单，造价低，但是水流阻力大。因此管径大于50mm时宜选用闸阀，管径不大于50mm时宜选用截止阀。另外，闸阀安装时没有方向性。

（3）蝶阀

1）图例，见图1.1-21。

2）图例记忆方法：中间的斜线代表圆盘关闭件。

3）实物照片，见图1.1-22。

	蝶 阀

图1.1-21 蝶阀图例

图1.1-22 蝶阀实物照片

4）功能和工作原理，见图1.1-23、图1.1-24。

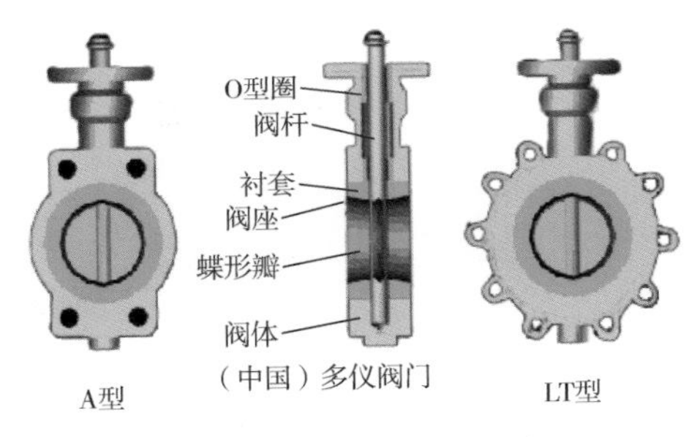

图1.1-23 蝶阀关闭状态

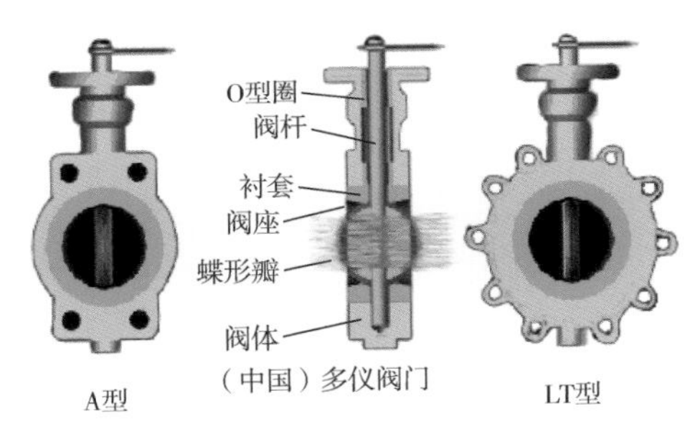

图1.1-24 蝶阀开启状态

5）使用部位和注意点：适用于安装空间较小的部位。

（4）球阀

1）图例，见图1.1-25。

2）图例记忆方法：正中间的实心圆可以理解为球。

3）实物照片，见图1.1-26。

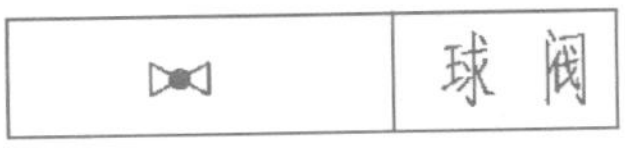

	球 阀

图1.1-25 球阀图例

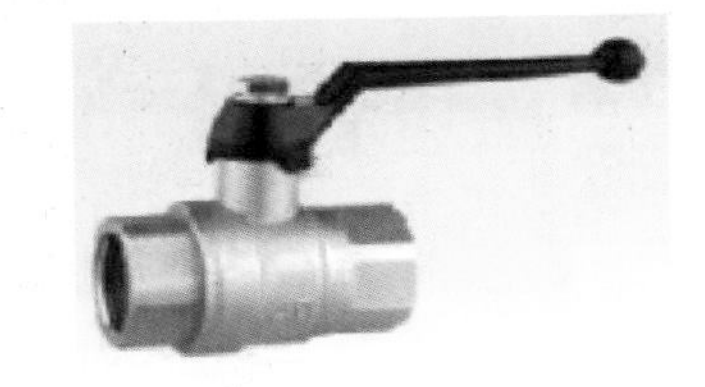

图1.1-26 球阀实物照片

4）功能和工作原理：球阀在管路中主要用来做切断、分配和改变介质的流动方向，原理见

图1.1-27、图1.1-28。

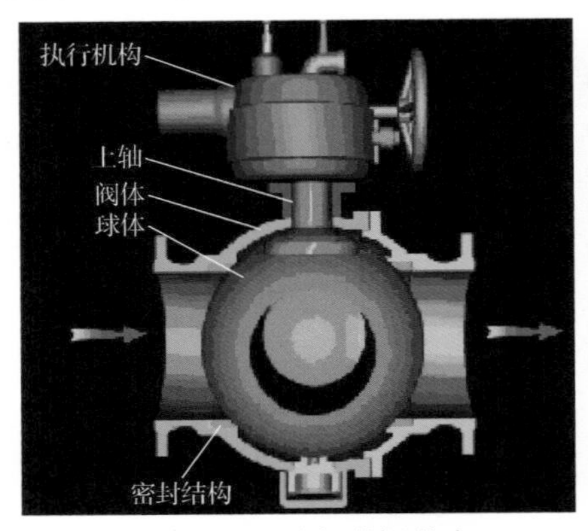

图1.1-27　球阀关闭状态

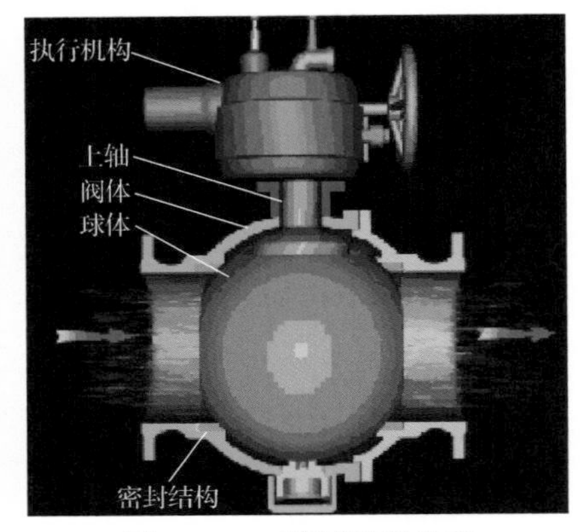

图1.1-28　球阀开启状态

5）使用部位和注意点：在热水管上应用较多。

（5）止回阀

1）图例，见图1.1-29。

图1.1-29　止回阀图例

2）图例记忆方法：只有一个流动方向。

3）实物照片，见图1.1-30。

图1.1-30　止回阀实物照片

4）功能和工作原理：防止介质倒流，依靠管道内流动介质的压力推动阀瓣，来实现阀门的关闭和开启，当介质停止流动，止回阀阀瓣关闭，见图1.1-31、图1.1-32。

5）使用部位和注意点：止回阀必须安装在泵的出口、出口控制阀之前的位置，以便对其检修。一般泵的出口第一道是软连接（减震器），接下来是止回阀，再接下来是隔断阀（如蝶阀、闸阀、截止阀等），见图1.1-33。

消防水泵出水管上安装带关闭弹簧的止回阀；消防水箱出水管上安装旋启式止回阀。

压力污废水管上一般采用普通铜芯铁壳闸阀及球形止回阀。

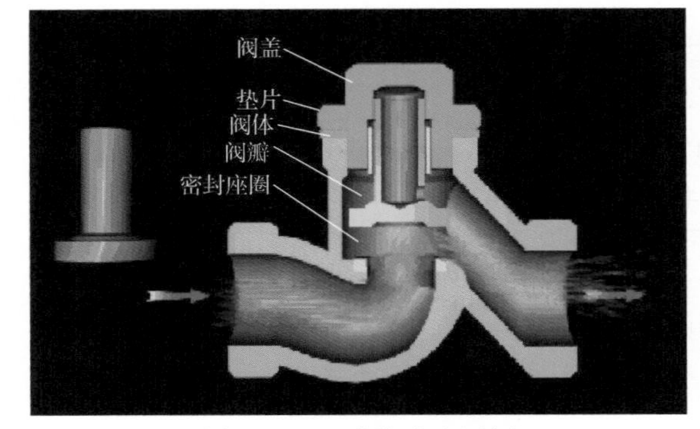

图1.1-31　升降式止回阀

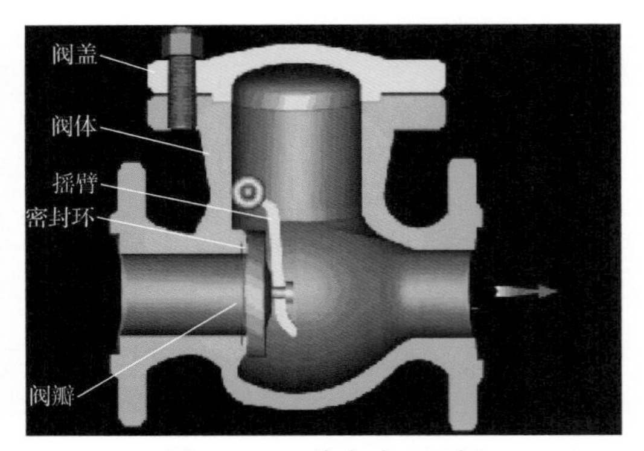

图1.1-32　旋启式止回阀

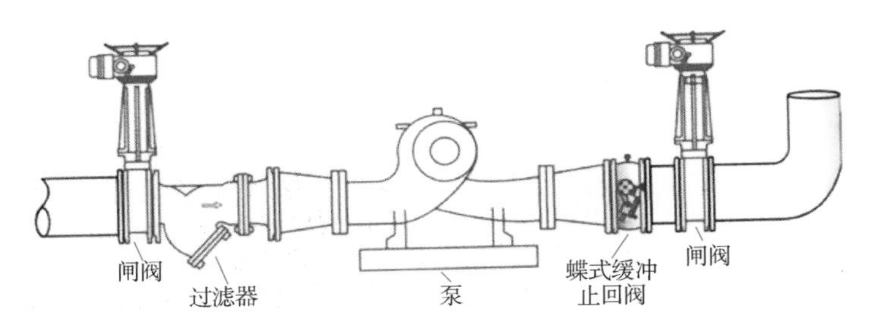

图 1.1-33　止回阀安装位置

（6）减压阀

1）图例，见图 1.1-34。

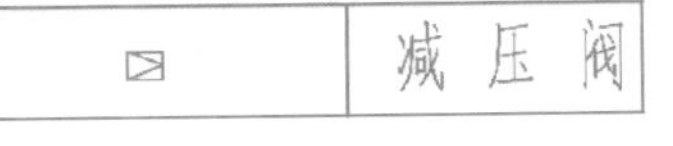

图 1.1-34　减压阀图例

2）图例记忆方法：中间三角形代表压力由大变小。

3）实物照片，见图 1.1-35。

4）功能和工作原理：减压阀是通过调节，将进口压力减至某一需要的出口压力，并依靠介质本身的能量，使出口压力自动保持稳定的阀门。工作原理见图 1.1-36。

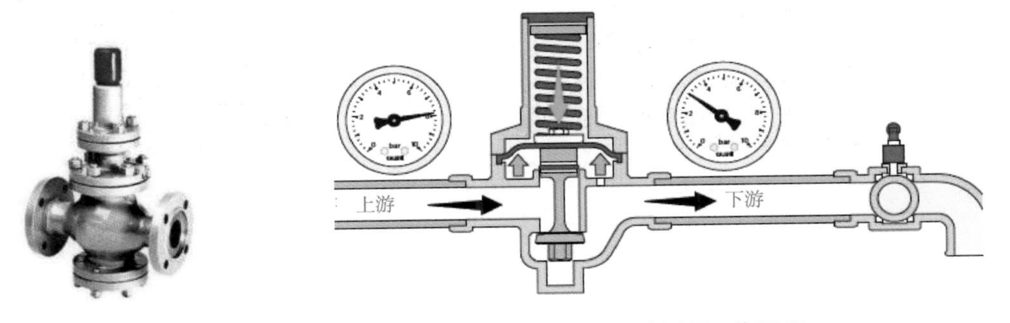

图 1.1-35　减压阀实物照片

图 1.1-36　减压阀工作原理

5）使用部位和注意点：消火栓系统的高低区交界处。

以上是一些常见阀门的简介。建模前，还需要了解在图纸说明中关于阀门形式的具体规定。

Q2 怎样正确设置管材

只有了解现场常用管材及其连接方式，才能在建模时准确设置管材。下面简要介绍常见管材、管材连接方式、DN/De 区分、图纸标高选取等常用知识。

1. 各系统常用管材及其连接方式

目前住宅工程中常见管材和连接方式见表 1.1-1。

表 1.1-1　住宅工程中常见管材和连接方式

序号	系统	管材	连接方式
1	生活给水管	钢塑复合管	DN＜100，采用螺纹连接；DN≥100，采用沟槽连接
2	室内污废水、通气管	PVC-U	承插粘接
3	室外埋地管	铸铁管	承插式或法兰盘式
4	压排、消火栓、自喷淋	镀锌钢管	管径＞80 时卡箍连接，管径≤80 时丝接

各类管材现场照片参见图 1. 1-37 ~ 图 1. 1-40。

图 1. 1-37　钢塑复合管

图 1. 1-38　PVC-U 排水管

图 1. 1-39　铸铁管

图 1. 1-40　镀锌钢管

钢塑复合管分衬塑复合管和涂塑复合管两类。衬塑是在钢管内插入一根 PVC 管；涂塑是在钢管内壁涂敷高分子 PE 粉末，经过塑化形成塑料涂层。

2. 管材连接方式

螺纹和丝接是同一种连接方式，丝扣连接就是类似螺钉和螺母的原理的连接方式，两组内外螺纹绞合，见图 1. 1-41。

图 1. 1-41　丝扣连接

沟槽和卡箍也是指同一种连接方式，见图 1. 1-42、图 1. 1-43。

法兰连接经常用在较大直径管道（50mm 以上）以及闸阀、止回阀、水泵、水表等需要拆卸处，实物照片见图 1. 1-44。

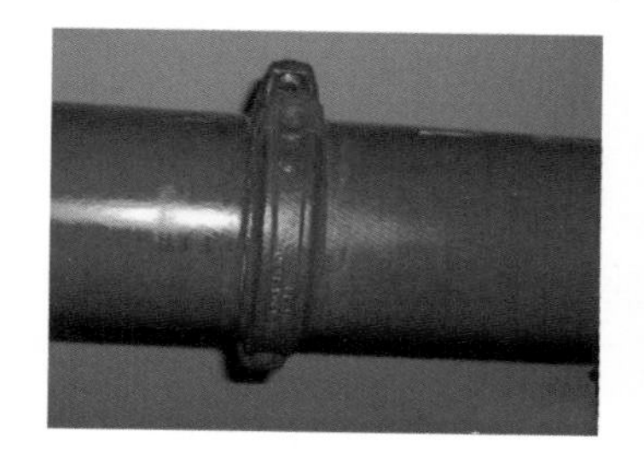

图 1. 1-42　卡箍连接

图 1. 1-43　卡箍实物照片

图 1. 1-44　法兰连接

钢管还可采用焊接连接，其优点是接头紧密、施工快速，缺点是不能拆卸，焊接过程中会破坏镀锌层。

3. DN 和 De

公称直径 DN 不是实际意义上的管道外径或内径，虽然其数值跟管道内径较为接近或相等。在设计图纸中所以要用公称直径，目的是为了根据公称直径可以确定管子、管件、阀门、法兰、垫片等结构尺寸与连接尺寸，同一公称直径的管子与管路附件均能互连。

就像举重比赛的 80 公斤级比赛一样，参加这个级别比赛的人，体重符合“80 公斤级”这个规格，但是他的体重不一定是正好 80 公斤。

钢管尺寸一般使用 DN 表示，安装时无须换算，因为在同一标准中同一公称直径同一压力等级的连接尺寸相同，并且同一材料的外径也相同，实行公称直径的目的就是为了方便连接。我们可以把 DN 理解为规格。

De 是指管道外径，塑料管一般使用 De 标注。

绘图时，我们选取的管道直径为公称直径，软件中模型实际尺寸为外径 OD。

图 1. 1-45　模型中的 DN 对应的实际外径

如图 1. 1-45 所示，此管道绘制时选择的直径是 40，模型中实际尺寸是 50。在管道配管系统中，公称直径和外径的关系如图 1. 1-46 所示。

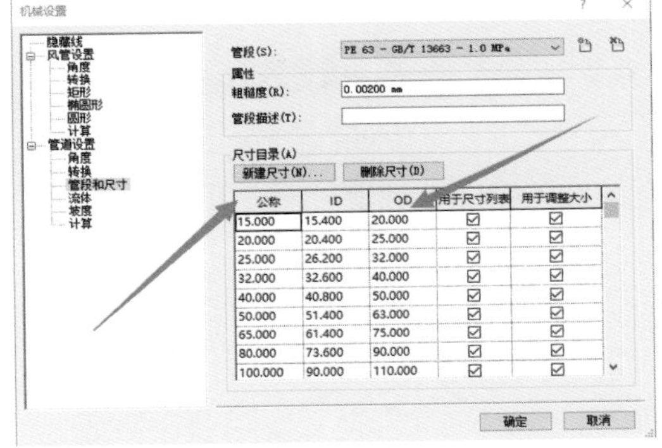

图 1. 1-46　公称直径和外径的关系

4. 管道的标高

不同类型管道标高所指部位不同，具体还需要对照设计说明确定，一般情况为：

给水、消防、压力排水管等压力管指管的中心标高；

污水、废水、雨水、溢水、泄水管等重力流管道和无水流的通气管指管内底标高。管道穿钢筋混凝土外墙有套管的，标高均指套管中心标高。

5. Revit 中设置管材的步骤

首先根据设计说明，为新建管道系统。管道系统的名称、材质颜色、缩写和设计图纸一致。以图纸上“1J-加压 I 区给水管”为例，各参数设置如图 1. 1-47 所示。

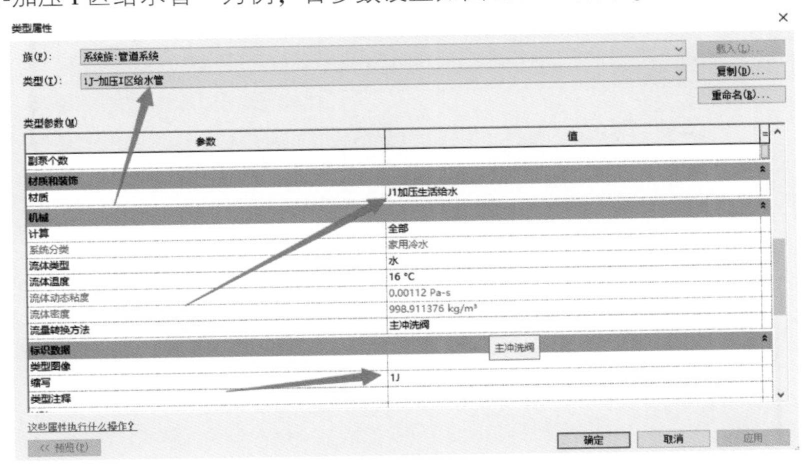

图 1. 1-47　管道系统参数设置

还需注意，管道系统的“图形替换”颜色要和材质颜色一致（图 1. 1-48）。不然会出现管道边颜色和管道颜色不一致的问题。

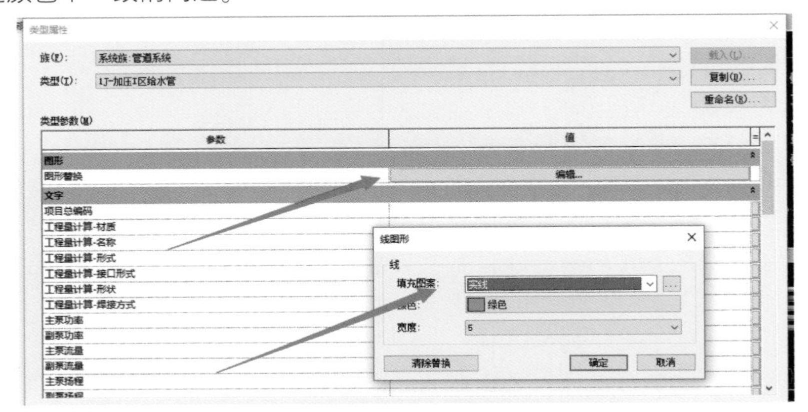

图 1. 1-48　设置管道图形替换

接着设置管道，包括设置管段尺寸和连接方式两部分，步骤如下：

新建管道类型，重命名和图纸一致，单击“布管系统配置”（图 1. 1-49）。

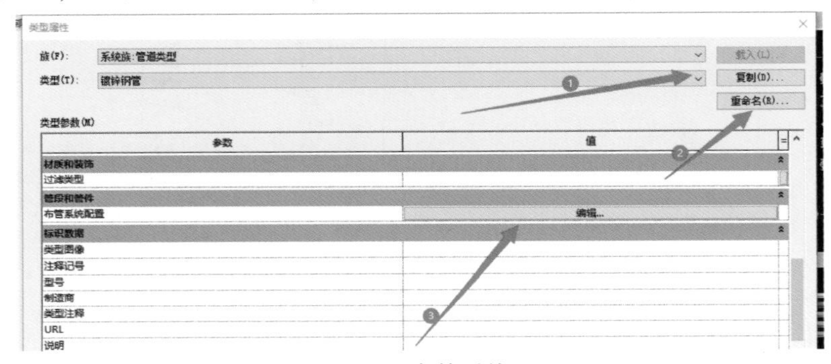

图 1. 1-49　布管系统配置

在“管段”属性中选择合适的材料，见图 1. 1-50。

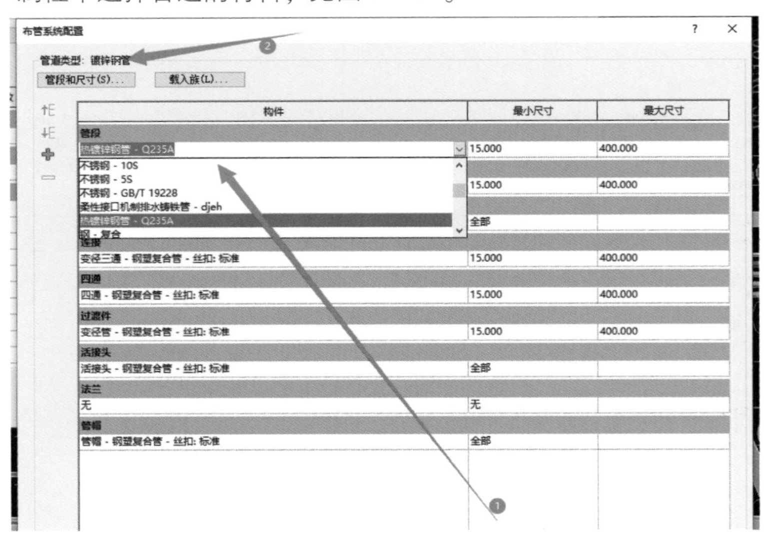

图 1. 1-50　选择对应的材料

接着单击左上角“管段和尺寸”按钮，切换到对应的材料，检查尺寸是否和设计图纸一致。如果不一致，则调整成设计图纸上的尺寸（图 1. 1-51）。

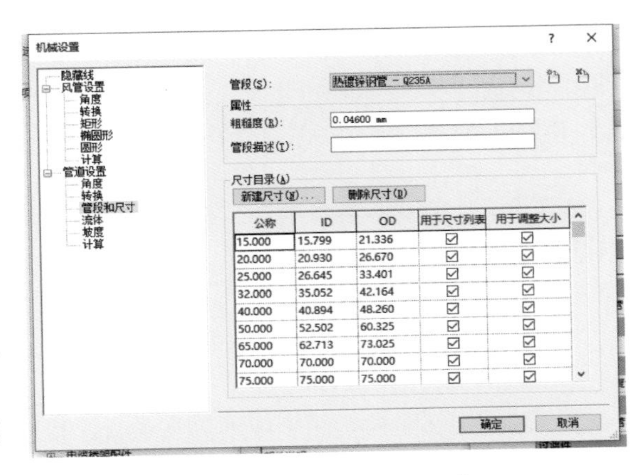

公称	ID	OD	用于尺寸列表	用于调整大小
15.000	15.799	21.336	☑	☑
20.000	20.930	26.670	☑	☑
25.000	26.645	33.401	☑	☑
32.000	35.052	42.164	☑	☑
40.000	40.894	48.260	☑	☑
50.000	52.502	60.325	☑	☑
65.000	62.713	73.025	☑	☑
70.000	70.000	70.000	☑	☑
75.000	75.000	75.000	☑	☑

图 1. 1-51　调整材料尺寸

接着设置管段连接方式。不同尺寸的管道连接方式不同时，可以单击“+”按钮，增加连接方式，见图 1. 1-52。两种连接方式的管段直径范围有重叠时，软件会默认按尺寸小的范围来连接。

可能存在不同系统的管材相同，但是连接件不同的情况。比如消火栓系统和人防区重力排水管，都使用镀锌钢管。消火栓系统使用螺纹和卡箍连接，人防区重力排水管使用焊接连接。此时可以新建“镀锌钢管-消火栓系统用”和“镀锌钢管-人防重力排水管用”两种管段。管道是管材和管道连接方式的集合，管道系统和管道类型的关系如图 1. 1-53 所示。

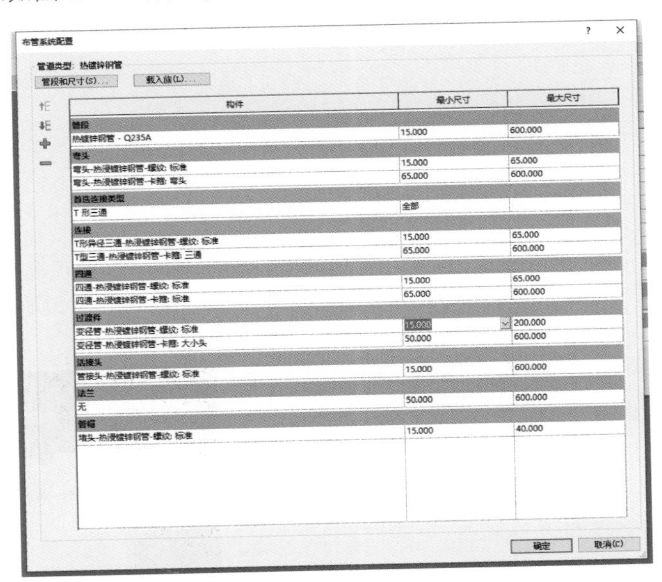

构件	最小尺寸	最大尺寸
管段		
热镀锌钢管 - Q235A	15.000	600.000
弯头		
弯头-热浸镀锌钢管-螺纹: 标准	15.000	65.000
弯头-热浸镀锌钢管-卡箍: 弯头	65.000	600.000
首选连接类型		
T 形三通	全部	
连接		
T形异径三通-热浸镀锌钢管-螺纹: 标准	15.000	65.000
T型三通-热浸镀锌钢管-卡箍: 三通	65.000	600.000
四通		
四通-热浸镀锌钢管-螺纹: 标准	15.000	65.000
四通-热浸镀锌钢管-卡箍: 标准	65.000	600.000
过渡件		
变径管-热浸镀锌钢管-螺纹: 标准	15.000	200.000
变径管-热浸镀锌钢管-卡箍: 大小头	50.000	600.000
活接头		
管接头-热浸镀锌钢管-螺纹: 标准	15.000	600.000
法兰		
无	50.000	600.000
管帽		
堵头-热浸镀锌钢管-螺纹: 标准	15.000	40.000

图 1. 1-52　设置不同直径对应的连接方式

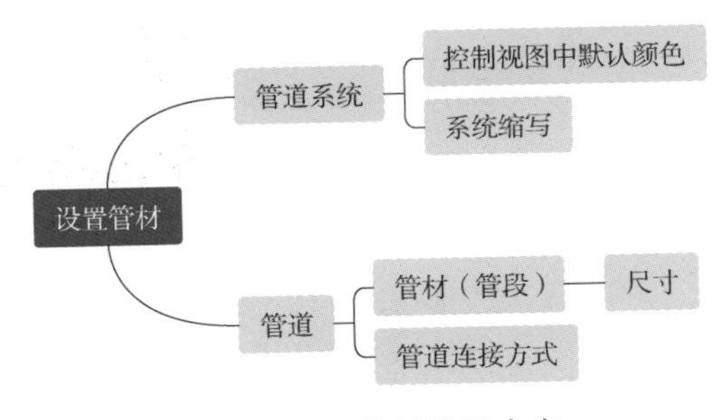

图 1. 1-53　管材设置内容

绘制管道时，先设置好管道类型和系统类型，再在模型中建模。

Q3 暖通附件是怎样工作的

对暖通附件图例不熟悉的话，建模时要花很多时间查图纸，这会占用大量宝贵的工作时间。本节介绍常用暖通附件图例、图例记忆方法、实物照片、工作原理、使用部位等知识，以便帮助大家准确、快速建模。

1. 防火阀

（1）图例，见图 1.1-54。

（2）图例记忆方法：图例中间的圆和直线可以想象成煤气灶开关，控制煤气是否流通。

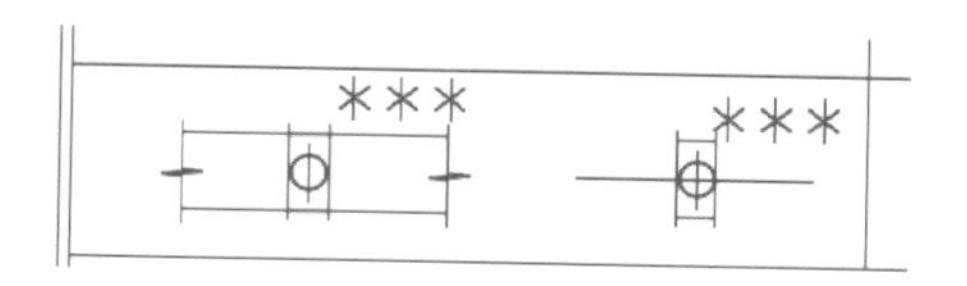

图 1.1-54　防火阀图例

平时较常用的阀门有：FD、FVD、FDS、FVDS、BED、FDH、FVDH、FDSH、FVSH、MECH 及 FVDM。记忆方法为：

FD：fire damper 防火阀；V：代表调节流量，可以记忆为风管内风的体积或速度。

S：代表 signal，信号。阀体带反馈信号的阀门一般设置在跨越防火分区等重要的区域，其余区域可设置不带反馈信号的阀门。

C：close，常闭；不带 C 的为平时常开。

H：high，高温，代表 280℃关闭；没有 H 的为 70℃关闭。

B：代表远控；M：manual，手动；E：electric，电动。

例如 FVDS、FD 代表防火阀，V 代表可调节流量，S 代表信号，没有 H，表示 70℃自动关闭，整体上就是可调节流量、带阀体动作反馈信号、70℃自动关闭、常开的（不带 C）防火阀。

（3）实物照片，见图 1.1-55。

（4）功能和工作原理：防火阀安装在排烟系统与通风空调系统兼用的风机入口处，平时处于“常开”状态，可通风。当管道内烟气温度达到 280℃时，人已基本疏散完毕，排烟已无实际意义，而烟气中此时已带火，此时阀门靠易熔金属的温度熔断器动作而自动关闭，以避免火势蔓延。

70℃防火阀一般安在通风空调系统上，当通风空调系统管道跨越防火分区时，就用 70℃防火阀隔断，280℃防火阀一般安装在排烟风机入口处和排烟风管跨越防火分区处。

（5）使用部位和注意点：为了阻止火灾时火势和有毒高温烟气通过风管蔓延扩大，在通风、空调系统的风管上需设置防火阀。

图 1.1-55　防火阀实物照片

厨房、浴室和厕所等的排风管道与竖井连接时也应采取相应措施防止火势沿着排风管在各楼层间蔓延。厨房、浴室和厕所等的排风管道与竖井相连时，若无防止回流的措施时应在支管上设置防火阀；当有防止回流的措施时，可不设防火阀。

2. 消声器

（1）图例，见图 1.1-56。

（2）图例记忆方法：结合实物照片，消声器比风管大一圈。

（3）实物照片，见图 1.1-57、图 1.1-58。

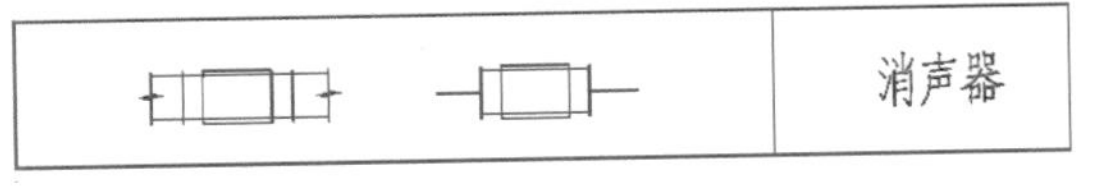

图 1.1-56 消声器图例

图 1.1-57 消声器现场安装照片

图 1.1-58 消声器实物照片

（4）功能和工作原理：阻性消声器，又称吸收式消声器，利用吸声材料吸收噪声。吸声材料为疏松、多孔结构，声波进入孔隙引起微小振动，由于摩擦和黏滞阻力，相当一部分声能转为热能后被吸收。阻性消声器对高频和中频噪声的吸声效果较好，但对低频噪声的消声性能较差，故主要用于消除高频和高中频为主的噪声。

抗性消声器，又称膨胀性消声器，由管和小室相连而成，利用风管截面的突变反射噪声。结构简单，不使用吸声材料，因而不受高温和腐蚀性气体的影响。抗性消声器对低频和中频噪声有较好的消声效果，主要用于消除低频和低中频为主的噪声。

微穿孔板消声器从消声原理上看，是一种阻抗复合式消声器。这种消声器采用金属结构代替多孔性吸声材料，适用于高温、高速气流及有水气、粉尘等特殊环境，在较宽的频带范围内具有良好的消声效果。

（5）使用部位和注意点：一般安装在风机出风口。

建模时要注意消声器的长度和图纸中保持一致。

3. 风机

（1）图例，见图 1.1-59。

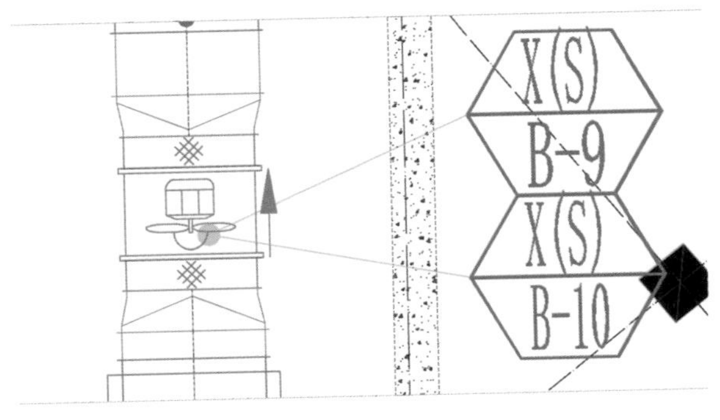

图 1.1-59 风机图例

（2）图例记忆方法：结合实物照片。

（3）实物照片，见图 1.1-60 和图 1.1-61。

图 1.1-60　轴流风机

图 1.1-61　离心风机

（4）功能和工作原理：为通风系统中空气流动提供动力，现场安装方式见图 1.1-62 和图 1.1-63。

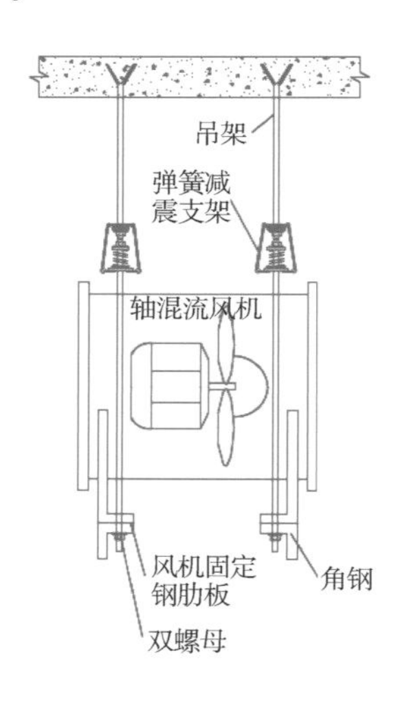

图 1.1-62　轴流风机安装示意

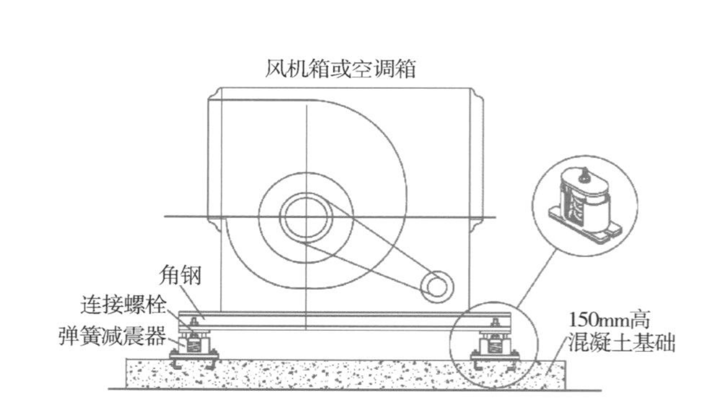

图 1.1-63　离心风机安装示意

（5）使用部位和注意点：风机位于风机房中。

建模时补风机房一般有上、下两个轴流风机，在平面图上重叠，不要只画一个。

4. 风口

（1）图例，见图 1.1-64。

图 1.1-64　风口图例

（2）图例记忆方法：风口代号中，V 和 H 分别代表垂直 Vertical 和水平 Horizontal，B 代表双层 Binary。

(3) 实物照片，见图1.1-65。

(4) 功能和工作原理：气体从风道经过风口送往室内。

(5) 使用部位和注意点：建模时要注意风口的朝向（上开、下开还是侧开）。

5. 静压箱

(1) 图例，见图1.1-66。

(2) 图例记忆方法：结合实物照片。

(3) 实物照片，见图1.1-67。

图1.1-65 风口实物照片

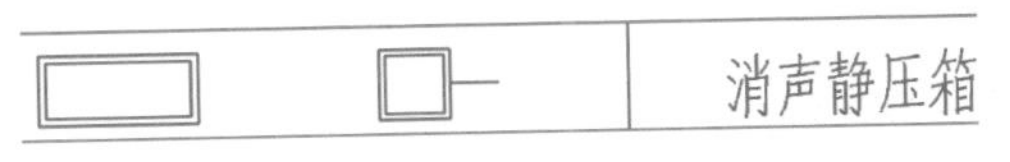

图1.1-66 消声静压箱图例

图1.1-67 消声静压箱实物照片

(4) 功能和工作原理：静压箱可用来降低噪声，又可获得均匀的静压出风，减少动压损失，而且还有万能接头的作用。把静压箱很好地应用到通风系统中，可以把部分动压变为静压使风吹得更远；同时可以降低噪声，使风量分配均匀，提高通风系统的综合性能。

(5) 使用部位和注意点：通常设置在风管与风机的接头部位，如图1.1-68所示。

建模时要注意消声静压箱的连接件系统类型要设置好，以避免不同的系统类型无法相互连接。

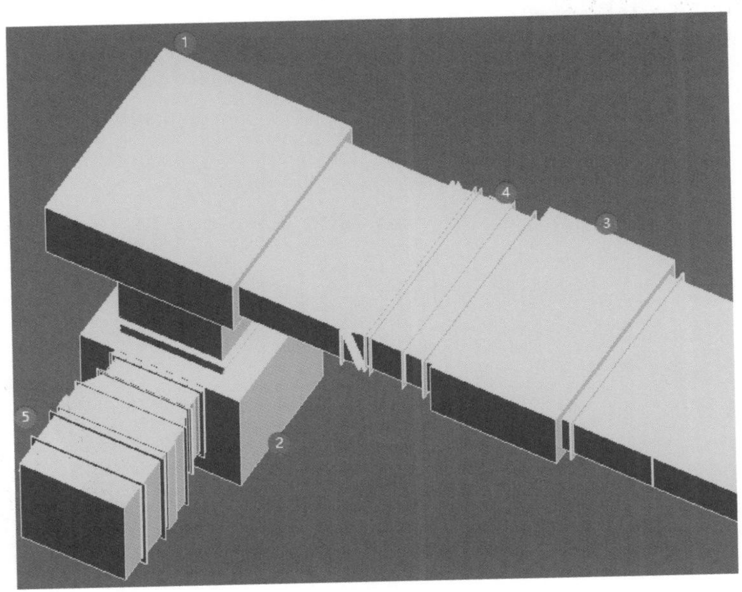

图1.1-68 风机房组成

1—消声静压箱 2—柜式风机 3—消声器 4、5—防火阀（280℃）

Q4 人防相关暖通设备工作原理是怎样的

建模人员如果对人防暖通设备不够熟悉，建模时就容易出现问题。下面简要介绍人防暖通设备的图例、原理、现场照片及使用部位等知识。

1. 超压排气活门

(1) 图例，见图 1.1-69。

(2) 图例记忆方法：结合实物照片记忆。

(3) 实物照片，见图 1.1-70。

(4) 功能和工作原理：当室内超压达到排气活门起动压力时，活盘自动开启；当室内超压小于起动压力时，活盘自动关闭，从而保证内部通风良好。

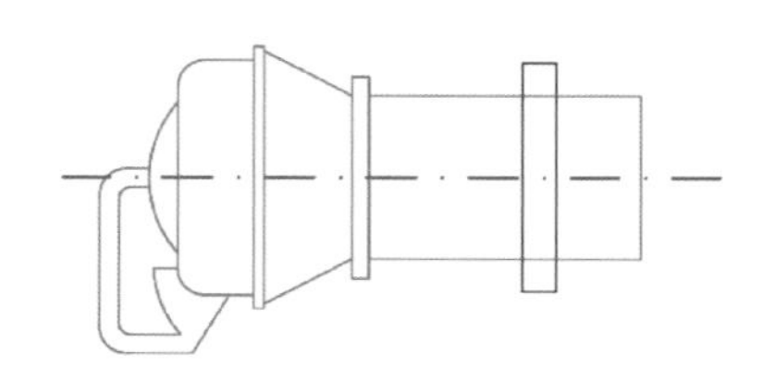

图 1.1-69　超压排气活门

冲击波到来时，活门瞬间自动关闭，从而起到防爆作用，如图 1.1-71 所示。

图 1.1-70　超压排气活门实物照片

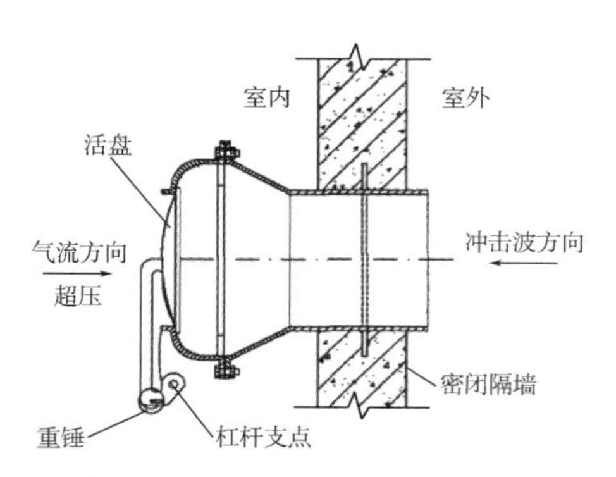

图 1.1-71　超压排气活门工作原理

(5) 使用部位和注意点：位于排风口部，建模时注意数量和标高要准确。超压排气活门是影响车位质量的主要因素之一。

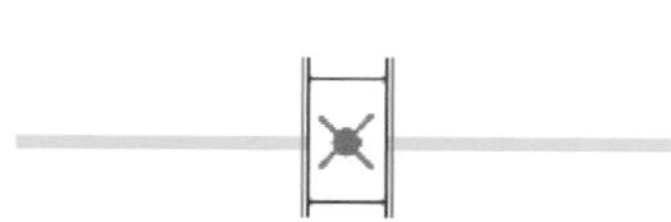

图 1.1-72　密闭阀门图例

2. 密闭阀门

(1) 图例，见图 1.1-72。

(2) 图例记忆方法：结合实物照片，中间交叉的线代表阀门。

(3) 实物照片，见图 1.1-73。

(4) 功能和工作原理：保障通风系统密闭防毒的专用阀门，依靠旋转手柄带动转轴转动杠杆，达到阀门板启闭的目的。

(5) 使用部位和注意点：建模时要注意尺寸和管道一致。

图 1.1-73　密闭阀门实物照片

3. 过滤吸收器

（1）图例，见图 1.1-74。

（2）图例记忆方法：结合实物照片记忆。

（3）实物照片，见图 1.1-75。

（4）功能和工作原理：由精滤器和滤毒器两部分组成。精滤器采用纤维滤纸，过滤固态毒烟；滤毒器采用活性炭，吸附有毒气体，其工作原理见图 1.1-76。

（5）使用部位和注意点：如图 1.1-77 所示，过滤吸收器一般有三台，注意在哪个方向是两台，不要建错了。

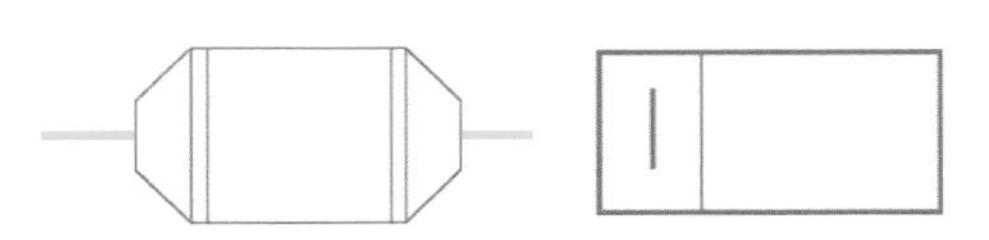

图 1.1-74 过滤吸收器图例

图 1.1-75 过滤吸收器实物照片

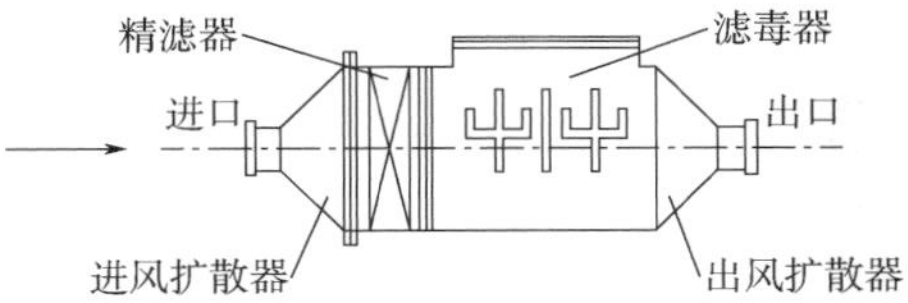

精滤器 滤毒器 进口 出口 进风扩散器 出风扩散器

图 1.1-76 过滤吸收器工作原理

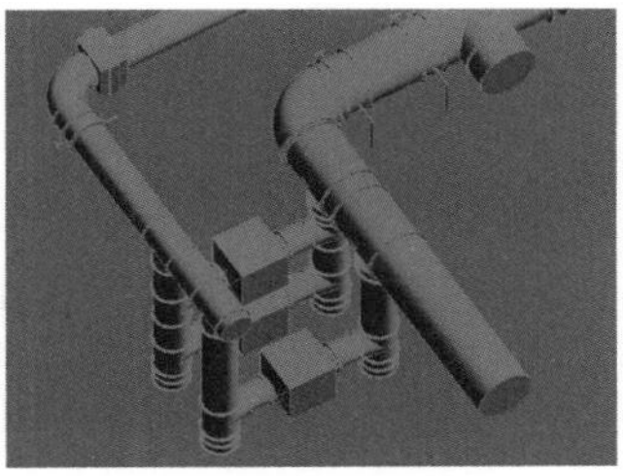

图 1.1-77 过滤吸收器安装位置

4. 油网过滤器

（1）图例，见图 1.1-78。

（2）图例记忆方法：结合实物照片记忆。

（3）实物照片，见图 1.1-79。

（4）功能和工作原理：利用金属网过滤空气中的灰尘。

（5）使用部位和注意点：用于进风口部的除尘室。

图 1.1-78 油网过滤器图例

5. 各种测量管

（1）气密测量管图例，见图 1.1-80。

（2）气密测量管图例记忆方法：结合实物照片记忆。

（3）气密测量管实物照片，见图 1.1-81。

（4）功能和工作原理：自动检测取样点、过滤吸收器尾气监测取样管、油网滤尘器阻力测量管、放射性监测取样管、过滤吸收器测压管等作用如它们的名字所示。

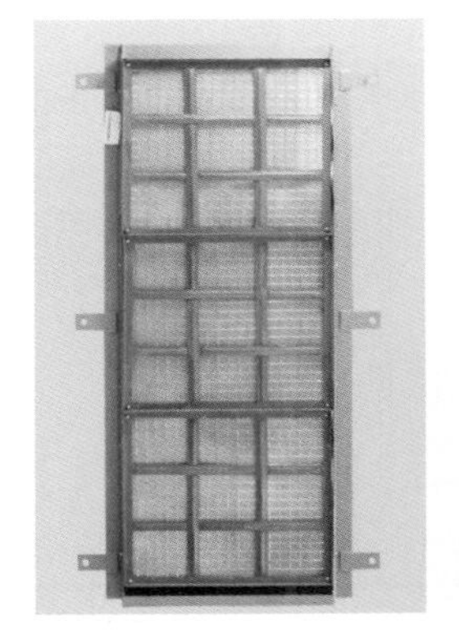

图 1.1-79 油网过滤器实物照片

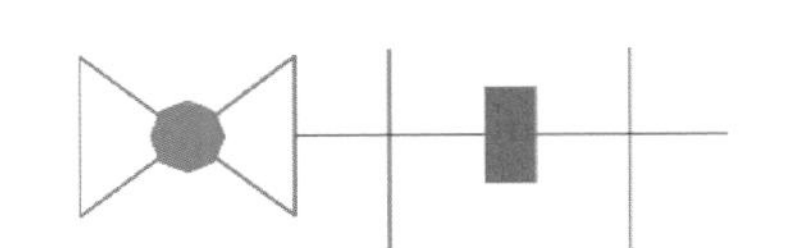

图 1.1-80 气密测量管图例

图 1.1-81 气密测量管实物照片

油网滤尘器阻力测量管用来测定滤尘器的前后压差（即其阻力）。使用过程中，当阻力升到终阻力时，应取下滤尘器进行清洗，然后浸油再用。

（5）使用部位和注意点：可用一段镀锌钢管建模。

Q5 怎样确定配电箱的尺寸和安装高度

建模人员往往不熟悉各类配电箱的尺寸和安装高度，导致模型不够准确。下面介绍各类电箱的功能、图例、实物照片、尺寸、安装高度等知识，以方便建模人员查询。

1. 动力配电箱

（1）功能：控制各类电机、水泵、卷帘。动力柜一般安装在配电间中，动力配电箱安装在设备周边。

（2）图例和图例记忆方法，图例见图 1.1-82。

图 1.1-82　动力配电箱图例

可将图例想象成一个发动机，装了一半汽油，“动力澎湃”。

代号 AP，P 是 power 的缩写。A 是 assemble 的缩写。

（3）实物照片，见图 1.1-83 和图 1.1-84。

图 1.1-83　动力配电柜实物照片

图 1.1-84　动力配电箱实物照片

（4）尺寸和安装高度，见图 1.1-85 和图 1.1-86。

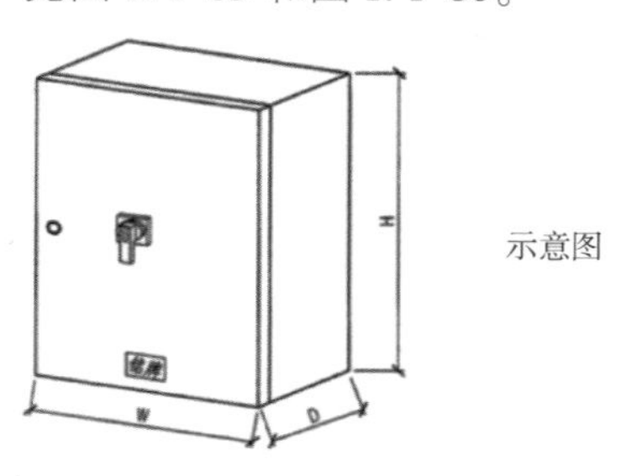

示意图

代号	电流等级(A)	W(mm)	H(mm)	D(mm)	极数
PB601	32	300	300	245	3P/4P
PB602	63				
PB603	125				
PB604	160				
PB605	250	400	500	295	
PB606	400	500	600	295	
PB607	630	600	800	345	
PB608	800				

图 1.1-85　动力配电箱常见尺寸

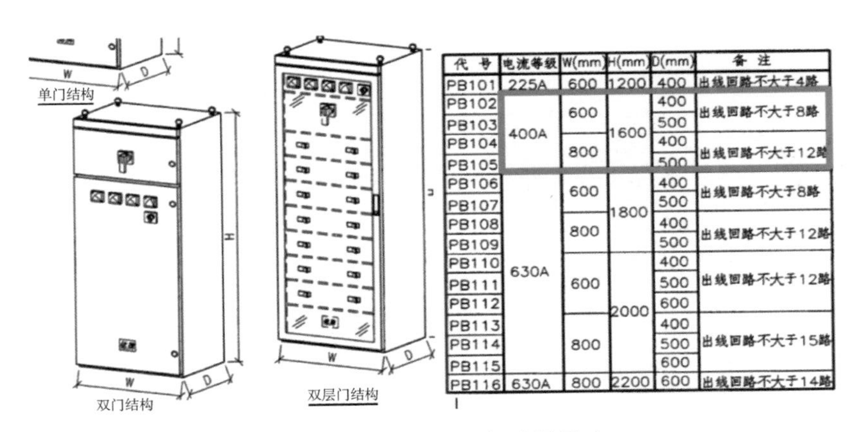

代 号	电流等级	W(mm)	H(mm)	D(mm)	备 注
PB101	225A	600	1200	400	出线回路不大于4路
PB102	400A	600	1600	400	出线回路不大于8路
PB103				500	
PB104		800		400	出线回路不大于12路
PB105				500	
PB106	630A	600	1800	400	出线回路不大于8路
PB107				500	
PB108		800		400	出线回路不大于12路
PB109				500	
PB110		600	2000	400	出线回路不大于12路
PB111				500	
PB112				600	
PB113		800		400	出线回路不大于15路
PB114				500	
PB115				600	
PB116	630A	800	2200	600	出线回路不大于14路

图 1.1-86　动力配电柜常见尺寸

动力配电柜一般落地安装，动力配电箱一般在底边离地 1.5m 高度处安装。

2. 照明配电箱

（1）功能：控制照明、插座。设置在配电机房时明装，在公区时暗装。

图 1.1-87　照明配电箱图例

（2）图例（图 1.1-87）和图例记忆方法：代号 AL，其中 L 是 light 的缩写。

（3）实物照片，见图 1.1-88。

（4）尺寸和安装高度：一般在底边距地 1.5m 高度处安装。常见尺寸如图 1.1-89 所示。

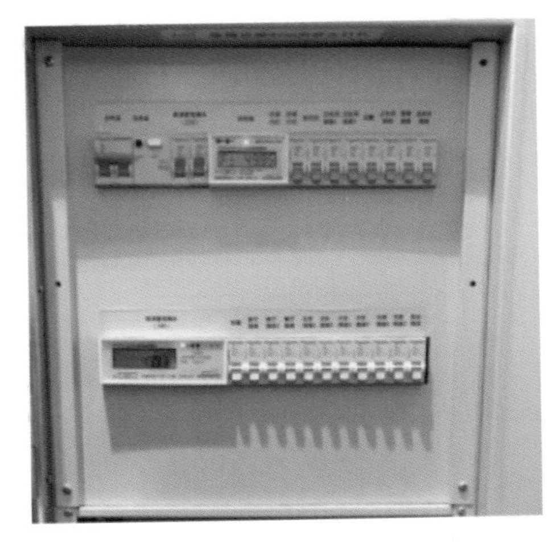

图 1.1-88　照明配电箱实物照片

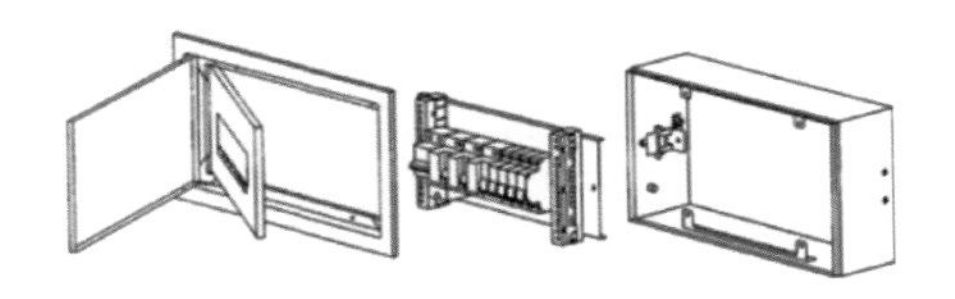

序号	名 称	代 号	极数	外形尺寸 W×H×D	箱体尺寸 W1×H1×D
1	配电箱	LB101	6	320×240×120	300×220×120
2	配电箱	LB102	9	380×240×120	360×220×120
3	配电箱	LB103	12	420×240×120	400×220×120
4	配电箱	LB104	15	480×240×120	460×220×120
5	配电箱	LB105	18	380×500×150	360×480×150
6	配电箱	LB106	24	420×500×150	400×480×150
7	配电箱	LB107	30	480×500×150	460×480×150

图 1.1-89　照明电线常见尺寸

3. 控制箱

（1）功能：控制卷帘、水泵、照明、风机等的开关。

（2）图例（图 1.1-90）和图例记忆方法。

图 1.1-90　控制箱图例

可按谐音记忆，图例是空心的，空（控）制箱。代号 AC，其中 C 是 control 的首字母。
（3）实物照片，见图 1.1-91。

图 1.1-91　压排控制箱

（4）尺寸（图 1.1-92、图 1.1-93）和安装高度：一般安装在底边离地 1.3～1.5m 高度处。

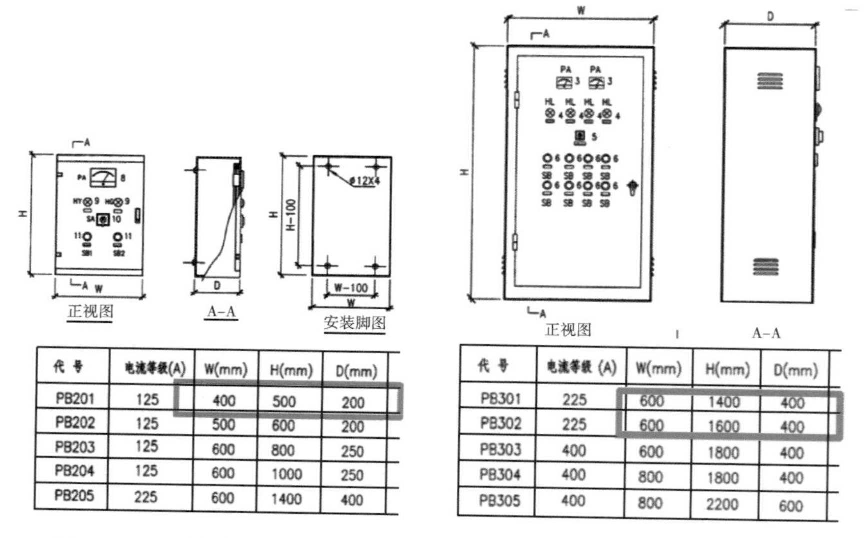

代号	电流等级(A)	W(mm)	H(mm)	D(mm)
PB201	125	400	500	200
PB202	125	500	600	200
PB203	125	600	800	250
PB204	125	600	1000	250
PB205	225	600	1400	400

图 1.1-92　控制箱常用尺寸 1

代号	电流等级(A)	W(mm)	H(mm)	D(mm)
PB301	225	600	1400	400
PB302	225	600	1600	400
PB303	400	600	1800	400
PB304	400	800	1800	400
PB305	400	800	2200	600

图 1.1-93　控制箱常用尺寸 2

4. 双电源切换配电箱

（1）功能：动力配电箱的一种，可以根据需要，在常用电源和消防电源之间切换。一般位于专用设备机房内，如风机双切箱、水泵双切箱。
（2）图例（图 1.1-94）和图例记忆方法。

图 1.1-94　双电源切换配电箱图例

图例是矩形一分为二，可来回切换。代号 AT，T 是 transfer 的首字母。
（3）实物照片，见图 1.1-95。

（4）尺寸，见图 1. 1-96。

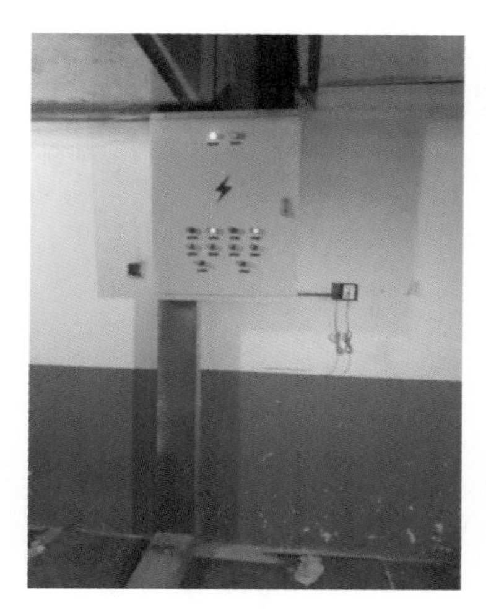

图 1. 1-95　双电源切换箱

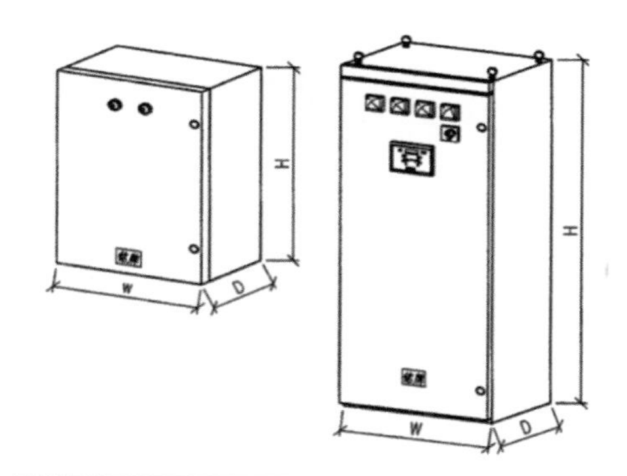

代号	电流等级(A)	W(mm)	H(mm)	D(mm)	备注
PBT101	63	500	600	200	
PBT102	100	600	700	250	适用于方案一
PBT103	225	700	800	250	
PBT104	400	800	1800	400	适用于方案二
PBT105	630	1000	1800	400	

图 1. 1-96　双电源切换箱尺寸

5. 电表计量箱

（1）功能：计量用电量，一般设置在地库充电桩附近。

（2）图例（图 1. 1-97）和图例记忆方法：和动力箱类似。

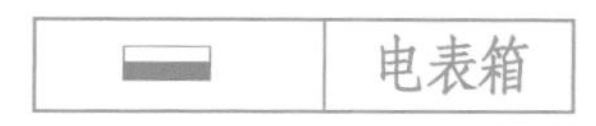

图 1. 1-97　电表箱图例

（3）实物照片，见图 1. 1-98。

（4）尺寸，见图 1. 1-99。

图 1. 1-98　电表箱现场照片

编号	名称	代号	外形尺寸 W×H×D	箱体尺寸 W1×H1×D1	电度表数量
1	电度表箱	MB101	380X580X180	350X550X180	1
2	电度表箱	MB102	480X580X180	450X550X180	2
3	电度表箱	MB103	660X580X180	630X550X180	3
4	电度表箱	MB104	480X800X180	450X770X180	4
5	电度表箱	MB105	660X800X180	630X770X180	5
6	电度表箱	MB106	660X800X180	630X770X180	6
7	电度表柜	MB107	700X1600X300	表　柜	7
8	电度表柜	MB108	700X1600X300	表　柜	8
9	电度表柜	MB109	700X1600X300	表　柜	9
10	电度表柜	MB110	700X1600X300	表　柜	10
11	电度表柜	MB111	700X1600X300	表　柜	11
12	电度表柜	MB112	700X1600X300	表　柜	12

图 1. 1-99　电表箱常见尺寸

其他一些电箱实物照片如图 1. 1-100 ~ 图 1. 1-105 所示。

图 1. 1-100　10kV 进、出线柜

图 1. 1-101　变压器和低压馈电屏

图 1. 1-102　电容柜

图 1. 1-103　抽屉柜

图 1. 1-104　住宅母线进线箱

图 1. 1-105　地下室充电桩电表箱

Q6 电缆桥架有哪些种类

下面介绍电缆桥架和母线的结构、连接方式、现场照片和常用尺寸等知识，以便帮助大家更快速、准确地进行机电建模。

电缆桥架按形式可分为托盘式和梯式，见图 1. 1-106 和图 1. 1-107。

图 1. 1-106　梯架式桥架　　图 1. 1-107　托盘式桥架

电缆桥架的空间布置和结构如图 1. 1-108 所示。

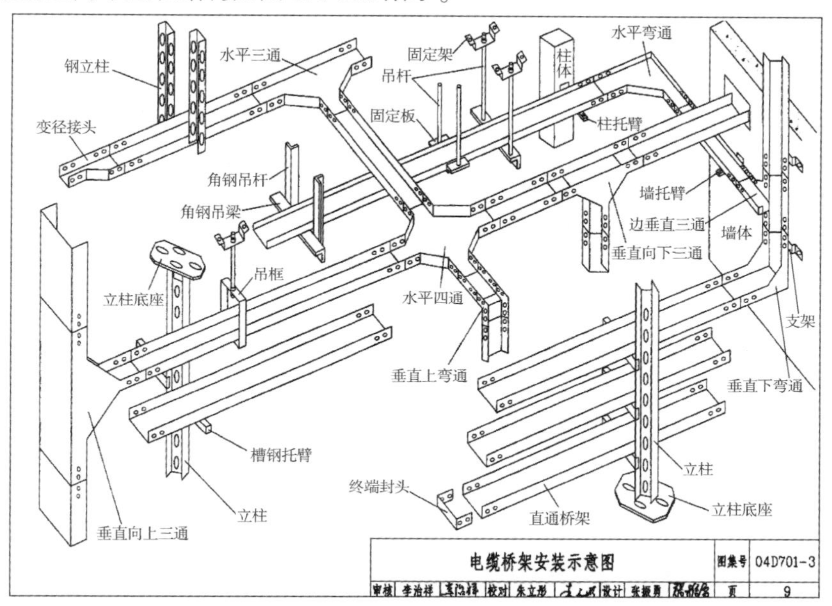

图 1. 1-108　桥架安装示意图

桥架常用规格见图 1. 1-109。桥架的规格是由内部电缆的面积决定的。一般按电缆面积/桥架截面积 <40% 来配置桥架。

高度 (mm)	宽度 A (mm)									
	50	100	150	200	300	400	500	600	800	1000
25	▲	▲								
50		▲	▲	▲						
75		▲	▲	▲	▲					
100			▲	▲	▲	▲	▲	▲	▲	▲
150				▲	▲	▲	▲	▲	▲	▲
200					▲	▲	▲	▲	▲	▲
250						▲	▲	▲	▲	▲

图 1. 1-109　电缆桥架常用规格

桥架内的电缆需有一定的转弯半径，所以桥架一般不能垂直翻弯。

桥架布置要考虑安装和检修空间，因此不能离墙、顶板或是周围管线太近（走廊部位容易出现这种问题）。

桥架现场照片如图 1. 1-110 ~ 图 1. 1-112 所示。

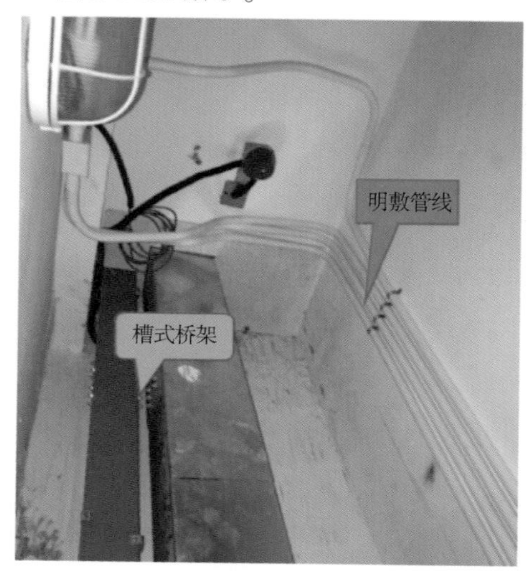

图 1. 1-110　电井中的桥架

图 1. 1-111　地下室桥架

图 1. 1-112　照明金属灯槽

桥架进入配电间的位置可以挪动，桥架和配电箱之间的连接方式如图 1. 1-113 所示。

图 1. 1-113　桥架与变压器、低压柜之间的连接

桥架在管线综合时可以移动平面位置，因为有时会出现一段明敷线管（图 1. 1-114），所以桥架的挪动尽量控制在相邻两根梁之间，避免出现管线贴梁下走的情况（不美观）。

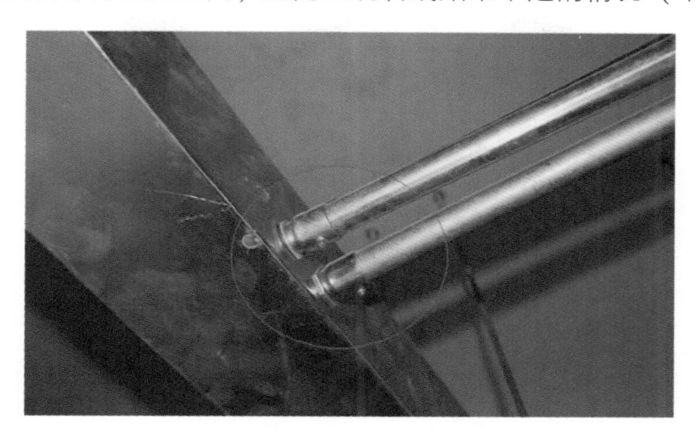

图 1. 1-114　桥架中分出线管

母线主要用于大电流配电时使用，实物照片如图 1. 1-115 和图 1. 1-116 所示。

图 1. 1-115　母线实物照片

图 1. 1-116　母线安装照片

母线尺寸需要厂家提供。在建模阶段时往往尺寸信息不全，可根据图 1.1-117 选取。例如对于 800A 的母线，可先按 300 × 150 进行建模。

型号	额定电流 (A)	频率 (HZ)	温度 (°C)	导体截面 (厚×宽)(mm)	阻抗 ($\times 10^{-4}\Omega/m$)		电压降 (V/m)	外形尺寸 (mm)		外形图	重量 (Kg/m)
					R	X	cosΦ = 0.9时	W	H		
MF1-315	315			6×30	0.883	1.821	0.050	290	80	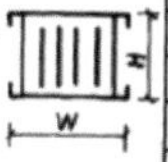	24
400	400			6×35	0.804	1.707	0.059	290	85		25
500	500			6×45	0.805	1.687	0.073	290	95		27
630	630			6×60	0.794	1.588	0.087	290	110		31
800	800			6×85	0.609	1.401	0.093	290	135		35
1000	1000			6×100	0.551	1.318	0.101	290	150		44
1250	1250			8×100	0.484	0.957	0.101	290	150		56
1600	1600			8×120	0.359	0.658	0.098	290	170		
2000	2000			10×150	0.287	0.565	0.101	370	210		
MF2-100	100			Φ10×1.5	4.717	1.644	0.050	145	50	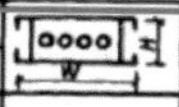	6.6
200	200			Φ10	2.563	1.704	0.061	145	50		8
MF3-400	400			6×30	1.269	0.396	0.0912	125	90		15
630	630			6×45	0.872	0.296	0.0998	125	105		21
800	800			6×60	0.661	0.230	0.0965	125	120		24
1000	1000			6×80	0.501	0.171	0.0911	125	140		27
1250	1250			6×100	0.416	0.131	0.0935	125	160		34
1600	1600			6×150	0.287	0.070	0.0787	125	210		40
2000	2000			2-6×100							
2500	2500			2-6×150							
MC-100	100			钢 4×40				92	195	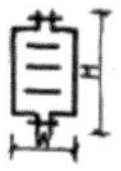	12
250	250			钢 4×25				92	195		10.3
350	350			钢 4×40				92	195		12.4
800	800			钢 2-6×30				164	195		19.4

封闭式母线产品一览表（二）　图集号 91D701-2　页 F2

图 1.1-117　母线建模尺寸选择

Q7 机电各专业施工图识读有哪些注意点

机电各专业都是按照“管线⟶功能房间⟶管线⟶终端”的模式布置的，我们看平面图和系统图也可以按这个顺序。另外，各专业的设计说明也不能遗漏，必须先细看一遍再开始建模。

1. 水专业图识读

（1）设计说明。给水排水图设计说明有很多和建模有关，首先通过仔细阅读设计说明（图 1.1-118），明确图纸中有哪些系统，避免建模的时候遗漏。

3. 管道系统：

本工程设有给水系统、热水系统、排水系统、雨水系统、消火栓给水系统及自动喷水灭火系统 、气体灭火系统、灭火器设置。

图 1.1-118　设计说明中关于管道系统的叙述

建模时水管的材料要和图纸说明中一致，同样 DN65 的管，镀锌钢管和 PPR 管实际外径是不一样的，见图 1.1-119。

管道的连接方式要和设计说明（图 1.1-120）应一致（但对于设计说明中管道用法兰连接的，建模中可以用焊接代替，因为法兰连接不美观，也不好调整）。

(5). 公称直径(DN)与PP-R管实际管径(mm)按下表规定选用:

	公称直径(DN)	15	20	25	32	40	50	—	—	备注
冷水	S5系列外径(mm)	20	25	32	40	50	63	—	—	热熔连接
	壁厚(mm)	2.0	2.3	2.9	3.7	4.6	5.8	—	—	
	S4系列外径(mm)	20	25	—	—	—	—	—	—	热熔连接
	壁厚(mm)	2.3	2.8	—	—	—	—	—	—	
热水	S3.2系列外径(mm)	20	25	32	40	50	63	—	—	热熔连接
	壁厚(mm)	2.8	3.5	4.4	5.5	6.9	8.6	—	—	

图 1.1-119 不同材质管道直径

(3) 屋面雨水管采用承压防紫外线雨水塑料管，采用螺帽压紧式连接，采用承压型伸缩节、承压型立管检查口等，
抗冲大弧度连接。雨水管道安装在干挂石材、幕墙内的，采用热浸镀锌钢管，卡箍连接。

(4) 地下室与潜水排污泵连接的管道，采用热镀锌钢管，管径>80卡箍连接，管径≤80丝接。

(5) 溢、泄水管：消防水池及消防的相应管道采用热镀锌钢管。

图 1.1-120 图纸中管道连接方式的规定

建模时用的阀门要和设计说明一致，例如图 1.1-121 所示。

5.1 阀门 阀门采用法兰连接，与阀门连接管件二次热镀锌安装 。

(1) 生活泵房内水泵吸水管上阀门均采用明杆闸阀，其余阀门可采用明杆闸阀或蝶阀。

(2) 生活给水管上DN50及以上采用全铜质闸阀，DN50以下采用全铜质截止阀，
管道上阀门公称压力：市政供水区、户内管上为0.6MPa；加压I区管上为1.0MPa，加压II区、加压III区管上为1.6MPa.

(3) 消防给水管道：消防水泵吸水管上采用球墨铸铁明杆闸阀，公称压力 1.0 MPa；其余部位采用球墨铸铁闸阀或双向型蜗杆
系统泵房内阀门及消火栓管道上的阀门公称压力2.0MPa.
自动喷淋系统水泵吸水管上采用球墨铸铁明杆闸阀，公称压力 1.0 MPa，水泵出水管上采用球墨铸铁明杆闸阀，公称压力 1
喷淋系统其余阀门均采用信号闸阀，开闭信号进入监控系统， 阀门公称压力为 1.60MPa.

图 1.1-121 设计说明中关于阀门选取的规定

建模时系统名称和缩写要与设计说明（图 1.1-122）一致。

图 例	名 称	图 例
—J—	市政给水管	2JL
—1J—	加压I区给水管	3JL
—2J—	加压II区给水管	2XHL
—3J—	加压III区给水管	1XHL
—CF—	车库压力排水管	ZPL
—W—	污 水 管	YL
—F—	废 水 管	FYL

图 1.1-122 设计说明汇总的系统类型图例

通过设计说明，了解图纸中标高的具体含义，例如图 1.1-123 所示。

13.2 本图所注管道标高：除图中特别注明外， 给水、消防、压力排水管等压力管指管中心；污水、废水、雨水、溢水、泄水管等重力流管道和无水流的通气管指管内底。排水管(含内院检查井)均指管内底，管道穿钢筋混凝土外墙有套管的，标高均指套管中心。

图 1.1-123 设计说明中关于标高的规定

（2）平面图和系统图。建模时，水专业平面图和系统图应对照着看。先通过分析系统路由，搞清楚管道走向和设计意图，再开始建模。管道材质颜色要和平面图上的管道颜色一致。

2. 电气专业图识读

（1）设计说明。设计说明可以查看设计范围，明确项目中有哪些电气专业，如图 1. 1-124 所示。

2.1本工程设计包括以下内容：10/0.4kV变、配电系统、电力配电系统、照明系统、建筑物防雷、接地系统及安全、消防电气环保和节能等。

图 1. 1-124　电气设计范围

电箱图例、安装高度一般列在设计说明中，如图 1. 1-125 所示。

序号	图例	名称	型号规格	数量	备注
1		照明配电箱	BX系列	按实	暗(明)装，1.5 m 住宅户内及幼儿园照明终端箱为+1.8m
2		动力配电柜/箱	GDH系或BX系列	按实	落地式垫10号镀锌槽钢安装/暗(明)装，1.5 m
3		总箱	GDH系或BX系列	按实	落地式垫10号镀锌槽钢安装/暗(明)装，1.5 m
4		双电源自动切换配电箱	BX系列	按实	暗(明)装，1.5 m
5		落地型双电源自动切换配电柜	GDH系列	按实	落地式垫10号镀锌槽钢安装
6		明(暗)装设备控制箱	BX系列	按实	暗(明)装，1.5 m
7		落地设备控制柜	GDH系列	按实	落地式垫10号镀锌槽钢安装
8		电表箱	BX系列	按实	暗(明)装，1.5 m

图 1. 1-125　电箱图例

（2）各专业平面图。看电气平面图时，试一下看图软件的“显示线宽”功能，有的设计院桥架根据尺寸不同，用不同线宽的线绘制桥架，比较直观。

建模时，桥架和桥架配件的名称要和图纸中的一致。

有的设计院图纸上只有桥架代号，没有桥架尺寸，可到布局空间中看看是否在出图的说明中。

有时候桥架比较零散，可以使用隔离图层的功能，把桥架所在的图层复制出来观察。

有的设计院相同功能的桥架不会全部标注，遇到时要看看其他类似部位桥架的尺寸，如果还是无法判断，再联系设计单位。

3. 暖通专业图识读

（1）设计说明。先看设计说明中图纸的设计范围，如图 1. 1-126 所示。

四.设计范围：

1. 住宅、地下室功能用房、商业等通风设计
2. 各个单体及地下室等的防排烟消防设计。
3. 幼儿园空调、消防设计，本次设计以预留空调室外机位、管井等的各项条件。

图 1. 1-126　暖通设计范围

风管的材料、保温和防火措施也在设计说明中（图 1. 1-127）。风管防火材料厚度是净高分析和管线综合中要考虑的一个非常重要的因素。

2.2本项目通风风管均采用热镀锌钢板制作。排烟系统可采用钢质隔热防排烟风管或镀锌钢管制作。当采用钢质隔热防排烟风管
由无机耐火层与高分子，隔热层组成，双面复合压花彩钢，耐火极限判定必须，满足GB/T17428（通风管道耐火试验方法
整性和隔热性同时达到时，方能视作符合要求，并提供防排烟风管耐火完整性与隔热性检测报告。耐火极限0.5小时的参考板材厚
耐火极限1.0小时的参考板材厚度40mm，耐火极限2.0小时的参考板材厚度70mm。当排烟风管采用镀锌钢板时，矩形风管材

图1.1-127　关于风管防火包裹的规定

人防风管尺寸中DN和外径的对应关系，也在设计说明（图1.1-128）中。建模时，管道要正确配置DN对应的外径。

人防DN/D转换表

型号	DN200	DN300	DN400	DN500	DN600	DN800	DN1000
d（手电动）	200	300	400	500	664	860	1100

图1.1-128　人防管材直径选取表

设计说明中图例也很重要。建模时，防火阀的选取应和图纸说明一致。

（2）平面图。暖通平面图识读要结合详图和剖面图。

风管属于哪个系统，可以看风管连着的风机的编号。如图1.1-129所示，风机为PY（F），查图1.1-130，PY（F）对应平时排风兼排烟系统。

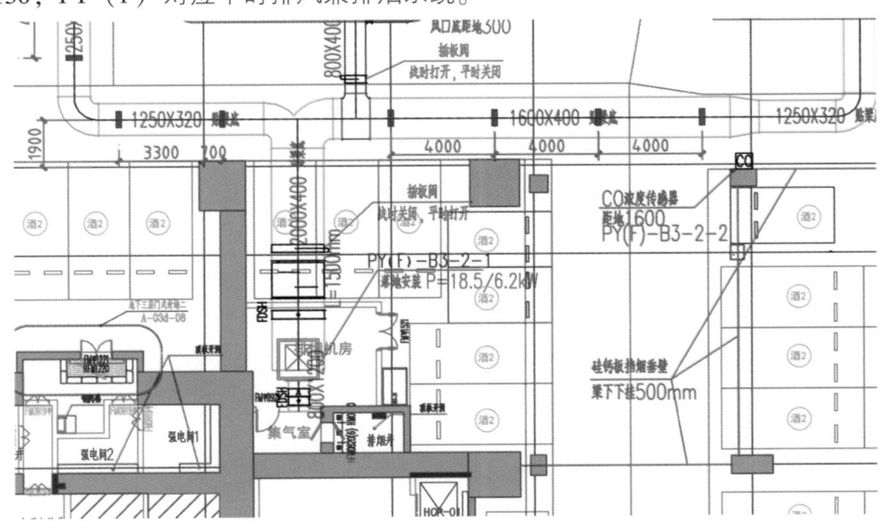

图1.1-129　风机引出说明

PY	排烟风机	JS	加湿器
P(Y)	排风兼排烟机组	XB	蓄冰装置

图1.1-130　对应的风机型号表

风口建模时，位置和方向要和平面图一致。Revit中布置的风口默认是下开的，如何快速翻转180°达到开口向上的效果，可参考第4章的有关内容。

Q8 车库建筑平面和层高是怎样组成的

1. 车库建筑平面图分析方法

可以按点线面分析法分析车库平面布置。点（图1.1-131）即出入口，包括汽车坡道、主楼地下门厅、车库疏散楼梯等。线（图1.1-132）指地下车库的行车路线，面（图1.1-133）代表停车空间、设备空间、防火分区、人防分区等区域。

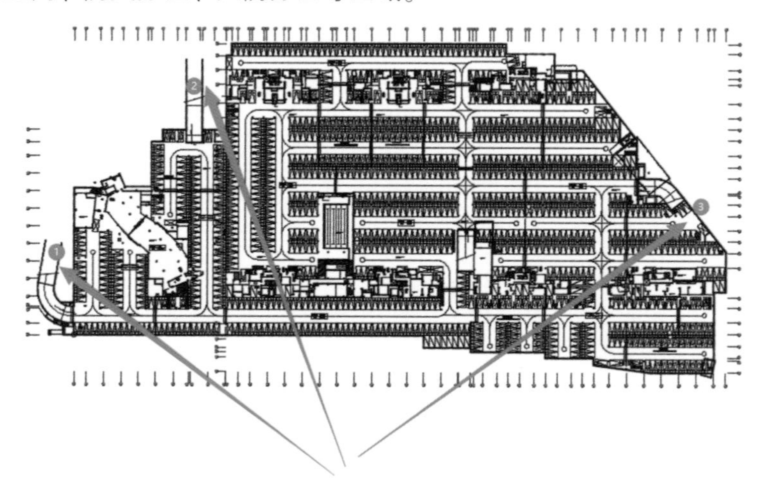

图1.1-131　车库中的“点”

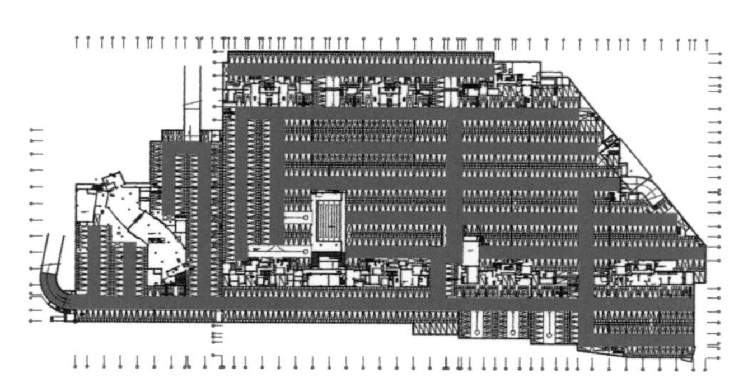

图1.1-132　车库中的行车路线

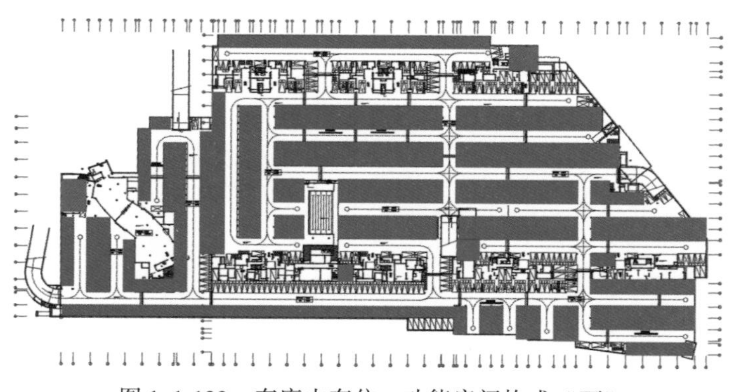

图1.1-133　车库中车位、功能房间构成“面”

拿到地下室建筑图时，应从汽车坡道出发，沿着行车路线走一圈，过程中标出水泵房、消防控制室、报警阀间、低压所等功能房间的位置，这样地下室的平面布置就能搞清楚了。

2. 建筑剖面分析方法

影响车库层高的因素有主梁高、板厚、面层厚度、风管高度、喷淋管高度、车道最小净高等。对管线综合来说，最重要的是主梁高、风管高和业主要求的使用净高。

主梁高和柱距、覆土深度、结构体系等有关。框架结构的车库，主梁高度为 700mm、800mm、900mm 左右；无梁楼盖体系，板厚 300 ~ 400mm，柱附近需要考虑柱帽高度 800mm 左右。

如图 1. 1-134 所示，成排管道和风管一般走在梁下部；管道交叉时，利用梁窝的空间翻弯避让。

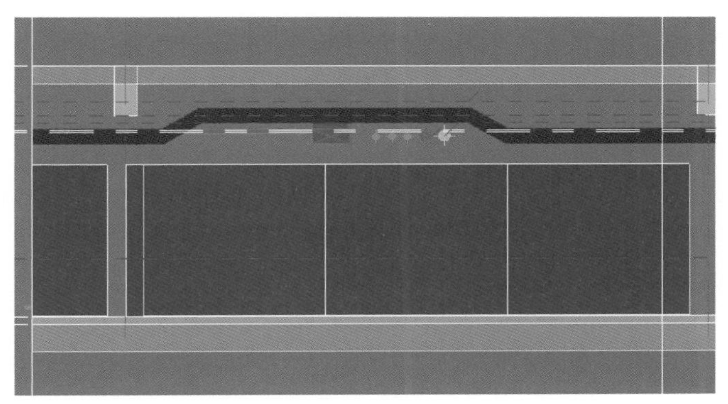

图 1. 1-134　利用梁窝的空间翻弯避让

框架结构中间楼层板厚 150 ~ 200mm，顶板覆土时板厚一般为 200 ~ 300mm。人防区顶板厚度不小于 250mm。

车库底板面层厚度一般取 100mm，面积较小的中间层或夹层地面面层厚度一般取 50 ~ 70mm。

风管高度在 400mm、320mm 左右。

宽度大于 1. 2m 的成排管道或风管，下方要增加喷淋头，需占用 100mm 的空间。

地下车库净高，规范不小于 2. 2m；常规开发商的标准要求车道大于 2400mm（图 1. 1-136），车位大于 2200mm（图 1. 1-135）。

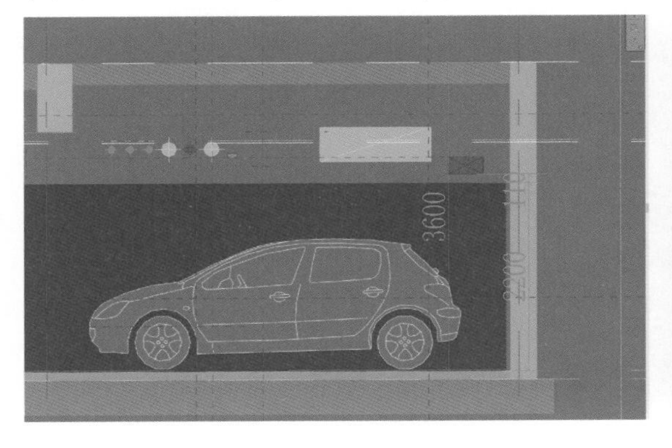

图 1. 1-135　车位位置净高层高组成

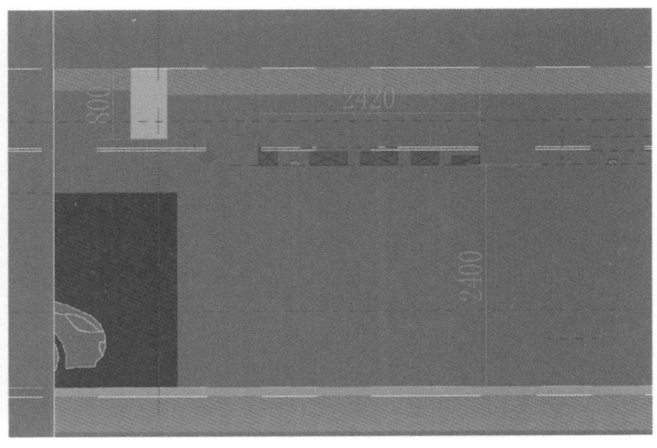

图 1. 1-136　车道位置层高组成

第2节　机电系统原理

Q9 地下室有哪些机电系统

住宅项目中的机电系统，可以按照水、通风、电划分成三大类。

水暖电系统都是按照“管线——→功能房间——→管线——→终端”的方式布置路由的，下面只对各系统进行概述，详细的路由分析见后面小题。

1. 与水有关的系统

与水有关的系统，按部位可划分为地下室和主楼两个系统，如图1.2-1所示。

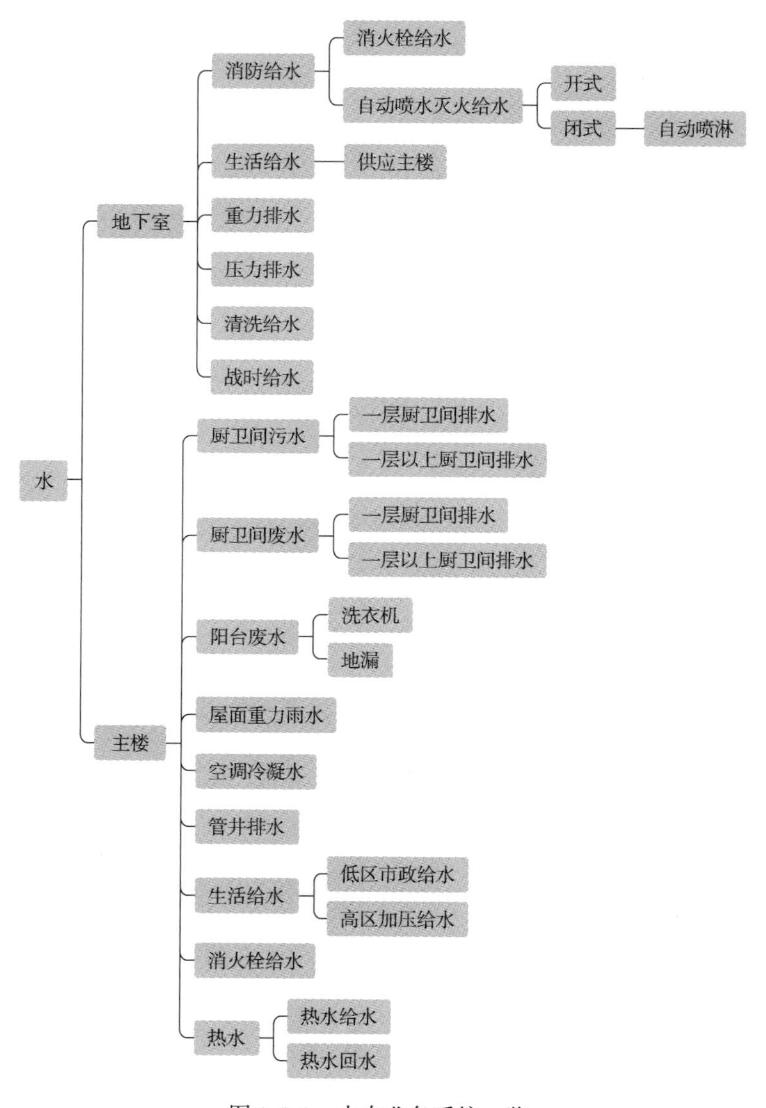

图1.2-1　水专业各系统一览

在咨询单位，住宅项目主楼（图 1. 2-2）一般只建立一层给水排水管道的模型，用来获取地下室外墙留洞图和出咨询报告。

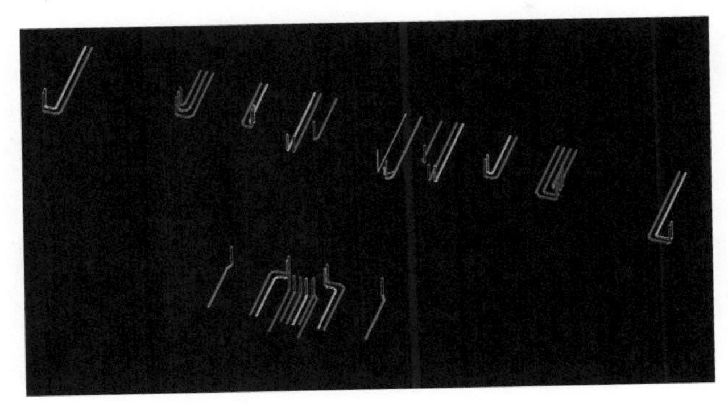

图 1. 2-2　某主楼一层给水排水管道

地下室里面有消防给水、生活给水、重力排水、压力排水、清洗给水、战时给水等系统。

从消防泵房出发，通过环状的管网，为地下室和主楼的消火栓供水，这就是消火栓系统（图 1. 2-3）。

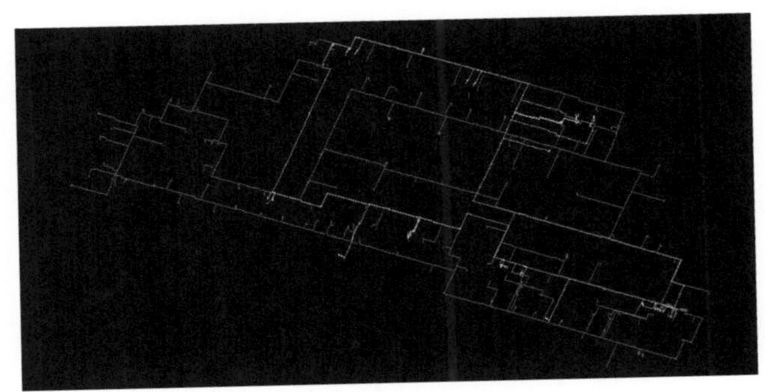

图 1. 2-3　消火栓系统

从消防泵房出发，经过湿式报警阀发出的喷淋主管到达各个防火分区，经水流指示器连接喷淋支管和喷头，这就是喷淋系统（图 1. 2-4）。

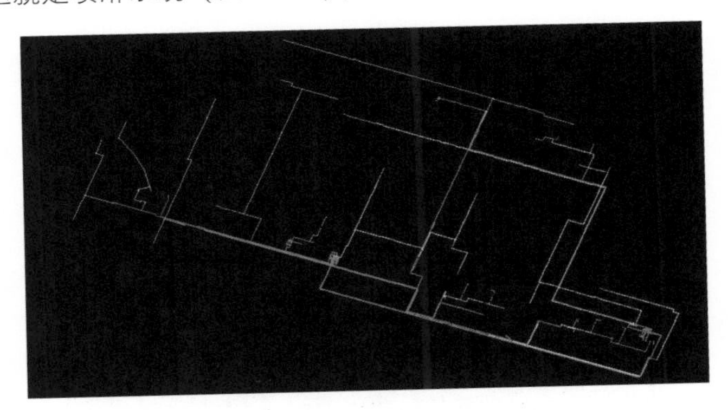

图 1. 2-4　喷淋系统

从生活水泵房出发，将市政给水送向各个主楼，这就是给水系统（图 1. 2-5）。

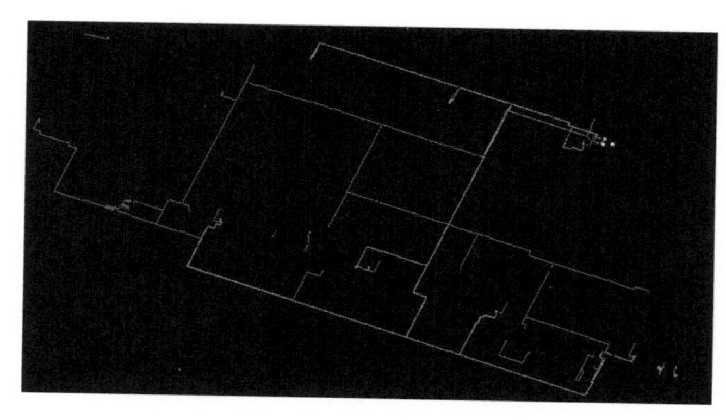

图 1.2-5　给水系统

将集水坑中的水，通过水泵排到室外，这就是压排（压力排水的简称，后同）系统。

2. 与暖通有关的系统

与暖通有关的系统（图 1.2-6），住宅工程地下室建模时，主要为消防和人防有关的系统。

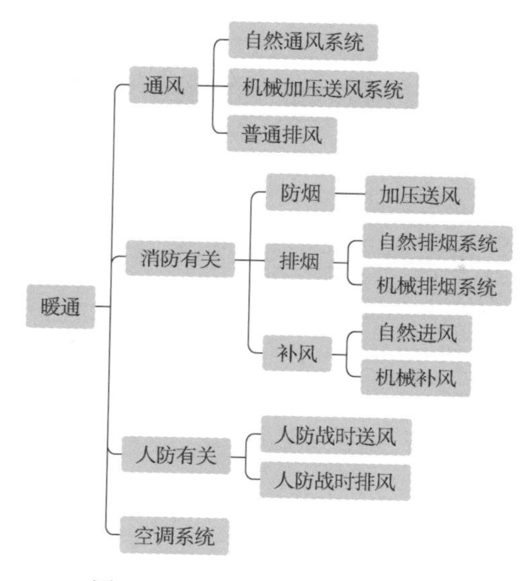

图 1.2-6　暖通专业各系统一览

平时风机通过风管，将地下室空气抽到室外，以保证室内外空气流通。火灾发生时，切换到排烟状态，将火灾产生的烟气排走。某地下室所有暖通系统如图 1.2-7 所示。

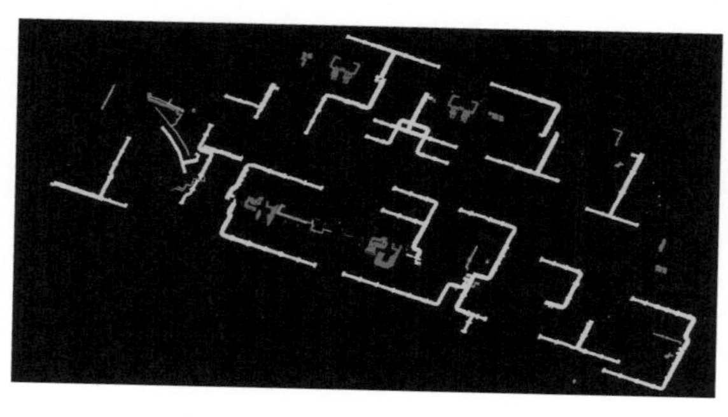

图 1.2-7　地下室暖通系统

3. 与电有关的系统

与电有关的系统（图 1.2-8），可按强电和弱电分为几大块。

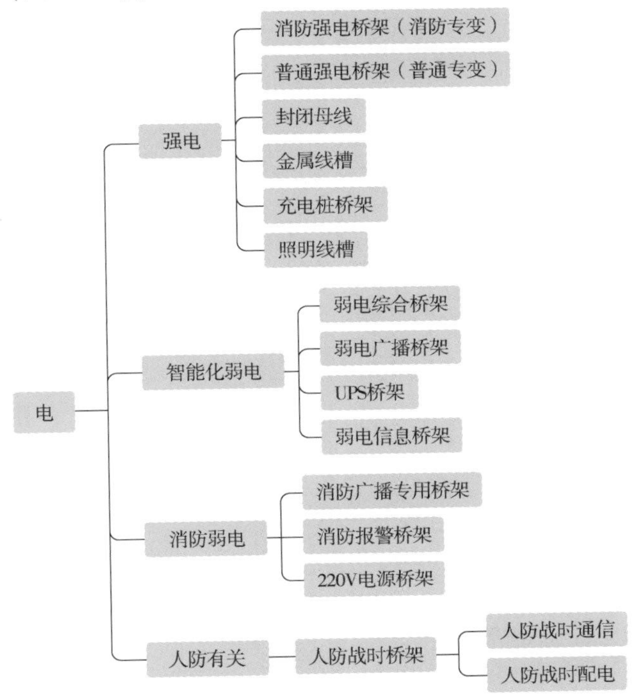

图 1.2-8　电气专业各系统概览

强电系统从专变配电间出发，为主楼和地下室设备提供电能。弱电系统从弱电机房和消防控制室出发，连接主楼和地下室的消防和安防设备。

4. 小结

对于建模、出留洞图、调管综、出图等各个阶段，都可以对照上面所讲的各系统概览图，检查是否有遗漏的系统。

Q10 给水系统有哪些注意点

1. 给水系统路由（图 1.2-9）

住宅项目通常分区进行供水。地下室至地上几层由市政直接供水，高层住户由生活水泵房加压后供水。

市政直供水压力较低，除了给底层住户供水，还为地下室各水箱水池、地库冲洗水及人防区战时水箱供水。战时水箱战前安装，因此不用建模，在附近预留给水管接头即可。

2. 管道布置规律

如图 1.2-10 所示，市政给水管 1 穿地下室外墙进入室内，成为干管 2。支管 3 从干管 2 分出，进入主楼水井后变成立管 4，为主楼低区住户供水。

随着需要供应的主楼数量减少，管道直径不断变小。本工程中，低区给水管直径变化如下：DN150 ⟶DN100 ⟶DN80 或 DN65（两个主楼立管）⟶DN50（一个主楼立管）。

进入消防水池的给水管道，规范要求直径不小于 DN100。

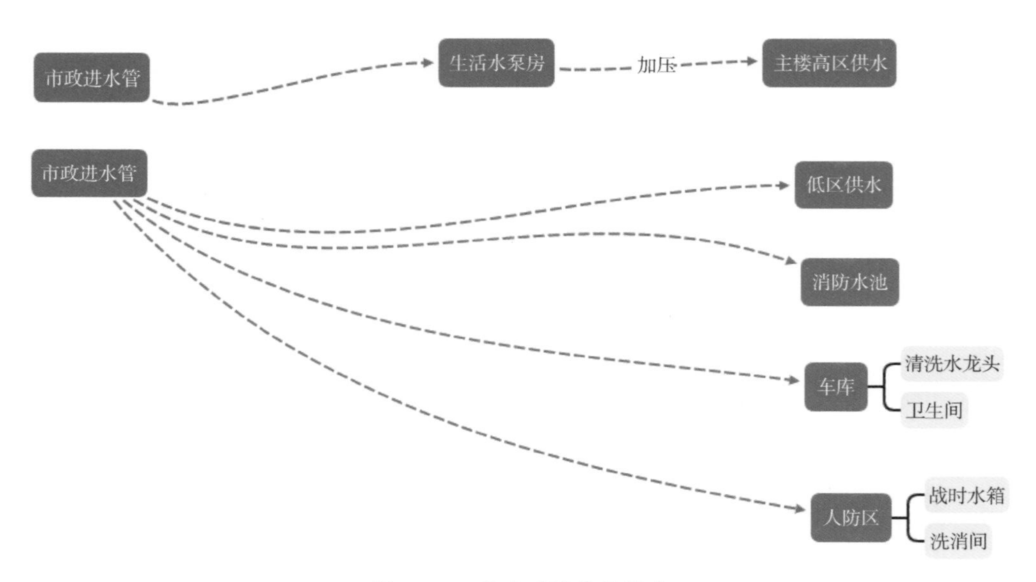

图 1. 2-9　给水系统常见路由

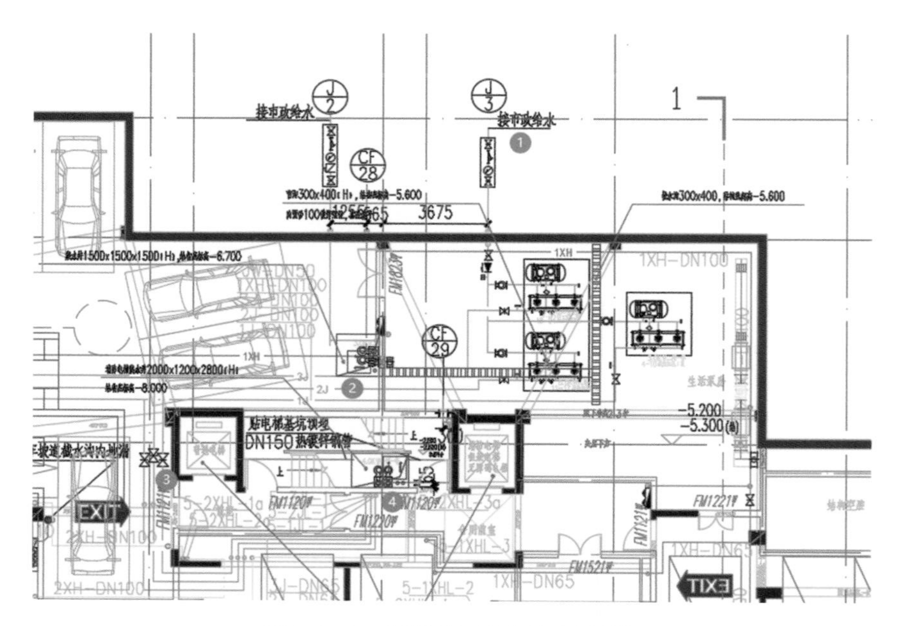

图 1. 2-10　某项目地下室给水平面图

图 1. 2-10 中，另外一路市政给水管干管 5（直径 DN150），进入水泵房后由 3 个加压设备加压。加压设备后的给水管道直径为 DN100。

随着需要供应的主楼数量减少，管道直径不断变小，本工程中，高区给水管直径变化如下：DN100 ⟶DN80（两个主楼）⟶DN65（一个主楼）。

为了检修方便，进入主楼前的水管上会设置闸阀。

3. 生活水泵房设备简介

生活水泵房有“市政直供水⟶水箱⟶给水泵组⟶加压给水”和“市政直供⟶无负压给水设备⟶加压给水”两种常见的形式。现场照片如图 1. 2-11 ~ 图 1. 2-13 所示。

图 1. 2-11　带水箱的给水泵房

图 1. 2-12　无负压给水设备

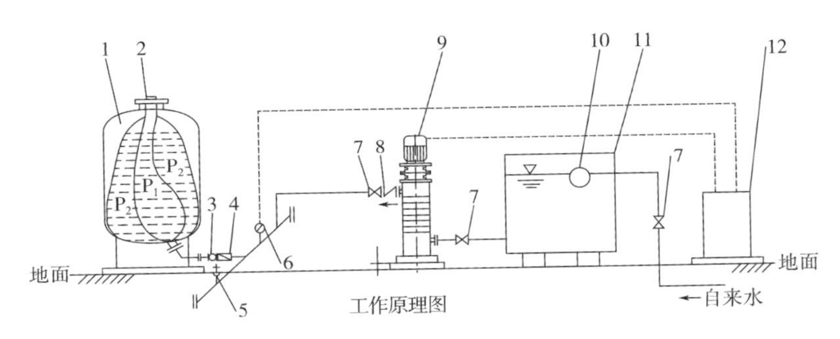

图 1. 2-13　气压给水装置原理

1—隔膜式气压水罐　2—充气口　3—橡胶软接头　4—蝶阀
5—安全阀　6—电接点压力表　7—闸阀　8—正回阀
9—水泵　10—浮球阀　11—贮水池　12—电控柜

气压罐用于保持管网内的压力，作用相当于高位水箱和水塔。水泵启动时，气压罐进水，罐内空气被压缩。停泵后，气压罐内的压缩空气对管网内的水产生压力，保持管网内水压。用户用水时，管网内水的体积变小，气压罐内空气体积变大。罐内空气压强降低到一定程度时，水泵重新启动。

使用气压罐，能保持水压，减少开泵次数，节约能源。

Q11 消火栓系统有什么规律

1. 消火栓系统路由（图 1. 2-14）

住宅项目室内消火栓管网通常分为 2 个区：高层住宅前室消火栓为高区，地下室部分为低区。

消火栓系统的水源为消防水池、屋面水箱和水泵接合器。屋面水箱用于保持管网压力，提供火灾初期扑救水源。消防水池用于提供火灾扑救的主要水源。当消防水池的水也不够用时，消防车通过水泵接合器给管网加水，具体细节见图 1. 2-15。

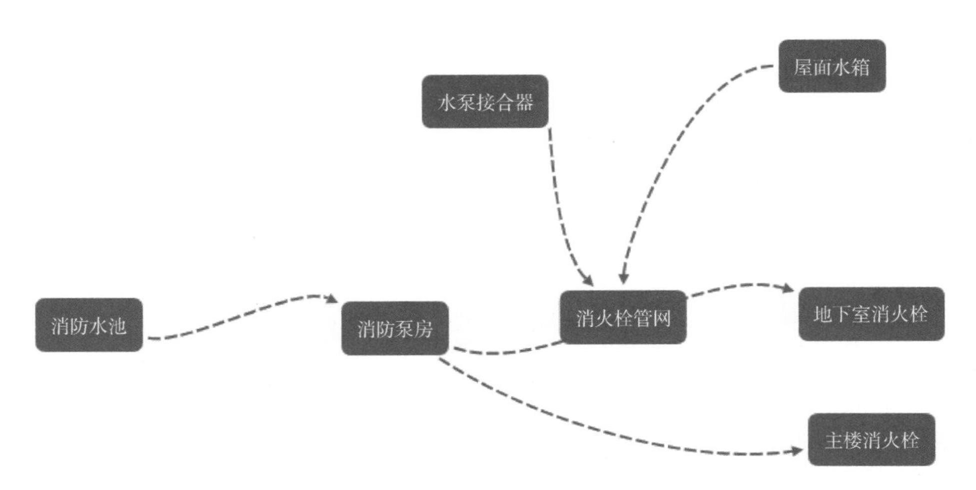

图 1.2-14 消火栓系统路由

消火栓管网环装布置。每个环有两个给水管，以保证可靠性。

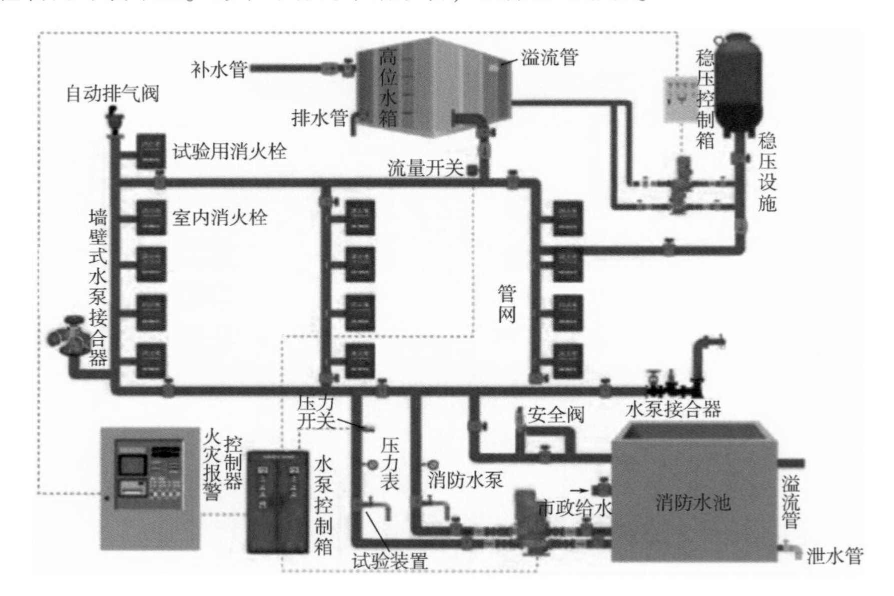

图 1.2-15 消火栓系统细节

2. 管道布置规律

（1）管道。低区消火栓系统主管直径一般为 DN150，连接消火栓的支管直径为 DN65。高区消火栓系统，主管直径一般为 DN150，进入主楼的竖向立管直径为 DN100。（规范规定主楼消防立管最小直径为 DN100，以保证消防车向管网供水）

（2）消火栓。消火栓栓口离地 1.1m。建模时注意是栓口离地 1.1m，不是接入消火栓箱的管道离地 1.1m。连接消火栓的支管直径为 DN65。有的设计院图纸会标注 DN70，实际指的还是 DN65 管。

地下室消火栓位置有两条规范要求：

1）相邻的消火栓最小间距（人的步行路线）小于 30m。

2）室内任意一点同时有两个消火栓的充实水柱可以到达。消火栓充实水柱长度在设计说明中可以找到，接上消防箱内 25m 长的水带后，充实水柱起点可以从水带出水口算起。

当消火栓影响车位时，可以根据以上两条调整消火栓位置。

（3）阀门。地下室消火栓环网中，每个阀门控制的消火栓数不大于5个。这是为了控制检修时停用的消防栓的数量。知道这一点，可以防止建模的时候漏画阀门；调管综移动消火栓位置时，也可以知道哪里需要重新放阀门。

Q12 湿式自动喷水灭火系统是怎样工作的

1. 自动喷水灭火系统的分类和工作原理

按照喷头平时的开闭状态，可以将自动喷水灭火系统划分为闭式和开式两类，如图1.2-16所示。

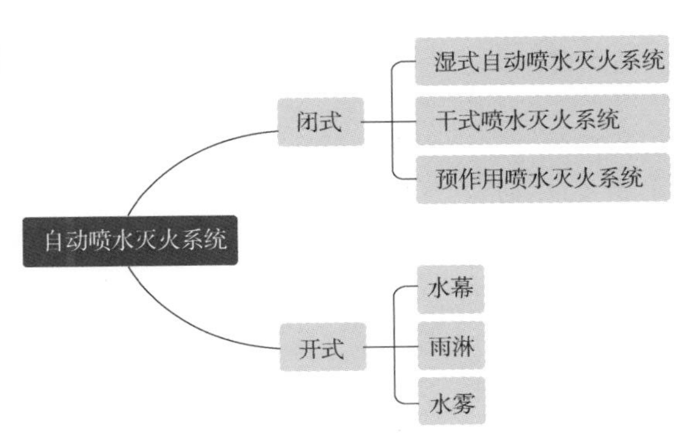

图1.2-16 自动喷水灭火系统分类

如图1.2-17所示，湿式自动喷水灭火系统的工作原理为：火灾发生的初期，室内温度不断上升，喷头破坏，自动喷水灭火。此时，管网中的水发生流动，水流指示器发出信号，在报警控制器上指示某一区域已在喷水。

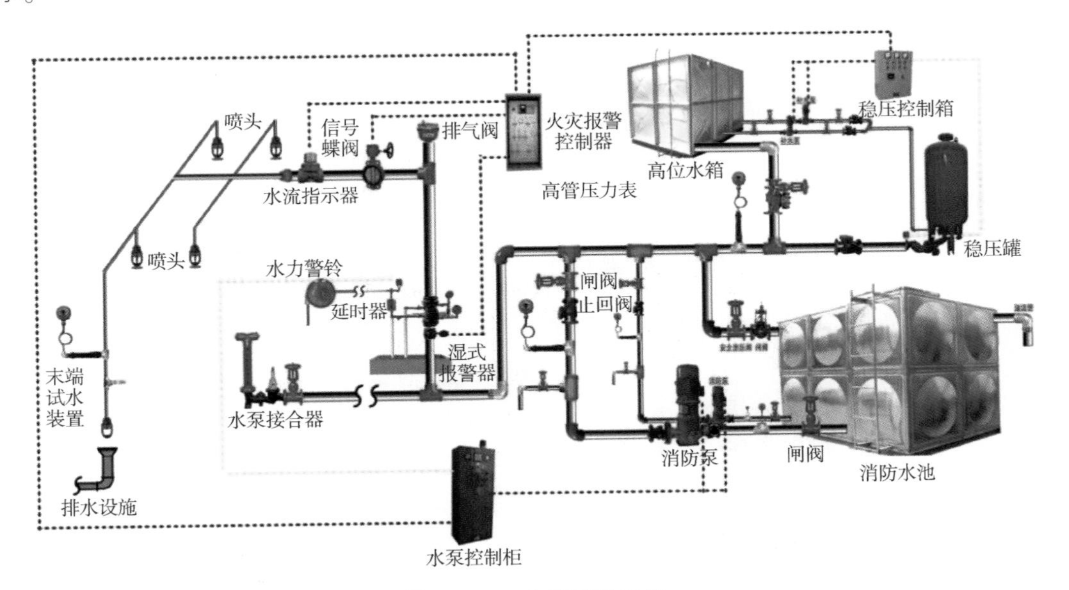

图1.2-17 自动喷淋系统

持续喷水造成报警阀的上部水压低于下部水压，其压力差值达到一定值时，原来处于关闭状的报警阀就会自动开启。同时，消防水通过湿式报警阀，流向干管和配水管供水灭火。

一部分水流沿着报警阀的环节槽进入延迟器，压力开关及水力警铃等设施发出火警信号。根据水流指示器和压力开关的信号或消防水箱的水位信号，控制箱内控制器能自动启动消防泵向管网加压供水，达到持续自动供水的目的。

干式喷水灭火系统的特点为报警阀后管道内无水，配水管网内平时充有有压气体。火灾时，喷头先喷出气体，管网内压力降低，供水管道的压力打开控制信号阀，水进入配水管网，接着从喷头处喷出灭火。优点是不怕冻，缺点是比较复杂，灭火速度慢。

预作用喷水灭火系统管网中平时不充水，发生火灾时，火灾探测器报警后，自动控制系统控制阀门排气、冲水，由干式变为湿式系统。只有当着火点温度达到开启喷头时，才开始喷水灭火。

雨淋系统采用的是开式喷头，所以喷水是在整个保护区域内同时进行的。发生火灾时由火灾探测传动系统感知火灾，控制雨淋开启，接通水源和雨淋管网，喷头出水灭火。雨淋阀之后的管道平时为空管，火灾时由火灾探测系统中两路不同的探测信号自动开启雨淋阀，由该雨淋阀控制的系统管道上的所有开式喷头同时喷水，从而达到灭火目的。

水幕系统喷头沿线状布置，发生火灾时主要起阻火、冷却、隔离作用。系统主要由开式喷头、水幕系统控制设备及探测报警装置、供水设备、管网等组成。适用于需防火隔离的开口部位，如舞台与观众之间的隔离水幕、消防防火卷帘的冷却等。

湿式自动喷水灭火系统的路由如图 1. 2-18 所示。

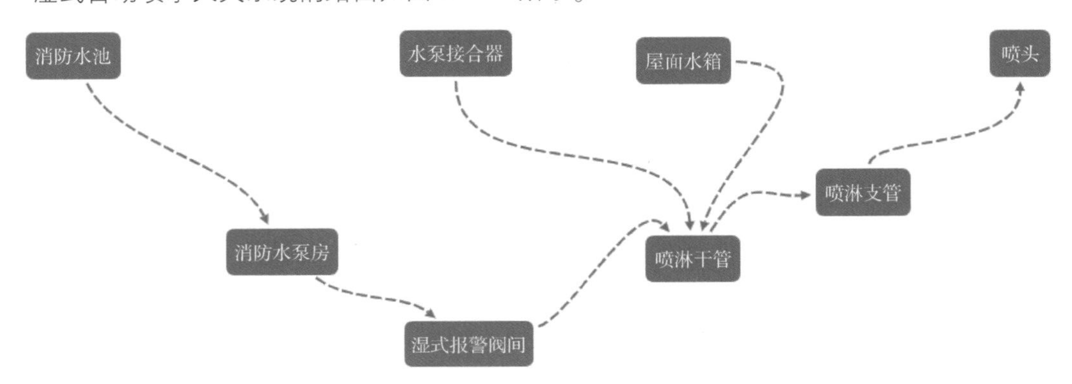

图 1. 2-18　自动喷淋系统路由

报警阀间现场照片如图 1. 2-19 所示。

图 1. 2-19　报警阀间现场照片

2. 湿式自动喷水灭火系统布置规律

（1）管道。喷淋干管从报警阀间或是消防泵房的报警阀出发，管径一般为 DN150。喷淋干管进入防火分区后，经过电磁阀和水流指示器，连接喷淋支管。

喷淋支管随着连接的喷头数量变少，直径也不断变小。最小的支管不小于 DN25。

Q13 地下室和主楼有哪些给水排水系统

1. 地下室里面的给水排水系统

如图 1.2-20 所示，除了前面提到的生活给水和消防给水系统；地下室还有重力排水、压力排水、清洗给水、战时给水等系统。

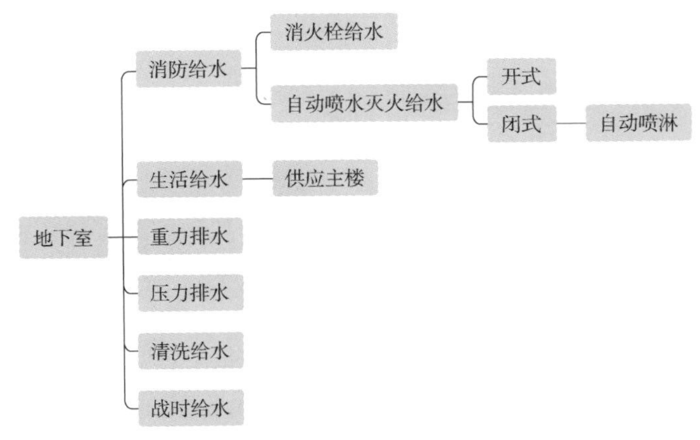

图 1.2-20 地下室水专业

(1) 重力排水。主要位于人防区，人防口部的水通过地漏、排水横管进入集水坑。建模时注意不要遗漏，地漏要选用防爆地漏族。

排水管一般为镀锌钢管，尺寸一般为 DN80、DN100。

(2) 压力排水。人防口部、车库大面、坡道旁边有集水坑，集水坑里面的水通过水泵排到室外。

有水泵的地方就有管道，建模时注意不要遗漏。另外，不同位置的集水坑，排水管的管径可能不同，对应的水泵规格也不同，需要注意。

水泵连接的管道为 DN50 时，两个水泵排水管汇合后一般为 DN65；水泵连接的管道为 DN80 时，两个水泵排水管汇合后一般为 DN100。

(3) 清洗给水。从市政给水管分出，到达车库各个角落，端头接水龙头。用于地下车库的清洗给水，不是每个工程都有。建模时注意检查一下平面图，不要遗漏。

管道尺寸随着距离变远，从 DN50 变为 DN32，最后变为 DN25 连接水龙头。

(4) 战时给水。战时给水从战时水箱出发，通向人防口部等用水点。

尺寸一般为 DN65 ⟶DN50 ⟶DN32 ⟶DN25 不断减小。

注意建模时穿剪力墙位置加套管。

战时水箱的给水管，人防和非人防设计院画的接头位置可能不同，建模的时候要注意对上。

2. 主楼里面的给水排水系统

为了出地下室留洞图，需要先绘制主楼一层的给水排水管道。相关的给水排水管道有：厨卫间污水管、厨卫间废水管、阳台废水管、雨水管、空调冷凝水管、管井排水管、连廊排水管、生活给水管、消火栓管、热水管等，见图 1.2-21。

(1) 厨卫间污废水管系统。卫生洁具的排水管为污水管（图 1.2-22），厨卫间其他的排水管为废水管。

通常一层的厨卫间单独设置排水管，直接排到污水井中，不和楼上的排水立管相连。因为一层位置的管道最容易发生堵塞，如果一层厨卫间接到立管上，发生管道堵塞时，污废水会直接回流到一层室内。

厨卫间废水管一般埋地部分为铸铁管，地上部分为 UPVC 管，管径一般为 De110。

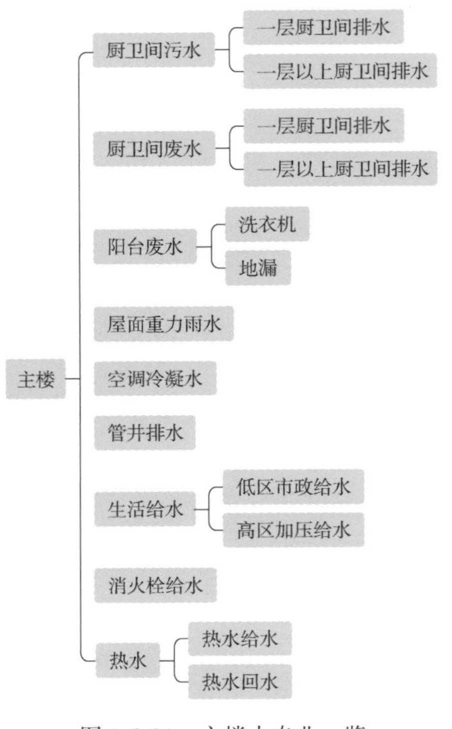

图 1. 2-21　主楼水专业一览

图 1. 2-22　卫生间管道现场照片

（2）阳台废水管。阳台废水管用于排除阳台地面的水和洗衣机的废水，尺寸一般为 DN100。

（3）雨水管。雨水管尺寸一般为 De110。

（4）空调冷凝水管、管井排水管、连廊排水管。空调冷凝水管位于空调机位上，用于排空调运行的冷凝水，管道尺寸一般为 De75。管井和连廊的排水管，尺寸一般为 De110。

（5）生活给水管。高层建筑生活给水管分高区给水和低区给水。高区直径一般为 DN65，低区给水管直径一般为 DN50。多层建筑一般从车库顶板回填土内引市政给水管到室内。

（6）消火栓管。消火栓管从地下室接入主楼，尺寸一般为 DN100。

非人防区主楼一层底板比地下室顶板高（图 1. 2-23），污废水管穿地下室外墙进入回填土。人防区主楼一层结构底板一般和地下室顶板平齐，在回填土上做建筑面层，这样排水管不用穿人防墙。

主楼一层建模时应注意以下几点：

1）利用对称性。住宅楼一般都是对称的，而且不同位置的楼可能构造一模一样。观察图纸的对称性，多使用镜像和复制功能，可以大大加快建模速度。

2）只记住一层情况。主楼给水排水系统很多，但是和建模有关的只有一层。我们只要关注各种管道一层位置排水横管的标高和尺寸就行。

3）从所在房间出发确定管道用途。对着管道编号，在平面图和系统图之间来回切换查询，

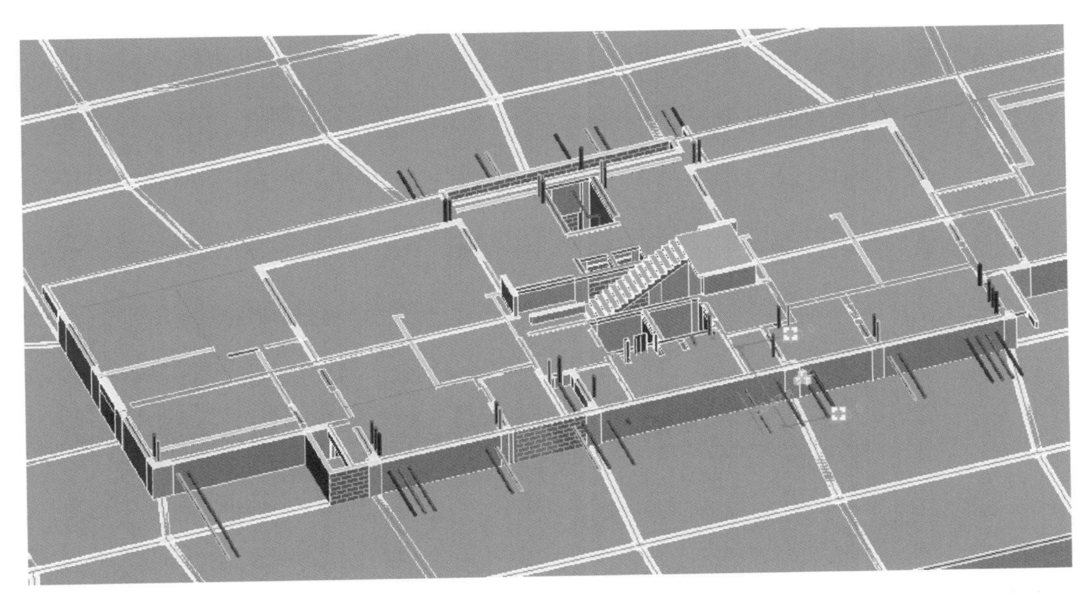

图 1.2-23　非人防区主楼一层楼板比地下室顶板高

会花费很多时间。如果我们看一下管道的位置，比如从卫生间接出来，那么这个管道必然是污废水管。这样可以节约来回查图纸的时间。

4）注意管道标高、外径表示的含义。污水、废水、雨水等重力流管道标高指管内底标高。管道穿钢筋混凝土外墙有套管的，标高均指套管中心。管道尺寸塑料管用外径 De 表示尺寸，金属管用 DN 表示尺寸。

图 1.2-24 中，雨水管标注标高 −0.600；表示管内底标高为 −600；建模时管中标高为 −550（−600 + 外径/2 − 壁厚）。

5）建模时，图纸上用 DN 表示的管可以都用铸铁管，De 表示的管都用 UPVC 管，不必和图纸上的材料一致。这样如图 1.2-25 所示，后期标注时，用插件就可以区分前缀。

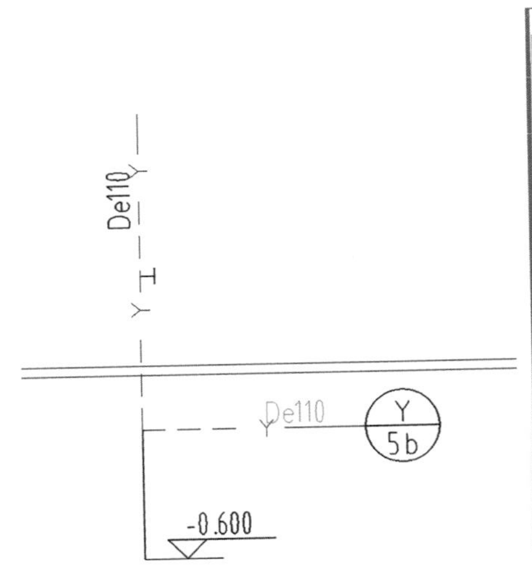

图 1.2-24　雨水管的标高示意

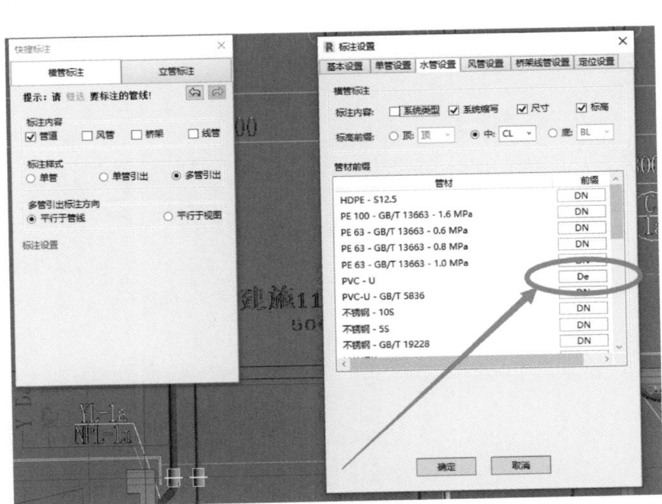

图 1.2-25　建模大师中标注设置界面

6）利用 Dynamo 建模。不同主楼相同管道的图层一般是一个名字。可以利用这一点，使用 dynamo 进行批量翻模。具体见第 4 章有关内容。

7）尺寸和标高要与图纸一一对应。

8）管道系统类型、颜色、缩写要和图纸一一对应。

Q14 消防有关的暖通系统是怎样工作的

下面介绍地下室常见的排风兼排烟系统、补风系统、正压送风系统等与消防有关的暖通系统，如图 1. 2-26 ~ 图 1. 2-28 所示。

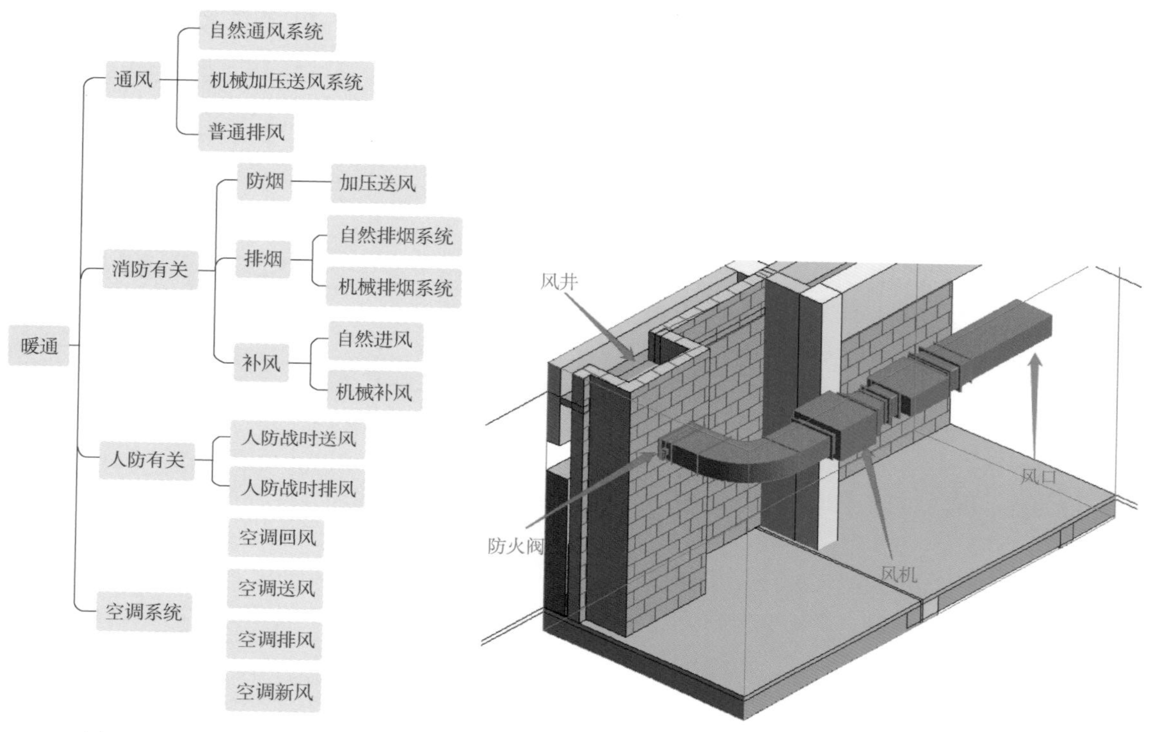

图 1. 2-26　地下室暖通系统

图 1. 2-27　通风系统局部

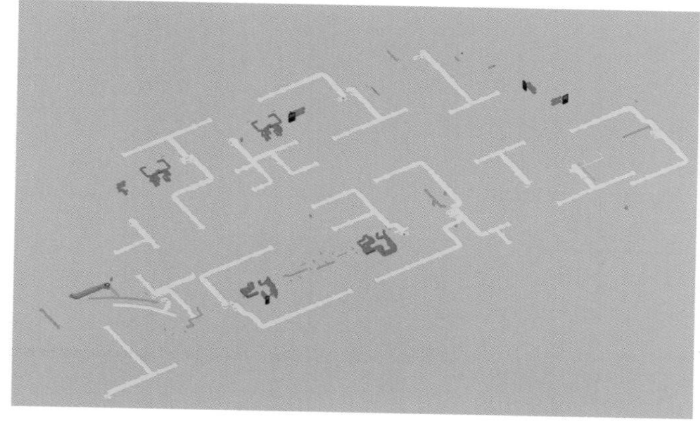

图 1. 2-28　某地下室所有风系统

1. 排风兼排烟系统

地下室排烟管道常与排风共用，是占空间最大的系统，也是净高分析和影响管道排布的主角，通常每个防烟分区有一段风管。

虽然规范要求只在每个防火分区有独立的排烟系统，但是地下室通风空调系统的风口一般都是常开风口，为了确保排烟量，当按防烟分区进行排烟时，只有着火处防烟分区的排烟口才开启排烟，其他都要关闭，这就要求通风空调系统每个风口上都要安装自动控制阀才能满足排烟要求。一般车库里面都是按防烟分区设置独立的排烟系统，这样就不用在每个风口都装自动控制阀了。

排烟系统路由为：室内⟶风口⟶风道⟶风机房⟶防火阀⟶风机⟶管井⟶室外。

如图 1. 2-29 和图 1. 2-30 所示，风机 2 启动，从风口 1 抽取空气进入风井 3 后排出。

规范规定每个防烟分区应设置排烟口，排烟口宜设在顶棚或靠近顶棚的墙面上。排烟口距该防烟分区内最远点的水平距离不应大于 30m，这是我们管综调整风道位置的依据。

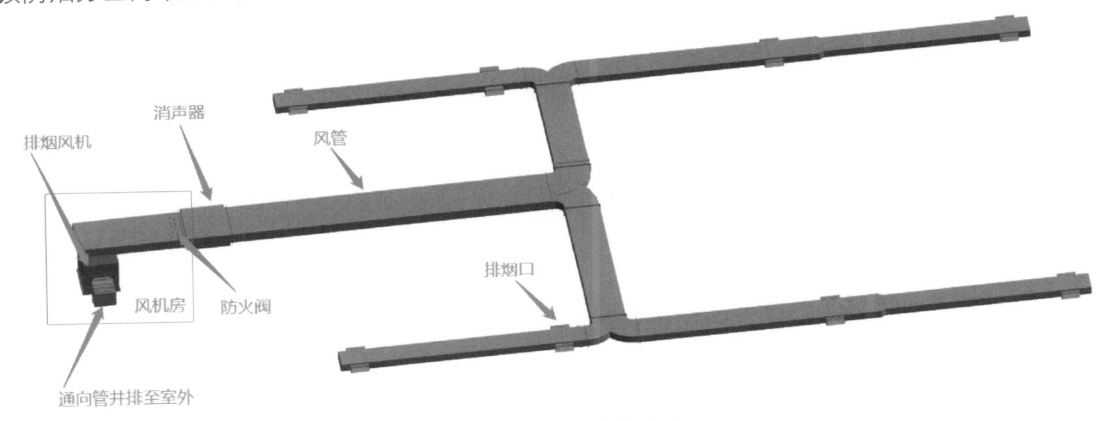

图 1. 2-29　排烟系统路由 1

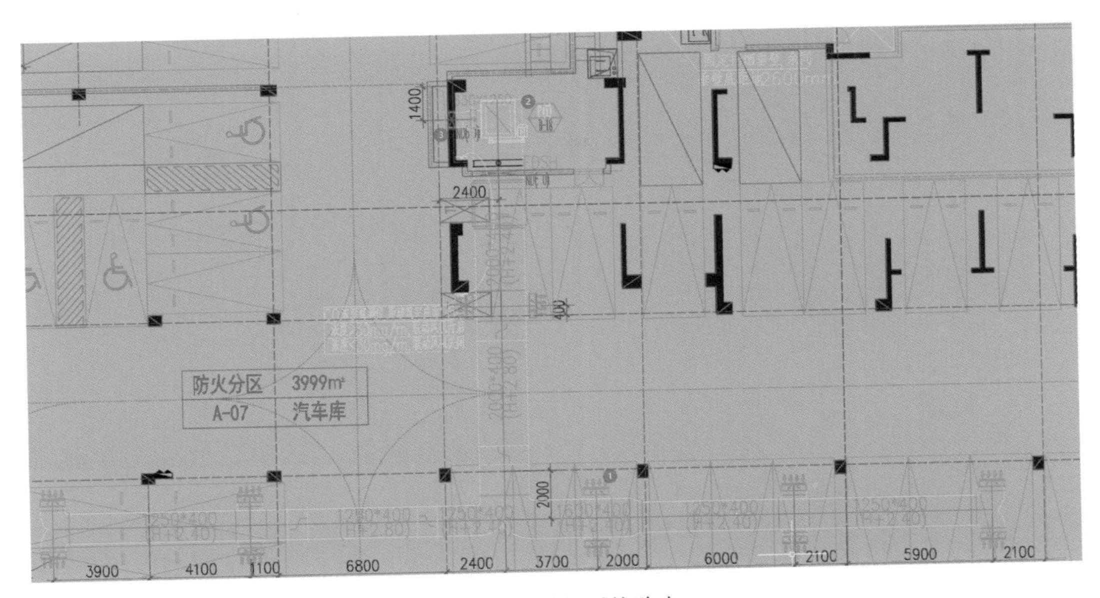

图 1. 2-30　排烟系统路由 2

排烟风机应能满足280℃时连续工作30min的要求，排烟风机应与风机入口处的排烟防火阀连锁，当该阀关闭时，排烟风机应能停止运转。当排烟风道内烟气温度达到280℃时，说明烟气中已带火，此时应停止排烟，否则烟火会扩散到其他部位造成新的危害。

侧开的风口，建模时风口和风管间距最小350mm，如图1.2-31所示。

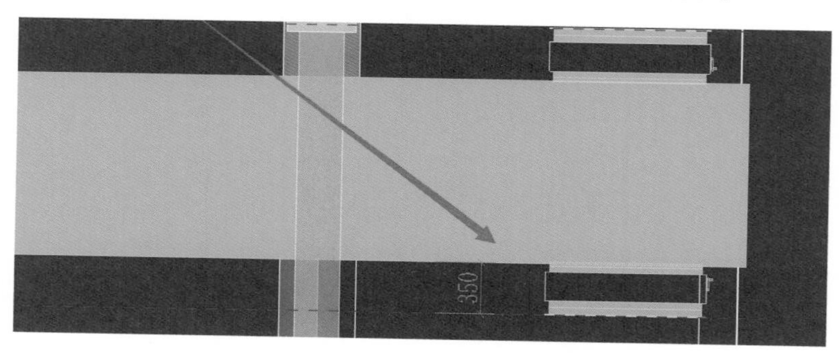

图1.2-31　建模时风口和风管间距

2. 补风系统

根据空气流动原理，有排烟则必须要有补风，才能有效地排除烟气，故规定除地上建筑的走道或建筑面积小于500m²的房间外，设置排烟系统的场所应设置补风系统，常常与送风共用。

如图1.2-32所示，在补风机房中，风机2（图1.2-33）工作，从风井1中集气，进入集气室3后，从百叶口4向室内补风。

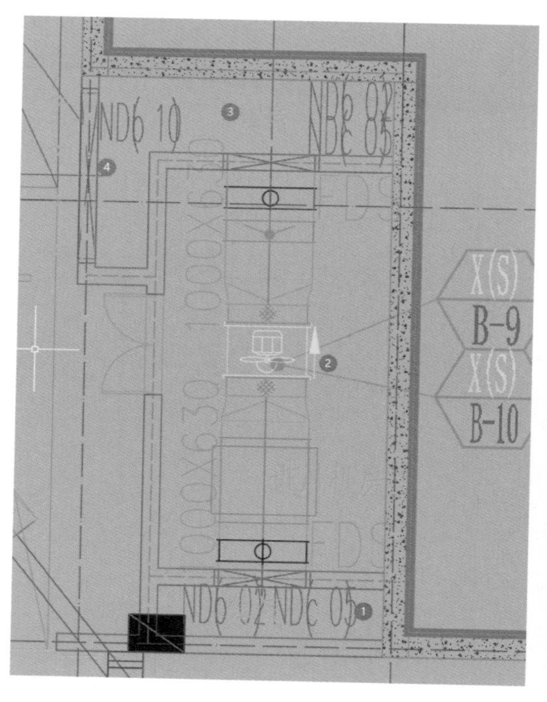

图1.2-32　补风机房

图1.2-33　吊装风机

规范规定，补风口与排烟口设置在同一空间内相邻的防烟分区时，补风口位置不限；当补风口与排烟口设置在同一防烟分区时，补风口应设在储烟仓下沿以下；补风口与排烟口水平距离不应少于5m。

3. 正压送风系统

图 1.2-34 楼梯间正压送风口

通过采用机械加压送风方式阻止火灾烟气侵入楼梯间、前室、避难层（间）等空间的系统。常规布置方式为：火灾发生时，正压送风机房风机启动，将室外空气送入风井。发生火灾的防火分区，楼梯前室正压送风口（图1.2-34）的常闭风阀打开，向前室送风。此时前室气压大于其他部位，火灾产生的烟气就无法进入前室了。

规范规定机械加压送风系统应采用管道送风，且不应采用土建风道。

4. 防火分区、防烟分区、储烟仓、挡烟垂壁

暖通图纸中经常能碰到防火分区、防烟分区、储烟仓及挡烟垂壁等名词，简要介绍如下：

（1）防火分区。防火分区是指用防火墙、楼板、防火门或防火卷帘分隔的区域，可以将火灾限制在一定的局部区域内（在一定时间内），不使火势蔓延，当然防火分区的隔断同样也对烟气起了隔断作用。在建筑物内采用划分防火分区这一措施，可以在建筑物一旦发生火灾时，有效地把火势控制在一定的范围内，减少火灾造成的损失，同时可以为人员安全疏散、消防扑救提供有利条件。

（2）防烟分区。防烟分区则是对防火分区的细分化，防烟分区内不能防止火灾的扩大，它仅能有效地控制火灾产生的烟气流动。火灾事故死伤者中，大部分是由于烟气导致的窒息或中毒，因此采取相应的措施控制烟气合理流动就显得尤为重要。

充分利用隔墙、顶棚下凸不小于500mm的梁、挡烟垂壁和吹吸式空气幕等划分防烟分区，阻断烟气传播，有利于控制火灾发生时火灾烟气的扩散程度。对于人员的自救，以及消防人员的救援工作都有着极大的帮助。

汽车库防烟分区的建筑面积不宜大于2000m²，且防烟分区不应跨越防火分区。

图 1.2-35 挡烟垂壁现场照片

（3）挡烟垂壁。用不燃烧材料制成，从顶棚下垂不小于500mm的固定或活动的挡烟设施。活动挡烟垂壁系指火灾时因感温、感烟或其他控制设备的作用，自动下垂的挡烟垂壁，现场照片见图1.2-35。

（4）储烟仓。储烟仓（图1.2-36），是位于建筑空间顶部，由挡烟垂壁、梁或隔墙等形成的用于蓄积火灾烟气的空间，储烟仓高度（厚度）即为设计烟层厚度。

当采用机械排烟方式时，储烟仓厚度不应小于空间净高的10%，且不应小于500mm。同时储烟仓底部距地面的高度应大于安全疏散所需的最小清晰高度。走道、室内空间净高不大于3m的区域，其最小清晰高度不宜小于其净高的1/2。

当采用机械排烟方式时，储烟仓的厚度不应小于空间净高的10%，且不应小于500mm。

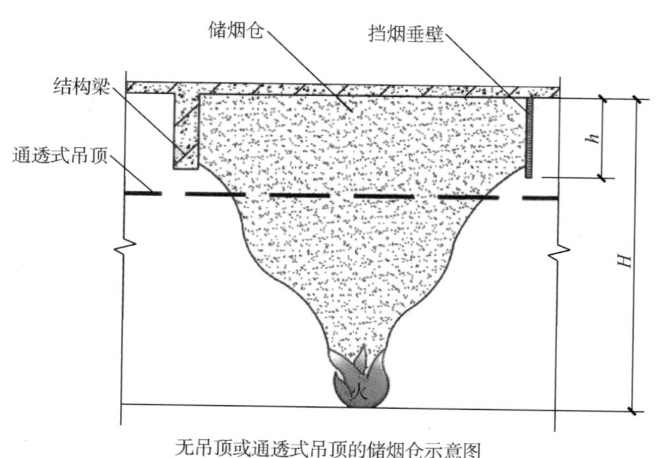

无吊顶或通透式吊顶的储烟仓示意图

图 1. 2-36　储烟仓示意图

Q15 人防和空调相关的暖通系统是怎样工作的

1. 人防通风系统

人防风管建模时，要注意设计说明上的管道 DN/D 转换表（图 1. 2-37），正确配置管道尺寸。

手动双连杆型密闭阀接管尺寸(内径)

内径 \ 公称直径	DN200	D315	DN400	DN500	DN600	DN800	DN1000
D	215	315	441	560	664	870	1090

图 1. 2-37　某项目人防风管 DN/D 转换表

人防进风系统一般和平时排风（排烟）系统共用一段风管。

如图 1. 2-38 所示，平时使用时，打开插板阀 1，关闭插板阀 2，平时风机（在插板阀 1 南面）为风管服务。战时插板阀 1 关闭，插板阀 2 打开。

人防排风系统一般自成体系，由轴流风机排风，见图 1. 2-39。

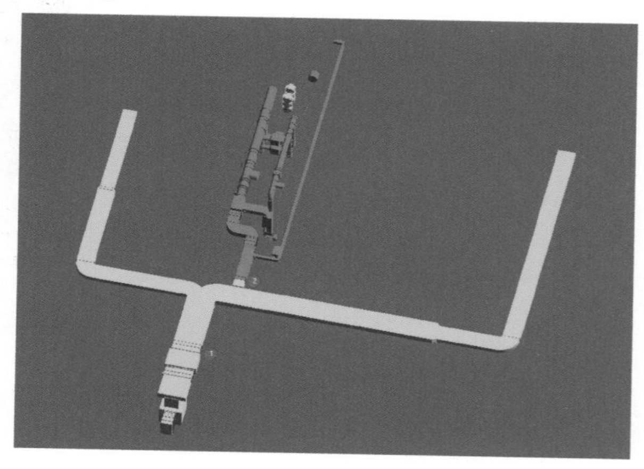

图 1. 2-38　平时风管和战时风管组合

战时通风是保障防空地下室战时功能的通风。包括清洁通风、滤毒通风、隔绝通风三种方式。

（1）清洁通风。清洁式通风是战时通风方式的一种。战时室外空气尚未受到污染时，就可实施清洁式通风。此时，防空地下室出入口的（防护）密闭门应随时关闭，通风系统上防爆波活门的底座板应关闭栓紧，靠悬摆板与底座板之间的张角空间和底座板上的孔洞通风，滤毒通风管道上的密闭阀门

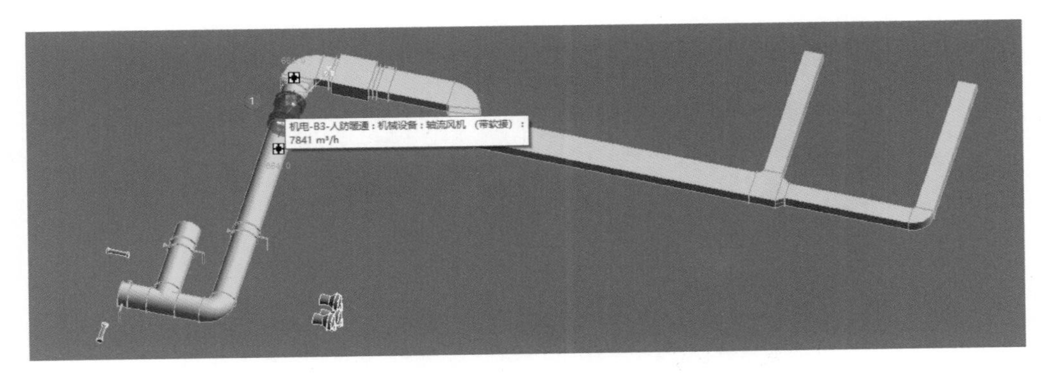

图 1. 2-39 人防排风系统

应关闭。

（2）滤毒通风。当室外空气受到污染时，进入防空地下室内部的空气必须进行除尘滤毒处理，并将防空地下室内部的废气靠超压排风系统排到室外，这种通风方式称之为滤毒通风。

（3）隔绝通风。隔绝通风是在防空地下室隔绝防护的前提下实现的内循环通风方式。防空警报拉响时，防空地下室内部空间与外界连通孔口上的门和管道上的阀门全部关闭或封堵，防止核爆炸冲击波、放射性尘埃或毒剂等对防空地下室和掩蔽人员造成毁伤。

2. 空调有关系统

集中式空调系统原理如图 1. 2-40 所示。

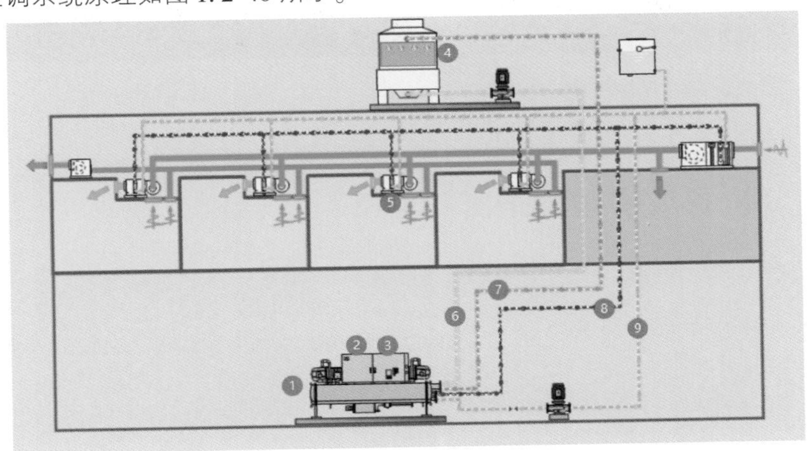

图 1. 2-40 集中式空调系统原理

如图 1. 2-40 所示，制冷机 1 由蒸发器 2 和冷凝器 3 组成。制冷剂在压缩机的作用下在蒸发器 2 和冷凝器 3 之间循环。气态制冷剂在冷凝器 3 中液化，释放的热量由回路 6、7 带走。回路 6、7 内介质是水，水将冷凝器释放的热量带到冷却塔 4 中释放到空气里。

集中式空调系统常见设备现场照片如图 1. 2-41 ~ 图 1. 2-44 所示。

图 1. 2-41 风机盘管

冷凝器 3 中液化的制冷剂，经过压缩机进入蒸发器 2 中，在蒸发器 2 中吸收热量后重新气化。这部分热量由回路 8、9 提供，回路里面的介质是水，水温降低，吸收风机盘管 5 处的热量。风机盘管 5 处的温度比室内低，风机向室内吹风，室内就感受到阵阵凉意了。

图 1. 2-42　水冷机组

图 1. 2-43　风冷机组

图 1. 2-44　冷却塔

Q16 怎样分析各类桥架的路由

1. 桥架概览（图 1. 2-45）

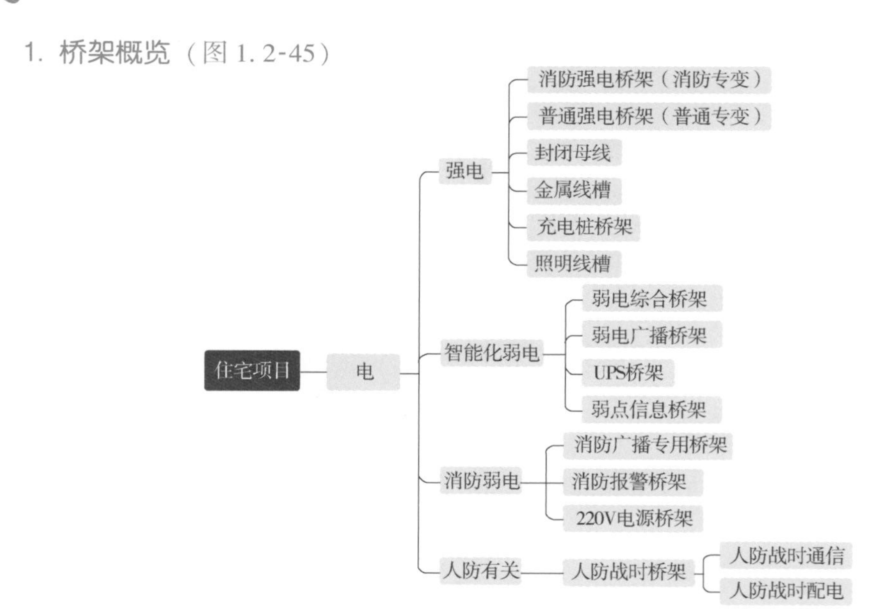

图 1. 2-45　各类桥架概览

各类桥架功能见表 1. 2-1。

表 1. 2-1　各类桥架功能概览

桥架类型	内容
消防专变桥架	消防类负荷专用的桥架（如用于消防水泵、消防风机等消防设备供电）
普通专变桥架	供公共普通负荷使用的桥架（如用于提供生活水泵、普通排风机、公共照明等供电）
公变住宅桥架	供住宅户内使用的桥架（此部分一般为供电部门施工，后期一般存在电力深化图）
充电桩桥架	供车位充电桩使用的桥架（一般布置在车位上方，原则上也可以跟非消防动力桥架合用，但一般单独设置）
照明线槽	一般指供地下室线槽灯使用的桥架
10kV 高压桥架	由市政外网高压电源引至开闭所、变电所的桥架（经变电所变压后，为低压设备提供电源）
消防报警/联动桥架	用于火灾报警系统、消防联动系统、消防通信系统、火灾警报和应急广播系统等消防弱电系统的桥架
智能化桥架	用于网络、电话、电视等通信系统，监控、门禁等安防系统的桥架（一般单独设计）

2. 车库常见桥架的路由

桥架不能通过看其粗细来确定主次，例如图 1. 2-46 中的充电桩桥架。桥架内的线管进入电表间，又从电表间发出。电表间发出的桥架更粗，但电源不是从电表间发出的。

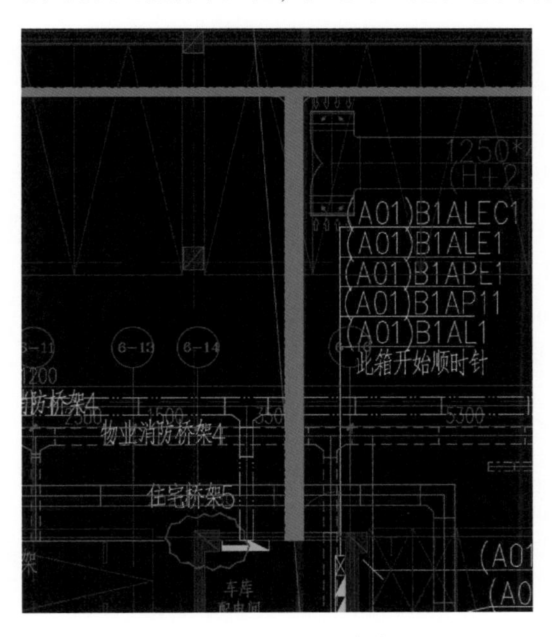

图 1. 2-46　充电桩桥架

桥架的路由，应该通过电源和用电设备的位置确定。

（1）消防专变桥架路由见图 1. 2-47。10kV 进线从室外穿地下室外墙进入专变配电间。

消防专变桥架和专变非消防桥架从地下室专变配电间出发，引出线管，连接压排水泵（排除消火过程产生的水）、防火卷帘等和消防有关的设备。

有的专变消防桥架进入风机房、水泵房，控制防火阀、风机和水泵，还有的消防强电桥架进

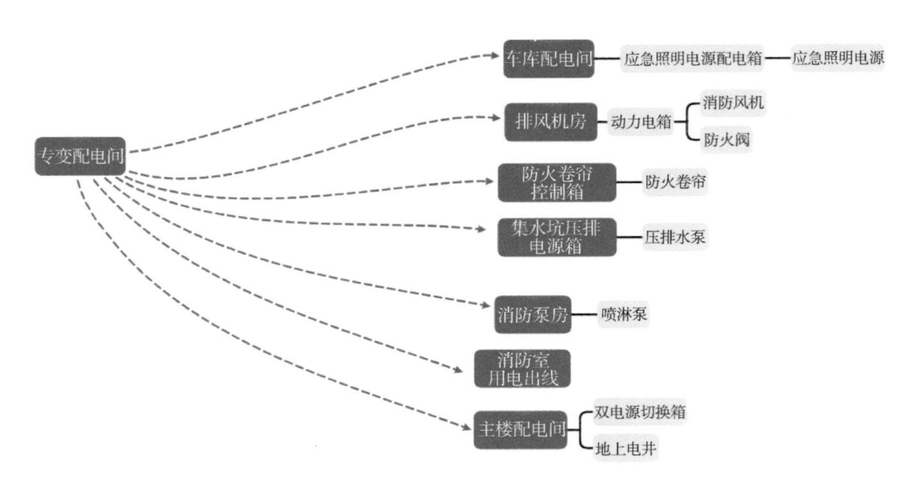

图 1.2-47　消防专变桥架路由

入车库配电间，从车库配电间电箱控制应急照明等设备。

（2）专变非消防桥架路由，见图 1.2-48。

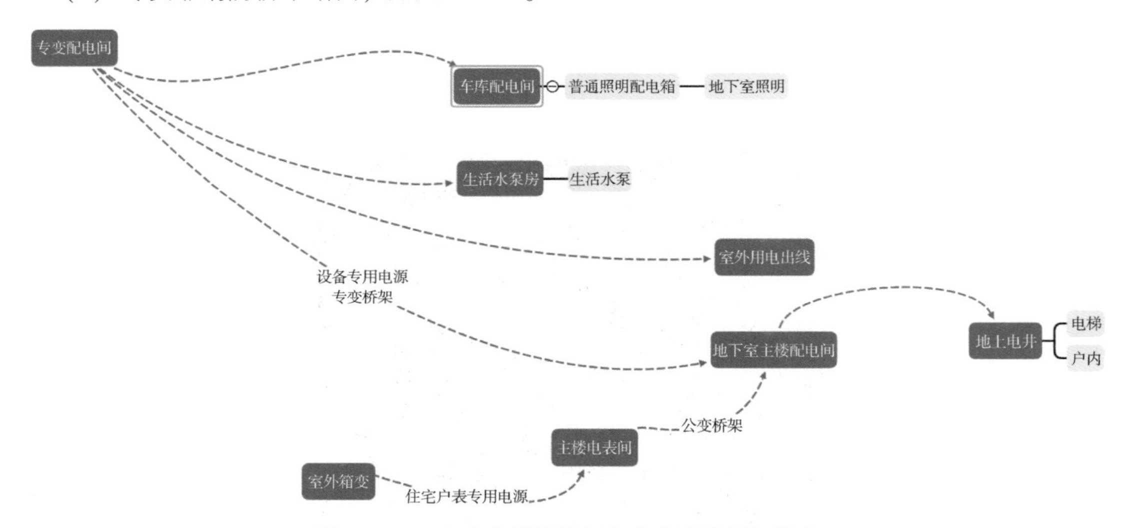

图 1.2-48　专变非消防桥架和公变进线桥架路由

从专变配电间出发，进入车库配电间，为照明电箱、生活水泵供电，还有一部分专变非消防桥架进入主楼地下室配电间。

（3）公变进线桥架。对于主楼地上部分，户内住户用电，一般从室外箱变引入，进入主楼电表间（通常位于一层）。接着从主楼电表间出发，经过公变进线桥架进入主楼配电间（通常位于地下一层）。主楼配电间接着往地上电井供线，见图 1.2-48。

主楼地上公共部分的用电，由地下室专变配电间出发，通过专变桥架接到主楼配电间，然后进入地上电井。

（4）消防弱电桥架路由，见图 1.2-49。

消防控制系统原理如图 1.2-50 所示：火灾自动报警信号线从消控室穿外墙进入地下室。消防弱电桥架连接风机房的消防电话分机和动力箱。烟感、温感、广播、报警、一氧化碳监测等监测端汇总到配电间接线端子箱，接线端子箱和消防弱电桥架相连。

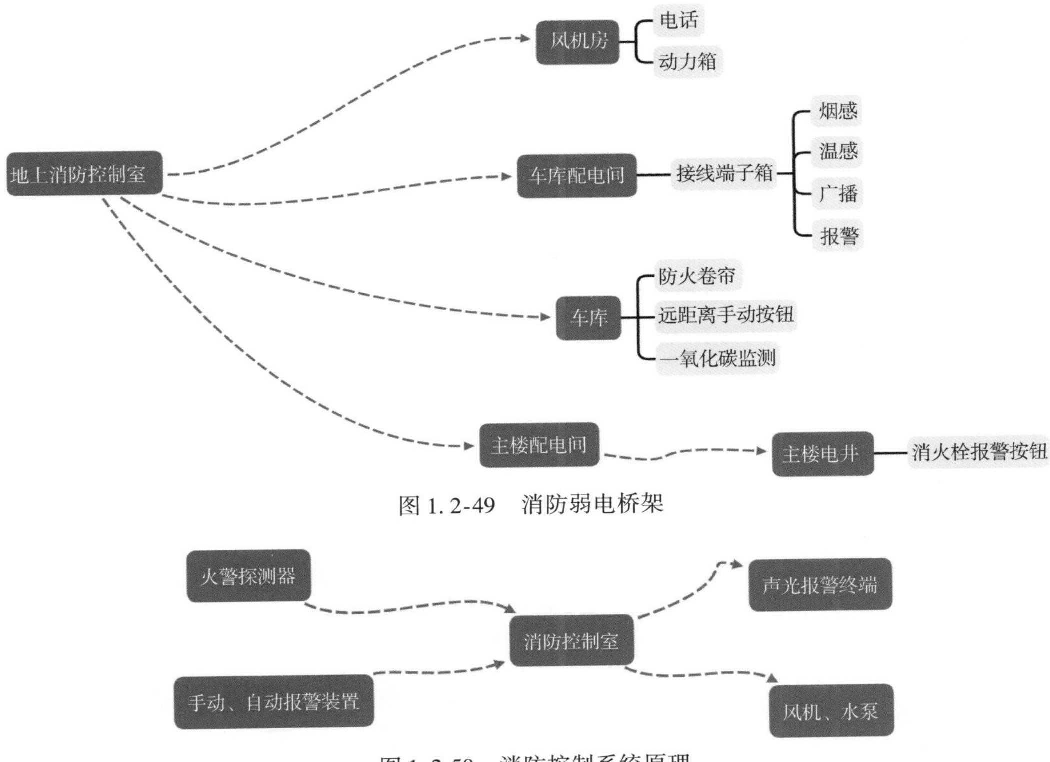

图 1.2-49　消防弱电桥架

图 1.2-50　消防控制系统原理

（5）智能化桥架路由，见图 1.2-51。

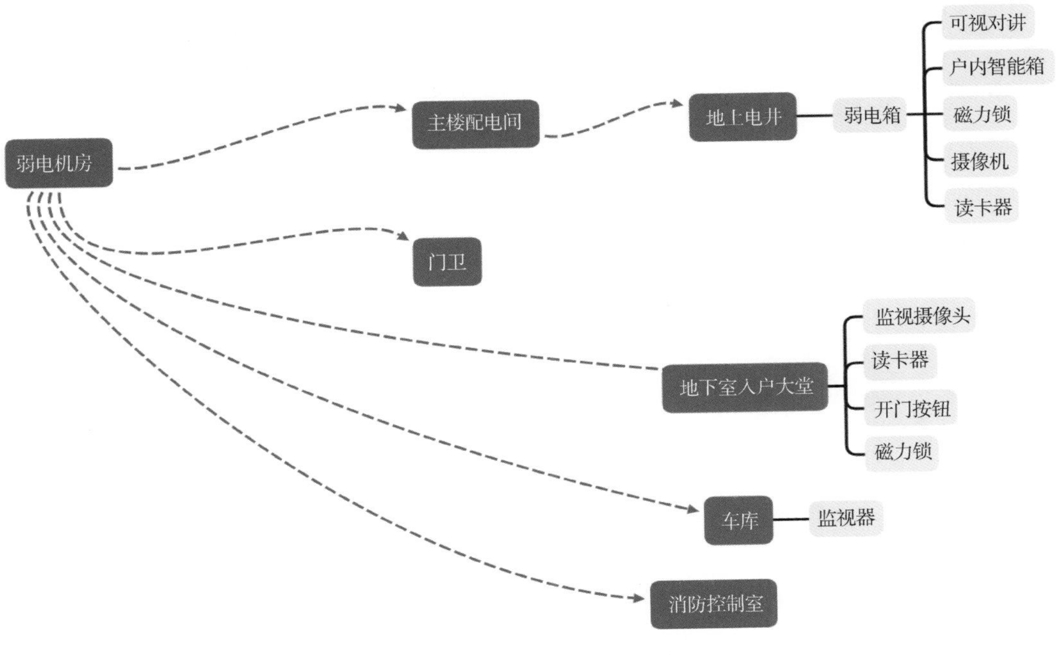

图 1.2-51　智能化桥架路由

智能化桥架汇总到弱电机房。车库监视器等设备、主楼负一层入户大堂监视器、门口、电子锁等设备连接到智能化桥架。智能化桥架进入主楼配电间，通过竖向桥架连接到主楼地上电井中，接着连接各层的各种智能化设备。一部分智能化电缆穿地下室外墙进入地上消防控制室中。

（6）照明桥架。照明桥架从车库配电间出发，给各个灯具供电。一个车库配电间负责一片区域的照明。

Q17 喷淋头是怎样布置的

很多项目DN50以下的喷淋管不需要建模，但是确定管道高度和平面位置时，必须预留足够的空间。下面介绍喷淋头的布置原理及有关知识。

1. 喷淋头占用的空间

直立型、下垂型标准喷头，其溅水盘与顶板的距离为75～150mm，排管道时，可以先按150mm取值。喷淋头尺寸可以按50mm考虑，喷淋头到喷淋支管管底最小值按100mm考虑，如图1.2-52所示。其现场照片如图1.2-53所示。

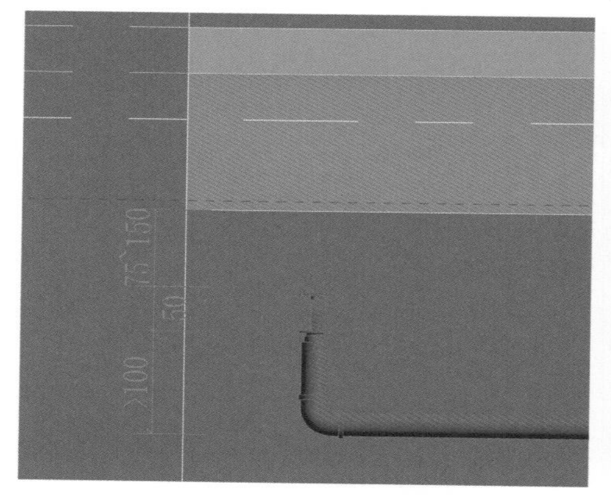

图1.2-52　喷淋头布置要求

图1.2-53　喷淋头现场照片

根据以上条件，可知喷淋支管管底距离顶板可取250mm。为了减少翻弯，喷淋主管和支管的中心对齐，这样就可确定喷淋主管的标高。如果此时的喷淋主管下净高不够，则可以进一步进行分析：

例如，图纸中DN32的管道上方有喷淋头，则：

喷淋管中心和楼板的距离＝喷淋头和板的净距＋喷淋头到喷淋管下的距离－喷淋管的半径

因为喷淋头和板的净距为75～150mm；喷淋头到喷淋管下的距离>100mm。

也就是：喷淋管中心和楼板的距离（mm）>75＋100－32/2

可知该喷淋管中心和楼板最小距离为159mm。如果159mm控制管道高度时，管底净高还有富余，则可进一步降低喷淋管的标高。

对于主楼内的喷淋管来说，上述方法确定的喷淋管标高，有可能需要穿梁。管道穿梁时需要预埋套管。现场一般布置套管底距离梁底100mm左右。套管位置和上述方法确定的喷淋管位置不在一个标高上，穿梁处会产生很多翻弯。发生这种情况时，可以抬高喷淋管标高使其和套管一致。每个喷头位置，在穿梁后先下翻后上翻，如图1.2-54所示。

图1.2-54中，2430是套管中心标高，可取板下100mm。喷淋管穿梁后下翻，最低点标高

2250mm。此时考虑50mm支吊架空间后，管道下净高2200mm满足业主要求。喷淋头处管道中心距离顶板230mm，满足喷淋头和楼板净距的要求。

图 1. 2-54　喷淋管先下翻后上翻

2. 需要增设喷淋头的位置

在宽度大于1. 2m的风管、成排管道及桥架下方增设补偿喷头（图1. 2-55），配水支管尽量紧贴风管或水管底，喷头溅水盘距风管或水管底75～100mm。

对于风管，增加的下喷头必须留10cm以上空间。对于成排管道，增加的下喷头最小可以占用50mm空间，如图1. 2-56所示，喷头2的供水管1平行于成排管道布置。

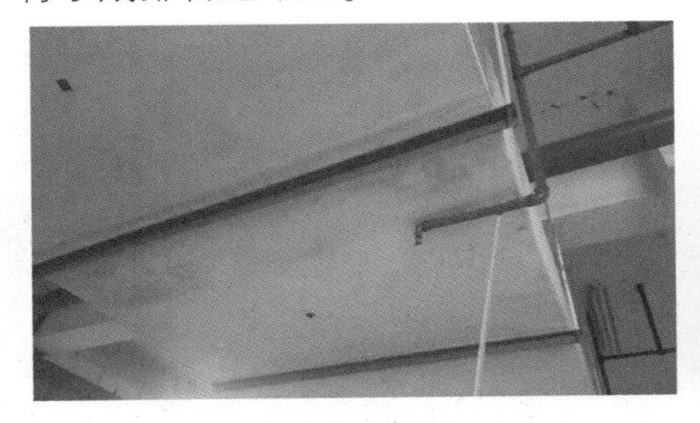

图 1. 2-55　风管下增设的喷头

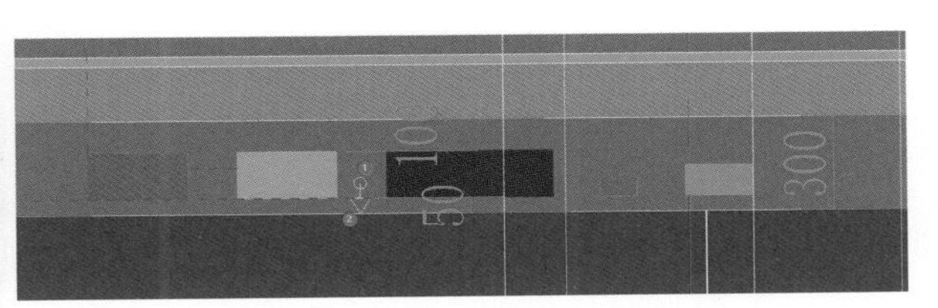

图 1. 2-56　喷头在管道之间布置

3. 喷淋头的间距

喷淋头的间距，可以查《自动喷水灭火系统设计规范》GB 50084—2017表7. 1. 2（图1. 2-57）。

表7.1.2　直立型、下垂型标准覆盖面积洒水喷头的布置

火灾危险等级	正方形布置的边长（m）	矩形或平行四边形布置的长边边长（m）	一只喷头的最大保护面积（m^2）	喷头与端墙的距离（m）	
				最大	最小
轻危险级	4.4	4.5	20.0	2.2	0.1
中危险级Ⅰ级	3.6	4.0	12.5	1.8	
中危险级Ⅱ级	3.4	3.6	11.5	1.7	
严重危险级、仓库危险级	3.0	3.6	9.0	1.5	

图 1. 2-57　喷头布置距离

4. 喷淋支管的位置和尺寸

喷淋支管控制的喷头数量，由两个条件决定。

一是从水流量角度出发，不同管径的支管，能控制的所有喷头数量，可以在设计说明（或

查找规范，见图 1. 2-58）中找到。

表8.0.9 轻、中危险级场所中配水支管、配水管控制的标准流量洒水喷头数量

公程管径（mm）	控制的喷头数（只）	
	轻危险级	中危险级
25	1	1
32	3	3
40	5	4
50	10	8
65	18	12
80	48	32
100	—	64

图 1. 2-58 规范中配水管控制的喷头数量的规定

第二个条件是为了减少配水支管过长造成水头损失增加，规范规定了每侧每根配水支管设置的喷头数量不多于 8 个，如图 1. 2-59 所示。

在排管综中挪动喷淋管位置后，应回到有喷淋图纸底图的视图中观察管道控制的喷头数量，不要出现一侧大于 8 个的情况。

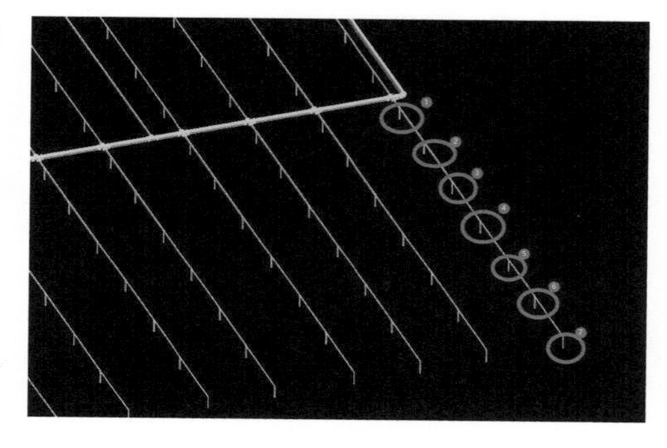

图 1. 2-59 配水支管最多能控制 8 个喷头

Q18 地下室各类功能房间有哪些注意点

1. 排烟机房（图 1. 2-60）

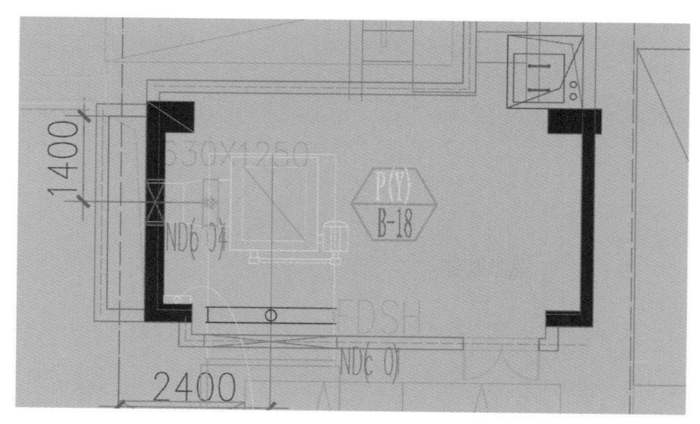

图 1. 2-60 排烟机房

（1）作用：平时排风，火灾发生时排烟。

（2）主要设备：落地式风机、280℃防火阀、配电箱。

（3）进入房间的构件：消防专变桥架、非消防专变桥架。这两种桥架也可以只布置到房间附近，通过线管连接机房内的配电箱。

（4）从房间引出的构件：从风机房中发出的风管。

（5）注意点：建模时，消声器长度要和图纸中的保持一致，消声器也是影响净高的因素之一。

2. 进风机房（图 1.2-61）

（1）作用：排风和排烟系统工作时，空间内气体压强下降。压强下降到一定程度，就不能继续排除空气了，需要向空间内补充空气。进风机房的风机将空气从风井抽到集气室，通过百叶向室内补充空气。

（2）主要设备：轴流风机、动力电箱。

（3）进入房间的构件：消防专变桥架。

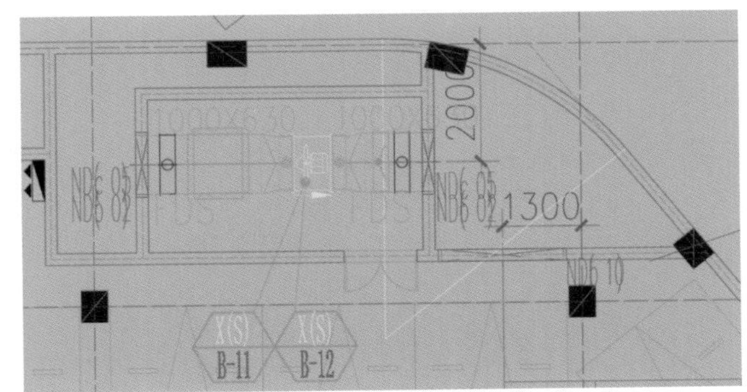

图 1.2-61　进风机房

（4）从房间引出的构件：向外排气的百叶窗。

（5）注意点：轴流风机通常设置两台，上下各一台，平面图上这两台风机是重叠的。

3. 车库配电间

（1）作用：控制地下室照明，调整分配电路。

（2）主要设备：照明电箱。

（3）进入房间的构件：消防专变桥架、非消防专变桥架。

（4）从房间引出的构件：照明桥架。

（5）注意点：进入车库配电间的桥架，有些设计单位可能尺寸标注不全，可以参考有标注的位置，对比两个配电间的电箱是否一致。如果一致，则桥架使用相同的尺寸；若不一致，则向设计单位提出此问题。

4. 消防控制室

（1）作用：监视和控制各种消防传感器和设备。

（2）主要设备：火灾报警控制器、消防广播主机、消防电话主机、手动控制盘、图形显示装置、应急照明控制器、电气火灾监控主机、消防设备电源监控主机及消防液位显示等。

（3）进入房间的构件：消防报警桥架、专变消防桥架和排烟风管。

（4）从房间引出的构件：消防报警桥架。

5. 报警阀间（图 1.2-62）

（1）作用：安放湿式报警阀组。

（2）主要设备：湿式报警阀，如图

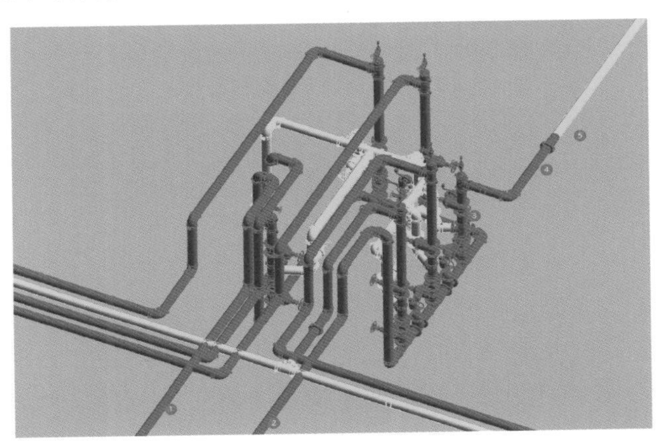
图 1.2-62　报警阀间

1.2-62所示，喷淋泵通过水管1、2形成的回路给湿式报警阀组3供水。湿式报警阀组3发出喷淋主管4，喷淋主管4再和防火分区的喷淋支管5连接。

（3）进入房间的构件：喷淋给水管。

（4）从房间引出的构件：喷淋主管。

（5）注意点：各类阀门要准确，不要出现遗漏或是布置不合理的情况。

6. 生活水泵房（图1.2-63）

（1）作用：将市政提供的水加压后送往主楼高区。

（2）主要设备：水的加压和稳压设备。

（3）进入房间的构件：市政给水管。

（4）从房间引出的构件：主楼加压给水管。

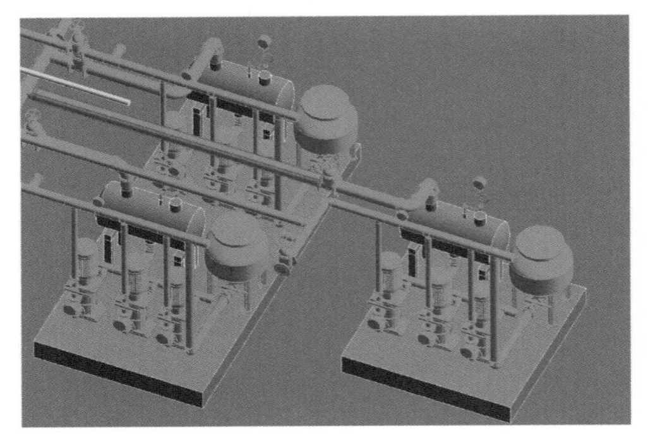

图1.2-63　生活水泵房

7. 消防泵房（图1.2-64）

（1）作用：将消防水池的水通过水泵加压后供给消火栓系统和喷淋系统。

（2）主要设备：喷淋泵、消防泵、稳压装置和湿式报警阀。

（3）进入房间的构件：市政给水管。

（4）从房间引出的构件：消火栓主管和喷淋主管。

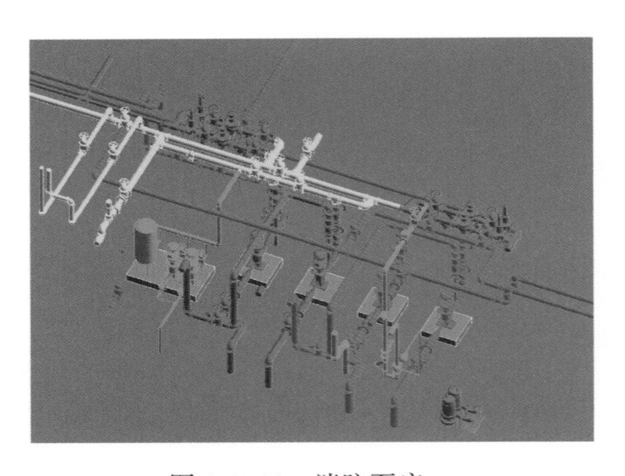

图1.2-64　消防泵房

8. 弱电机房

（1）作用：存放智能化系统的主机。

（2）主要设备：智能化系统的主机、照明电箱等。

（3）进入房间的构件：智能化桥架、排烟风管。

（4）从房间引出的构件：智能化桥架。

9. 夹层

（1）作用：可作为自行车库使用。

（2）主要设备：通向主楼的水管、电缆通常在夹层位置从地下室进入主楼范围。在夹层中转换方向后进入主楼一层管井内。

（3）进入房间的构件：各种水管、桥架；夹层还配备喷淋和消火栓系统。

（4）从房间引出的构件：通过夹层进入地上的管线。

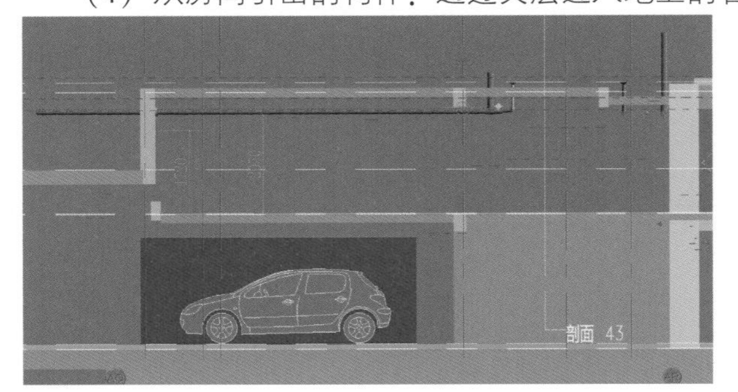

图1.2-65　长距离的排水管

（5）注意点：夹层不是一个房间，但是净高分析需要单独做。要搞清楚地下室、主楼、夹层标高上的关系，通过“平面区域”“视图范围”两个命令控制好夹层区域的视图显示。

出留洞图时，喷淋管、消防管要考虑避让桥架和一层排水管。

主楼排水管很长时，考虑找坡后，可能会出现净高不足的问题。如图1.2-65所示，管道下方净高2050，但是到出户位置可能就不足 2050 了。

主楼排水管下方的桥架也要考虑，一方面不能影响净高，另外弯头不能设在桥架正上方。

10. 门厅和前室

（1）作用：人在地下车库下车后，经过门厅来到前室，在前室等待电梯上楼。没有夹层的主楼，管道经常经过门厅、前室的上空后进入主楼水井、电井。

（2）主要设备：各类去主楼地上的管道。

（3）注意点：门厅部位净高分析要单独做；管线在门厅和前室区域，要尽可能在高处排布。

Q19 有哪些和建模管综有关的规范条文

1. 建筑专业

（1）《住宅建筑规范》GB 50368—2005。

第 5.4.2 条　住宅地下机动车库应符合下列规定：

3　库内车道净高不应低于 2.20m。车位净高不应低于 2.00m。

第 5.4.3 条　住宅地下自行车库净高不应低于 2.00m。

以上两条规范是净高设计的依据。但是常规开发商的标准一般是车道净高大于 2400，车位处净高大于 2200。

（2）《民用建筑设计统一标准》GB 50352—2019。

第 6.8.6 条　楼梯平台上部及下部过道处的净高不应小于 2.0m，梯段净高不应小于 2.2m。

注：梯段净高为自踏步前缘（包括每个梯段最低和最高一级踏步前缘线以外 0.3m 范围内）量至上方凸出物下缘间的垂直高度。

此条是楼梯间位置净高分析的依据。有穿楼梯间的管道时，要重点分析管道对楼梯间净高的影响。

（3）《汽车库、修车库、停车场设计防火规范》GB 50067—2014。

第 6.0.16 条　除室内无车道且无人员停留的机械式汽车库外，汽车库内汽车之间和汽车与墙、柱之间的水平距离，不应小于表 6.0.16 的规定（图 1.2-66）。

表6.0.16　汽车之间和汽车与墙、柱之间的水平距离（m）

项目	汽车尺寸（m）			
	车长≤6或车宽≤1.8	6<车长≤8或1.8<车宽≤2.2	8<车长≤12或2.2<车宽≤2.5	车长>12或车宽>2.5
汽车与汽车	0.5	0.7	0.8	0.9
汽车与墙	0.5	0.5	0.5	0.5
汽车与柱	0.5	0.3	0.4	0.4

图 1.2-66　规范中关于车位距离的有关规定

此条文是进行车位不利因素分析的依据。

2. 水专业

（1）《汽车库、修车库、停车场设计防火规范》GB 50067—2014。

第 7.1.8 条　除本规范另有规定外，汽车库、修车库应设置室内消火栓系统，其消防用水量应符合下列规定：

1　Ⅰ、Ⅱ、Ⅲ类汽车库及Ⅰ、Ⅱ类修车库的用水量不应小于10L/s，系统管道内的压力应保证相邻两个消火栓的水枪充实水柱同时到达室内任何部位。

第7.1.9条　室内消火栓水枪的充实水柱不应小于10m。同层相邻室内消火栓的间距不应大于50m，高层汽车库和地下汽车库、半地下汽车库室内消火栓的间距不应大于30m。

室内消火栓应设置在易于取用的明显地点，栓口距离地面宜为1.1m，其出水方向宜向下或与设置消火栓的墙面垂直。

以上条文是调整消火栓箱平面位置（图1.2-67）的依据。

第7.1.10条　汽车库、修车库室内消火栓数量超过10个时，室内消防管道应布置成环状，并应有两条进水管与室外管道相连接。

第7.1.11条　室内消防管道应采用阀门分成若干独立段，每段内消火栓不应超过5个。高层汽车库内管道阀门的布置，应保证检修管道时关闭的竖管不超过1根，当竖管超过4根时，可关闭不相邻的2根。

以上条文规定了消火栓系统阀门的布置要求，两个阀门之间的消火栓数量不大于5个。

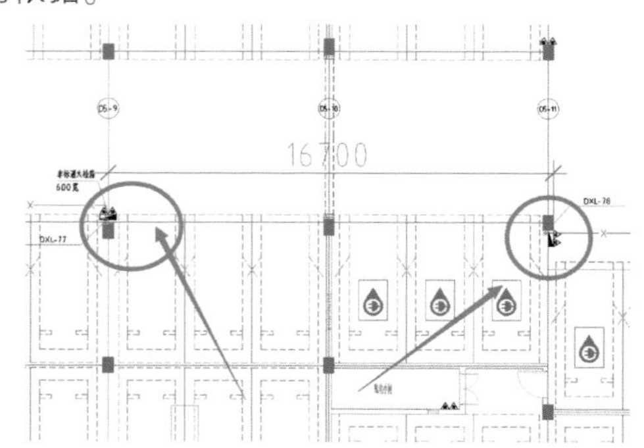

图1.2-67　相邻两个消火栓间距

第7.1.12条　4层以上的多层汽车库、高层汽车库和地下、半地下汽车库，其室内消防给水管网应设置水泵接合器。水泵接合器的数量应按室内消防用水量计算确定，每个水泵接合器的流量应按10~15L/s计算。水泵接合器应设置明显的标志，并应设置在便于消防车停靠和安全使用的地点，其周围15~40m范围内应设室外消火栓或消防水池。

第7.1.13条　设置高压给水系统的汽车库、修车库，当能保证最不利点消火栓和自动喷水灭火系统等的水量和水压时，可不设置消防水箱。

以上条文规定了是否设置水泵接合器和屋顶消防水箱。地库项目一般都有水泵接合器和屋顶消防水箱。水泵接合器的位置尽量不要挪动，通过水平管连接到消防环网即可。

第8.2.6条　埋地金属管道的管顶覆土应符合下列规定：

1　管道最小管顶覆土应按地面荷载、埋深荷载和冰冻线对管道的综合影响确定。

2　管道最小管顶覆土厚度不应小于0.70m；但当在机动车道下时，管道最小管顶覆土厚度应经计算确定，并不宜小于0.90m。

3　管道最小管顶覆土应至少在冰冻线以下0.30m。

以上条文可用于确定埋地管道深度。

（2）《车库建筑设计规范》JGJ 100—2015。

第4.4.3条　机动车库的楼地面应采用强度高、具有耐磨防滑性能的不燃材料，并应在各楼层设置地漏或排水沟等排水设施。地漏（或集水坑）的中距不宜大于40m。敞开式车库和有排水要求的停车区域应设不小于0.5%的排水坡度和相应的排水系统。

第7.2.5条　机动车库应按停车层设置楼地面排水系统，排水点的服务半径不宜大于20m。当采用地漏排水时，地漏管径不宜小于DN100。

以上条文规定了集水坑的布置方式。如果管综中挪动了集水坑位置，需要检查集水坑之间的距离是否符合规范要求。

(3)《自动喷水灭火系统设计规范》GB 50084—2017。

第 7.1.2 条　直立型、下垂型标准覆盖面积洒水喷头的布置，包括同一根配水支管上喷头的间距及相邻配水支管的间距，应根据设置场所的火灾危险等级、洒水喷头类型和工作压力确定，并不应大于表 7.1.2（图 1.2-68）的规定，且不应小于 1.8m。

表7.1.2　直立型、下垂型标准覆盖面积洒水喷头的布置

<table>
<tr><th rowspan="2">火灾危险等级</th><th rowspan="2">正方形布置的边长（m）</th><th rowspan="2">矩形或平行四边形布置的长边边长（m）</th><th rowspan="2">一只喷头的最大保护面积（m^2）</th><th colspan="2">喷头与端墙的距离（m）</th></tr>
<tr><th>最大</th><th>最小</th></tr>
<tr><td>轻危险级</td><td>4.4</td><td>4.5</td><td>20.0</td><td>2.2</td><td rowspan="4">0.1</td></tr>
<tr><td>中危险级Ⅰ级</td><td>3.6</td><td>4.0</td><td>12.5</td><td>1.8</td></tr>
<tr><td>中危险级Ⅱ级</td><td>3.4</td><td>3.6</td><td>11.5</td><td>1.7</td></tr>
<tr><td>严重危险级、仓库危险级</td><td>3.0</td><td>3.6</td><td>9.0</td><td>1.5</td></tr>
</table>

图 1.2-68　规范关于喷头布置的规定

以上条文规定了喷头之间的位置。管综时挪动喷头位置后，要依据此条规范复核。

3. 暖通专业

(1)《汽车库、修车库、停车场设计防火规范》GB 50067—2014。

第 8.1.6 条　风管应采用不燃材料制作，且不应穿过防火墙、防火隔墙，当必须穿过时，除应符合本规范第 5.2.5 条的规定外，尚应符合下列规定：

1　应在穿过处设置防火阀，防火阀的动作温度宜为 70℃。

2　位于防火墙、防火隔墙两侧各 2m 范围内的风管绝热材料应为不燃材料。

以上条文规定了防火阀的位置，建模时牢记这条规范，可以避免遗漏布置阀门。

第 8.2.1 条　除敞开式汽车库、建筑面积小于 $1000m^2$ 的地下一层汽车库和修车库外，汽车库、修车库应设置排烟系统，并应划分防烟分区。

第 8.2.2 条　防烟分区的建筑面积不宜大于 $2000m^2$，且防烟分区不应跨越防火分区。防烟分区可采用挡烟垂壁、隔墙或从顶棚下凸出不小于 0.5m 的梁划分。

第 8.2.6 条　每个防烟分区应设置排烟口，排烟口宜设在顶棚或靠近顶棚的墙面上。排烟口距该防烟分区内最远点的水平距离不应大于 30m。

如图 1.2-69 所示，防火分区 04 内的点与最近的风口距离都小于 30m。

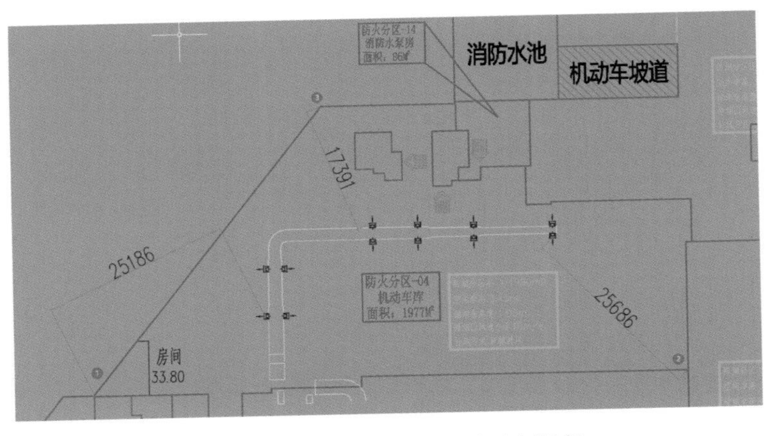

图 1.2-69　风口和防火分区最远点距离

第 8.2.10 条　汽车库内无直接通向室外的汽车疏散出口的防火分区，当设置机械排烟系统时，应同时设置补风系统，且补风量不宜小于排烟量的 50%。

以上条文规定了防烟分区的面积和排烟口位置要求。

管综中挪动排烟口位置后，应对照规范，检查调整后的排烟口与该防烟分区内最远点的水平距离是否符合规范要求。

Q20 人防区建模有哪些注意要点

1. 建模范围

战时水箱临战时安装，不需要建模，但是连接水箱的水管需建模到水箱周围。人防战时图纸中的其他管道和设备都需要建模。

战时桥架大部分是利用平时桥架，有一小部分是专门为战时服务的。建模的时候只需要在平时桥架的基础上补一段战时桥架即可，建模时应对比平时和战时图纸，找到增设的桥架，不要依据战时桥架按图纸全部建一遍。

2. 管道穿人防围护结构部位

水管穿人防围护结构（外墙、临空墙、防护单元隔墙、密闭隔墙）时，需设置防护阀门，建模时不要遗漏。

电缆桥架穿过人防围护结构时，桥架在墙两边断开，里面的电缆通过预埋在墙里的套管穿过墙。出留洞图的时候，此处预埋套管不要遗漏。

管道穿人防围护结构做法，参见图 1.2-70 ~ 图 1.2-73。

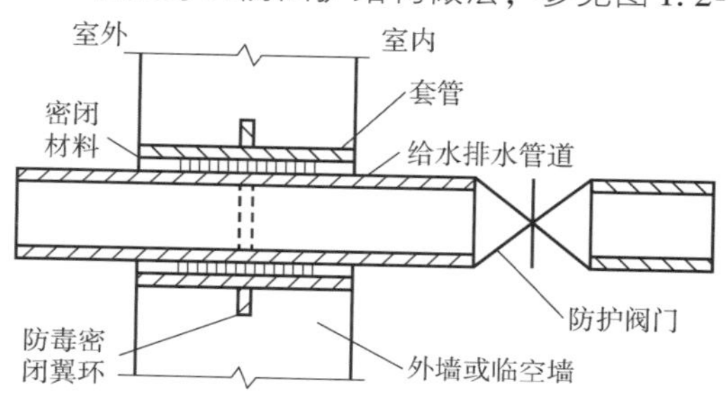

图 1.2-70 给水排水管道穿外墙或临空墙

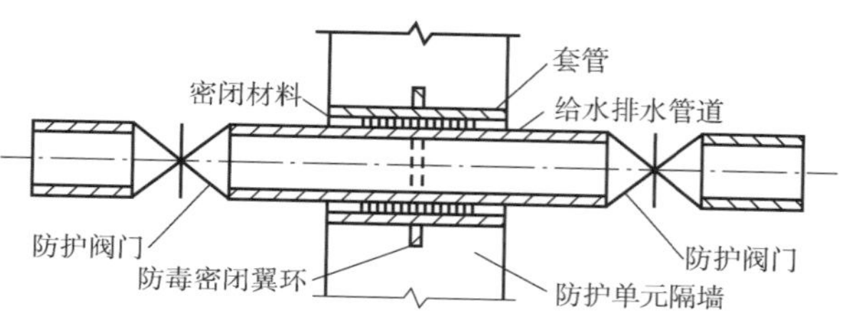

图 1.2-71 给水排水管道穿防护单元隔墙

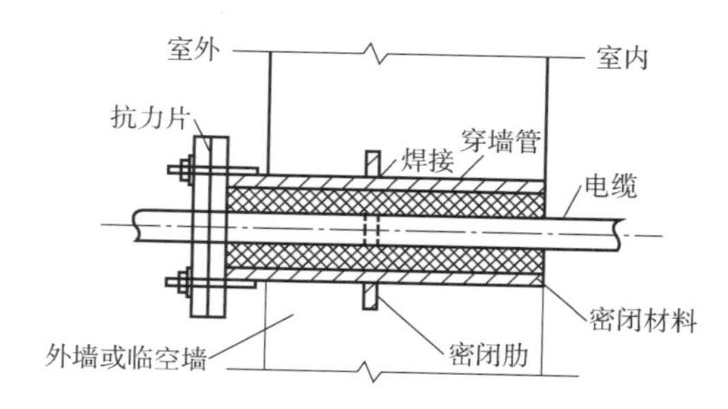

图 1.2-72 电缆管穿外墙或临空墙

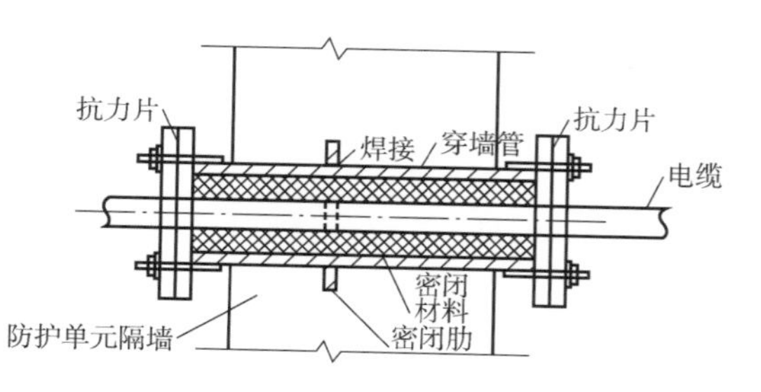

图 1.2-73 电缆管穿防护单元隔墙

由于以上做法，管线穿人防墙间距需要扩大。大管净距 150mm，小管 100mm；不同管径净距取中间值或较大值。

3. 人防门位置碰撞检查

管道在人防门附近时，要检查是否影响人防门的开启。平面上管道走向避开人防门开启范围，人防门开启范围要考虑门轴的影响，具体需查图集。管线无法避开人防门开启范围的，其支架和门边应留出人防门吊钩的空间，吊钩大小需查图纸和图集确定。

第2章 建模阶段技术要点

第1节 翻模软件操作——以橄榄山软件为例

Q21 怎样处理翻模用的图纸

橄榄山翻模软件翻模功能很强大。只要输入的图纸是规范的，那么输出的模型肯定也是准确的。因此，我们要提前处理图纸，让图纸能更准确地被识别。

提前处理 CAD 图纸能节约不少时间。例如有的设计院桥架或风管图纸上是带中心线的，如果直接翻模，会出现宽度只有图纸所示一半的情况。如果我们能在处理图纸时删除所有的中心线，那就能节约不少修改的时间。另外一个例子是消防图纸，连接消火栓的支管，有的设计院不会单独标上 DN65。这导致翻模完成后所有支管尺寸都和主管一样，都要修改一遍，非常麻烦。如果我们提前在图纸上标注 DN65，那么就可以节省一半的修改时间。

除了上面提到的两个特殊例子，为了配合橄榄山软件翻模，图纸还应进行以下的通用处理。

1. 简化各专业图纸图面

在 CAD 中将管道有关图层复制到新的 CAD 文件中。然后将这个新的 CAD 文件导入 Revit 作为底图。这样做管道大体走向一目了然，链接的文件也不大，不会让 Revit 变得很卡。

2. 检查管段、管件、标注、管道附件的图层

检查图纸管段、管件、标注、管道附件所在的图层是否区分开了。如果图层没有区分，那么观察他们特性有什么不同，利用快速选择功能筛选图元，指定新的图层。

以给水排水图纸为例，导入 Revit 前处理步骤如下：

（1）新建定位图层，绘制定位线。

（2）冻结车位、轴网、标注等图元所在的图层，简化图纸。

（3）检查图纸，看看有没有遗漏的图元。检查图纸各系统管段、管件、标注、管道附件所在的图层是否相互独立。

（4）新建文件，复制管线和定位线到新文件，保存文件。

Q22 翻模操作有哪些注意要点

橄榄山翻模软件操作简单，界面友好，因此本小节只介绍翻模过程中的一些应注意要点，不介绍软件的具体操作。想了解更多翻模软件操作的，可在 B 站搜索“橄榄山 430 快课”，橄榄山官方服务号每月都会有更新教学视频。

1. 什么是合并最大距离

翻模过程中，经常碰到“合并最大距离”这个参数（图2.1-1）。“合并最大距离”就是虚线上两个线段之间空白部分的长度。如图2.1-2所示，有的设计院出的图纸，管道不是实线，而是虚线。

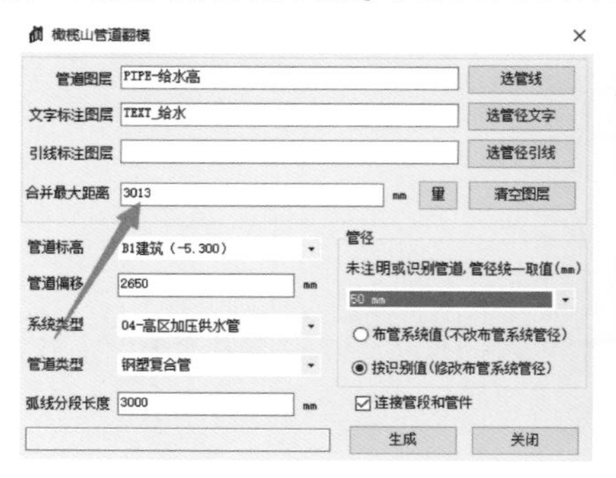

图2.1-1 橄榄山翻模界面

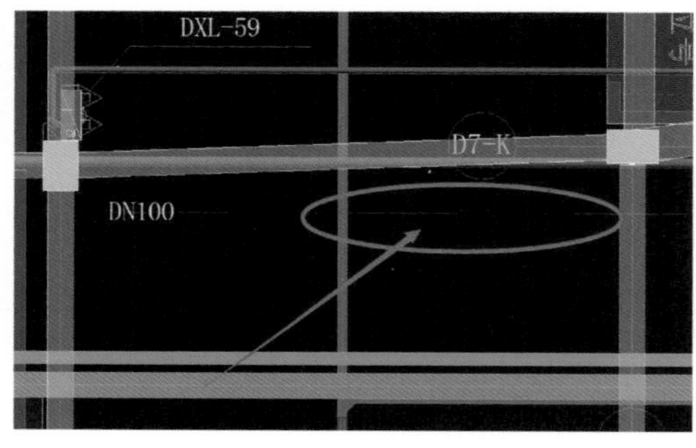

图2.1-2 虚线之间的距离

2. 喷淋管翻模

喷淋管翻模时要点选管道起点，可以在图纸上找到各个防火分区水流指示器的位置，单击水流指示器周围的点，如图2.1-3所示。

部分项目要求DN50及DN50以下的喷淋管道不需要建模。橄榄山插件进行喷淋管翻模时，喷淋主管和喷淋支管交界处会生成连接件（图2.1-4），出图的时候需要删除掉。

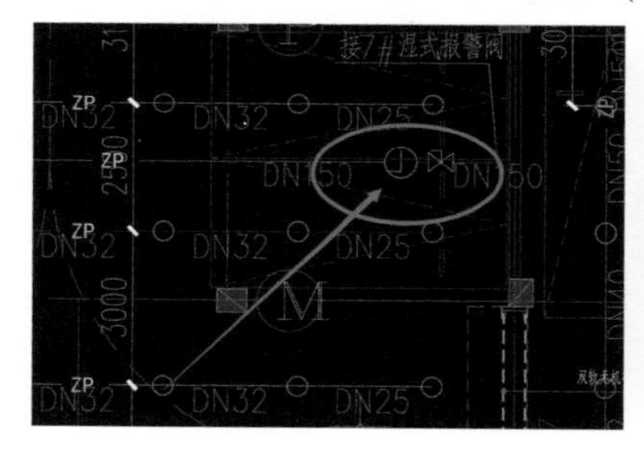

图2.1-3 水流指示器位置

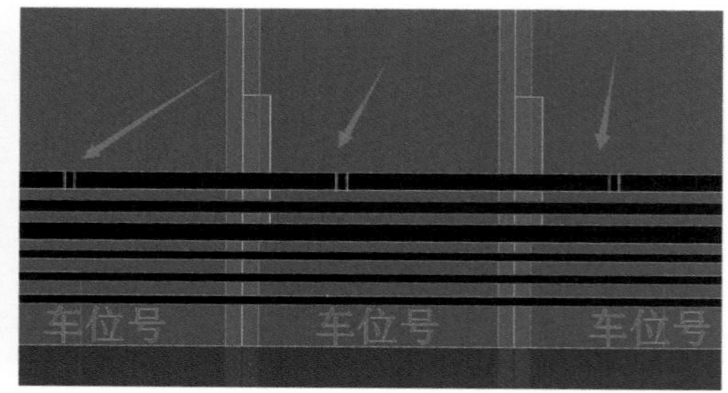

图2.1-4 不需要的连接件

使用SA命令，选择相似构件，批量删除后，管件位置的管道会断开。可以使用Dynamo进行批量删除工作，步骤如图2.1-5～图2.1-7所示。

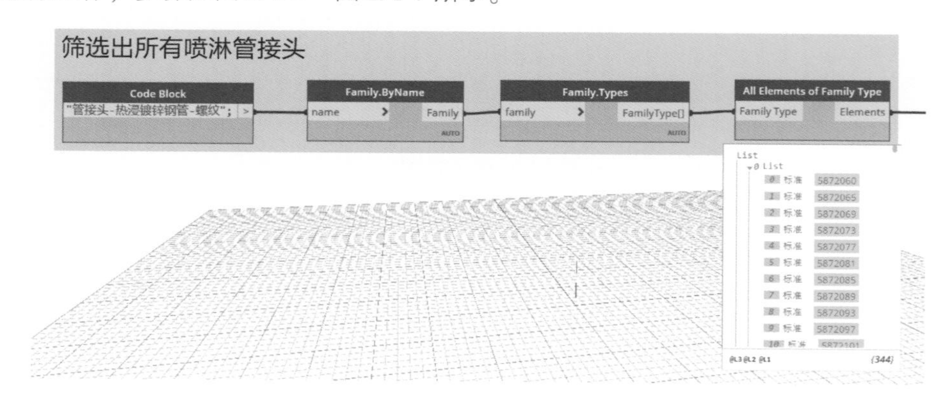

图2.1-5 筛选接头

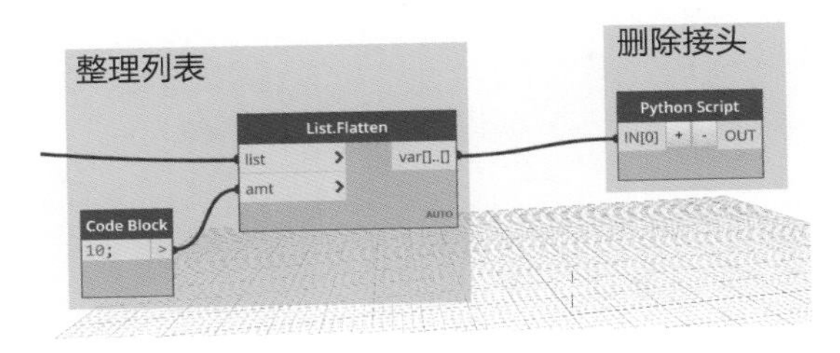

图 2. 1-6　删除接头

Python 节点主要代码如下：

```
28 #获取活动文档
29 doc = DocumentManager.Instance.CurrentDBDocument
30 uidoc=DocumentManager.Instance.CurrentUIApplication.ActiveUIDocument
31
32 #Preparing input from dynamo to revit
33 ids=[]
34 for ele in IN[0]:
35     ids.append(UnwrapElement(ele).Id)
36 #如果有事务需要执行
37 TransactionManager.Instance.EnsureInTransaction(doc)
38 for id in ids:
39     doc.Delete(id)
40 TransactionManager.Instance.TransactionTaskDone()
41
42 OUT = ids
▶ 运行                                    保存更改   还原
```

图 2. 1-7　Python 节点主要代码

运行节点文件，就可删除不需要的喷淋管接头。

Q23 有哪些能加快建模速度的插件命令

除了翻模，橄榄山软件还提供了很多能加快建模速度的命令。在“橄榄山快模”→“Revit 搜搜”选项下，可以收藏自己常用的功能。

1. CAD 图块生构件

该命令（图 2. 1-8）可以根据 CAD 底图上的图块批量布置构件，用这个命令布置消火栓箱非常方便。操作方法为先点选图层，然后设置要放的族类型以及标高等参数。

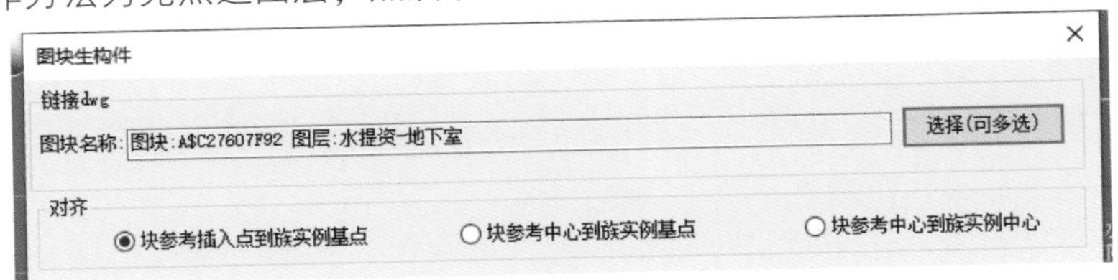

图 2. 1-8　图块生构件功能

该命令中有三个对齐方式。族实例基点（图 2. 1-9）就是族文件中前后和左右参照平面的交点，也就是族的原点。

在 AutoCAD 中单击图块，出现的小蓝点就是图块的参考插入点（图 2. 1-10）。

而族和块的参考中心点就是它们对应的外接矩形的中心。

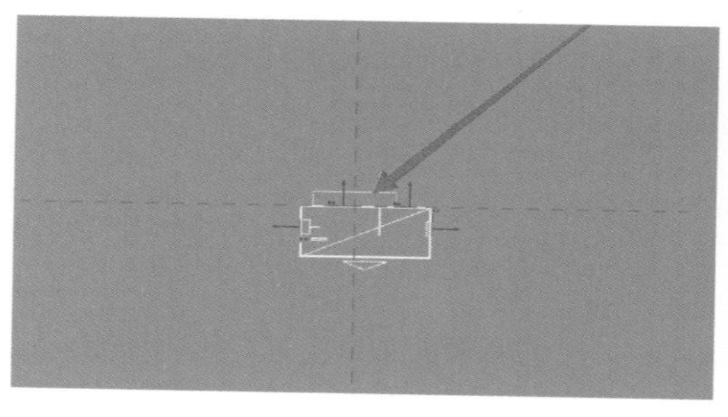

图 2.1-9　族实例基点

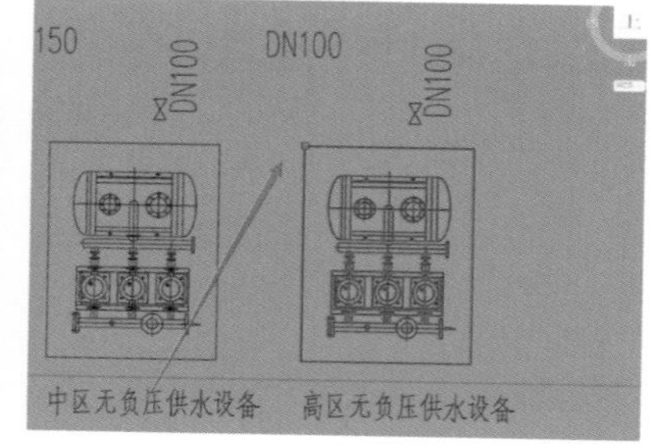

图 2.1-10　块参考插入点

2. 建上立管和建下立管

用这个功能生成立管非常方便，操作简单，而且生成的立管直径、系统类型、材质等都和水平管一样，长度也能控制，非常实用。

3. 管道连接有关功能

橄榄山提供了两根相连、三根相连、四根相连等命令处理管道连接，大大加快了管道连接的速度。

4. 消火栓连管

使用 Revit “连接到” 命令连接消火栓箱时，每次都要选择连接件。

一个项目消火栓箱有几百个，操作的工作量非常大。橄榄山提供了消火栓连管功能，能自动选取最近的连接件进行连接，不用人工点选连接件。

5. 加管道顶底参数和精细过滤功能

橄榄山的精细过滤功能很强大。批量选择视图中的构件后，单击精细过滤命令，通过设置过滤条件，就能够精细地得到出我们需要的构件，就像 Excel 中筛选数据一样方便。

使用精细过滤前，要先使用“加管道顶底参数”命令，添加实例参数。

第 2 节　建模过程常见问题

Q24 机电各专业建模有哪些常见问题

1. 水专业中常见问题

(1) 系统类型、系统缩写、材质颜色和图纸不一致。

(2) 管道尺寸、标高和图纸不一致。

出现这种问题的原因主要是翻模过程中参数选择错误。解决方法是在单击生成管道之前，每个参数都核对一下。对于标高，翻模时可以按照多的翻，翻模完成后，依次修改标高不一样的地方。当然建模过程中要按照一次成功要求自己，不能把希望建立在检查上。

(3) 阀门缺失。

(4) 立管漏画。

(5) 人防区集水坑压排遗漏建模。

一个原因是立管符号不明显，二是有的集水坑用移动泵，容易认为所有的集水坑都是没有泵的。虽然排水管标记不明显，但是水泵的符号还是很明显的，另外边上一般会标注有“穿地下顶板处需设置防护套管和设置防护阀”的字样，从中也可以看出需要排水管。

（6）阀门类型错误。

遇到不熟悉的构件，容易想当然。比如图纸上布置减压孔板，项目文件里面只有减压阀，有的人就直接用减压阀代替了。如果上网查一下实际照片，就不会发生这种问题了。

（7）消火栓箱栓口离地距离。

消火栓箱栓口离地距离 1.1m。有的人建模时会误以为是连接消火栓的支管离地 1.1m。

2. 暖通专业中常见问题

主要问题有系统类型不对应、风口没有连接到风道上，阀门、消声器尺寸与图纸不一致、漏画等。

3. 电气专业中常见问题

（1）对战时桥架理解不到位。

人防的桥架一般都要借用平时的桥架。建立人防桥架时，要和平时图纸对比，只画增加的部分。

（2）桥架漏画。

桥架容易出现漏画的情况，原因一是因为电气专业图纸比较多，容易遗漏专业；二是有的位置桥架不是很明显，容易遗漏。因此，每一张电气图纸都要检查一遍；另外心中对常见有哪些桥架要有数，避免少了某一类桥架。

每一张电气图纸打开以后，都要搜索一下“桥架”“金属”“线槽”“X”“*”等关键字。同时试一下“显示多线段宽度”命令。如图 2.2-1 所示，在没有开显示多线段线框或是搜索关键字的情况下，金属线槽很难被发现。

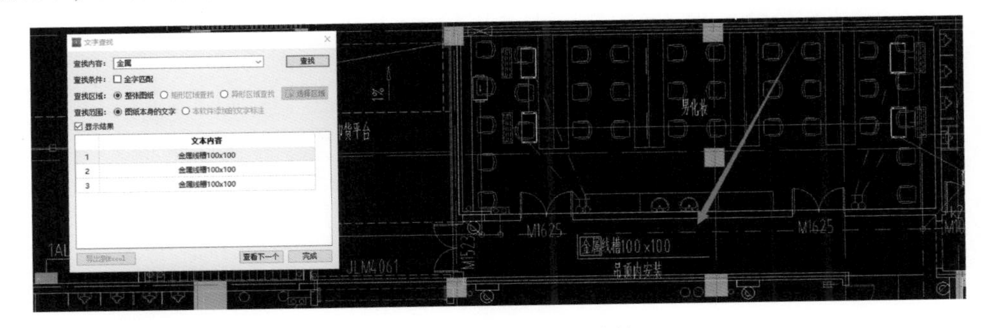

图 2.2-1 隐秘的金属线槽

建模时可以隔离出桥架所在的图层，然后观察有没有很短的桥架在不起眼的角落里。

上下层连接的桥架，有时候短的一层只会标注桥架的线，而不标注文字。所以桥架跨层时要统一检查。

智能化桥架通常会由专业公司作深化设计，图纸业主给的时间会比较晚，不要最后忘记了。

Q25 建模过程有哪些好习惯

（1）保持有意注意。

就像开车一样，不时调整方向盘，快到红绿灯时提前减速。自己建模时，要知道自己在画什么东西，不要机械建模，遇到容易出问题的地方要放慢速度。

即使进度紧张，也不要带着烦躁的情绪建模。发现自己心烦意乱时，承认自己的情绪，然后把注意力放到工作过程上。大干快上，机械建模，实际上建模后检查修改用的时间会比建模花费的时间还多。

（2）遇到应该提咨询报告的问题，用详图线做标记，下班前写到问题报告上。有时候自己觉得能记住，没有及时记录，结果第二天好几个问题都记不起来了。

（3）不懂的地方百度一下。遇到不明白的阀门、设备等，不要想当然，要上网百度一下，看看实际照片。

（4）建模时要力求准确，一次成活，不要想着以后靠检查发现问题。检查时要假设建的模型是有问题的，仔细检查。

（5）导入的图纸和土建模型，确认位置准确后，要锁定，轴线也要锁定。

（6）不是水平方向的主楼的图纸，导入到模型空间后，用两次对齐命令对齐到指定轴线，不要用旋转命令对齐（容易出现偏移）。

（7）翻模软件单击确定开始翻模前，检查一遍每一个参数，避免后期发现问题大规模返工。

（8）依靠系统类型、视图范围、平面区域、过滤器等功能来控制图元的显示，不要过于依赖工作集。工作集往往是不准确的。

（9）夹层建模时，沿着夹层一圈新建平面区域，通过调整平面区域的视图范围控制图元显示。夹层的管线参照标高取夹层建筑完成面，不要用负一层的建筑完成面。

（10）系统图和平面图要对照着看，不要只看平面图建模。

（11）建模前要读一下设计说明。特别关注一下MEP构件标高、材料、阀门、图例等有关的规定。

（12）使用机电族时，要先检查族上MEP构件连接件的系统分类，看看是否需要调整，如图2.2-2所示，消火栓族连接件系统分类是循环供水。而项目中消火栓系统的系统分类是“其他消防系统”，导致消火栓虽然能连接到消火栓给水管，但是两者的系统却无法调整成一样。

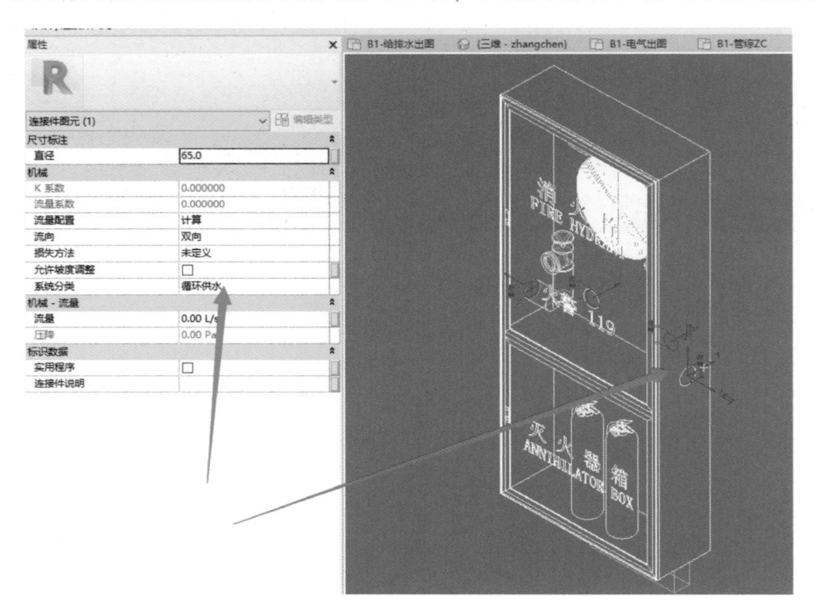

图2.2-2　连接件的系统类型

Q26 怎样进行模型自检

1. 对照清单自检

将平时碰到的问题列在一个清单（见表2.2-1）上，后面可以对照清单自检。

表2.2-1 机电建模问题清单

序号	对象	问题
1	阀门、设备	离地高度是否按照图集设置 阀件方向、选型是否和图纸一致 人防区边界是否设置密闭阀
2	桥架	弯头是否内下外上 上方是否有水管 是否布置在风管下方（打支架困难） 桥架距板底间距不小于100mm，尽量避免长距离和与楼板净距过小的情况 人防区桥架是否正确建模
3	管道	是否存在无故断开 管材是否设置正确（如车库压力排和主楼重力排） 排水管是否穿配电间、风井 排水管是否无法排到覆土中 管道是否穿越墙边（墙边钢筋密集） 是否与结构碰撞 参照标高是否设置准确 主楼排水管的尺寸、标高是否符合设计说明
4	楼梯间	消防立管是否影响疏散宽度
5	净高	坡道位置，特别是起坡点是否净高足够
6	风管	消声器下净高（消声器单边突出风管100mm，支架50mm高）是否足够 风口离管道是否有500mm的距离
7	挡烟垂壁	此处容易碰撞
8	照明线槽	距离两侧车道距离是否一致
9	喷淋管	结构内预留的小喷淋管，是否能与已建模管道对上
10	管线间距	跨距大于3m时，是否预留中间支撑的空间 边缘管线距梁、距墙是否留出余地（可按至少200mm考虑给支吊架预留空间） 翻弯处，距离风管是否够350mm，给支吊架留空间 当管线遇到双层支架时，上下两排管线间距150~200mm 管道边离支架内侧50mm
11	卷帘	卷帘箱是否和管道碰撞

2. 导出Navisworks文件检查

有些问题在Revit软件中不明显，导出NWC模型后观察就比较明显了。

3. 分专业检查

地下室面积很大，一次检查太多机电系统，容易发生遗漏现象。可以在建模视图中，分专业对比设计院的图纸检查模型。也可在三维视图中对比管道系统图自检。检查时，开一个 CAD 快速看图，检查过的地方打一个记号，最终达到不遗漏任何区域的效果。

Q27 怎样进行图纸对比

需要进行图纸对比的，主要有两种情况。一是设计院下发了新图纸，需要看一下和旧版图纸的不同。另外一种情况是要查找不同专业之间是否有缺漏，比如结构图的集水坑和给水排水图的集水坑是否一一对应。

1. 新旧图纸对比

新旧图纸对比，可以使用 CAD 快速看图或是 AutoCAD 图纸对比功能。

（1）使用 CAD 快速看图对比步骤为：

在 CAD 快速看图中打开新旧文件。单击“图纸对比”。新旧图纸有差异的地方会用不同的颜色表示，如图 2. 2-3 所示。

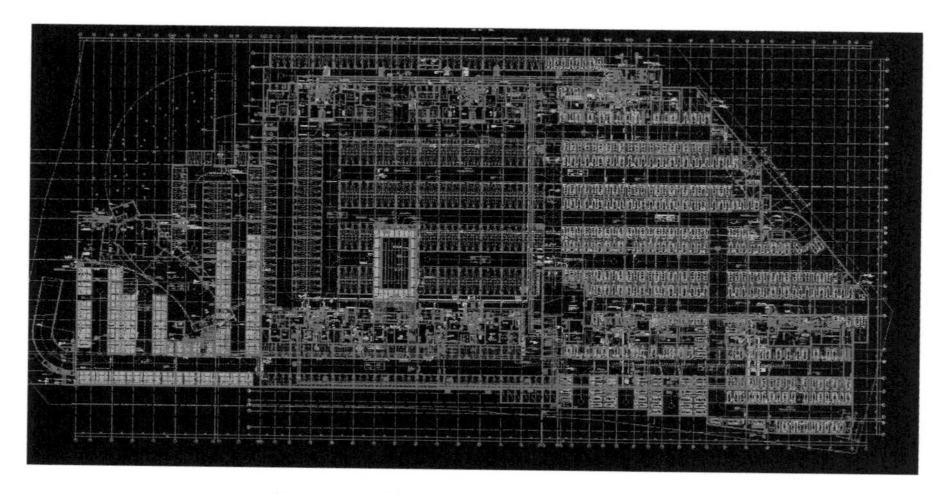

图 2. 2-3　利用 CAD 快速看图对比图纸

上图中，车位的差异占了很大一部分，可以在两张图纸中分别关闭车位显示，再进行对比。如果两张图纸没有对齐，还可以通过“设置基准点”功能对齐。

对比图纸时，要注意仔细检查是不是有数字发生了变化，因为管道的直径或标高发生变化时，图纸对比的效果不是很强烈，如图 2. 2-4 所示。

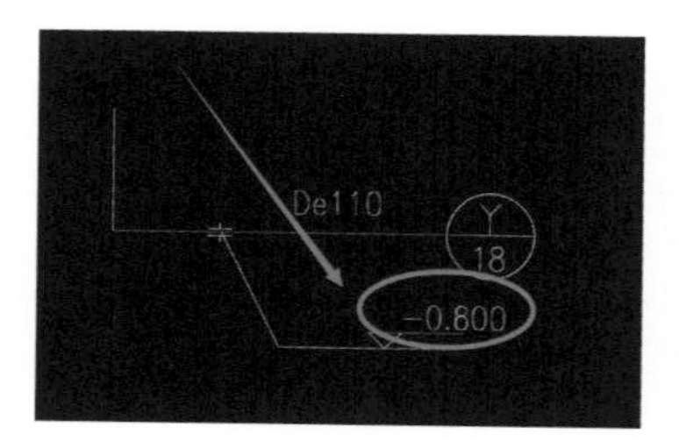

图 2. 2-4　不明显的差异点

（2）使用 AutoCAD 对比的方法为：

AutoCAD 可以关闭相同的对象的显示，更加突出变化的地方。步骤如下：

为了使对比效果明显，可以先复制新旧图纸，隔离出需要对比的图元。然后单击“协作”⟶“DWG 比较”选择需要比较的新图纸，就可以进行对比了，如图 2. 2-5 所示。

还可以单击“DWG 比较”面板上的设置功能，进一步区分有差别的地方。比如关闭没有区别的地方，或是调整修订云线的范围。也可以使用输出快照命令，输出一个新文件。

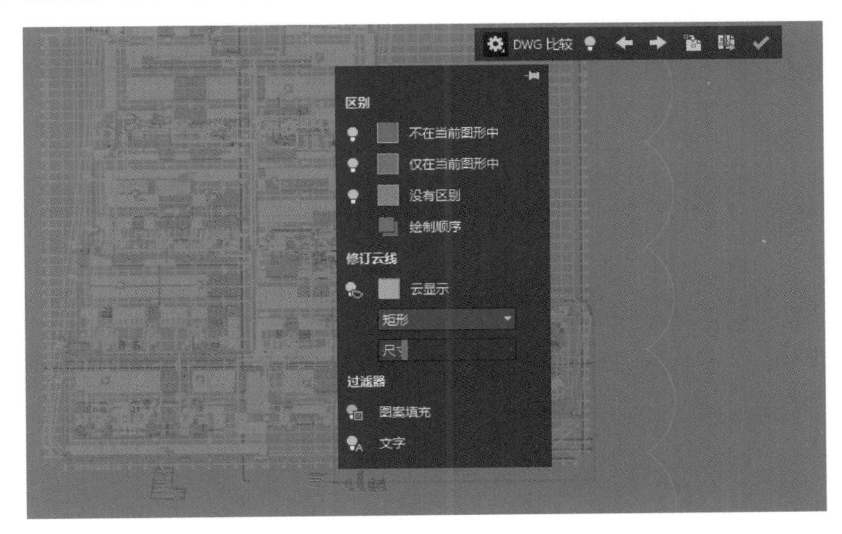

图 2.2-5 在 AutoCAD 中对比图纸

在 Revit 中修改模型，可以在建模视图中导入新底图，在 CAD 快速看图中打开新图、旧图、对比图，改完一处就画个勾。机电专业的修改，可以按照系统进行，比如先修改消火栓系统，再修改给水系统，顺着管线路由修改。

2. 不同专业图纸碰撞对比

下面以对比结构图和给水排水图的集水坑为例进行说明。首先获取所有结构图上的集水坑。

（1）新建一个图层，命名为“定位”，置于当前。在图纸两个轴线交点上绘制垂直的两条线作为定位线。

（2）选中结构图上的集水坑，观察集水坑所在的图层。有的设计院图纸中不同尺寸集水坑用的图块不一样，所在图层也不一样。

（3）使用冻结图层命令，冻结非集水坑图层。

接着按相同的步骤，获取所有给水排水图上的集水坑。

如果所有集水坑都在一个图层上，也可以使用隔离命令获取所有集水坑。如果所有集水坑颜色都是一样的，也可以使用“快速选择”命令筛选集水坑。

使用隔离命令时，遇到颜色和集水坑相同的对象，要先看看是不是和集水坑一个图层。例如有时候排水沟会画在和集水坑的同一图层上，隐藏排水沟的时候就会把集水坑一起隐藏掉了。

（4）复制和成组。将其中一张图纸的图元选中，使用 Ctrl + Shift + C 复制，指定基点。在另外一张图纸中使用 Ctrl + Shift + V 粘贴，使两个定位点重合。

（5）观察重叠后的图纸，在有差异的地方绘制圆和线进行标注。

为了增加对比效果，可以将给水排水图中的集水坑线型设置为虚线，结构图设为实线。虚线图元叠加在实线图元上方，如图 2.2-6 所示，既有红色又有蓝色的位置就是建筑图和结构图重叠的位置。

图 2.2-6 通过绘图次序增加差异

（6）插入建筑底图，对有差异的地方，回到结构图和给水排水图进行查看，确认问题。

确认无误后，接着进行注释文字、图例的编写。这样如图 2. 2-7 所示的对比图就完成了。

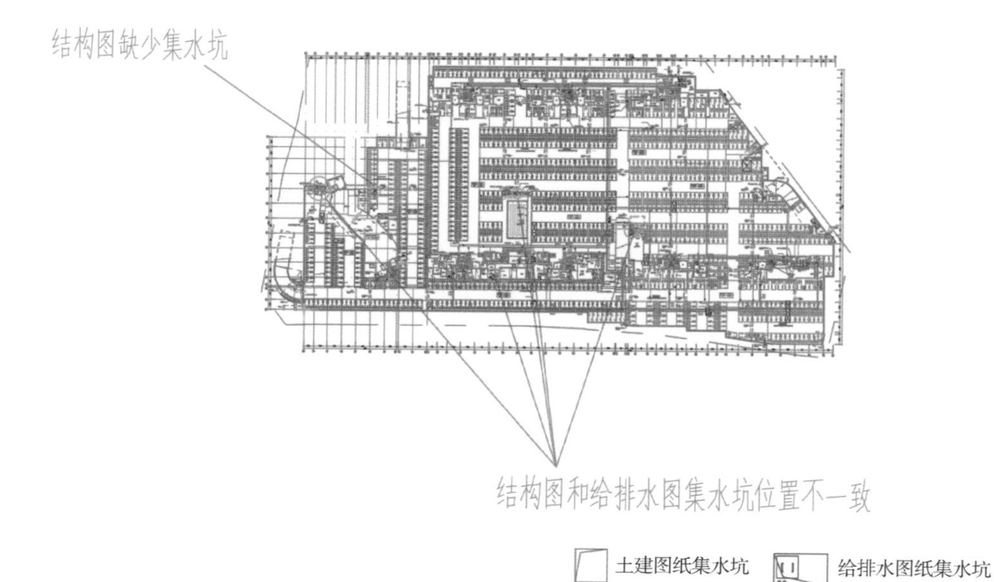

图 2. 2-7　对比图成品

第 3 节　Revit 和 Navisworks 操作技巧

Q28 怎样在 Navisworks 中给不同类别的桥架着色

Navisworks 上的桥架默认都是用白色的，没有做到跟水管一样按材质颜色进行区分。原因在于桥架本身没有材质这个参数。

可以按以下操作进行颜色设置：

（1）在 NWC 中，单击桥架，接着在选择树中选择同一类型的所有桥架。

（2）右键：替代项目/替代颜色/选择需要的颜色，如图 2. 3-1 所示。

（3）同理设置桥架配件，这样不同颜色的桥架就可以分别显示了。

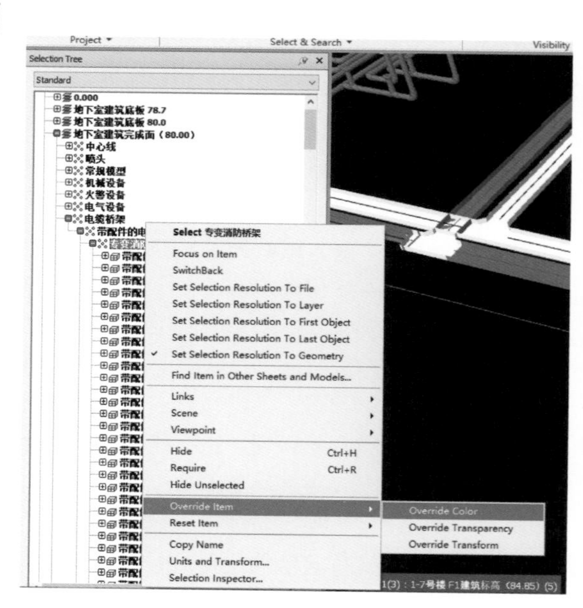

图 2. 3-1　设置桥架的替换颜色

Q29 Navisworks 软件操作常见问题

1. 导出的文件里面没有链接的结构模型

出现这个问题的原因，是导出设置里面没有勾选“导出链接文件”选项，如图 2. 3-2 所示。

2. 看不见构件的参数

一种原因是导出模型的时候，导出设置中没有勾选构件参数。如果只是为了做碰撞检测、施工动画，导出设置中可以不选择构件参数和属性，这样导出的速度会快一点。如果是检查模型，导出设置中就需要勾选上参数了。

如果导出模型的时候已经勾选了参数，但是选中构件的时候，属性还是显示不全，那就是选择级别的问题了。如图 2. 3-3 所示，选择级别为“Last Unique”时，只能显示部分属性。

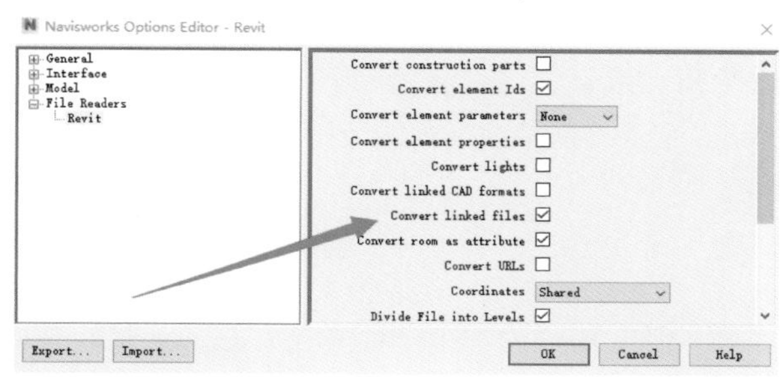

图 2. 3-2　设置导出参数

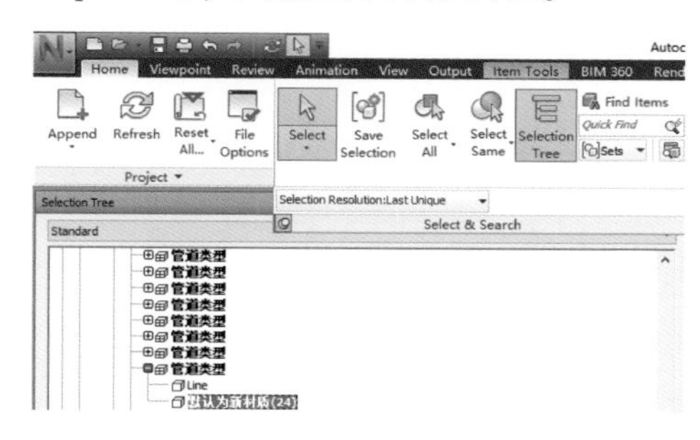

图 2. 3-3　设置不同的选择级别

选择级别为“Last Object”时，就可以显示构件的所有属性。

3. 文件发送给他人后无法打开

可能是发送给他人的文件格式不对。Navisworks 相关的文件有 nwc、nwd、nwf。它们之间的关系如图 2. 3-4 所示。

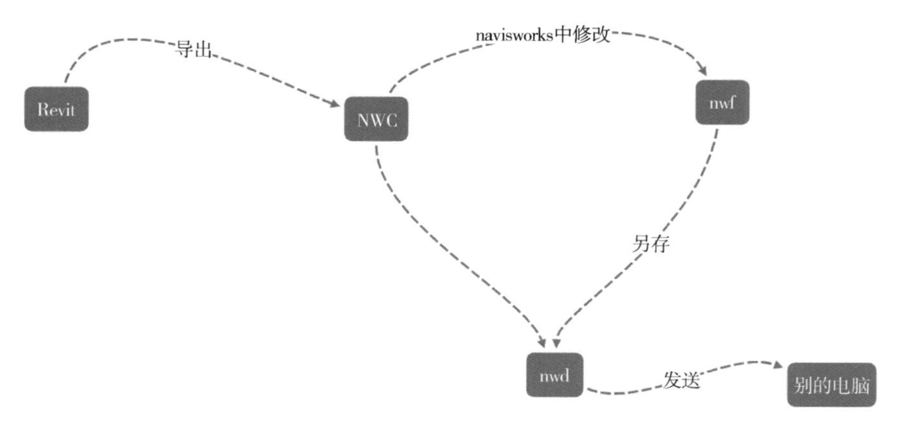

图 2. 3-4　navisworks 文件之间的关系

nwc 是 Navisworks 缓存文件，由 Navisworks 自动生成，不可以直接修改。我们在 Revit 中导出的就是 nwc 文件。

nwd 是 Navisworks 数据文件。所有模型数据、过程审阅数据、视点数据等均整合在单一 nwd 文件中。绝大多数情况下，在项目发布或过程存档阶段都使用该格式。因此，发送给别人的文件，应该为 nwd 格式。可以简单理解为 nwd = nwc + nwf。

nwf 是 Navisworks 工作文件。保持与 nwc 文件间的链接关系，且将工作中的测量、审阅、视点等数据一同保存。对 Revit 导出的 nwc 文件进行操作之后，退出时软件会提示保存文件，默认就是保存为 nwf 文件。这个文件尺寸不大，直接发给他人的电脑，他人是无法打开的。

4. 楼板的隐藏

视点隐藏了楼板，但是发送给他人后楼板没有被隐藏。

对于隐藏楼板的视点，右击，选择“编辑”，勾选左下角强制隐藏有关的两个选项即可。

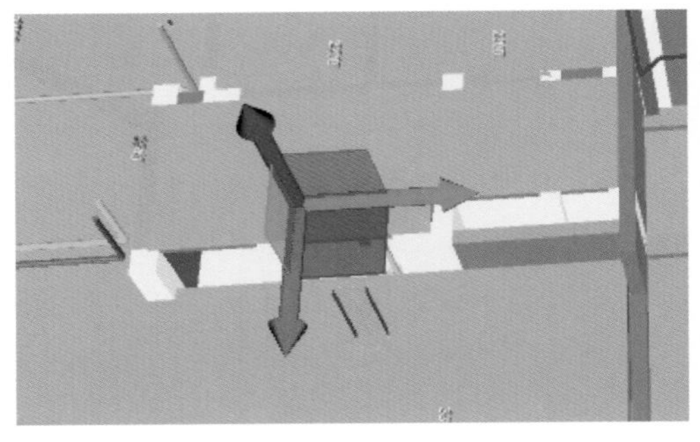

图 2.3-5　剖面框命令

5. Navisworks 中剖面框命令的设置

单击“视点”选项卡⟶“剖分”⟶“启用剖分”；模式改为“范围盒”，此时可以通过拖动三个坐标系轴控制视图范围，见图 2.3-5。

Q30 怎样设置和记忆 Revit 快捷键

使用快捷键可以大大加快 Revit 中建模的速度，但是 Revit 中快捷键数量比较多，记忆起来比较麻烦。解决方法是了解快捷键的来源——各种命令的英文单词。

常用快捷键及其对应的英语单词有：

1. 电气专业

桥架 C + T　cable tray

线管 C + N　conduit

灯具 L + F　lighting fixture

电气设备 E + E　electric equipment

2. 暖通专业

风道 D + T　duct

风道末端 A + T　Air terminal

机械设备 M + E　mechanical equipment

机械设置 M + S　mechanical setting

3. 给水排水专业

管道 P + I　pipe

管件 P + F　pipe fitting

管路附件 P + A　pipe accessory

软管 F + P　flexible pipe

卫浴装置 P + X　plumping fixture

喷头 S + K　sprinkler

4. 建筑专业

轴网 G + R　grid

标高 L + L　level

墙 W + A　wall

柱 C + L　column

梁 B + M　beam

楼板 S + B　slab

窗户 W + N　window

门 D + R　door

5. 对象操作相关的快捷键

成角 T + R　trim/extend to corner

延长到线 E + T　extend single element

打断 S + L　split element

参照平面 R + P　reference plane

标注 D + I　dimension

对齐 A + L　align

缩放 R + E　resize

细线 S + L　thin lines

视图/可见性 V + V　view/visibility

标记 T + G　tag

放置构件 C + M　component

成组 G + P　group

阵列 A + R　array

成年人理解记忆的能力比较强，机械记忆的能力比较差。机械地背诵快捷键，效果不好，如果能了解快捷键背后的英语单词，就能理解记忆，印象会比较深刻。

6. 管线综合和出图有关快捷键

管综和出图要大量重复使用插件的某些功能，可以用分配连续的数字作为常用插件功能的快捷键（因为按连续的数字速度更快）。例如以下设置：

22—管线标注，33—尺寸编辑，44—管线间距，77—断开管道，88—管线定位，55—开洞，66—标注套管。

因为以上命令需要大量使用，一段时间后，也就都能记住了。

Q31 怎样操作中心文件

1. 中心文件工作共享原理

先创建一个中心文件保存在服务器上。服务器就是一台电脑，通常位于机房，硬盘容量比较大，24 小时开机。

中心文件上记录工作集的信息。工作集是一组图元的组合，类似 CAD 中的图层。项目成员 A 在编辑某个图元时，这个图元所在的工作集就被 A 拥有，其他成员只能查看或是向这个工作集添加新图元，而不能修改工作集中的图元。

如图 2.3-6 所示，小组成员 A 在自己的电脑上编辑本地文件（中心文件的副本），同步后更改的内容发送到中心文件，中心文件保存这些更改。其他小组成员 B 同步时，中心文件会将更新的信息复制到 B 的本地文件上。

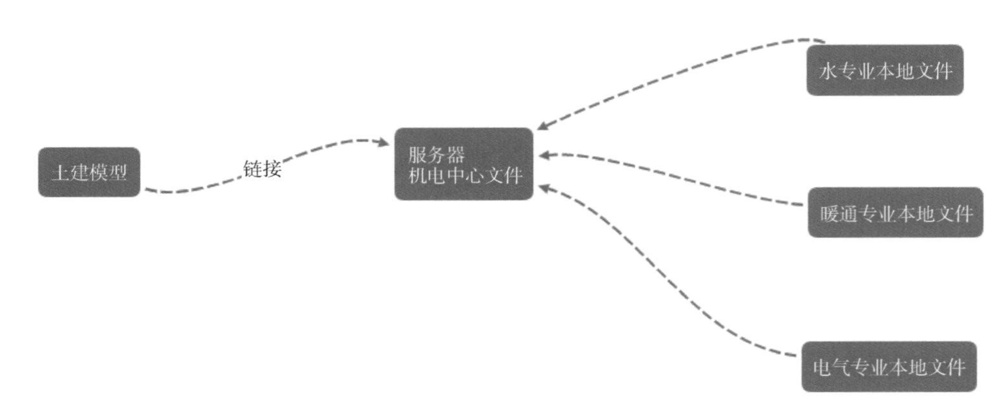

图 2. 3-6　中心模型和各专业的联系

2. 工作共享有关操作

(1) 创建本地文件。使用“文件”——→“打开”命令；选择中心文件，点选新建本地文件。这样就在自己的电脑上存储了中心文件的副本，即本地文件。

本地文件的默认保存位置可以在文件——→选项——→文件位置中设置。

如果打开时没有选“新建本地文件”，或是直接双击打开中心文件的情况。那么编辑的是中心文件。中心文件的“保存”命令无法使用。需要保存时，单击关闭文档，弹出的对话框选择“是”即可。

新建本地文件后，第二次打开软件时，如图 2. 3-7 所示可以直接单击最近打开的项目上显示的本地文件。

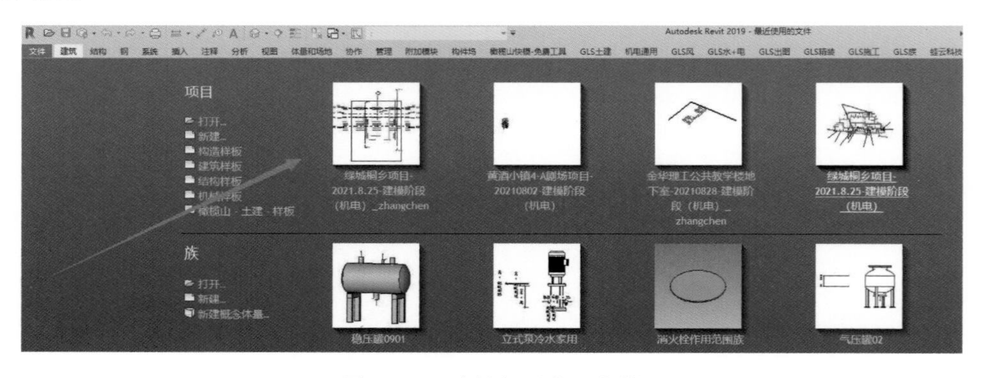

图 2. 3-7　直接打开本地文件

(2) 编辑本地文件。

1) 设置工作集。可以根据项目实际情况设置工作集，具体划分标准可以参考第 5 章有关内容。

建模和检查时做的修改，容易忽略切换工作集。解决方法是提前设置图层的工作集可见性。这样新建的图元不在预期的工作集里面时，就不会在视图上显示，这就提醒自己要切换工作集了。

另外一种方法是如图 2. 3-8 所示，在视图控制栏中，单击“工作共享显示设置”，单击工作集。

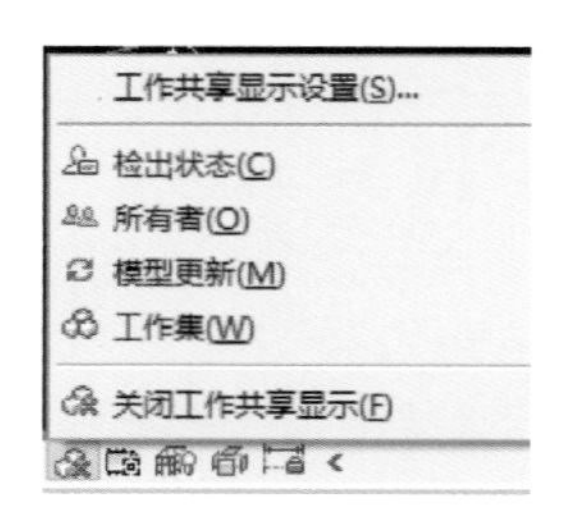

图 2. 3-8　打开工作共享显示

此时，不同的工作集就按照不同的颜色显示了，如图 2. 3-9 所示。

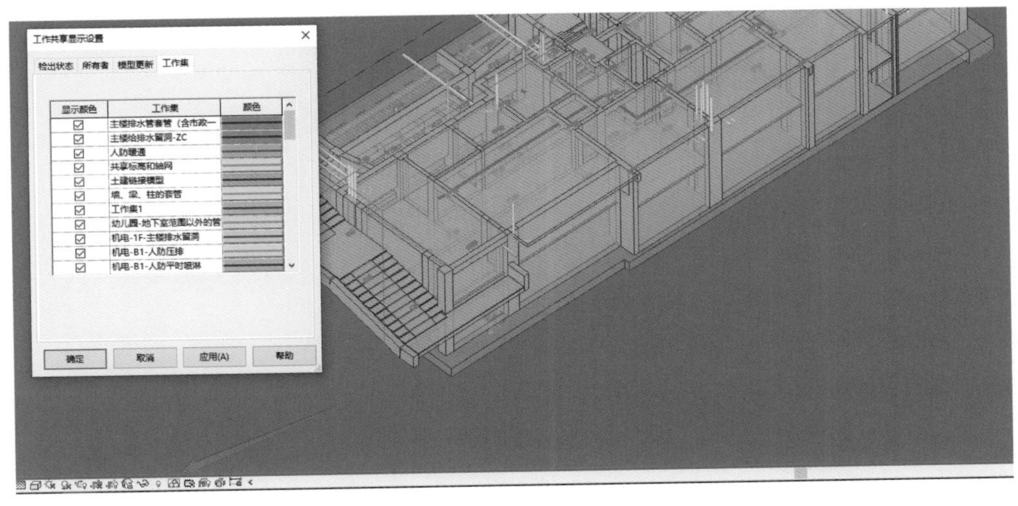

图 2. 3-9　不同工作集不同颜色显示

2）控制链接文件工作集的显示。使用快捷键 VV，按下面步骤设置链接文件的工作集显示。如图 2. 3-10 所示，单击“Revit 链接”⟶“按主体视图”⟶“基本”⟶“自定义”。

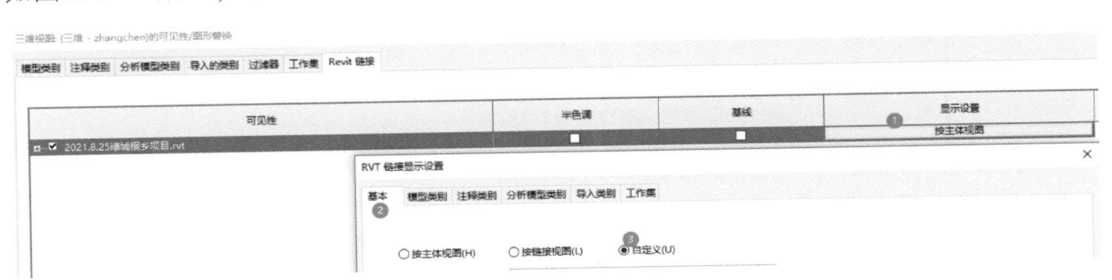

图 2. 3-10　设置土建链接模型可见性

然后单击“工作集”⟶“自定义”，如图 2. 3-11。勾选或取消勾选相应的工作集，单击确定，如图 2. 3-11。

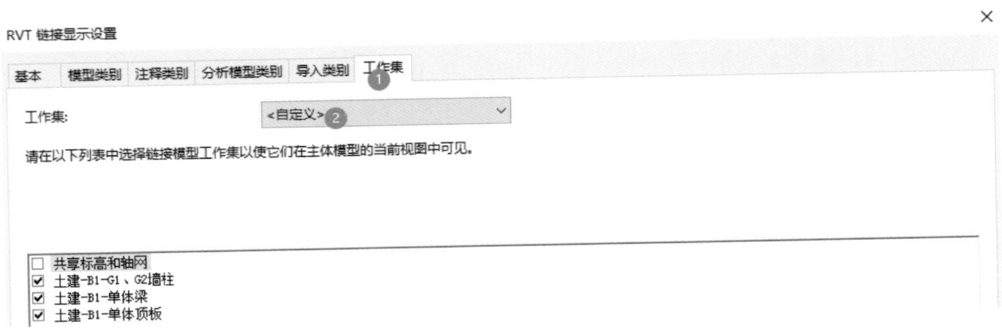

图 2. 3-11　设置土建链接模型工作集显示

如果只是想修改土建模型楼板的透明度，可以直接在模型类别中设置：

使用快捷键 VV，选中“模型类别”下的楼板，单击透明度，设置透明度。

（3）与中心文件同步。单击“与中心文件同步”功能，可以将本地的修改保存到中心文件，同时其他用户对中心文件的修改也会保存到自己的本地文件上。

可以在文件——→选项——→常规（图 2. 3-12）中设置软件提醒同步的时间间隔。

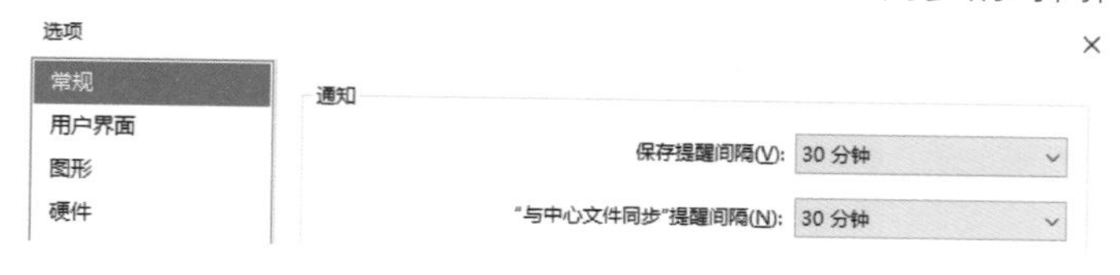

图 2. 3-12　设置同步时间

（4）从中心文件分离。需要查看或修改，又不需要保存的时候（比如测试编程的效果、检查模型等情况），可以分离中心文件。

步骤为：文件——→打开——→点选“从中心分离”——→打开（图 2. 3-13）。

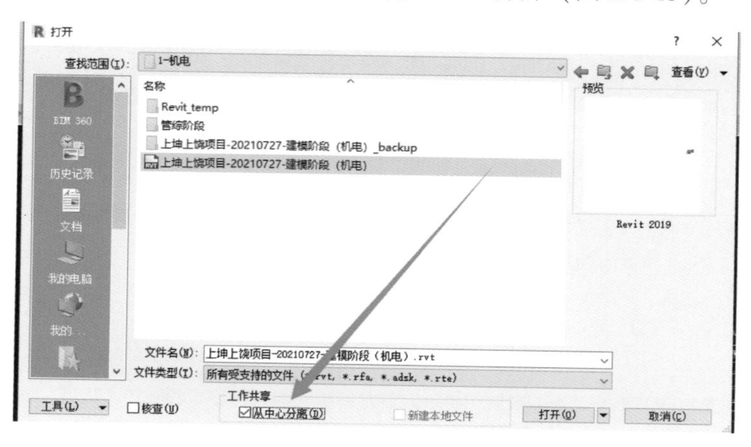

图 2. 3-13　从中心文件分离

这样打开的文件，修改后无法保存回中心文件 A，可以另存为新的中心文件 B。原来中心文件 A 的本地文件无法和中心文件 B 同步，基于中心文件 B 新建的本地文件无法和中心文件 A 同步。

（5）创建中心文件。单击文件——→打开，选择项目样板，单击从中心文件分离（图 2. 3-14）。

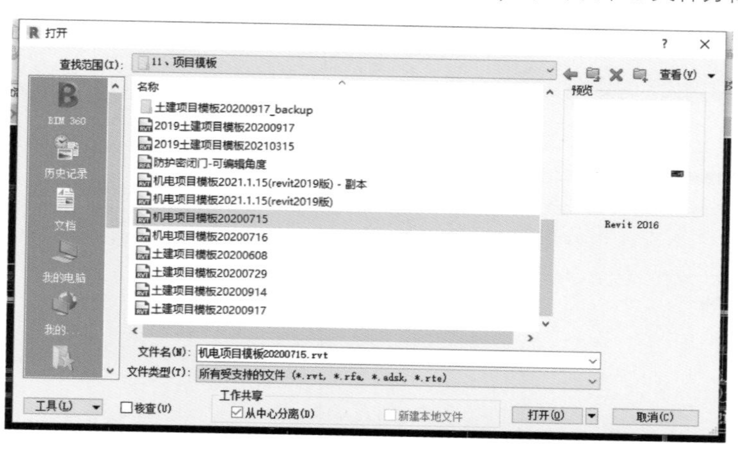

图 2. 3-14　从项目样板分离中心文件

然后另存到服务器上（图 2. 3-15）即完成了中心文件的创建。

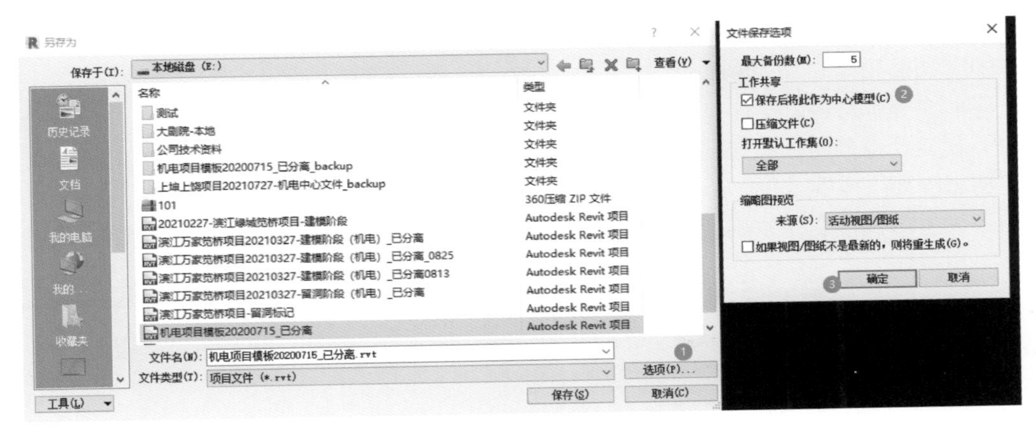

图 2. 3-15　另存中心文件

Q32 Revit 中的视图有哪些控制技巧

1. 三维视图有关操作

（1）定点旋转。按住 shift + 鼠标中键，拖动鼠标，可以实现三维视图旋转。有时候三维视图转起来会比较飘，可以先点选一个构件，再次旋转时，整个视图就以选中的构件为中心进行旋转了。

（2）控制土建链接模型显示。详见《怎样操作中心文件》一节中关于工作集的内容。

（3）局部三维视图。选中构件后，单击“局部三维视图”（图 2. 3-16），可对选中的构件进行三维观察。

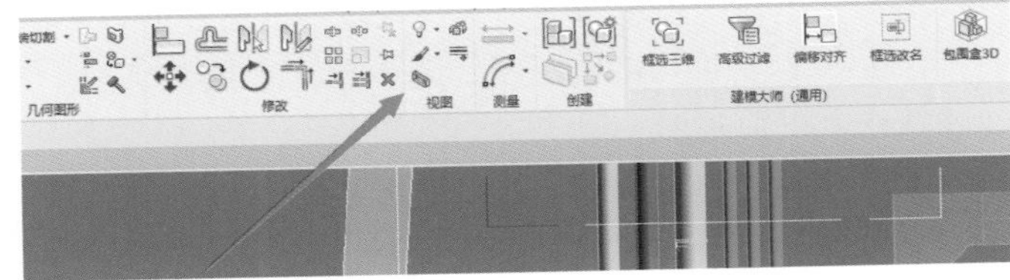

图 2. 3-16　局部三维视图

新建的三维视图可以通过拖动剖面框控制显示范围。在三维视图中单击剖面框后，可从平面图中看到三维视图的范围，也可以在平面视图中拖动剖面框的边界。

管综后期，调整翻弯的时候，可以打开三个视图。左边屏幕开平面图和剖面图，剖面图用完就关掉，用快捷键 WT 和 TW 切换窗口是否平铺，右侧开局部三维视图，如图 2. 3-17 所示。出留洞图时，可以利用剖面框控制楼层显示，方便检查套管布置情况。

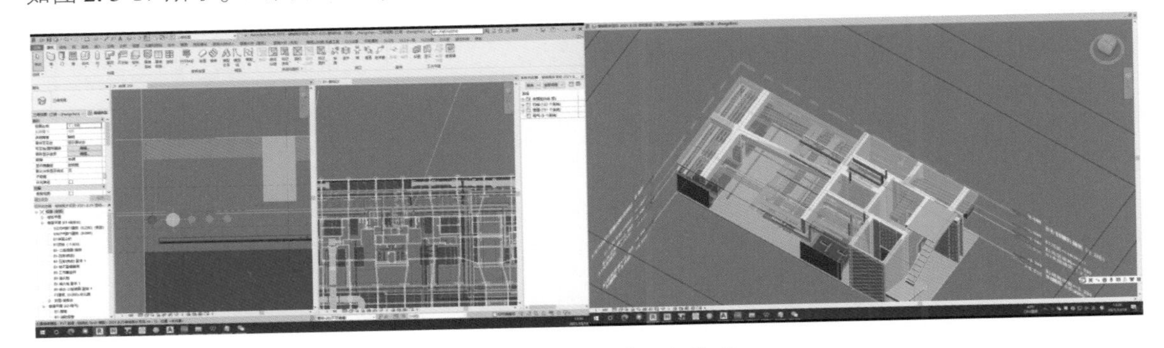

图 2. 3-17　双屏幕观察模型

（4）楼层三维视图。对于多层建筑，控制链接的土建模型分层显示也可以使用橄榄山软件“楼层3D”功能。

2. 剖面视图有关操作

（1）指定新建剖面视图的视图样板。新建剖面，会自带一个视图样板。我们也可以重新指定新建剖面的视图样板。

如图2.3-18所示，单击剖面属性栏中的“编辑类型”，修改“查看应用到新视图的样板”。

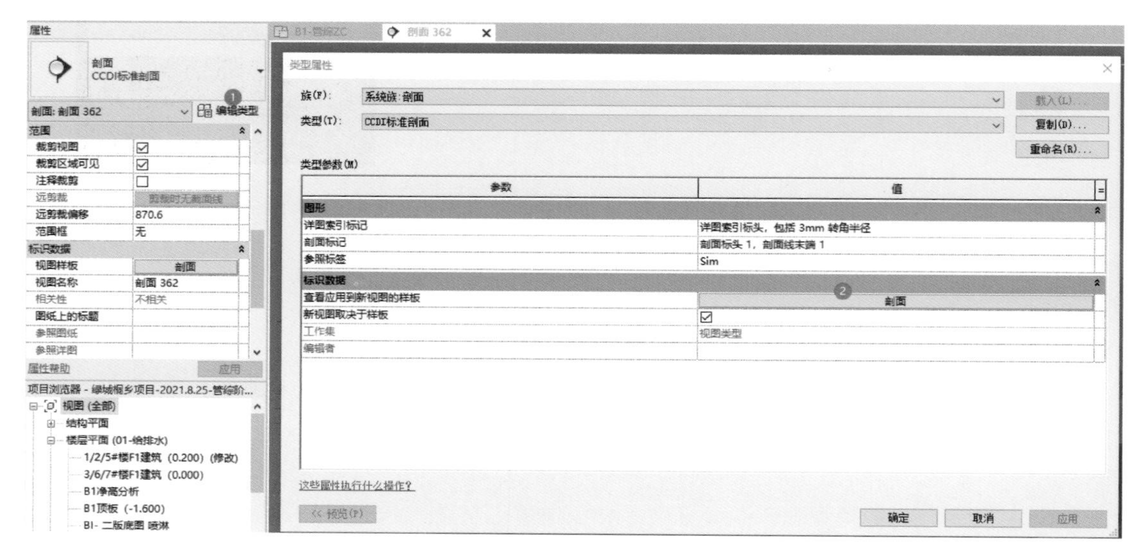

图2.3-18　设置剖面视图默认样板

然后指定新的视图样板，这样新建的剖面视图就不用再调整了。

（2）快速切换到剖面视图。选中剖面视图剖切线，右键单击，然后键盘按快捷键G，就可以快速进入剖面视图。

（3）快速调整剖面视图深度。新建的剖面视图范围过大时，可选中剖面线，修改属性栏中的“远裁剪偏移”数值（图2.3-19）。

3. 平面视图有关操作

（1）不同平面视图间传递CAD底图。导入CAD底图时，我们通常会选择“只在当前视图中显示”。

如图2.3-20所示，需要在不同平面视图中传递CAD图纸时，可以选中CAD底图，单击复制，然后切换到新视图，接着单击“粘贴”“和当前视图对齐”。

（2）用视图范围控制图元显示。视图范围含义见图2.3-21。

视图范围7：顶部1、剖切面2、底部3、偏移（从底部）4、主要范围5和视图深度6。

要注意MEP图元有个特性，就是只要在视图范围内，就会全部显示。

管线综合时，推荐的视图范围设置如图2.3-22所示。

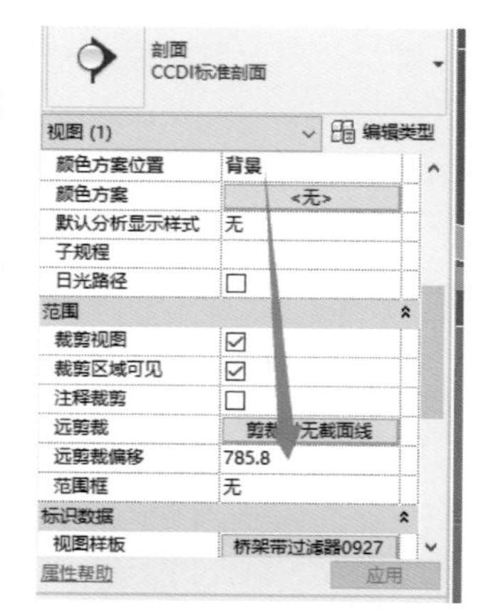

图2.3-19　设置剖面范围

（3）利用面积区域控制夹层图元显示。如图2.3-23所示，依次单击“视图”⟶“平面视图”⟶“平面区域”命令，沿着夹层周边一圈画线，如图2.3-24所示。

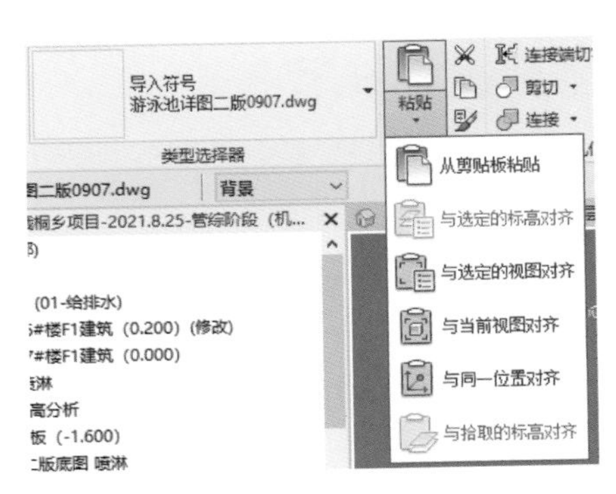

图 2.3-20　视图间复制 CAD 底图

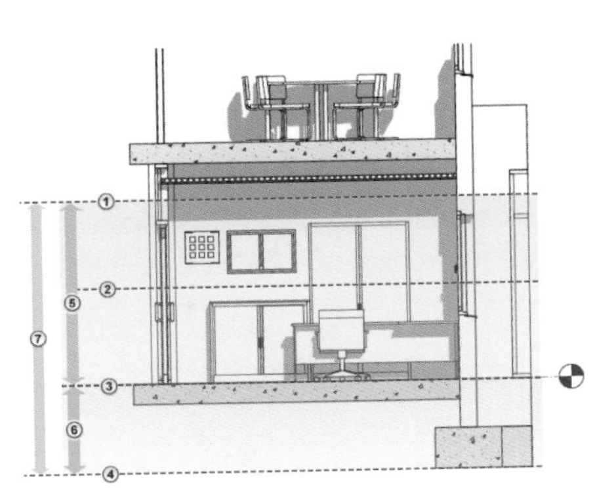

图 2.3-21　视图范围

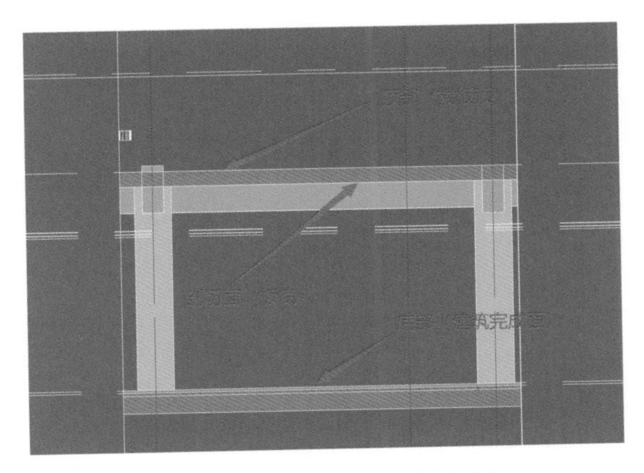

图 2.3-22　管综时视图范围设置

图 2.3-23　平面区域命令

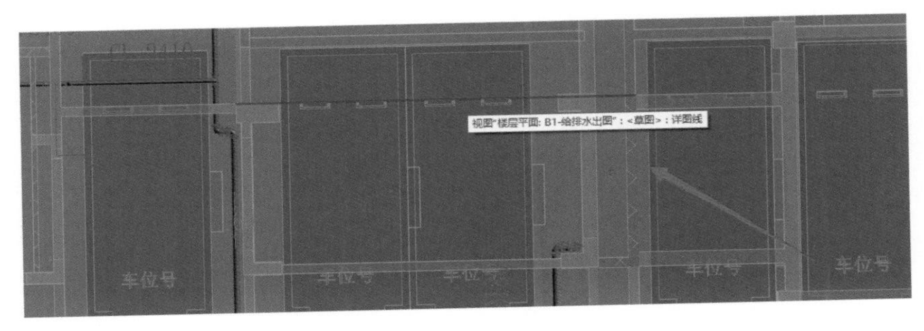

图 2.3-24　绘制平面区域

选中范围线，单独设置这一片区域的视图范围。如图 2. 3-25 所示，地下室视图中可以只显示夹层下方区域。夹层视图中可以选择只显示夹层上方区域。

（4）机电图元显示控制。机电图元的颜色，可以由过滤器和系统材质控制。过滤器的优先级大于系统材质。桥架没有系统材质，所以实践中管道和风管可以用管道系统的“材质”控制图元颜色，桥架使用过滤器。桥架配置如图 2. 3-26 所示。

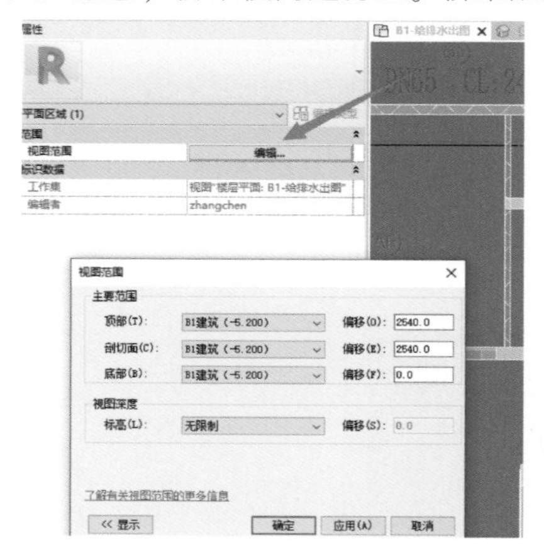

图 2. 3-25　设置平面区域视图范围

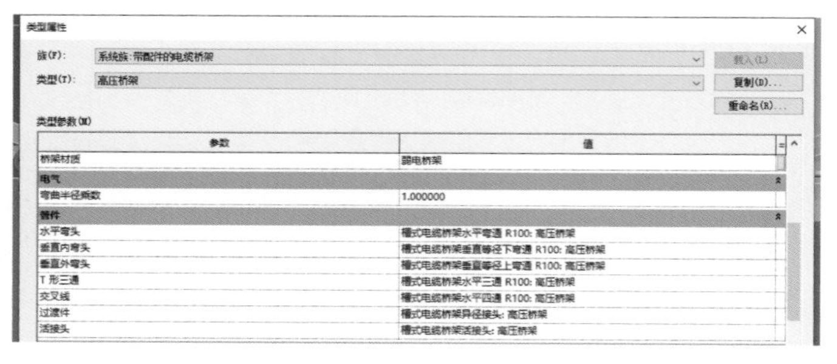

图 2. 3-26　配置电缆桥架（注意配件也带桥架类型的信息）

桥架类型很多时，可以使用 Dynamo 批量创建和加载过滤器，详见第 4 章有关内容。

（5）利用视图样板传递过滤器。桥架需要用过滤器区分，可以用视图样板在不同的视图之间传递过滤器。

在桥架建模的视图中，依次单击“视图”⟶“视图样板”⟶“从当前视图创建样板”（图 2. 3-27）。

图 2. 3-27　从当前视图创建视图样板

在视图样板属性中只保留过滤器。

在其他视图中，应用“传递桥架过滤器”样板，这样其他视图中就有桥架过滤器了。

（6）利用视图规程控制视图样式。视图还有“规程”这一属性，“建筑”规程下所有图元都会被显示，“结构”规程下非承重墙会被隐藏，如图 2. 3-28、图 2. 3-29 所示。

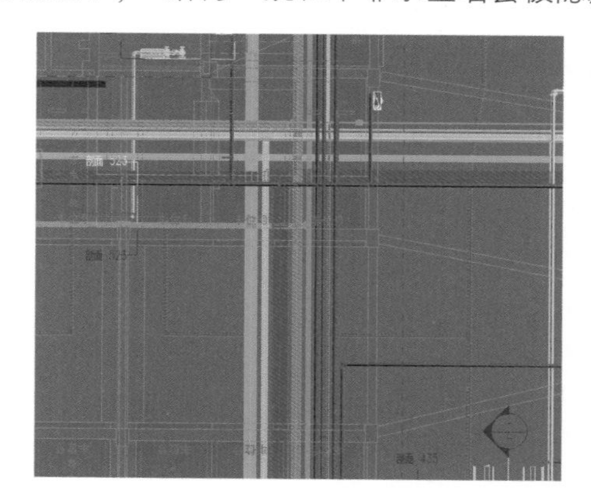

图 2. 3-28　“机械”规程下 MEP 构件突出显示

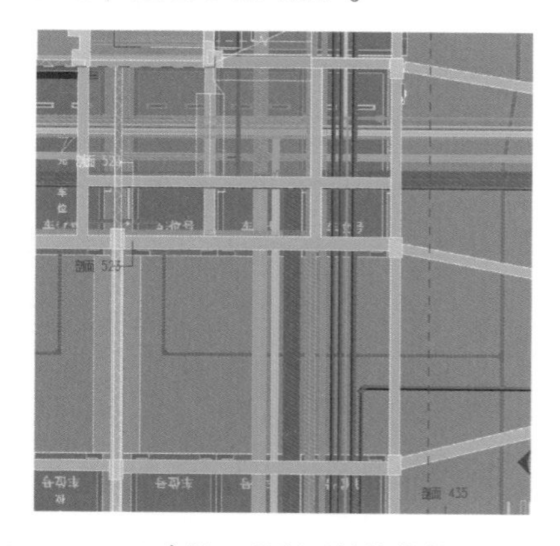

图 2. 3-29　“建筑”规程下结构构件没有被淡显

“机械”“管道”“电气”规程下非 MEP 构件会被淡显，出图时可以防止 MEP 构件被墙体隐藏。建模和管线综合时可以突出显示 MEP 构件，且软件运行速度会大大加快，但是要注意此时梁和墙柱不易区分，需要设置墙或梁的填充图案加以区分。“建筑”规程下，设置土建链接模型可见性为“底图”，也能达到淡显的效果。

在“机械”规程下做剖面时，可能发生剖面符号不显示的情况。原因是剖面的规程是“建筑”，调整为“机械”后，即可在视图中显示。

Q33 怎样使用 Revit 中系统有关的功能

1. 系统的应用

打开系统浏览器。单击“视图”→“用户界面”，勾选系统浏览器（图 2. 3-30）。

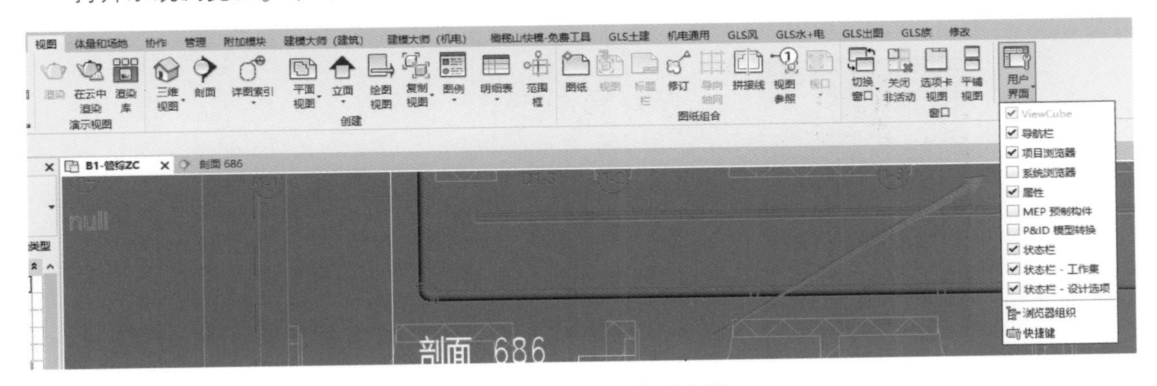

图 2. 3-30　显示系统浏览器

会出现系统浏览器的界面如图 2. 3-31 所示。

图 2. 3-31　系统浏览器界面

2. 正确设置和使用系统的好处

（1）加快软件运行速度。如果工程中未指定系统的连接件过多，会影响运行速度。

（2）方便检查。只要在系统浏览器中选择，就可以一次选中相互已经连接的管道。点选系统浏览器中每个子系统依次进行检查，可以让检查工作更加简单，解决了传统的检查方法从头到尾进行，工作量大且容易出现遗漏的问题（图 2. 3-32）。

另外，单击“分析”——→“显示隔离开关”，没有连接的连接件会有“!”号提示。这样可以快速找到没有连接起来的地方。

如图 2. 3-33 所示，软接两端出现了“!”号。选中软接后，发现两端还没有和风管相连。

（3）便捷地控制视图。系统浏览器中可以代替过滤器、工作集，控制图元显示。比用在三维视图中选中并隔离出消防系统，比用工作集或过滤器更快。

特别是管线综合阶段，很多管道都被划分到“管综”工作集中，用工作集控制视图显示效果不好。可以新建一个“非喷淋管”过滤器，过滤条件为“系统名称不包含 ZP”，就能快速在视图中过滤出喷淋管道，以便于检查喷淋主管道挪动对喷淋支管的影响。

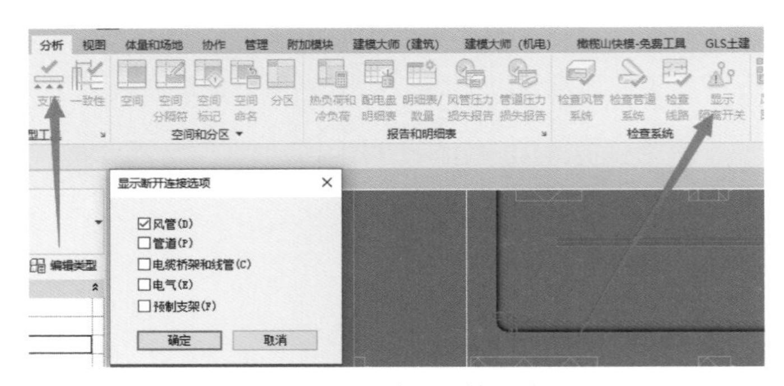

图 2.3-32　检查风管连接

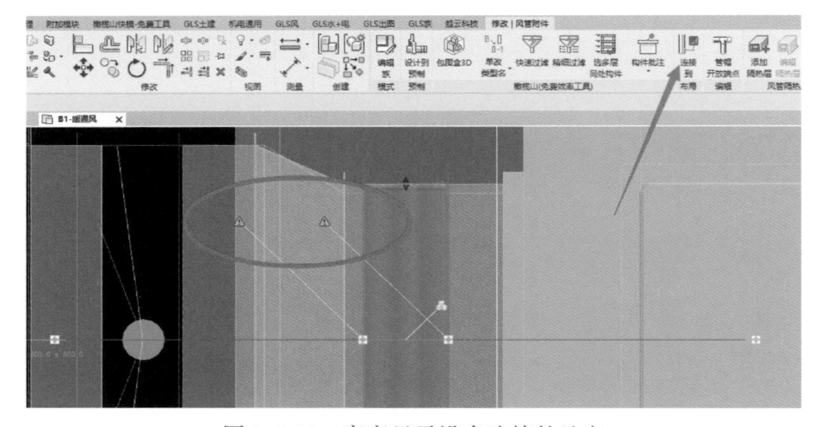

图 2.3-33　高亮显示没有连接的地方

（4）方便控制图元颜色。单击“分析” ⟶ “风管图例”，在屏幕上放置图例说明（图 2.3-34）。

图 2.3-34　绘制风管图例

单击图例说明，单击编辑方案，可以修改颜色方案如图 2.3-35 所示。

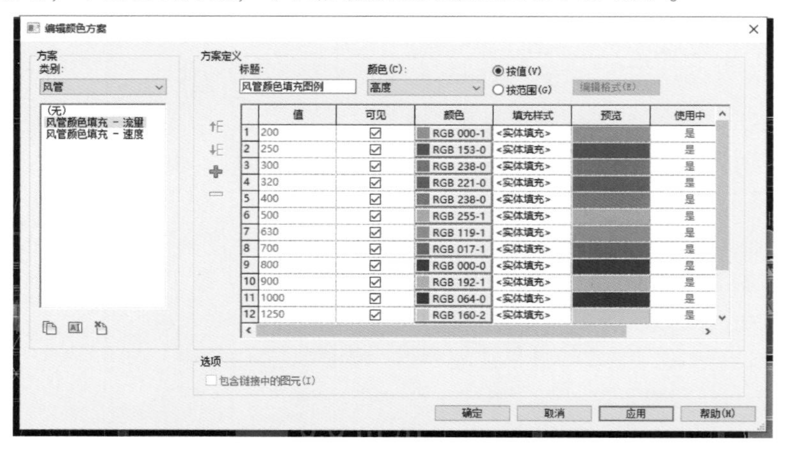

图 2.3-35　编辑颜色方案

不同高度的风管按不同颜色显示，以方便进行净高分析。

2. 系统的原理

建模时，将设备和设备物理连接后，软件就会自动生成系统。

每个系统，都由父设备、子设备和连接件组成，如图 2.3-36 所示。

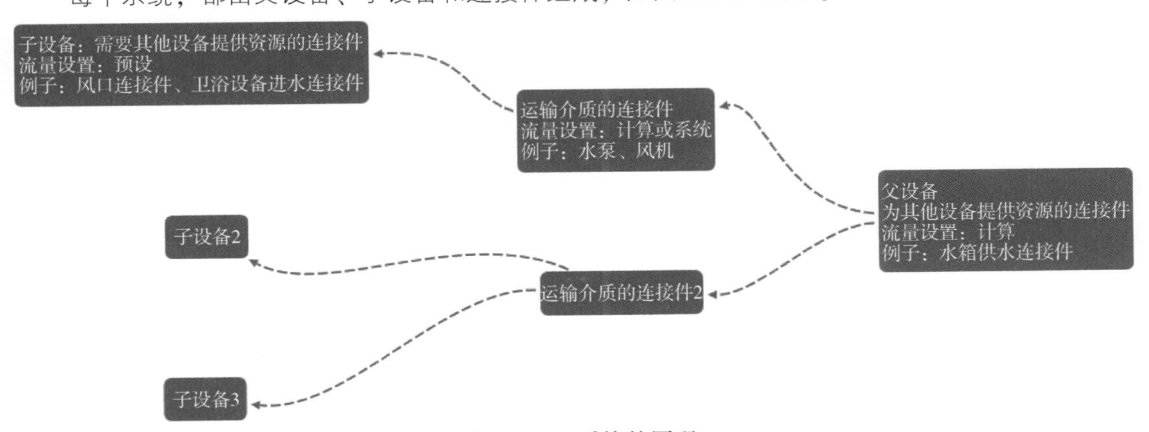

图 2.3-36 系统的原理

子设备的连接件流量配置属性为“预设”，表示该连接件的流量只和设备自身属性有关。比如小便器的耗水量只和小便器自身的型号有关。

父构件的连接件流量配置属性为“计算”，表示该连接件的流量需要通过计算得到。比如为小便器供水的水箱，其流量和连接的小便器数量有关。

子设备和父设备是在软件中是通过连接件区分的。选中设备，单击“编辑族”命令，可以查看连接件的属性，如图 2.3-37 所示。

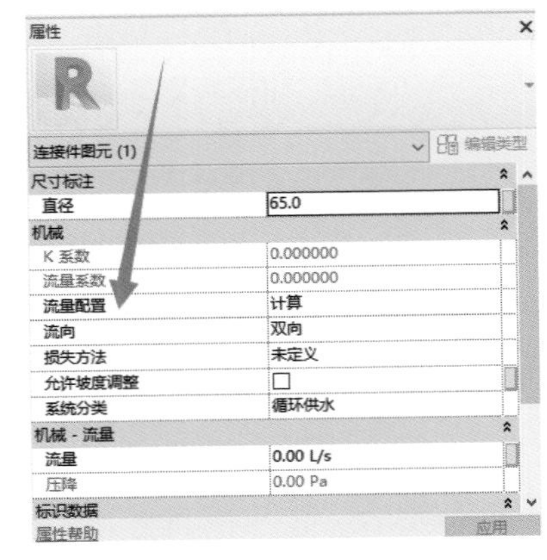

图 2.3-37 连接件的属性

当系统中有几个属性相同的设备的连接件为其他设备提供资源或者服务时，“流量配置”设成“系统”，表明通过该连接件的流量等于系统流量乘以“流量系数”。例如，两台通风机并联作为传输设备，风机的进出口连接件的“流量配置”需要设置成“系统”，并联风机的流量等于系统总风量乘以“流量系数”。

对于水泵等加压设备，既不属于父级，也不属于子级。

建模时正确设置好设备族的连接件，是应用系统功能的关键。族连接件设置可参考表 2.3-1。

表 2.3-1 族连接件设置表

序号	名称	系统形式	流量配置
1	风机盘管-进口	循环供水	预设
2	风机盘管-出口	循环回水	预设
3	冷水机组-进口	循环供水	系统（只有一台时为计算）
4	冷水机组-出口	循环回水	系统（只有一台时为计算）
5	分水器-进口	循环供水	预设

（续）

序号	名称	系统形式	流量配置
6	分水器-出口	循环供水	计算
7	集水器-进口	循环回水	计算
8	给水器-出口	循环供水	预设
9	单台水泵-进口	全局	计算
10	单台水泵-出口	全局	计算
11	并联水泵-进口	全局	系统
12	并联水泵-出口	全局	系统

Q34 怎样可加快 Revit 运行速度

1. 预防 C 盘变红

（1）软件不要安装在 C 盘。

（2）调整默认的本地文件保存位置。

在“文件”⟶“选项”中，设置用户文件默认路径（图 2. 3-38）。这样打开中心文件保存本地文件时，就不会占用 C 盘空间了。

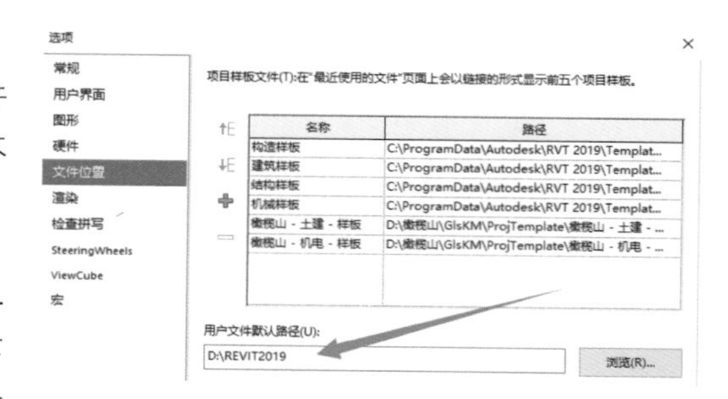

图 2. 3-38　设置本地文件保存路径

（3）手动清理软件日志文件。

在 C：\ Users \ 用户名 \ AppData \ Local \ Autodesk \ Revit \ Autodesk Revit 2019 \ Journals 目录下保存着软件日志文件（图 2. 3-39），可以手动删除里面的文件，释放空间。

也可以在选项面板中设置日志文件保存时间（图 2. 3-40）。

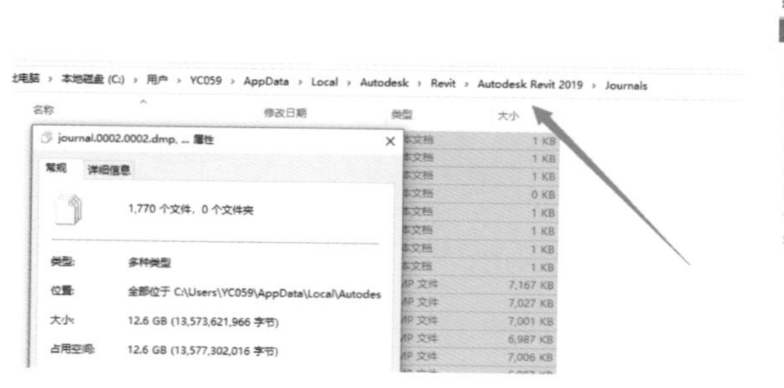

图 2. 3-39　清理日志文件

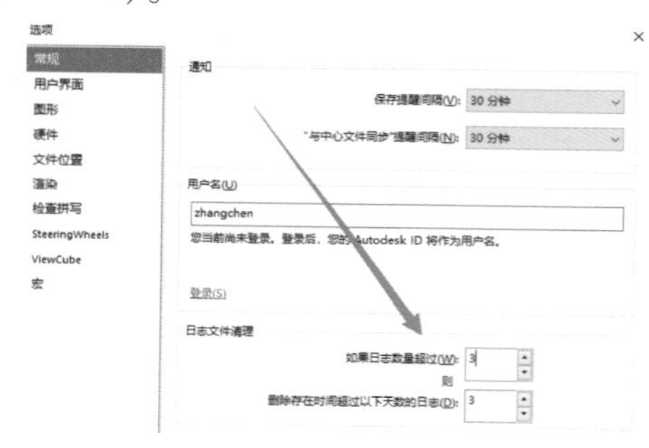

图 2. 3-40　设置日志文件自动清理

2. 加快软件打开速度

Revit 打开文件时，会重新绘制启动视图中的所有图元。如果我们将启动视图设置为图元很少的视图，就可以加快软件打开速度。步骤如下：

新建一个图元很少的图纸视图，重命名为“启动视图”。

在“管理”⟶“管理项目”⟶“启动视图”中选择刚才新建的图纸视图（图 2. 3-41）。设置启动视图前后打开文件的时间对比如图 2. 3-42 和图 2. 3-43 所示。

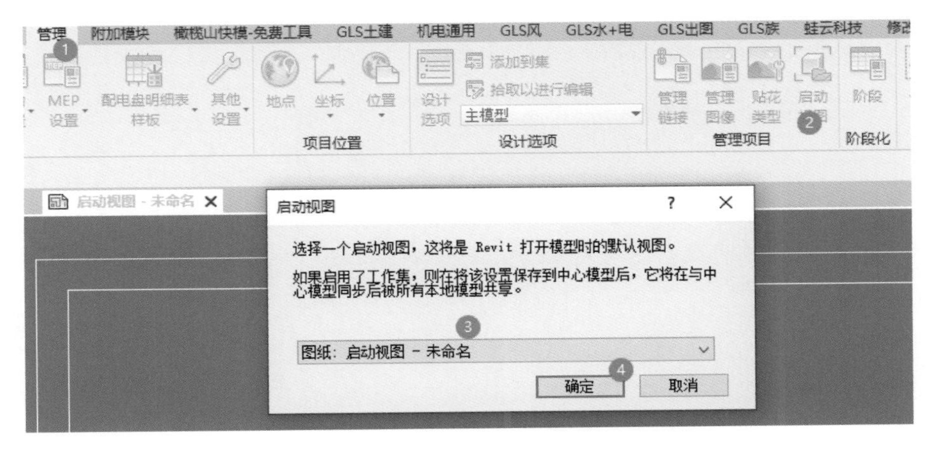

图 2. 3-41　设置启动视图

图 2. 3-42　普通打开所用时间　　. 3-43　设置启动视图后打开所用时间

加快软件打开速度的另外一个方法是卸载不需要的链接文件。比如新版图纸下发后，可以卸载旧的图纸参照。

3. 加快软件运行速度

（1）不使用 MEP 隐藏线。快捷键 MS，打开“机械设置”，关闭“绘制 MEP 隐藏线”选项，参见图 2. 3-44。

（2）建模时使用线框模式。

（3）暖通建模时不使用“精细”模式。

（4）简化非 MEP 构件的详细程度。例如，将结构构件按粗略显示。

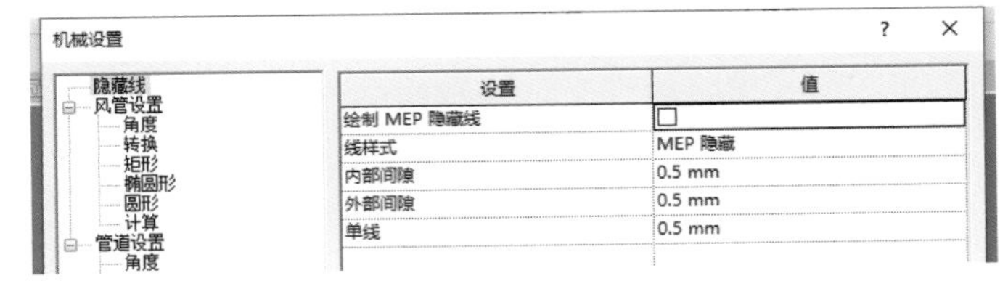

图 2. 3-44　设置 MEP 隐藏线

（5）不显示参照文件。管线综合时，大部分时间可以不使用 CAD 参照，关闭参照文件显示，可以加快软件运行速度。快捷键 VV 进入可见性设置对话框，单击“导入的类别”，去掉 CAD 文件的可见性。需要查看图纸时，再恢复 CAD 链接文件的可见性。

（6）没有用的 CAD 文件，及时卸载。

（7）隐藏剖面视图。视图中剖面很多时，运行速度会变慢，可以选中所有剖面，用快捷键 EH 隐藏图元。

（8）裁剪平面视图。视图中图元越少，软件运行越快。

多人合作进行管线综合时，可以在平面视图上单击裁剪视图按钮，拖动裁剪框，只显示自己的工作区域，参见图 2. 3-45。

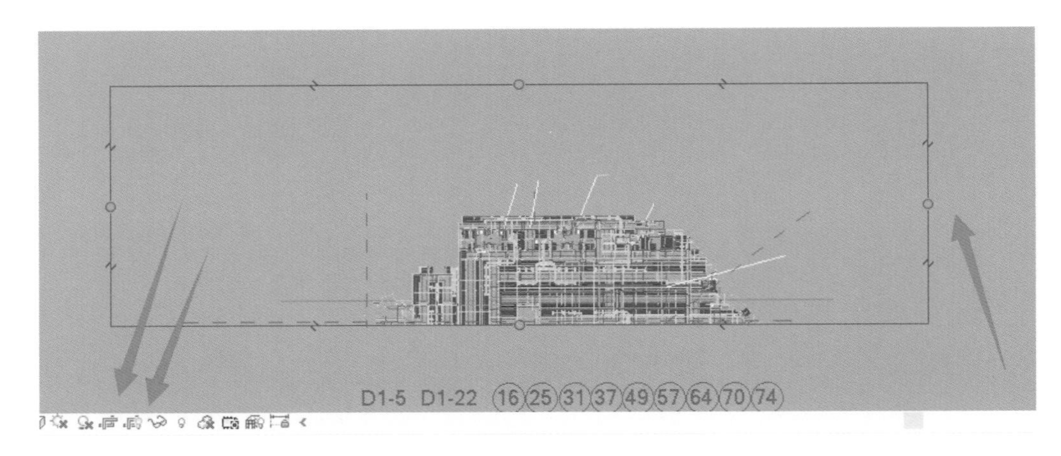

图 2.3-45 裁剪视图

Q35 怎样加快给水排水工程建模速度

1. 批量修改管材和管道连接件

需要修改管道类型时，可以选择需要修改的管道和管件（不能选管道附件），然后单击“修改/选择多个”下的“修改类型”或是“重新应用类型”命令。

使用“修改类型”命令，可以切换管道类型，例如将热镀锌钢管替换成焊接钢管。

如果提前修改了管道类型，比如将“热镀锌钢管”的连接方式由法兰改成焊接，修改前已经绘制好的管道的连接方式不会自动更新。需要选中要改的管道，使用“重新应用类型”命令，就可以更新了。

例如，设计院下发的二版图纸中，地下室消火栓主管尺寸由 DN150 调整为 DN100，在 Revit 中调整的步骤如下：

（1）按 F9 打开系统浏览器，选中消火栓所在的系统。也可以选中一根管道，连着按三次 TAB 键，选中所有相连的管道，效果如图 2.3-46 所示。

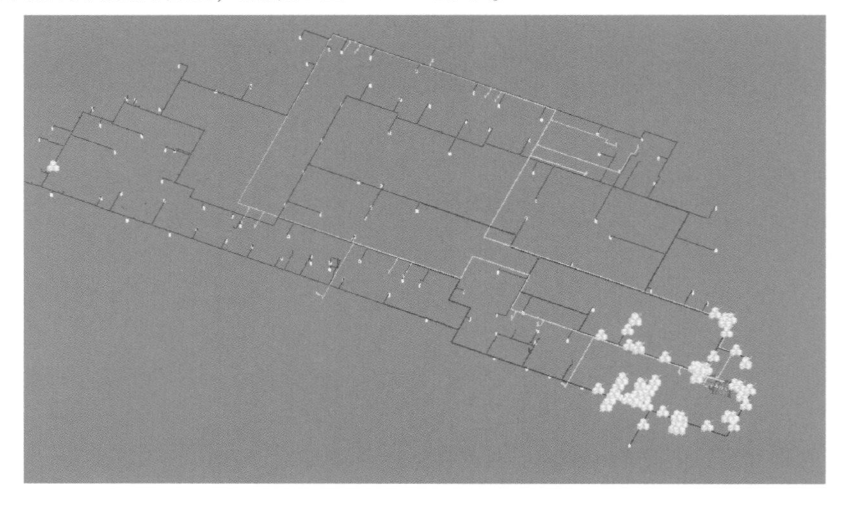

图 2.3-46 选择相邻的管道

（2）将选中的图元隔离出来，使用橄榄山插件“精细过滤”功能（图2.3-47），筛选出DN150的管道，然后将尺寸调整为DN100。

（3）选中一个闸阀，右键单击，选择视图中可见的全部图元，切换族类型为直径100，参见图2.3-48。

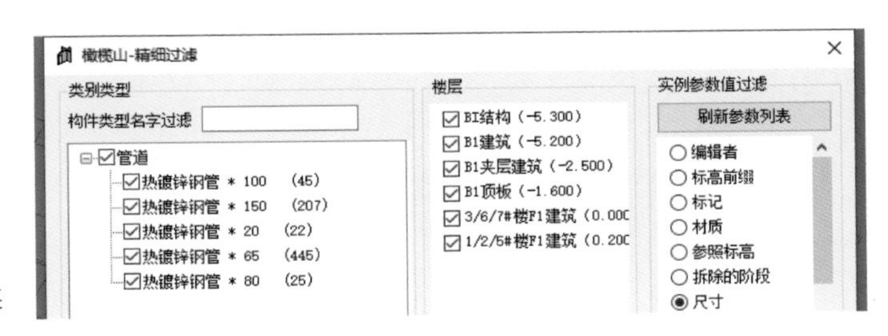

图2.3-47　精细过滤

（4）同样方法选择所有主管和支管连接的三通，修改尺寸。

2. 使用TAB键检查管道连接情况

3. 使用组

对于压排、报警阀、水泵及其连接件等布局相同的图元，通过创建组后进行复制，可以大大降低工作量。

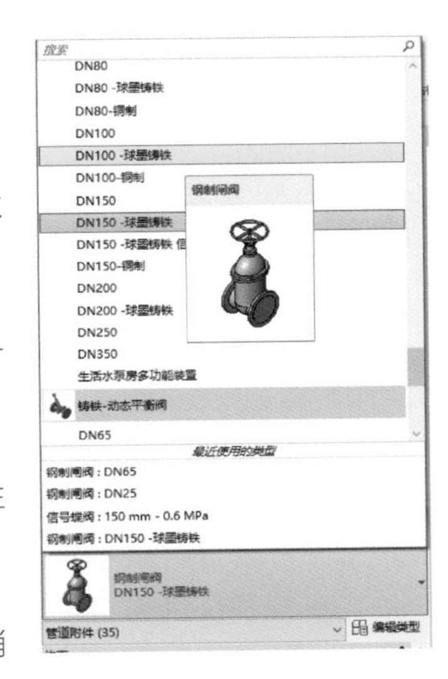

图2.3-48　切换族类型

4. 利用对称性

绘制主楼给水排水管时，要观察和利用主楼的对称性。先画一个单元的给水排水管，然后进行复制或使用镜像。

5. 创建类似图元

选中管道，使用快捷键“CS”，就可以绘制和选中的管道属性类似（工作集不能继承）的管道。

6. 连接到命令

可以给“连接到”命令设置一个快捷键LJ，连接消火栓和消火栓支管非常方便。

7. 合理设置工作集

因为我们绘制和检查都是对着系统图进行的，因此可以按不同的系统图设置工作集。比如一个地下室有消防、喷淋、给水3张系统图，那么就可以建立消防、喷淋、给水3个工作集。

8. 使用锁定的三维视图进行模型检查

三维视图调整成和系统图类似的角度，可锁定后对照系统图检查模型。

9. 运用多个视图

平面图、三维图、剖面图相互配合。可以在新建一个视图后，拖到另外一个屏幕上，也可以使用平铺命令（WT）平铺现有的视图。

可以给新建剖面视图一个快捷键（PO）。切换到剖面时，右键单击剖面线后，直接按键盘上的（G），就能直接切到剖面视图，不用再用鼠标选择，从而加快切换速度。新建的剖面图范围很大时，可以在剖面的属性栏中调整，比用鼠标拉的速度要快。

10. 对齐和修剪命令

多用对齐AL、修剪TR、连接ET命令。标高不一致的管道，三维视图中不能用TR或者ET，但是可以在平面或是剖面视图中使用这两个命令。

11. 使用插件

在橄榄山插件中，“生成立管”“两管连接”“三管连接”等命令在手绘管道时比较有用。

用CAD图块生成附件命令，布置消火栓，可以节约很多时间。

第3章

出图和管综阶段技术要点

第1节 出图技术要点

Q36 怎样获取建筑底图

留洞图、净高分析图、管线布置图等都需要灰色的 CAD 建筑底图。从建筑图出发，生成底图的步骤如下：

（1）打开图层管理器，将所有锁定的图层打开。

（2）删除建筑图中不必要的图元。

（3）隐藏或冻结标注线、消火栓等不必要的图元所在的图层。（也可以右键单击鼠标，选择相似对象后删除）

可以和设计院给的专业图的底图进行对比。我们的目标是底图和设计院的底图一致。不建议从设计院的专业图出发导出底图，因为专业图的建筑底图可能没有及时更新。

（4）使用 Burst 命令，分解图中的块。如果使用炸开命令，容易出现轴号全部变成“1”的问题，所以建议使用 Burst 命令。

（5）接着使用 PU 命令，清理文件（图 3.1-1）。

（6）选择全部对象，调整颜色为灰 8[⊖]。

如果还有没有变成灰色的图块，那就选择所有没有变色的图元，重复 Burst 命令，再调灰色。

对于尺寸线，可以选中后在属性面板（Ctrl +1）中调整尺寸线和文字颜色。选中一个尺寸标注，输入 Selectsimilar 命令，可以选中多个相似的尺寸。

（7）替换布局空间图框。进入底图的布局空间（图 3.1-2），替换设计院的图框为自己公司的图框。

（8）建筑底图的使用注意点：推荐 Revit 导出的图纸，作为外部参照插入建筑底图中。这样可以利用建筑底图的布局空间，减少出图的工作量。

图 3.1-1 清理 CAD 图纸

图 3.1-2 模型空间和布局空间

⊖ 即指 8#颜色采用 100% 灰度打印。

如果是在别的图中插入建筑底图，底图会位于新图纸的图元之上，遮挡了部分图元。此时可以选中底图，输入 Draworder 命令，把底图放在最下层。

如果要发送图纸给其他计算机，应将底图绑定（XREF 打开参照管理器，单击右键→绑定）。

Q37 CAD 中怎样操作图块、图层和尺寸标注

1. 图块有关操作

（1）新建图块。处理建模链接用的 CAD 底图，需要另存时，可以使用“写块”命令输出，快捷键为 W。

如果只是需要在模型空间批量移动图元的话，也可以选中图元，单击成组命令（快捷键 Group）。成组后的图元可以使用解组命令（快捷键 UGroup）重新打散。

图块和参照的区别在于图块是当前文件的一部分，而参照在别的文件上。

使用快捷键“B”可以进行写块操作，创建内部块。内部块和文件同时被打开和编辑。使用“W”快捷键创建的是外部块，其他文件也可以使用。

（2）编辑块。双击图块，就可以进入编辑界面。单击确定后进入块编辑器后编辑。

如果不需要继续保持成块的状态，可以进行打散操作。推荐使用快捷键 Burst 进行打散。因为使用炸开命令 EXPLODE 时，容易把轴线数字都变成 1。

2. 图层有关操作

（1）图层开关、冻结、锁定之间的区别。图层处于关闭状态时，里面的对象不会被显示。只有打开的图层可以被显示或打印。

图层被冻结时，里面的对象不会被显示或打印。而且进行缩放、平移等操作时，被冻结的对象也不会参与。也就是说，图层开关只是单纯隐藏对象，而冻结功能除了隐藏对象，还可以加快操作速度。

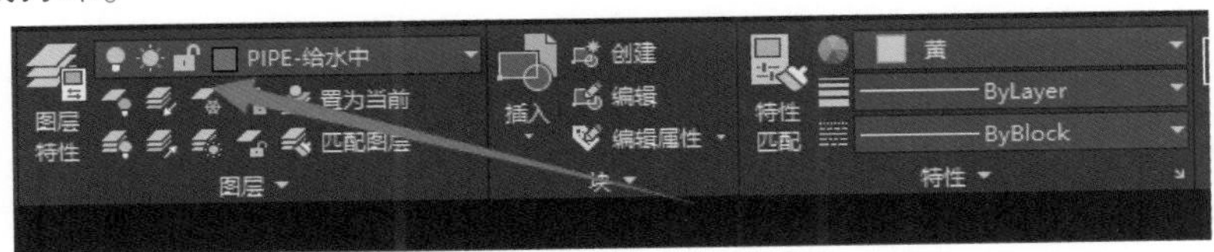

图 3.1-3 图层有关命令

锁定的图层上的图元仍然可以显示，但是不能被编辑，只能绘制新的图元。

（2）图层隔离。选中要保留的图元，单击“隔离图元”命令（图 3.1-4），可以快速只保留有选中的图元的图层。单击“取消隔离”，可以快速恢复图层的显示。这个命令在筛选需要的图元的操作时非常有用。

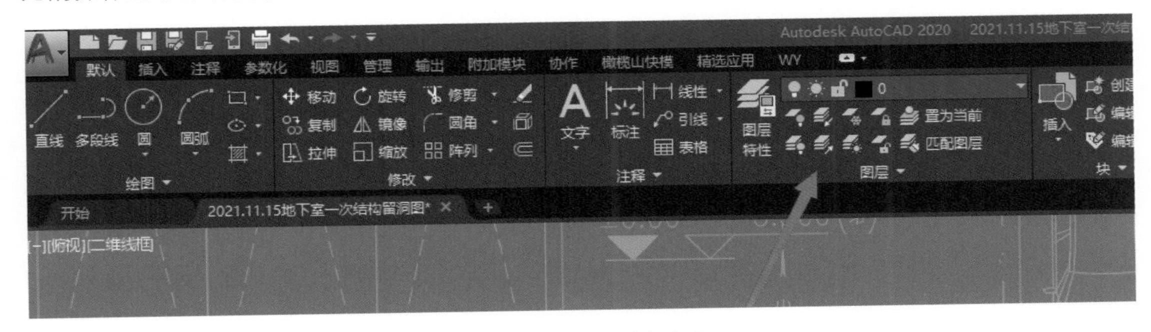

图 3.1-4 图层隔离命令

（3）图层间的绘图次序。选中图元后，右键单击“绘图次序”（图3.1-5），可以控制不同图元间的遮盖关系。

3. 尺寸标注有关操作

出图后检查时，如果发现只有个别地方尺寸标注有遗漏，而回到Revit中修改并重新出图比较麻烦。可以在AutoCAD中直接增绘尺寸标注。这里的关键问题是如何使新建的尺寸样式和已有的一致。

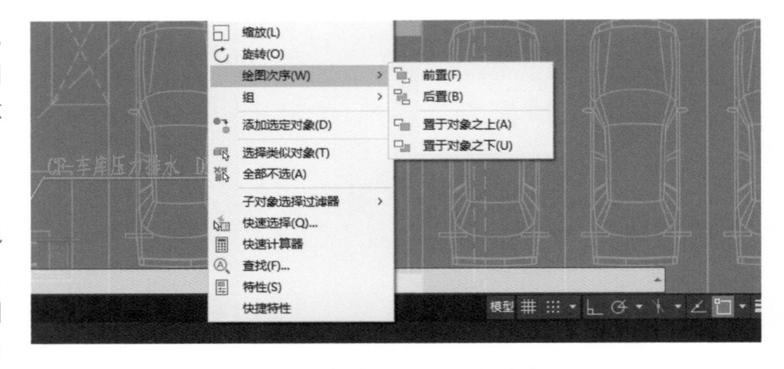

图3.1-5　控制图元之间的次序

方法是先查询已有的尺寸标注的样式（图3.1-6）。如果尺寸在块中，就双击图块进入块编辑器查看。

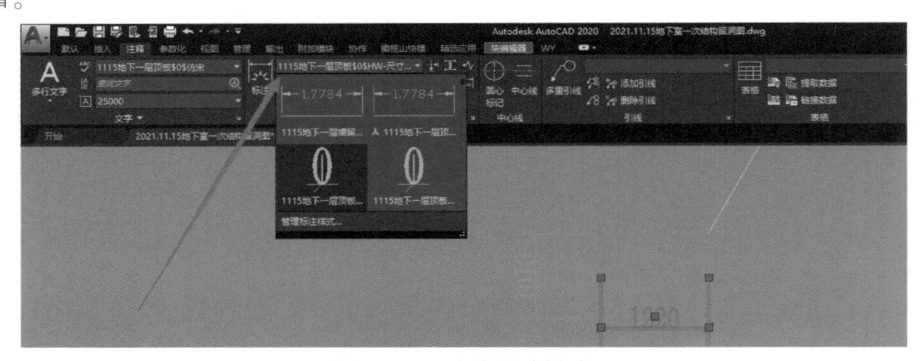

图3.1-6　查询尺寸样式

回到模型空间后，单击“注释”——→标注功能右下角扩展键——→选择已有尺寸的标注样式——→“置为当前”——→“关闭”，如图3.1-7所示。

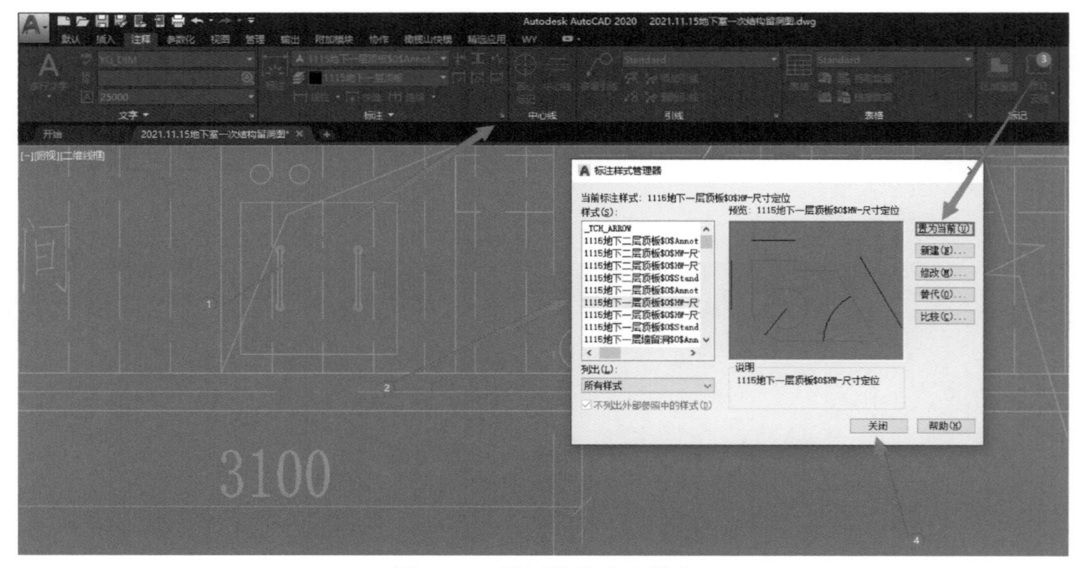

图3.1-7　设置默认尺寸样式

这样新建的尺寸样式就和已有的统一了。

此时尺寸的颜色可能稍有差别，可进一步在图层管理器中查询原有尺寸所在图层的颜色。然后将新尺寸所在图层颜色调成一致。

Q38 怎样操作外部参照文件

1. 外部参照的原理

外部参照是指把其他 DWG 文件链接到当前文件中。在当前文件中只是记录了参照文件的位置信息，而参照文件的图元信息并没有插入。类似于 Revit 中的链接 CAD 图纸。

2. 外部参照有关操作

以出留洞图为例，介绍外部参照有关的操作。

（1）插入外部参照。利用快捷键 XRF，可以打开参照管理器，如图 3.1-8 所示，位置 1 为当前图形，位置 2 为参照文件。

单击左上角按钮，选择附着 DWG 即可插入外部参照（图 3.1-9）。

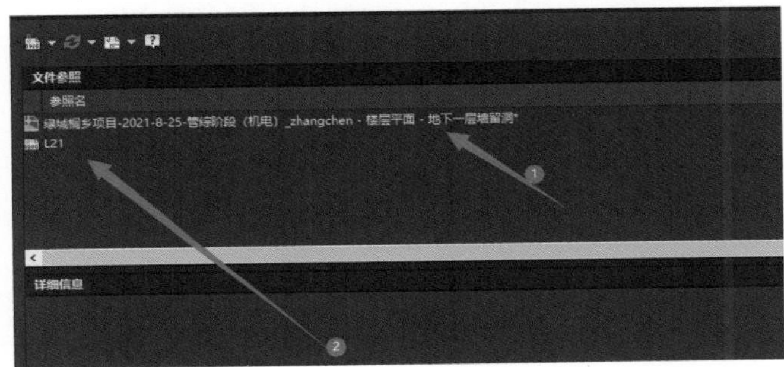

图 3.1-8　参照文件管理器

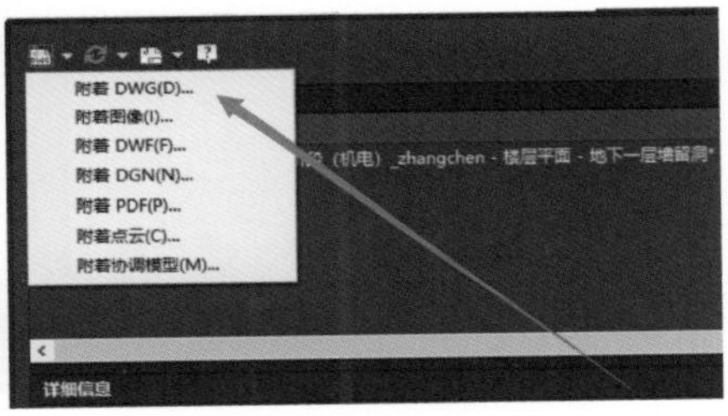

图 3.1-9　附着 DWG 文件

被插入的外部参照选中时是一个整体，可以移动位置和当前文件对齐。也可以复制多个副本。

（2）控制外部参照的显示（图层和裁剪框）。可以在图层管理器（图 3.1-10）中控制外部参照的图层显示。

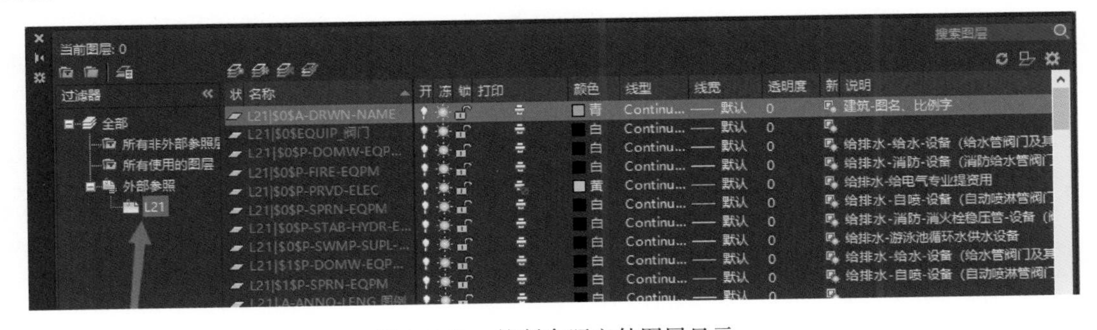

图 3.1-10　控制参照文件图层显示

选中外部参照，单击“创建裁剪边界”（图 3.1-11），可以控制外部参照的显示范围。

复制参照文件，然后给不同的参照文件副本设置裁剪边界，再定位到需要的位置，这种方法在处理有多个夹层的项目中经常使用。

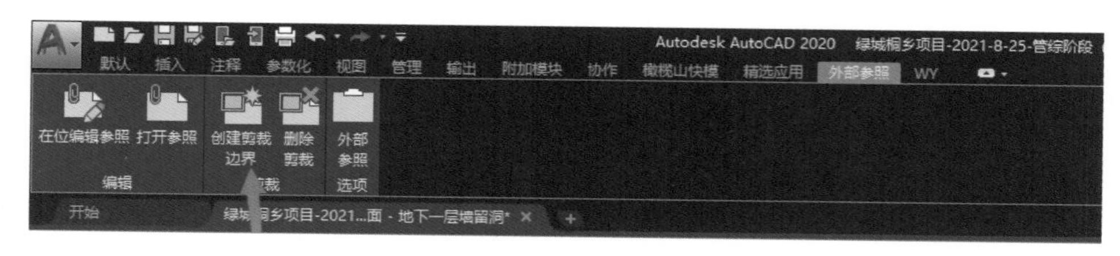

图 3.1-11　裁剪外部参照

（3）外部参照的编辑。如果需要编辑外部参照里面的内容，需要选中外部参照，单击“打开参照”，就会打开参照文件（图 3.1-12）。

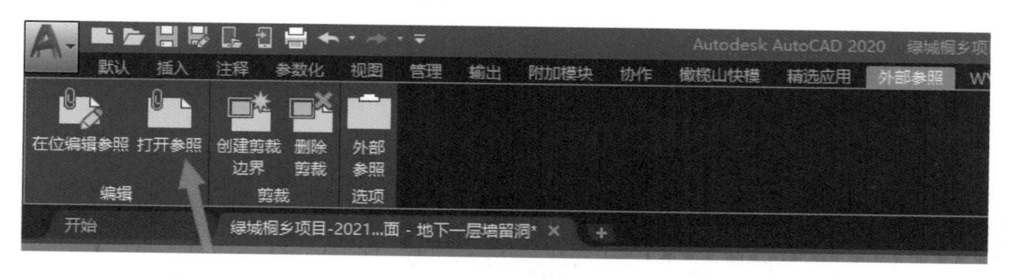

图 3.1-12　打开参照文件

编辑完成后，保存参照文件，回到当前文件的参照管理器中，软件会提示重新加载参照文件，此时单击确定即可。

（4）绑定外部参照。如果需要发送文件给他人，而他人计算机上又没有参照文件时，可以选择将参照文件一起发过去，也可以绑定参照文件。绑定参照文件的操作为：在参照管理器中选中参照，右键单击“绑定”（图 3.1-13）。

右键单击菜单其他几个选项的含义为：

“附着”表示该外部参照可以被嵌套。例如文件 B 用附着型的方式加载了外部参照 A，文件 C 加载参照文件 B 后，也能看到文件 A。

“覆盖”表示该外部参照不可以被嵌套。例如文件 B 用附着型的方式加载了外部参照 A，文件 C 加载参照文件 B 后，就看不到文件 A 了。

“拆离”类似于删除外部参照。

Revit 中出图时，因为标注参照的是土建模型或导入的图纸，所以需要将链接文件作为外部参照导出。

图 3.1-13　绑定参照文件

导出文件 A 后打开，需要将链接文件的“外部参照类型”改为“覆盖”，这样在建筑底图 B 中参照导出的图纸 A 时，链接文件就自动不显示了。也可以在文件 A 中直接删除参照文件。

要注意出图前先在 Revit 中做一个定位点，防止链接文件被覆盖后无法定位导出的图纸。

Q39 怎样利用 CAD 布局空间出图

1. 利用布局空间出图的原理

地下车库面积较大，需要分区打图纸。在模型空间中分区打图纸非常麻烦，必须使用布局打图。

在 AutoCAD 中，我们画一个 100×100 的矩形，滚动鼠标滚轮时，这个矩形在屏幕上显示的效果会变大或变小，但是其本身的尺寸大小没有变。就像地上有个房子，我们从正上方往下拍照。当我们的相机离房子远时，房子在照片中就很小；离房子近时，照片中的房子就显得很大。

视口就相当于照相机，在模型空间中，默认只有一个活动视口。而在布局空间中，我们可以布置多个视口，这些视口不仅可以锁定，还可以复制。就像地上的房子，我们可以在上空同时布置好几个无人机拍照。房子还是真实的大小，照片却可以是不同比例，不同角度的。新建多个视口，这就是用布局空间出图的原理。

2. 利用布局出图的步骤

（1）新建布局空间，复制图纸的图框到布局空间。

在这个例子中，我们保持视口内的比例为 1:1，图框则按比例放大。比如出图是 A1 图纸 1: 100打印，那么我们的图框尺寸就是 A1 图纸实际尺寸的 100 倍。例如 A1 图纸大小尺寸为 841mm×594mm，我们在模型空间中新建 84100mm × 59400mm 的图框（图 3. 1-14）。

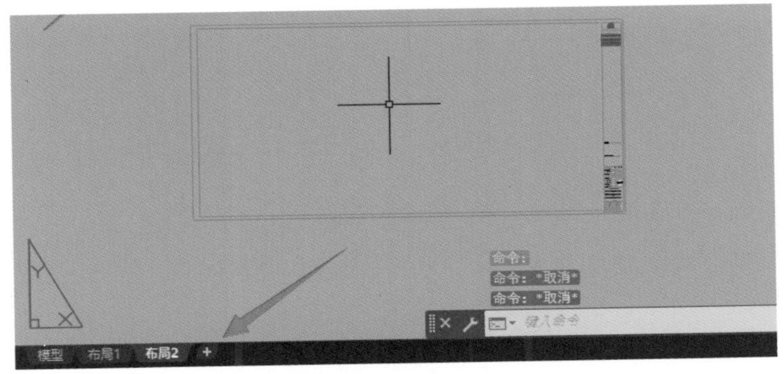

图 3. 1-14 新建图框

使用 MV 命令，在图框内部左上角和右下角依次单击，新建视口如图 3. 1-15 所示。

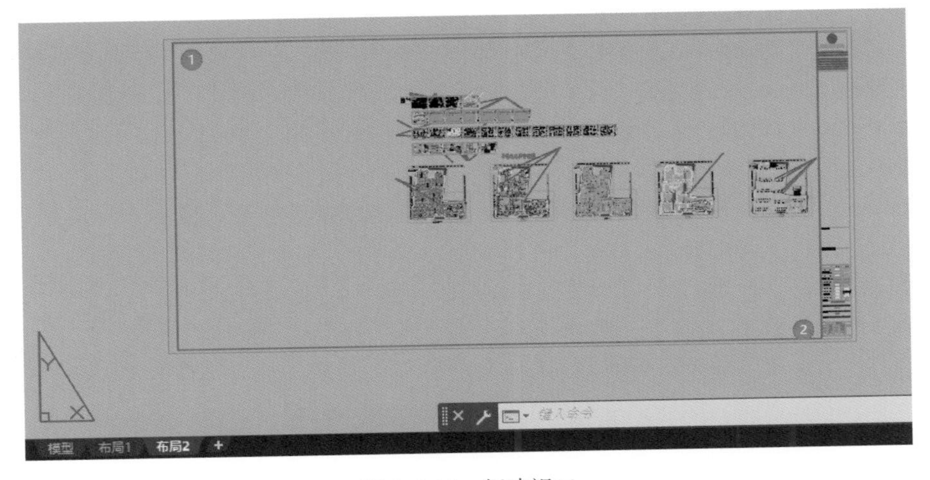

图 3. 1-15 新建视口

点选视口边界，选中视口，按 Ctrl + 1 调出属性面板，将自定义比例设置为 1（图 3.1-16）。

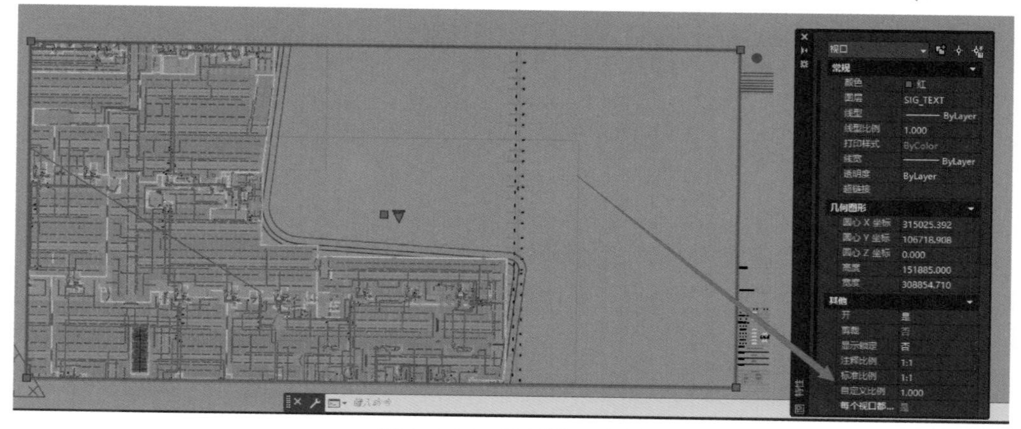

图 3.1-16 设置视口比例

把鼠标放在视口内部，双击进入视口，按下鼠标滚轮，拖动图纸到合适角度。

在视口外部双击，退出视口。再次选中视口边框，在属性面板中锁定视口。

这样即使重新进入视口，图纸的大小和显示范围也不会变化，出图就完成了。

本例中，图框的比例是 100:1；视口内图元比例是 1:1；也可以将图框的比例设置为 1:1，视口内部的显示比例设置为 1:100，最后出图效果还是 1:100。

如果选不中视口范围线，原因可能是标题栏的框和视口范围线重合了，此时可以临时关闭图框所在的图层。

以上是自己建立布局空间的步骤。实际工作中，推荐做法是将 Revit 导出的图纸，作为外部参照，加载在建筑底图上，利用建筑底图自带的布局空间出图。这就要求获取建筑底图时，将布局空间中的图框改成自己所在单位的。

Q40 怎样出车位不利因素分析图

1. 车位不利因素分析原理

（1）车位间距。普通住宅车库中，车位尺寸宽度一般为 2400mm，如图 3.1-17 所示。

小型车宽度一般为 1800mm，同时为了有开门下车的空间，需要在汽车两侧预留 600mm 宽的空间。当两边都是车位时，两辆车可以共用两车之间 600mm 宽的空间，因此一个车位宽度是 1800 + 600/2 + 600/2 = 2400（mm），如图 3.1-18 所示。

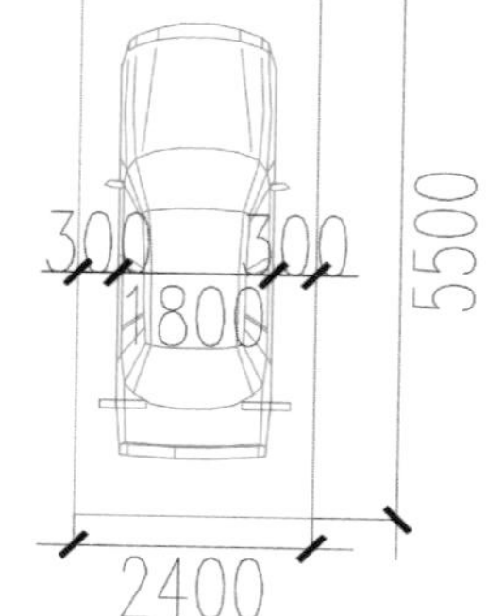

图 3.1-17 车位尺寸

当车位边上有墙时，要求车位边距离墙大于 300mm，如图 3.1-19 所示。

（2）影响车位因素。周边门洞：设备用房门、人防门、疏散门等开闭可能影响汽车进出、车门开启。

周边消火栓箱、电气箱体：可能影响汽车进出、车门开启。

车位周边机电立管及阀部件：可能影响汽车进出、车门开启。

两侧有无墙体：墙体离车位较近，车门开启不便。

车位线内集水井：集水井盖板平时处于常闭状态，工作维修时需要打开盖板。

车位上方风管：车位上方存在较大风管时会较压抑。
倾斜车位：车位倾斜，不便停车。
坡道口车位：车位靠近坡道口，进出车位需注意过往车辆。

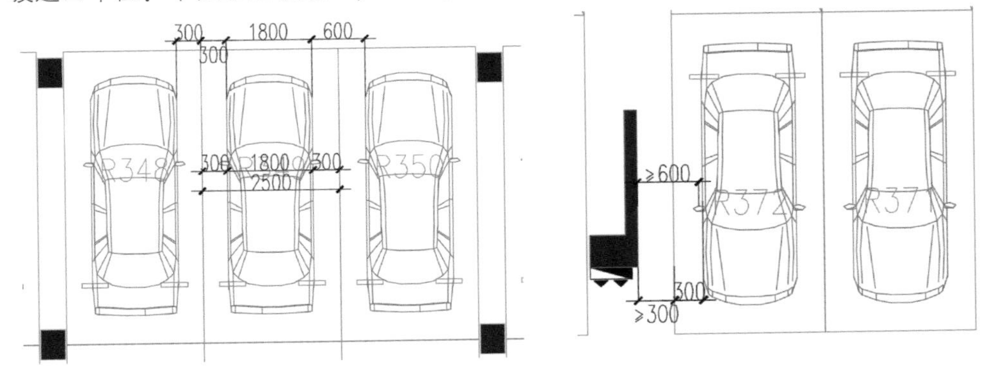

图 3. 1-18　车位之间距离　　　　图 3. 1-19　车位和墙柱之间的距离

2. 出车位不利因素图的方法

（1）先制作车位不利因素的图例，如图 3. 1-20 所示。

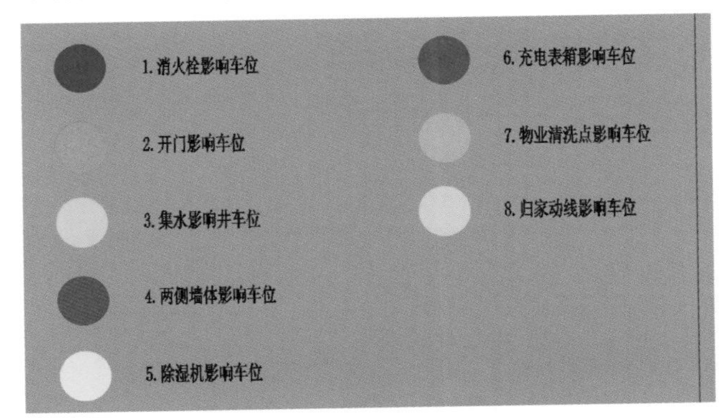

图 3. 1-20　车位影响因素图例

（2）依次观察车位，判断有无影响车位的因素。如果有，则根据图例，放置标记（图 3. 1-21）。

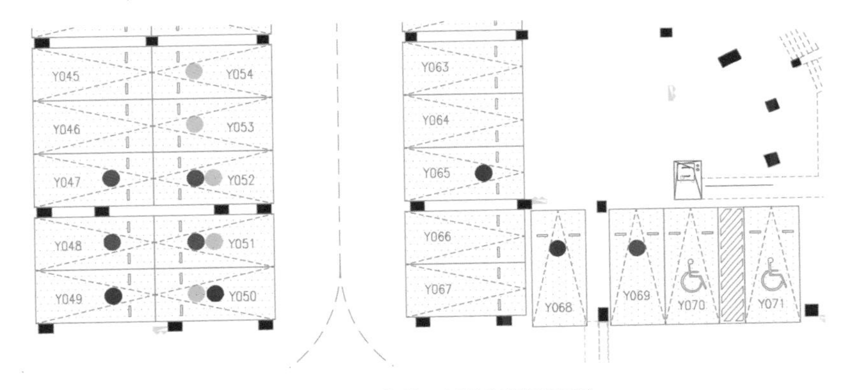

图 3. 1-21　车位不利因素标记图

也可以使用 Dynamo 简化操作，详见第 4 章有关内容。

Q41 怎样出留洞图

出留洞图的流程参见图3.1-22。

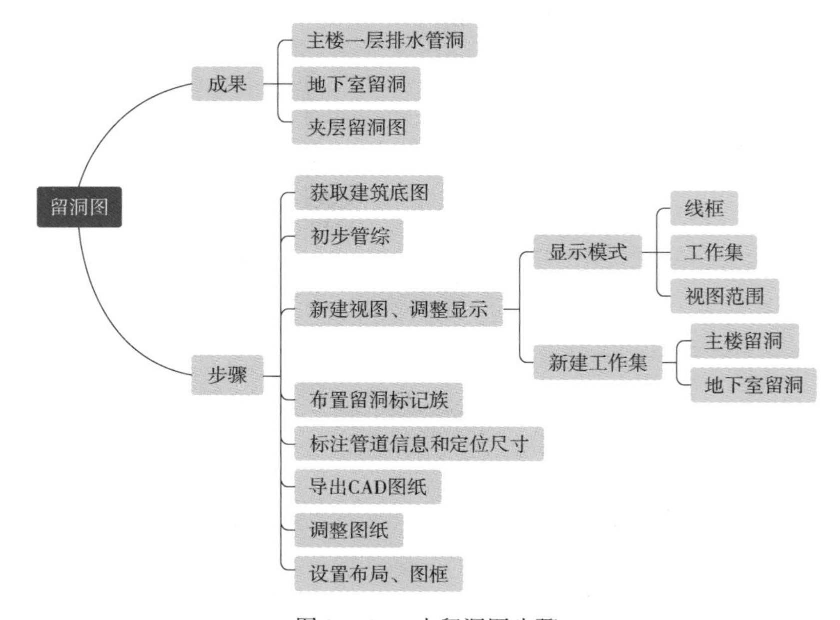

图3.1-22 出留洞图步骤

1. 获取建筑底图

操作方法详见《怎样设置参考底图》一文。

2. 熟悉图纸

通过研读图纸，了解管道走向和尺寸。将图纸和模型进行对比，检查是否存在图模不一致的问题。通过检查模型，进一步熟悉各种管道。图模一致是最基本要求，这一步不能省略。

3. 初步管综

详见《怎样进行初步管综》一文。

4. 新建视图、调整视图显示

新建一个“地下室留洞”工作集用于存放地下室套管，新建一个“主楼留洞”工作集用来存放主楼排水管的套管。

新建3个留洞的楼层平面，使用“平面区域”命令区分夹层和车库，视图设置见表3.1-1。

表3.1-1 留洞图出图的视图范围设置

图纸名称	视图顶部	视图剖切面	视图底部	参照标高	工作集
主楼夹层留洞图	一个比较大的数值	一个比较大的数值	夹层建筑完成面	夹层建筑完成面	只显示主楼排水管和套管
主楼负一层留洞图	夹层建筑完成面	夹层建筑完成面	车库建筑完成面	车库建筑完成面	关闭主楼排水管和套管
车库负一层留洞图	一个比较大的数值	一个比较大的数值	车库建筑完成面	车库建筑完成面	关闭主楼排水管和套管

5. 布置留洞标记

可以使用常规方法、Dynamo 布置法和插件布置法。

（1）常规布置方法。沿着管道走一圈，观察墙和管道碰撞的地方，建立剖面，或是在三维视图中观察，通过观察管道是否和结构碰撞，在管道上方放置标记族（图 3. 1-23）。

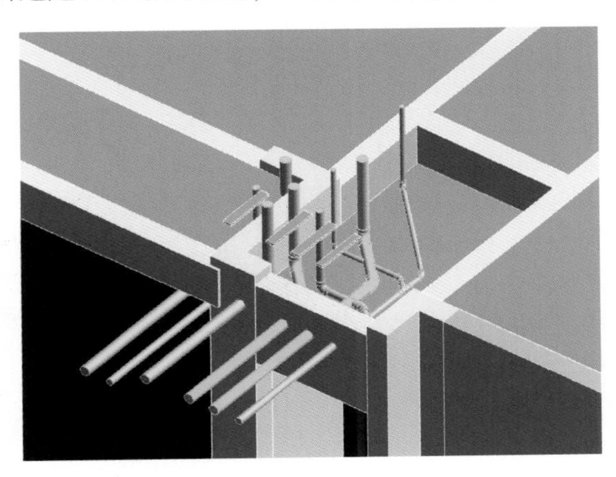

图 3. 1-23　手动布置的留洞标记

（2）使用 Dynamo 布置，详见第 4 章有关内容。

（3）插件布置。以建模大师为例。打开“一键开洞”命令（图 3. 1-24），对于链接土建模型的项目的主楼排水管留洞，可以按图 3. 1-25 和图 3. 1-26 设置。

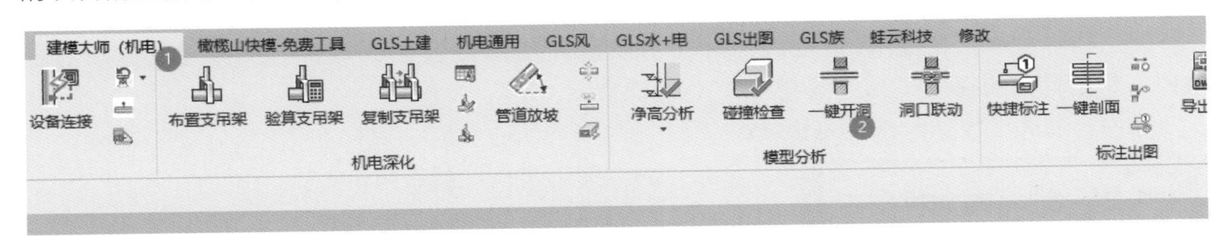

图 3. 1-24　建模大师中开洞命令

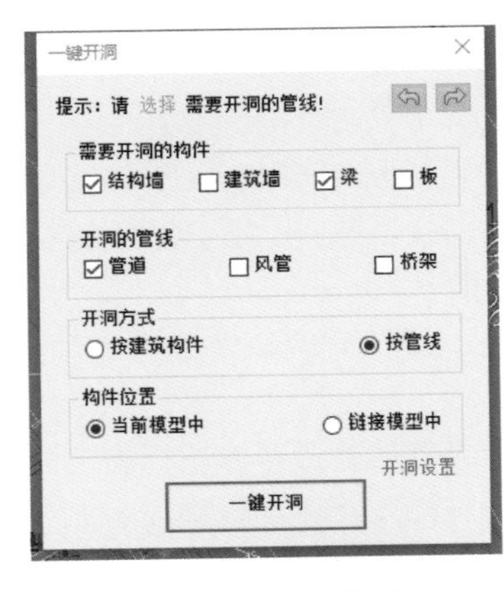

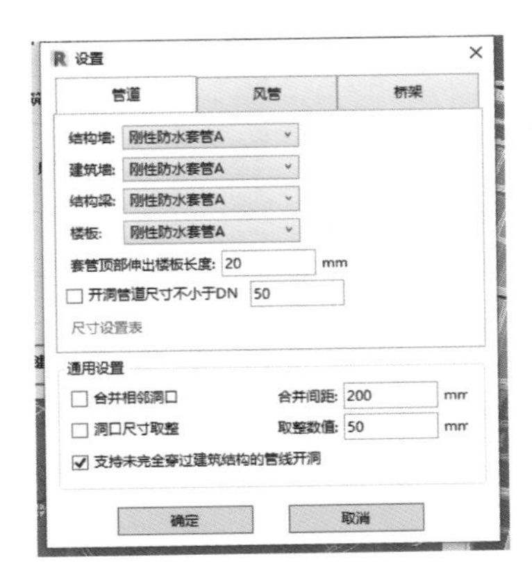

图 3. 1-25　开洞设置　　　图 3. 1-26　套管设置

主楼排水管比较简单，可以在 3D 模型中框选所有管道，单击“一键开洞”，批量布置套管。

布置地下室套管前应注意：

1）切换工作集为“地下室留洞”。

2）开洞设置中勾选“楼板”，同时关闭土建链接模型的建筑面层楼板的显示。

3）隐藏主楼排水管。

批量布置时，可能在不需要布置套管的地方也布置上了。所以批量布置后需要检查一下。如果效果不行，则分系统布置，沿着管道走一圈，边走边一个个布置套管。

套管布置完成之后，需要在Navisworks中做一下管道和结构的碰撞检查。对照检查一下有碰撞的位置是否遗漏了套管。如图3.1-27中，管道穿越墙体，插件没有布置上套管。原因是该部位是一个管件，不是管道，所以没有被插件识别。

范围比较小时，也可以直接在Revit 3D视图中检查，把整根管道从头到尾都看一下。

另外，目前建模大师的插件对柱类构件不能自动识别，管道穿剪力墙边柱时不会自动布置套管。所以还是需要自己检查一下有没有放全套管。要注意手工添加的套管，需要跟着修改系统类型等属性。

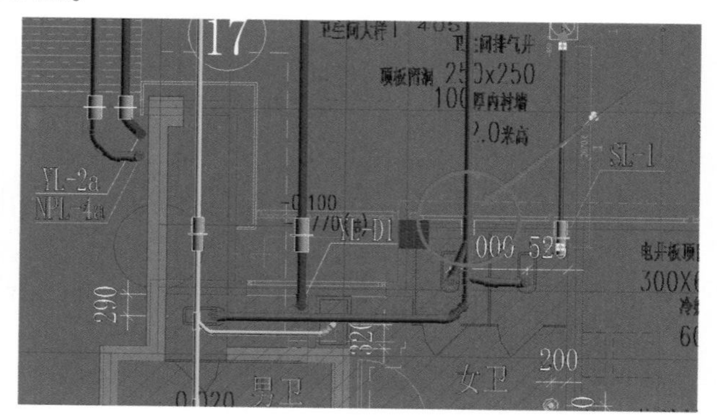

图3.1-27　没有开洞的位置

6. 标注管道属性和间距

套管的定位尺寸线，要参照柱、墙等竖向构件，不要参照梁，因为梁不会在最后的留洞图中显示。也可以导入给水排水底图作为定位参考点，方便检查套管是否遗漏。

使用插件标注管道套管定位线，为使用频率大的插件设置快捷键。如标注管道快捷键“11”、标注尺寸快捷键“22”、调整尺寸位置快捷键“33”。

标注管道类型信息时，要注意设置前缀区分DN和De（图3.1-28）。

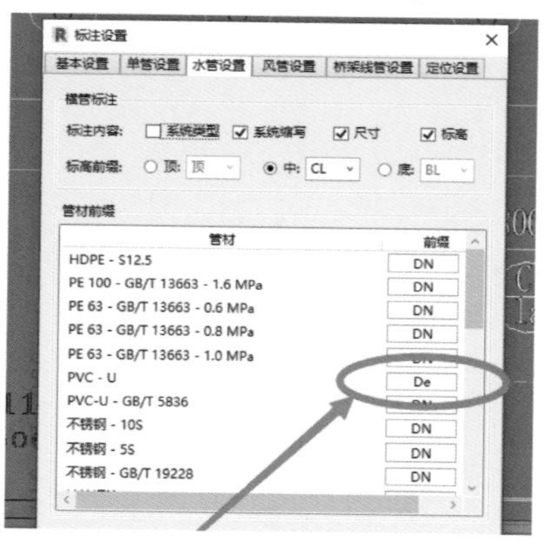

图3.1-28　区分DN和De

标注过程中的其他注意点有：

（1）多个主楼正负零对应的标高不一样时，可以在同一个视图出图，但是标记族的参照标高应改成对应的，并在设计说明中说明各个主楼参考自己的正负零。

（2）遇到弧线位置不好标注时，可以用快捷键DL做两条细线辅助标记。

（3）可以在主楼标注管道，地下室其他部位标注套管（因为地下室管线多，一般出图时隐藏管道。管道被隐藏时，定位线也会被隐藏）。

（4）结构柱、楼梯有的插件不会自动识别并布置套管，需要重点检查。

（5）靠墙角布置的管道可以不标注定位线。

（6）标注顶板套管和穿墙套管用的标注族是不一样的。

7. 出图

将视图规程设置为“机械”，导出设置中颜色按索引色，在视图中画两条相交的直线作为定位点，导出CAD图。

接着在建筑底图中加载导出的图，方法如下：

（1）复制建筑底图，重命名为XX留洞图。

（2）打开Revit导出的图纸，将该图纸内部的CAD底图文件参照类型改为“覆盖”。

（3）打开XX留洞图，将Revit导出图纸作为外部参照，导入XX留洞图中。

（4）移动外部参照，和XX留洞图对齐。

（5）检查无误后，将Revit导出图纸绑定。

8. 其他一些注意点

（1）要熟悉图纸，对哪些位置可能要留洞心中有数，如：管道进入地下室的部位，水泵接合器附近、桥架引入地下室位置、管线进主楼区域位置、进夹层位置、穿人防分区位置、喷淋管在人防区、门卫室等顶板上附属建筑的下方、楼梯排水管等部位。

（2）电气桥架留洞做法见图3.1-29：

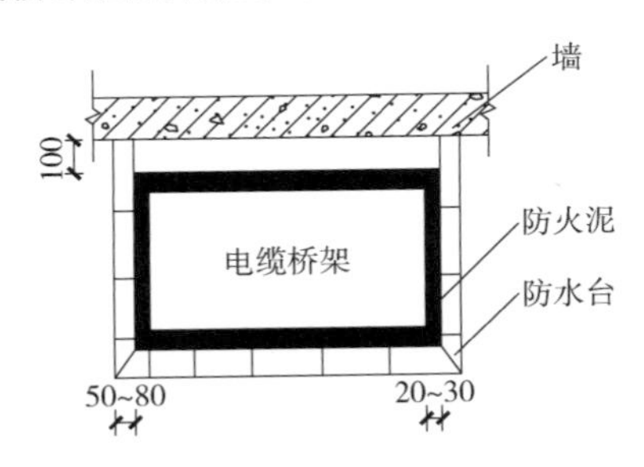

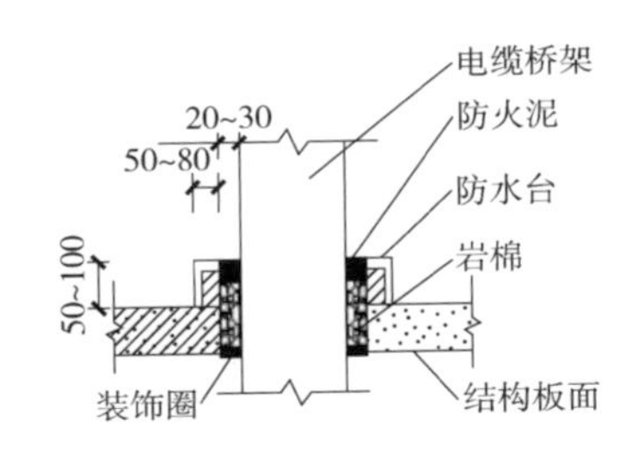

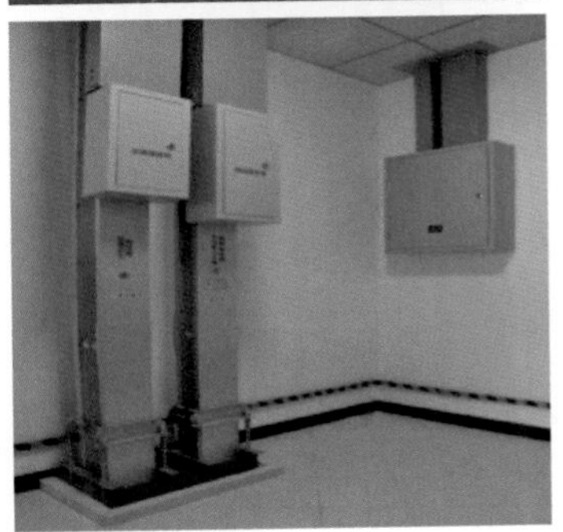

图3.1-29 桥架留洞做法

（3）留洞图出图后要对照设计单位原图检查；在CAD快速看图中搜索“竖向、预埋、接单体、夹层、引至、接”等关键字，遍历建筑图上的楼板留洞位置，看看是否有遗漏布置的地方。

（4）理清各类管线的路由，不要贪多，一次检查一条管线的套管布置情况。

（5）确认套管没有遗漏后，用Dynamo遍历一遍项目中的套管，删除多余的套管。

（6）初步管综完成后再进行留洞图布置，不要因为赶进度而将工序倒置。

如图3.1-30所示，该部位市政加压给水系统、智能化桥架、压排、车库清洗系统都有进地下室留洞，该区域还有消防线管，需要综合考虑留洞。

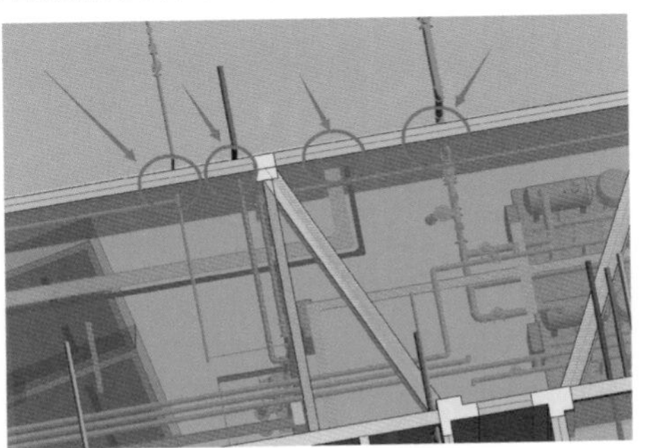

图3.1-30 管综影响留洞位置

（7）直径小于DN65的喷淋管项目中不建模，但是需要表示留洞，具体做法可参考第4章有关内容。

（8）用工作集区分主楼和地下室的留洞套管。用视图范围和平面区域区分地下室和夹层的套管。尽量不要直接使用 EH 命令在视图中隐藏套管，因为管线发生变动后，容易变得很乱。

（9）管线移动后，套管内的信息不会自动更新，所以二次出图时要特别小心。修改管道位置后，不仅要挪动套管，还需要修改。

（10）穿梁的套管，有的业主会要求加上“穿梁”两个字，使用插件布置时需要手动添加。

Q42 出留洞图有哪些注意点

1. 留洞缺失类问题

为了防止留洞图出现遗漏，应注意以下要点：

（1）建模时，竖向管道、桥架都要画出。桥架从地下室外引入时，桥架画一段出外墙。

（2）设计院出新图时，要仔细比对。

（3）出图视图中应设置好视图范围和工作集。

（4）管道的参照标高要和套管所在的图纸一致。如图 3.1-31 箭头所示的穿墙水平管，如果套管放在地下一层图纸中，那么参照标高应该是地下一层建筑完成面，偏移为 3240。如果这个管道的套管出在夹层图纸中，那么需要把管道参照标高改成夹层。不然会出现洞口离夹层建筑完成面 3240 的问题。

图 3.1-31　合理设置参照标高

（5）要使用 Navisworks 的碰撞检查功能，检查套管布置情况。

（6）图纸上有战时桥架预埋线管的，要在留洞图中体现。

（7）因为管综深入需要重新出留洞图的，套管高度发生变化后，套管内的注释信息需要手动改一下。

（8）图纸发出前，要将完成的留洞图和模型对照检查一遍。

2. 尺寸标注有关问题

（1）尺寸线没有定位对象。在 Revit 中用轴线定位时，可能对应的建筑底图没有轴线，导致导出的图纸尺寸线看不到定位依据。

（2）标注分组不合理。不要很多根管道一起标注，实际施工时查看不方便。

（3）尺寸线和标注重叠。尺寸定位线和标注文字重叠，导致尺寸线看不清。能相互避让的尽量避让。

（4）遗漏标注。可以在 Revit 中设置底图为“半色调”，方便发现还没标注的套管。

（5）标注套管的族不正确。板上套管不用标注标高。

（6）定位线不合理。定位线对齐的主体结构距离太远，现场实际操作不方便。尽量用同一个主体构件定位。如果两个套管用了 3 个柱子进行定位，实际施工时，放线就会很麻烦。

（7）设计说明没有针对性。借用别的项目设计说明后，没有对应修改，就会造成设计说明和实际工程不一致的问题。

（8）图框有关问题。缺少图名、图框内文字没有修改等。

Q43 怎样出管线图

管线图分各专业平面图和管综平面图。各专业平面图用于指导现场施工，管综平面图用于展示管道大致走向。管线图出图步骤如下：

1. 新建及设置视图

可以带细节复制管综视图，然后删除不必要的注释。删除注释的时候，要注意不要用快捷键SA。因为SA默认是选择项目中的全部实例，这样会把其他出图视图中的尺寸全部删除掉。

用于风管出图的视图，需要将风管透明度设置为100%，以显示开口向下的风口。如果不需要显示风管中心线，还需要将中心线去掉勾选。

对于机电各专业的出图，需要通过模型类别控制图元显示。如在给水排水出图视图中，要把风管、桥架等类别隐藏。

视图显示样式调整为“精细”“着色”。视图规程调整为“建筑”，因为视图使用机电规程时，梁和墙不易区分，影响标注。

视图的标注比例要调整成和底图的出图布局一致。例如底图是A0图纸按1:150出图，在Revit中标注时要把视图左下角的比例调成1:150（图3.1-32）。

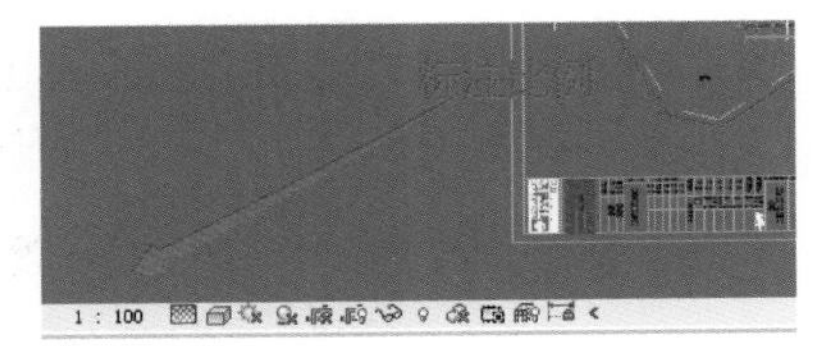

图3.1-32 标注比例

夹层位置绘制“平面区域”（图3.1-33），调整视图范围，以分别显示夹层顶板上下的管道。

建议夹层和地下室之间的图元采用控制“平面区域”的视图范围来进行显示上的控制。不推荐使用工作集区分，因为很容易出错。

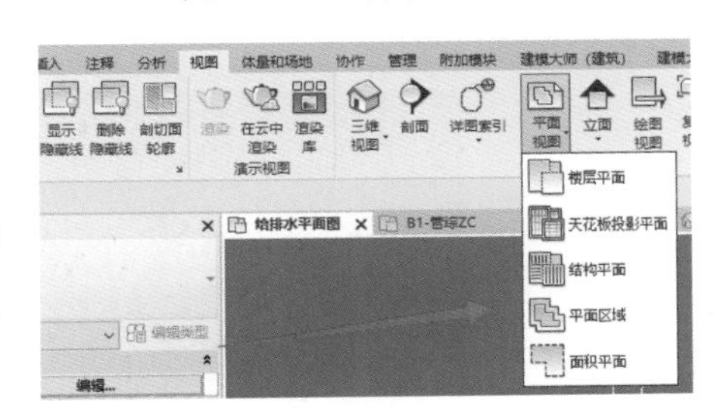

图3.1-33 平面区域命令

2. 导入补充信息

对于水专业，主要是立管编号。方法是在CAD中将立管所在的图层隔离出来，写块，导入Revit中分解，从而把立管标注直接放在Revit空间中。

对于暖通专业，需要补充风机编号、风口数量和信息。

3. 标注管道

各专业平面图的标注要达到施工图的深度，管道标高、直径有变化处都要标注（翻弯位置也要标注标高）。管综平面图只要在管线主要路由上选取几处进行标注就行。

管线定位时，应定位到结构柱、结构墙，不要定位到结构梁上。

标注样式要设置成自己项目要求的格式。例如建模大师默认的标高单位是米，如果需要改成毫米，可以选中标注，单击编辑族→编辑标签。选中需要修改的参数，单击下方“设置格式”选项（图3.1-34），调整成项目需要的样式。

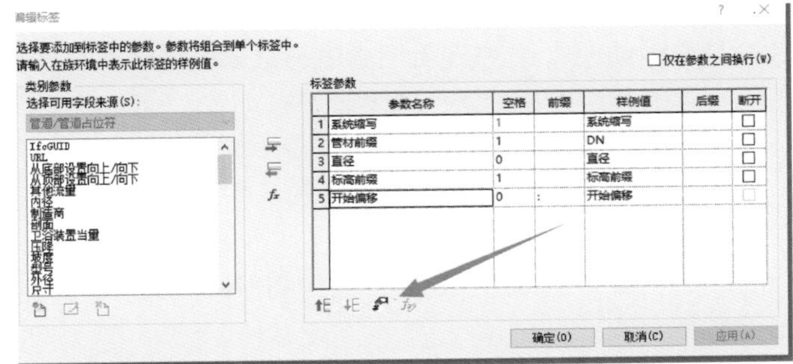

图3.1-34 设置标注数值格式

根据业界习惯，水管一般标注管中到管中，桥架和风管标注管边到管边。

为了不遗漏标注，可以沿着主干线出发，不断标注两侧支路。

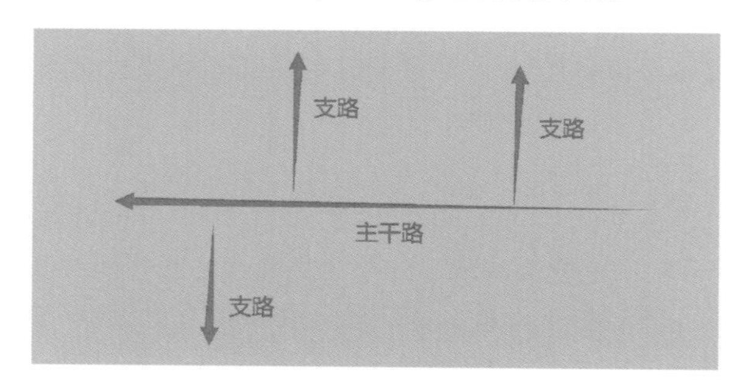

图 3.1-35　标注的方向

标注的文字相互碰撞时，可以上下错位避让；上下错位仍然无法避让的，可以使用弧线引出的样式避让（图 3.1-36 ~ 图 3.1-38），弧线自动避让的方法详见第 4 章。

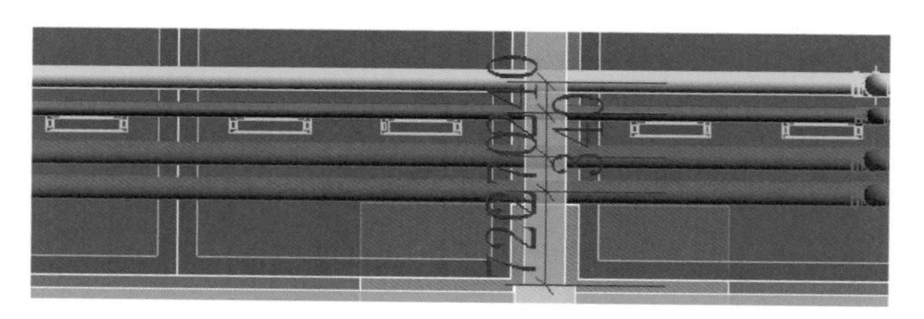

图 3.1-36　碰撞的标注文字

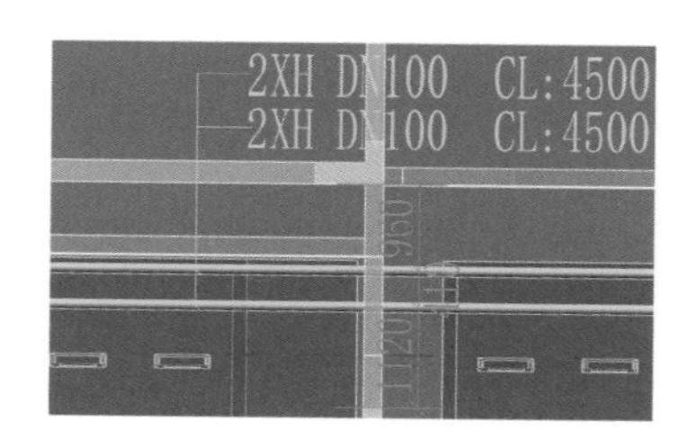

图 3.1-37　标注文字上下错位相互避让

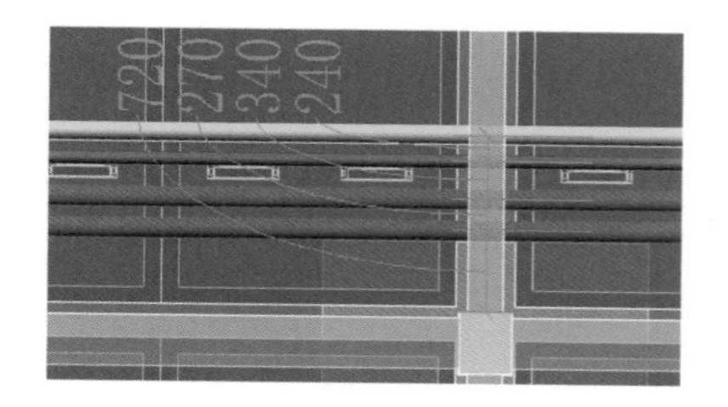

图 3.1-38　标注文字弧线引出相互避让

标注完成后，可以利用 Dynamo 遍历消火栓箱、压排水泵等构件，检查细部是否都标注完成了，利用 Dynamo 定位构件的方法详见第 4 章。

出图前，对照设计院原图纸再检查一遍图纸。因为地下室面积较大，所以要分部检查。检查完一块区域就在 CAD 快速看图中做一个记号，检查时哪些地方有立管要心中有数（接入主楼的高低区消火栓、加压给水、喷淋管等）。

4. 导出 CAD 图纸，加载到建筑图中

打开建筑底图，将导出的 CAD 图纸作为外部参照导入。注意给水排水图纸的建筑底图上不要留消火栓箱。

统一检查一遍标注，检查一处打钩一处，有问题回到 Revit 中修改，修改完成后再重新导出一遍图纸。

导出 CAD 前，将视图规程调整为“机械”。导出设置中，需要把“颜色”调整成“视图中指定的颜色”（图 3.1-39），这样出图颜色和 Revit 中是一致的。（留洞图出图时推荐设置为“索

引颜色”）

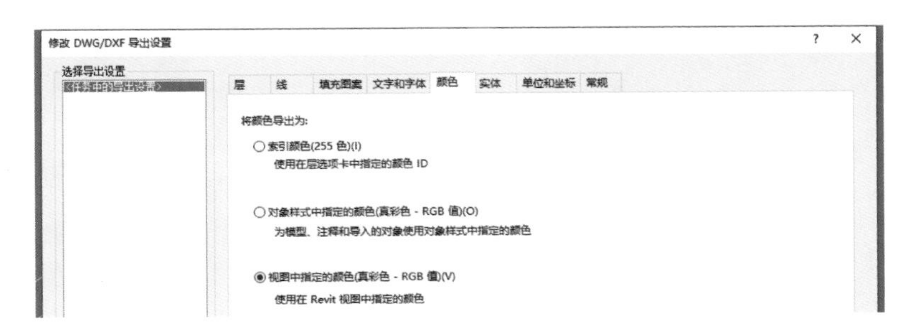

图 3. 1-39　设置出图颜色

视图出图时规程为建筑，颜色为默认的“索引颜色”时，出图后会出现图元被遮挡、颜色前后不一致等问题。

如果遇到接头位置有个很大的圆的问题（如图 3. 1-40 所示，实际是一个立管符号），可以将管道类型参数中的“上升/下降”符号全部改成“无”。也可以在视图设置中取消管线升降记号。

图 3. 1-40　接头位置

出图时，如果发现桥架是实心的，可以调整过滤器的图形显示设置，使填充图案为“无替换”。

5. 在 CAD 布局空间中出图

使用布局空间出图的具体方法详见《怎样使用 CAD 布局空间出图》一文。

出图时要注意将标题栏、图纸说明、注释、图例中的信息改成和本项目一致。图纸中有参照文件的，确认不需要修改后，将参照文件绑定。

所有图纸出图完成后，将各个 DWG 文件按顺序编号如图 3. 1-41 所示，放在一个文件夹中发送。

名称	修改日期	类型	大小
00-目录	2021/9/17 19:42	DWG 文件	51 KB
01-BIM综合管线深化施工说明	2021/9/17 19:05	DWG 文件	456 KB
02-上饶都会四季地下室给排水平面图	2021/9/18 0:12	DWG 文件	35,745 KB
03-上饶都会四季地下室暖通平面图	2021/9/17 19:45	DWG 文件	13,203 KB
04-上饶都会四季地下室桥架平面图	2021/9/17 17:49	DWG 文件	15,796 KB
05-上饶都会四季地下室管综平面图	2021/9/18 0:13	DWG 文件	22,535 KB
06-上饶都会四季地下室支吊架平面图	2021/9/17 19:30	DWG 文件	65,993 KB
07-上饶都会四季地下室支吊架剖面图	2021/9/17 19:06	DWG 文件	503 KB
08-上饶都会四季地库BIM一次结构留洞图	2021/9/17 13:06	DWG 文件	25,208 KB

图 3. 1-41　整理后的文件

Q44 怎样出综合支吊架布置图

1. 综合支吊架的布置位置

3 根及 3 根以上水管或桥架需要布置综合支吊架（图 3. 1-42）。

综合支吊架逢梁设置，间距 3. 5 ~ 4m。梁间距大于 4m 的，在两根梁之间中点增加一个支吊架。桥架支吊架间距 1. 5 ~ 2m，即两个综合支吊架之间加一个桥架支吊架。

管线翻弯和转弯处，两侧 150 ~ 300mm 内设置支吊架（图 3. 1-43）。

图 3.1-42　综合支吊架

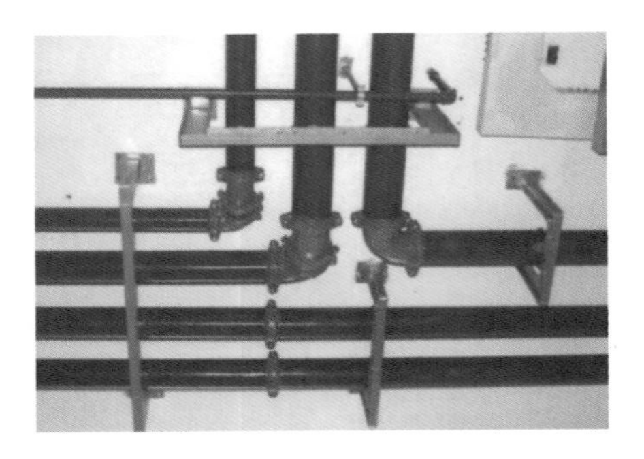
图 3.1-43　管道转弯处的支吊架

2. 支吊架的构造

有的业主可能会要求支吊架槽钢凸面朝向一致，以便保持美观。

宽度大于1900mm的支吊架，要加设中间立杆，立杆边到管边的距离为150mm。

桥架数量很多时，中间立杆放在桥架和水管之间，和桥架本身的支吊架一起看上去美观。桥架相对水管数量很少时，立杆居中设置。

3. 软件中的相关操作

目前各类插件都能实现自动布置支吊架。人工的工作主要是检查软件的布置和补充弯头位置的支吊架。如图 3.1-44 所示，梁上支吊架 1、2 和跨中支吊架 3 插件可以自动布置。4、5 位置可能需要人工布置。6、7 位置因为小于 3 根管道，所以不需要再布置综合支吊架。

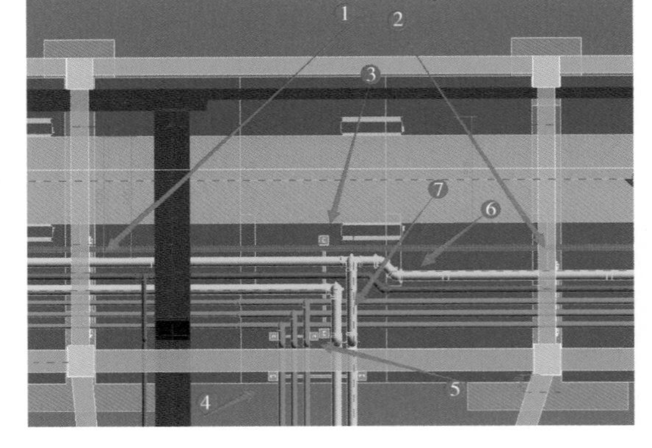

图 3.1-44　管线交叉处支吊架布置

4. 布置综合支吊架容易出现的问题

（1）风管因为质量较小，现场一般用吊杆，不需要布置综合支吊架。

（2）管线翻弯处和拐弯处容易遗漏综合支吊架。

图 3.1-45 中，翻弯处左侧布置了支吊架，和右侧支吊架距离远大于300mm，故需要增设支吊架。

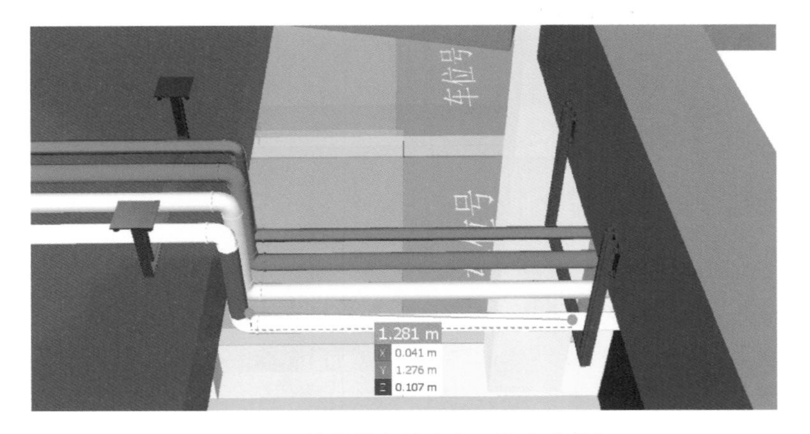

图 3.1-45　管线转弯处未布置综合支吊架：

(3) 综合支吊架和结构碰撞（图 3.1-46)。

图 3.1-46　综合支吊架和结构碰撞

(4) 布置不美观。

图 3.1-47 中，支吊架在斜梁处随着梁斜向布置，并不美观，建议打在板上，横平竖直布置。

图 3.1-48 中，桥架和水管的支吊架不在一条线上，影响美观。

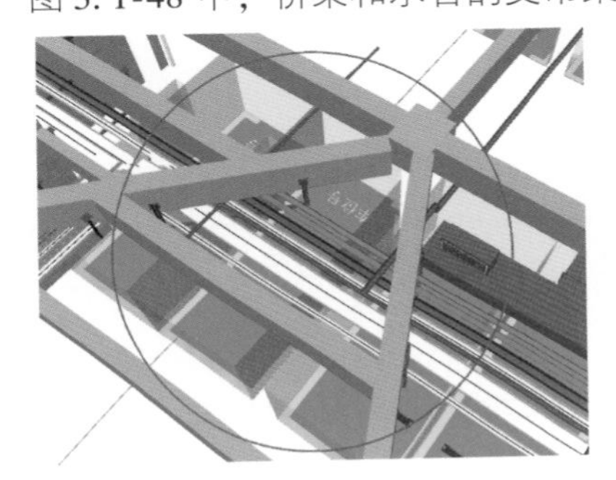

图 3.1-47　倾斜布置的支吊架

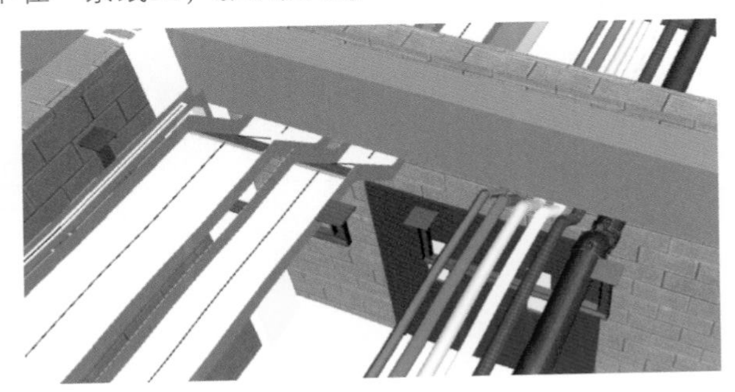

图 3.1-48　不在一条线上的支吊架

图 3.1-49 中，桥架数量相对水管数量较少，综合支吊架中间立杆居中设置更好看。

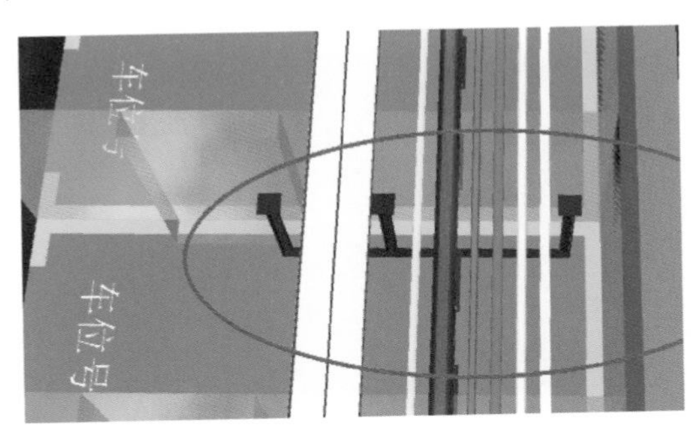

图 3.1-49　没有居中设置立杆

5. 支吊架出图

可以新建一个过滤器控制支吊架在视图中的显示（图 3.1-50)。夹层和地下室的支吊架通过平面区域的视图范围控制显示。

图 3.1-50　支吊架过滤器

非常规的支吊架，需要附一个剖面图。

6. 支吊架布置完成后，模型又发生修改时的处理方法

由于种种原因，支吊架布置完成后，管线可能又要进行修改。支吊架需要跟着管线改，一个个去找需要修改的地方，非常麻烦且容易遗漏。

可以在修改管线前，新建一个工作集。修改完成后，视图切换到显示工作集的视图。这样哪些地方需要更新支吊架的设置就一目了然了。

第 2 节　管综技术要点

Q45 管综主要有哪些工作

管综各阶段的工作内容见表 3. 2-1。

表 3. 2-1　管综工作清单

序号	阶段	工作内容	备注
1	了解情况	了解图纸说明 了解各专业图纸 进行 CAD 叠图（来不及建模时） 了解梁高、层高、净高要求 了解防火分区、人防分区 了解总包、分包、甲方指定分包工作范围 了解保温先做还是后做 了解各专业施工顺序 了解强弱桥架需要控制的距离 现场复核尺寸、讨论	从建筑图车库坡道入口出发，想象自己沿着车道走一遍 各系统走向、规格尺寸要记在心中 通过叠图或模型，发现管道最密集的地方 保温先做和后做，梁下需要留的空间不一样
2	分析矛盾	怎么样进行竖向分层? 怎么样控制水平向间距? 支吊架占用多少空间? 怎样做综合支吊架? 会不会影响管道的施工和检修?	除了翻弯，还有更改路由等方法
3	解决问题	先画主管，调整好位置再画支管，最后处理翻弯 翻弯完成后，进行碰撞检查，进一步修改 向业主汇报问题，提供解决方案 绘制完整的模型，出图	一般从上到下分层，按照桥架、风管、水管的顺序，从主梁往下布置 将一个施工队伍的管道调整集中一些、标高一致 重点看防火卷帘、车道、管线集中处，结合管道的原理，挪动管道位置 除了净高，还有新形成有用空间的思路

管综的目的在于保证净高、追求美观、减少翻弯。每一根管道水平位置、标高都要有依据，具体详见后面几节。

Q46 支吊架是怎样影响管线布置的

管线支吊架是影响管线排布中非常重要的一个因素。

1. 综合支吊架

3根以上的管道要搭设综合支吊架，综合支吊架构造如图3.2-1所示。

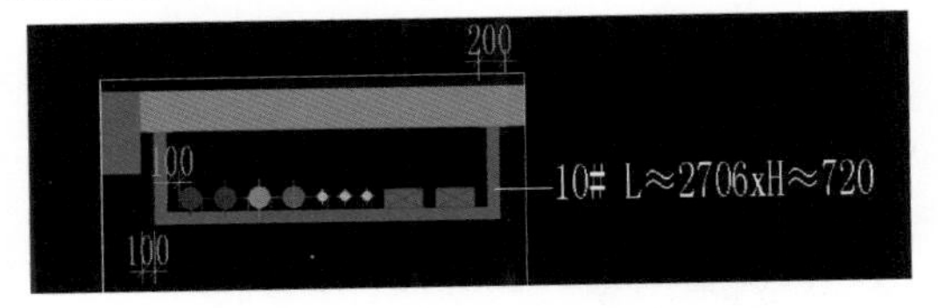

图3.2-1 综合支吊架构造

重力排水管因为有坡度，一般放在成排管线边上，与成排管线之间留有能放支吊架立杆的空间，不和成排管线共用支吊架。

住宅车库支吊架尺寸初排时可先按100mm考虑（图3.2-2），后期管道排完后根据计算或是查表确定具体尺寸。支吊架尺寸不仅影响平面布置，也影响管道净高，因为管道的净高要考虑支吊架。

水管因为有抱箍（图3.2-3），和支吊架的立杆需要有100mm的空间。桥架没有抱箍，但是也要预留50mm的空间以留给施工误差。

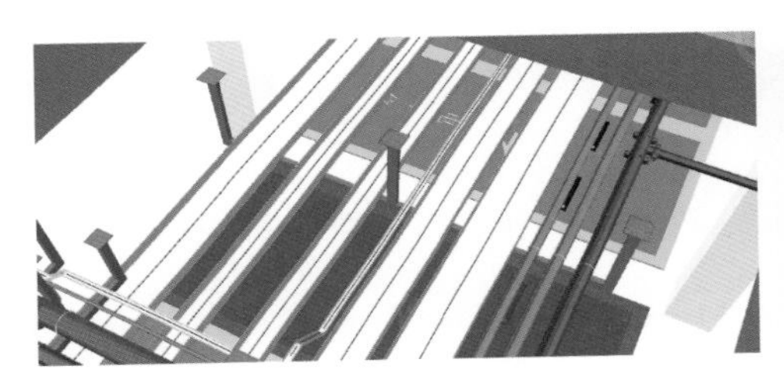

图3.2-2 模型中的支吊架

图3.2-3 水管抱箍

支吊架立杆和梁之间有一块200mm×200mm的钢板，钢板边缘凸出立杆50mm。

根据以上分析，成排管道最边上的水管，离墙边至少要有100mm + 100mm + 50mm，即250mm的空隙。管综时，成排管道可以先按离墙边300mm布置，管综的空间仍然不够时，再进一步分析支吊架的布置方式，确定离墙边的最小距离。

对于凸出墙的柱子，如果空间足够的话，从柱子边开始算300mm布置管道，此时支吊架可以打在梁上。如果空间不够，那么就从墙边开始算300mm布置管道。同时要确保柱子和管道之间预留50mm空隙给施工误差。这种情况下，支吊架固定在楼板上。

当成排管线宽度大于2000mm时，支架加中间立杆（图3.2-4）。管综时要提前预留出立杆的空间。

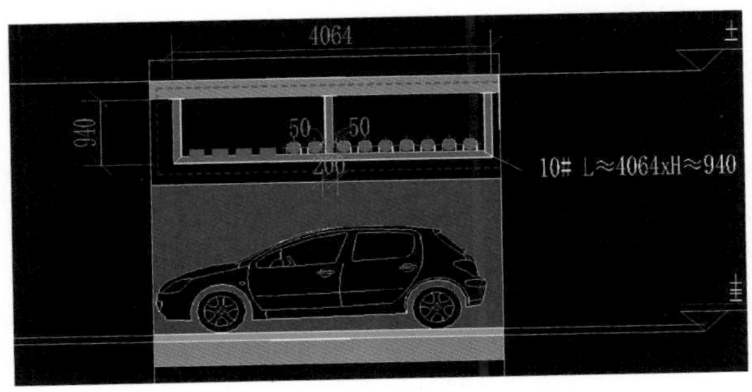

图3.2-4 支吊架中间的立杆

2. 单根和两根管道的支吊架

单根和两根管道，有托架、吊架、支吊架等形式。管综时，整体上（长距离）可按管道和墙净距200～250mm考虑，短距离（图3.2-5）可以按设计图纸来直接定位。管综空间仍然不够的，查询图集03S402《室内管道支架及吊架》确定最小净距。

图3.2-6～图3.2-13是一些管道支吊架的现场照片。

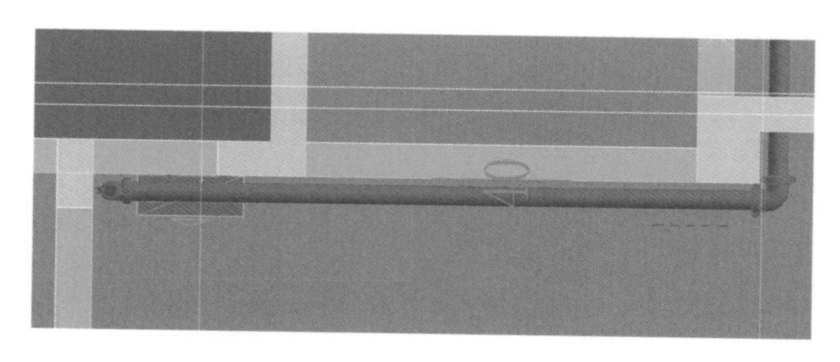

图3.2-5　短距离单根管可以直接按设计图纸定位

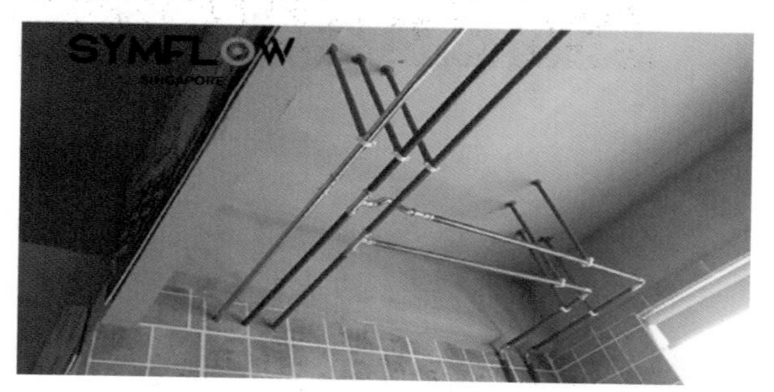

图3.2-6　管道吊架

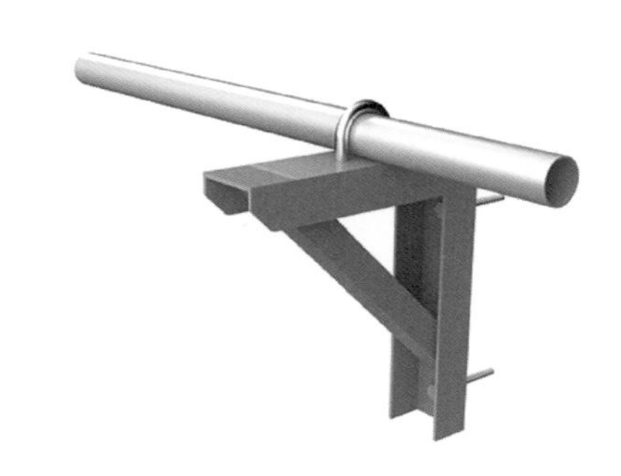

图3.2-7　管道托架

图3.2-8　消防管支吊架

图3.2-9　两根管道支吊架

图3.2-10　风管支吊架

图3.2-11　桥架丝杆吊架

图 3. 2-12 排水管吊架

图 3. 2-13 电缆桥架支吊架

Q47 怎样获取车库梁下净高

车库大面净高是影响管综方案的一大因素。因为车库梁下净高 = 梁下板标高 - 梁底部标高，对于底板建筑完成面只有一个的项目，可以通过明细表获取车库梁下净高。

在土建模型中，新建一个结构框架明细表（图 3. 2-14）。注意这里打开的是土建模型，而不是链接了土建模型的机电模型。

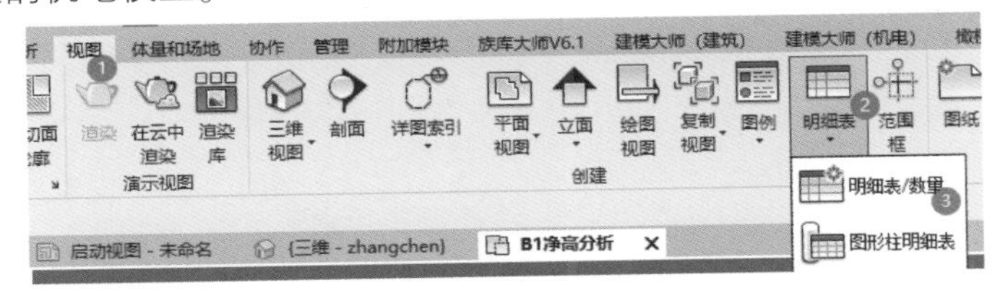

图 3. 2-14 新建明细表

在过滤器列表中选结构，类别中选结构框架，参见图 3. 2-15。

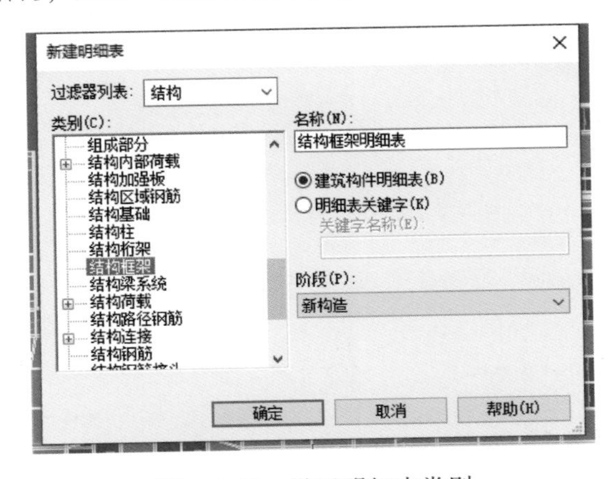

图 3. 2-15 设置明细表类别

参数选择“类型”“底部高程”，新建一个“梁下净高”参数。

图 3. 2-16 中 5200 为地下室底板标高 -5200。

图 3. 2-16　新建“梁下净高”参数

再添加一个“参照标高高程”字段（图 3. 2-17），调整“梁下净高”字段到最前面。设置过滤条件为参照标高等于结构顶板标高，见图 3. 2-18。

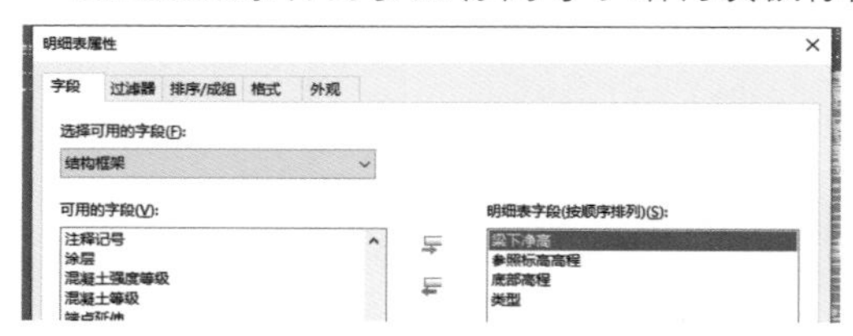

图 3. 2-17　添加参照标高

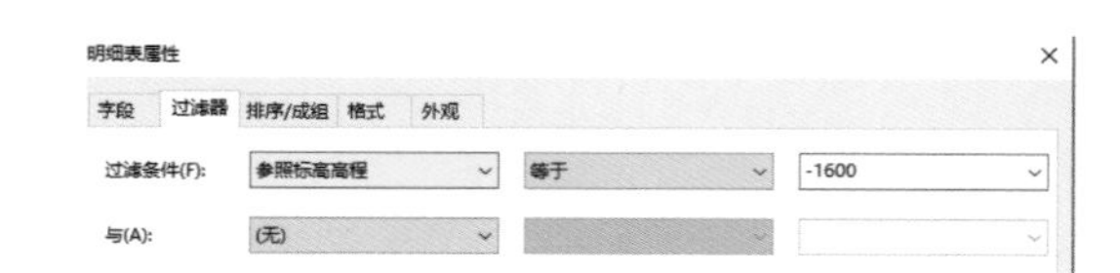

图 3. 2-18　设置过滤添加

组成和排序中取消“逐项列举实例”，见图 3. 2-19。

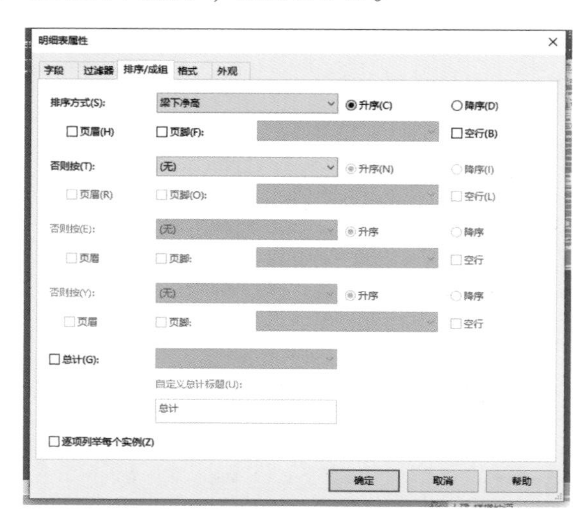

图 3. 2-19　取消“逐项列举实例”

选中明细表中的单元格，三维视图中会高亮显示梁（图 3. 2-20），这样就能看出大面的梁下高度是多少了。

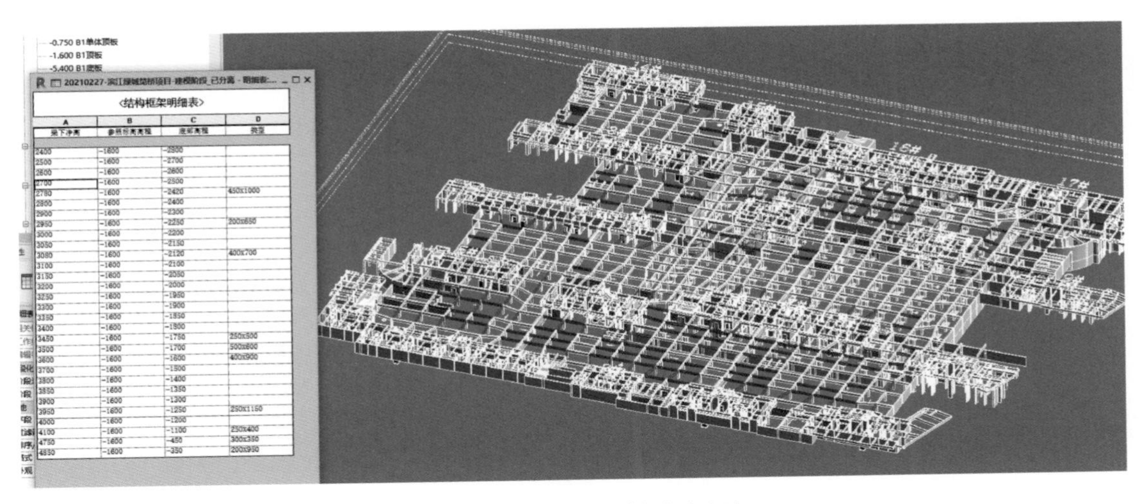

<结构框架明细表>

A	B	C	D
梁下净高	参照标高高程	底部高程	类型
2400	-1600	-2500	
2500	-1600	-2700	
2600	-1600	-2800	
2700	-1600	-2500	
2780	-1600	-2420	450x1000
2800	-1600	-2400	
2900	-1600	-2300	
2950	-1600	-2250	200x650
3000	-1600	-2200	
3050	-1600	-2150	
3080	-1600	-2120	400x700
3100	-1600	-2100	
3150	-1600	-2050	
3200	-1600	-2000	
3250	-1600	-1950	
3300	-1600	-1900	
3350	-1600	-1850	
3400	-1600	-1800	
3450	-1600	-1750	250x500
3500	-1600	-1700	500x600
3600	-1600	-1600	400x900
3700	-1600	-1500	
3800	-1600	-1400	
3850	-1600	-1350	
3900	-1600	-1300	
3950	-1600	-1250	250x1150
4000	-1600	-1200	
4100	-1600	-1100	250x400
4750	-1600	-450	300x350
4850	-1600	-350	200x950

图 3. 2-20　明细表控制图元显示

也可以“勾选逐项列举每个实例”，导出明细表到 Excel 中分析各种净高梁的数量。

对于一层有多个楼板标高的工程，可以使用 Dynamo 进行净高分析，详见第 4 章有关章节。

Q48 怎样确定管线安装高度

下面以一个具体项目为例，介绍确定管线安装高度的方法。

1. 了解各类构件整体上的最大尺寸

可以问建模的同事，也可以查图纸或者 Revit 明细表。

风管明细表如图 3. 2-21 所示。

500 和 500 以上的风管都位于机房内，见图 3. 2-22。

全部构件三维　管道明细表　风管明细表

<风管明细表>

A	B	C
系统类型	高度	长度
		26100
	200	80230
	250	68080
P-普通排风	300	80
	320	23330
	400	1106780
	500	96530
	630	41390
JY-加压送风	700	360
	800	45020
JY-加压送风	900	2250
	1000	33820
	1250	13900
	1600	10490
总计: 1457		1548370

图 3. 2-21　风管明细表

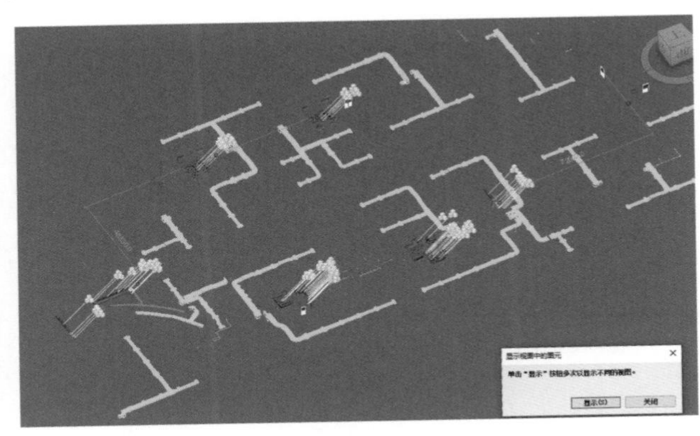

图 3. 2-22　在模型中高亮显示高度 500 的风管

可知车库大面上风管最大尺寸的高度为 400。

管道明细表如图 3. 2-23 所示。最大直径为 DN200，但是只有十几米，都在消防泵房。大面上最大的还是 DN150。

桥架明细表如图 3. 2-24 所示，可知桥架最大高度为 200。

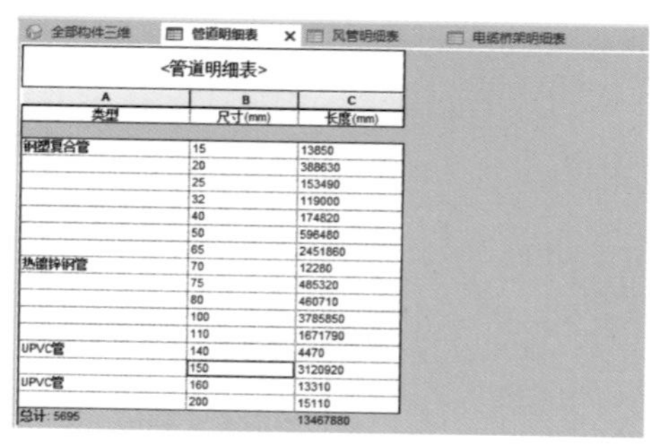

全部构件三维 | 管道明细表 | 风管明细表 | 电缆桥架明细表

<管道明细表>

A	B	C
类型	尺寸(mm)	长度(mm)
钢塑复合管	15	13850
	20	388630
	25	153490
	32	119000
	40	174820
	50	596480
	65	2451860
热镀锌钢管	70	12280
	75	485320
	80	460710
	100	3785850
	110	1671790
UPVC管	140	4470
	150	3120920
UPVC管	160	13310
	200	15110
总计: 5695		13467880

图 3.2-23　管道明细表

全部构件三维 | 管道明细表 | 风管明细表 | 电缆桥架明细表

<电缆桥架明细表>

A	B	C
类型	长度	高度
照明金属线槽	6467630	50
消防报警桥架	1010660	100
	3783770	150
	3228340	200
总计: 1413	14490400	

图 3.2-24　桥架明细表

有时候长度一列会不显示数据，原因在于长度字段没有选择计算总数（图 3.2-25）。

通过以上分析，可知本项目中风管最大高度为 400；水管 DN150；桥架最大高度为 200。

本项目梁下净高 2800，梁下净高的获取方法详见《怎样获取梁下净高》一节。

2. 确定各类管道安装的高度

（1）确定风管安装高度。风管高度 400mm，考虑施工误差 50mm 和防火包裹 50mm，风管梁下 100mm 安装，可知风管底部高度应为 2300mm。

本项目风管支吊架单独安装，支吊架及下喷空间 100mm，考虑防火包裹 50mm 厚，则风管下净高 2150mm（具体分析方法详见第 5 章有关内容）。

2150mm 小于车位最小净高 2200mm，所以需要占用预留的施工误差空间。将风管上抬 50mm，保持风管底部 2350mm，布置如图 3.2-26 所示。

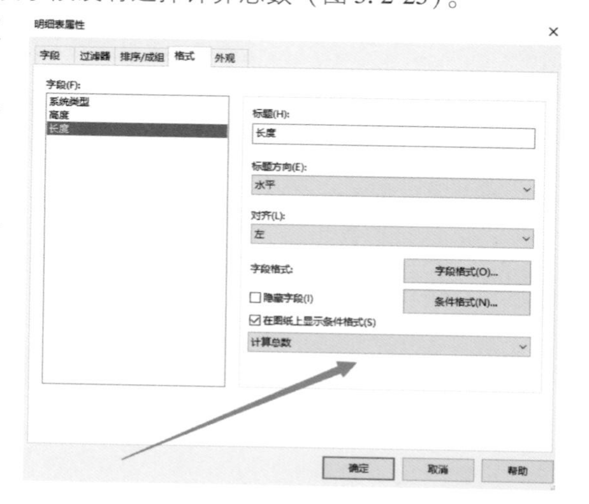

图 3.2-25　设置“计算总数”

此时风管下净高等于车位要求净高 2200mm，小于车道要求净高 2400mm，所以风管不能平行于车道安装，需要布置在车位上方，横跨车道的位置需要在梁窝内翻弯。

因为土建条件的限制，本项目风管布置占用了预留的 50mm 施工误差，该情况需要向业主说明，确定是否有必要修改风管或梁的尺寸。

（2）确定主要桥架安装高度。如图 3.2-27，为了 DN50 的喷淋支管减少翻弯，桥架和梁之间预留 50mm 施工误差 + 50mm 喷淋支管空间。桥架高度 200mm，桥架底部高度为 2500mm（净高 2800mm − 施工误差 50mm − 喷淋支管 50mm − 桥架高度 200mm）。

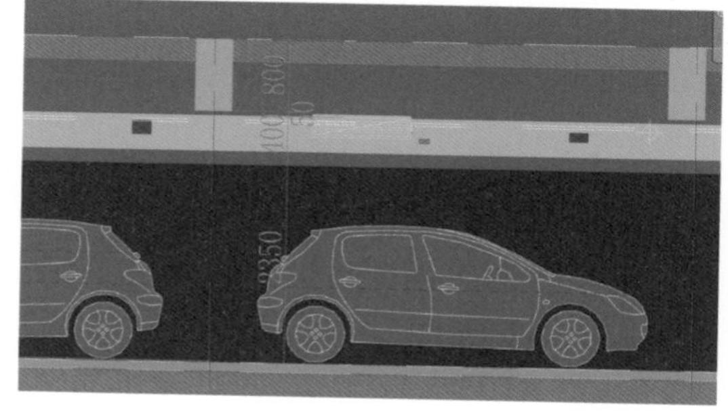

图 3.2-26　确定风管安装高度

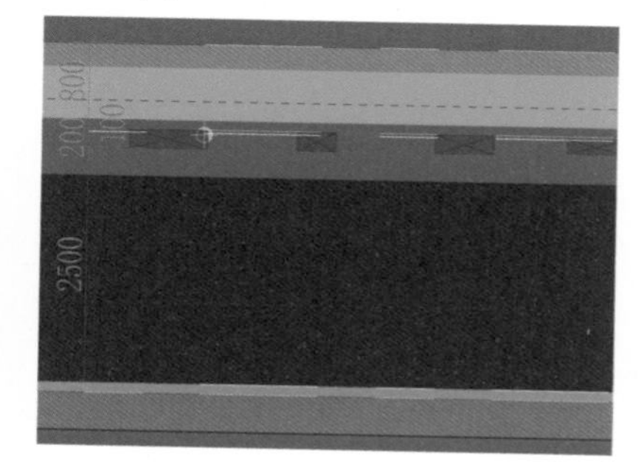

图 3.2-27　确定桥架安装高度

（3）确定主要水管安装高度。为了方便搭设综合支吊架，水管底部应大致和桥架底部平齐（此时中心高度 = 桥架底标高 2500mm + 半径 75mm，即 2575mm），考虑高度取整数，确定水管中心高度为 2600mm。

（4）确定照明线槽安装高度。为减少翻弯，照明线槽布置在主要桥架和水管的下方，即照明桥架顶标高等于主要桥架的底标高 2500mm。照明桥架尺寸为 100mm × 50mm，其管底标高为 2450mm。

以上是车库大面的布置高度。对于夹层、门厅等部位，则尽量在高处排布。

对于无梁楼盖体系的地下室，分析方法相同。要注意长距离布置的桥架和风管，桥架和楼板净距不应小于 150mm，风管不应小于 250mm。

地下室的管道，穿过主楼范围时，需要避让主楼排水管（图 3. 2-28）。因为主楼排水管大部分是贴梁布置，尺寸 DN150 左右，所以按主楼梁下 200mm 布置（图 3. 2-29）。

图 3. 2-28 穿主楼位置管道高度

图 3. 2-29 排水管出户照片

如图 3. 2-28 所示，管道穿过主楼区域，管道 2 和管道 3 上翻高度比较低，主楼位置高差又比较大，所以按管道 1 的方式翻弯比较合适。主楼位置照明线槽也按高处布置。

3. 管线和板底、梁底最小净距

管线和板底最小净距见表 3. 2. 2。

表 3. 2. 2 机电构件和板底的最小距离

	长跨度	短跨度（一个梁跨）
水管	可以贴板走，考虑连接件的话预留 50mm	可以贴板走，需要考虑连接件时预留 50mm

（续）

	长跨度	短跨度（一个梁跨）
桥架	为了放电缆方便，预留200mm以上	50mm
风管	为了安装法兰方便，预留250mm以上	50mm

管线和梁底最小净距，风管必须考虑50mm厚的防火包裹。桥架和水管可以贴梁底走，尽量把施工误差50mm考虑进去。

4. 闸阀等阀门对管道安装高度的影响

闸阀等阀门尺寸，可以通过查询厂家的网站（图3.2-30）获取。

零部件材料表

类别		Z41◇-□CF	Z41◇-□BF	Z41◇-□RF	Z41◇-□LF
序号	零件名称	材料			
01	手轮	HT200	HT200	HT200	HT200
02	阀杆螺母	铝合金	铝合金	铝合金	铝合金
03	填料压盖	WCB	CF8	CF8	CF8
04	压盖螺栓组	35CrMo	304	304	304
05	填料	柔性石墨	PTFE	PTFE	PTFE
06	螺母	45#	304	304	304
07	阀盖	WCB	CF8	CF8M	CF3M
08	垫片	柔性石墨	柔性石墨	柔性石墨	柔性石墨
09	阀杆	2Cr13	304	316	316L
10	闸板	WCB	304	316	316L
11	阀体	WCB	CF8	CF8M	CF3M

注：◇---阀座密封材料，□---公称通径。

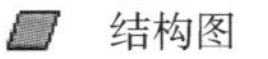
结构图

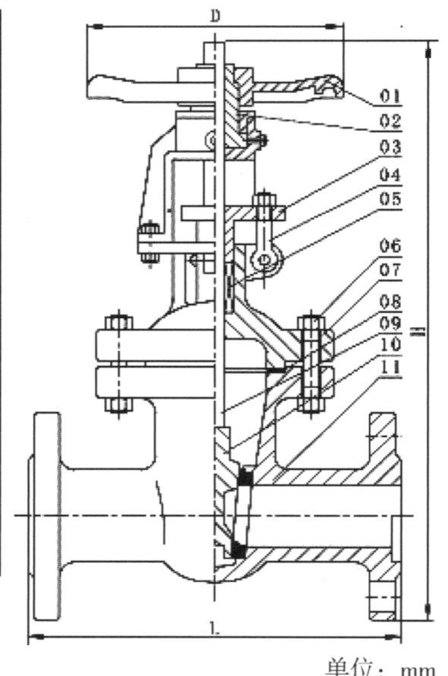

外形尺寸（PN16bar）

单位：mm

通径＼尺寸	L	H	D	通径＼尺寸	L	H	D
DN15	130	220	120	DN125	325	643	320
DN20	150	255	120	DN150	350	750	350
DN25	160	275	140	DN200	400	933	400
DN32	180	330	160	DN250	450	1098	450
DN40	200	365	200	DN300	500	1375	500
DN50	250	425	220	DN350	550	1460	550
DN65	265	450	240	DN400	600	1690	600
DN80	280	483	280	DN450	650	1820	650
DN100	300	538	300	DN500	700	1983	700

注：1. 法兰默认按JB/T79标准制造，也可按用户指定标准制造，如GB/T9113、HG/T20592、ANS1、JIS、DIN等标准。
2. DN500以上规格的外形尺寸请咨询我司销售或客服。

图3.2-30 某厂家闸阀尺寸

如图3.2-31所示，对于水平管道，管道高度尽量保证阀门能够竖直安装。对于土建空间有限的，闸阀可以按45°或水平安装。此时管道和顶板之间需要空出闸阀和管道连接的法兰片的尺寸。该尺寸可以查询 JBT81—2015 板式平焊钢制管法兰获取。

阀门水平安装时，需要考虑成排管线的阀门是否有碰撞。

图 3.2-31 阀门连接位置

5. 确定主楼范围内的各种管道高度

主楼内管道标高确定方法，和地下室的一样。都是需要先了解各种构件尺寸、净高要求等条件，然后分析确定。由于夹层上下净高有限，有时候管道需要穿梁布置。如图 3.2-32 所示，尽量保持喷淋管在低位（方便布置喷头），喷淋管和桥架之间预留出高差以进行避让（方便接喷淋支管）。

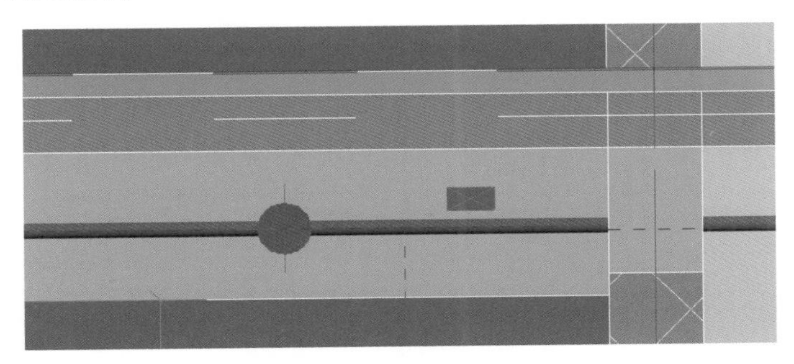

图 3.2-32 喷淋管和桥架留出高差避让

Q49 怎样确定管线平面布置

影响管道水平布置的因素有保温厚度、施工空间、支吊架布置情况、现场工程分包情况等。

1. 基本管道间距（边到边）

（1）桥架间净距：300mm 宽及其以下，间距 100mm；300mm 宽以上，间距 150mm。这个间距是由考虑放电缆施工方便和现场观感确定的。空间非常紧张时，桥架间净距可以降到 120mm。

（2）管道间净距：100mm，这是为了放抱箍而用。

（3）管道与桥架净距：150mm。

（4）成排管道和风管净距 300mm 以上（打支吊架方便）；侧开风口的风管，风口和管道间距，规范要求 500mm。

（5）宽度大于 2000mm 的成排管道；需要加中间立杆。立杆占用空间按 100mm 考虑，立杆一端是水管的，水管和立杆之间留 50mm 水管抱箍的空间，立杆边上是桥架的，不用考虑抱箍的空间。

（6）比较小的管道间距：DN65 及其以下的管道净距取 50mm。

（7）防火卷帘和管道间距。卷帘盒居中安装的，管线距离梁边 600mm（图 3.2-33）；卷帘盒单侧安装的，管线距离梁

图 3.2-33 居中布置的防火卷帘

边 1200mm（图 3. 2-34）。

（8）和墙柱边距离。成排管线需要打支吊架的，离柱边至少 300mm；单根管线离墙边按200～250mm 的距离控制。风口侧装的风管，风口离墙距离，规范中没有具体规定的，可以按 500mm 以上控制。

（9）充电桩桥架放在车位尾部，尽量不要挪动。

（10）车道上的照明线槽在车道上居中放置。两根照明线槽在车道上均匀布置。

（11）管道穿人防墙时需要布置密闭套管时，间距应大于 150mm。

图 3. 2-34　一侧安装的防火卷帘

2. 成排管线平面相对位置

第一优先级：先按水电分组。

第二优先级：长的管放在中间，中途断开的管放在两边，越短的管越布置在外面。

第三优先级：桥架按高压、强电、弱电分组，水按消防和非消防分组。这是为了考虑现场施工队伍分包范围而考虑的。

如图 3. 2-35 所示，位置为主楼水暖井前面，管道比较多。

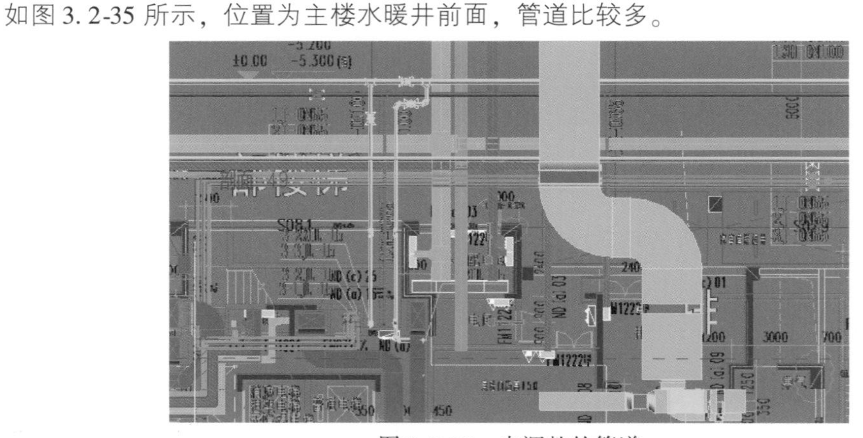

图 3. 2-35　未调整的管道

先按第一优先级，按水电进行分组见图 3. 2-36。

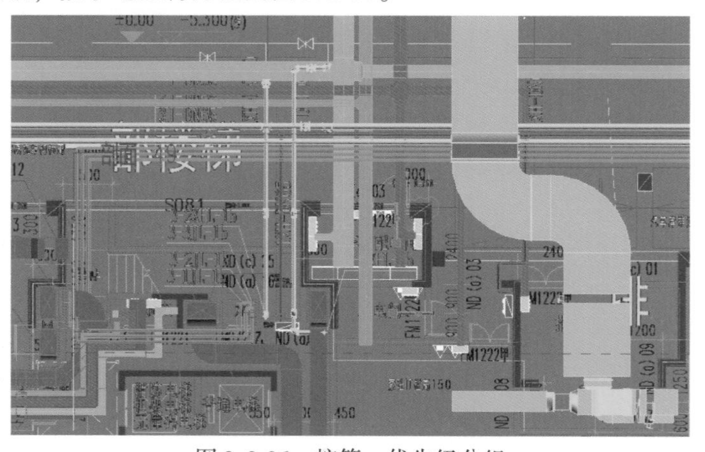

图 3. 2-36　按第一优先级分组

接着按第二优先级，把短的管放在外侧。从主干管 1 出发，给水管在 2 处最先进入主楼，给水管最短，放在最外侧。喷淋管比消防管短，比给水管长，所以放在给水管和消防管之间（图 3.2-37）。

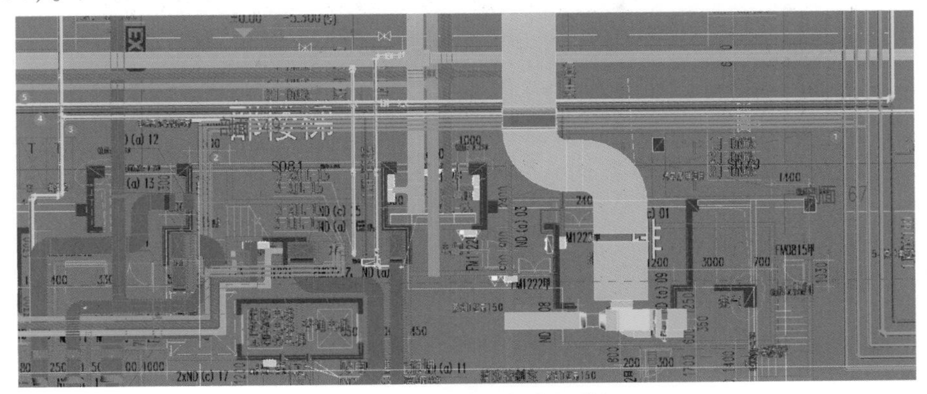

图 3.2-37　按第二优先级分组

最后按第三优先级，将剩下的管道进一步分组。分组完成后，就可以排管道之间的间距了。

3. 其他注意点

（1）跨梁挪动桥架位置时，要注意对线管的影响。如图 3.2-38 所示，摄像头 1 通过预埋在板中的线管连接到智能化桥架 3 上方的线盒 2。如果智能化桥架挪动到住宅桥架 4 的附近，挪动的距离超过了一跨，从预埋在板上的线盒穿出来的线就需要跨过下挂梁再连接到管道，非常不美观。

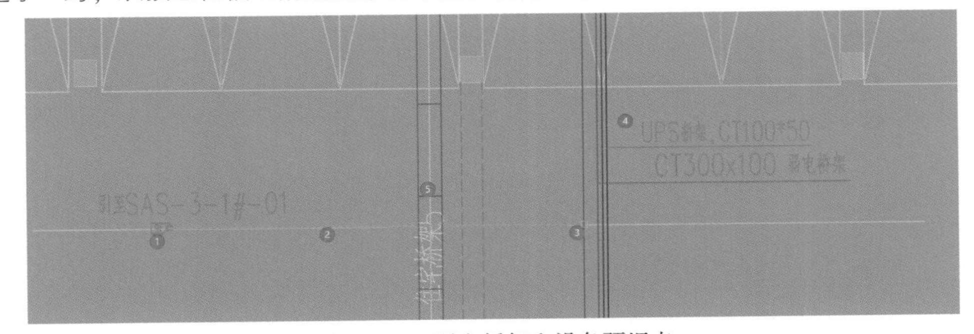

图 3.2-38　弱电桥架和设备预埋点

现场照片如图 3.2-39 所示。

一般来说，住宅地下室弱电/智能化桥架连接摄像头会分出线管，需要考虑线管对路由的影响。消防报警桥架的末端如烟感、广播的电线都是先汇总到电箱，再由电箱通过线管或是小桥架连接到主桥架。强电桥架和末端用电设备之间，部分用线管连接，部分用小桥架连接。线管是否影响桥架布置要具体看图纸来确定。

（2）挪动喷淋支管位置时，要注意对喷淋头布置的影响。车库配水管两侧每根配水支管控制的喷头数量不应超过 8 只。

图 3.2-40 中，南北方向 DN150 喷淋管上分出

图 3.2-39　线管跨梁连接桥架

支管，左右支管上都有8个喷头。DN150的喷淋管只能在最中间的两个喷头之间挪动。

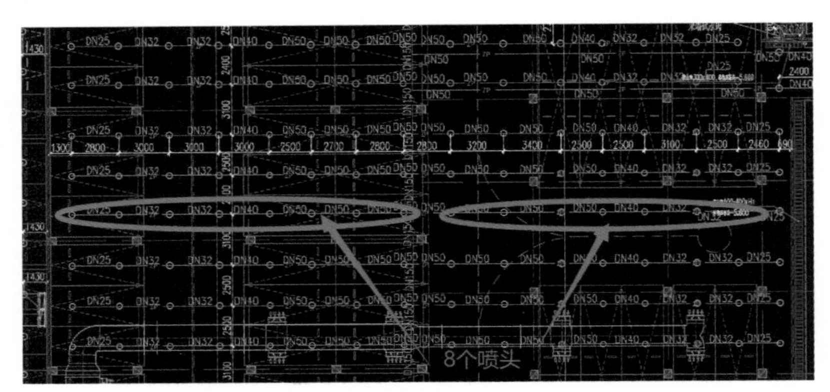

图3.2-40　喷淋管道挪动范围

实际上，因为喷淋管又发出喷淋支管，看上去并不孤立。所以遇到喷淋管不方便和其他管线并线时，走单独线路也可以。

（3）配电间、变电所下方的桥架。桥架进入配电间后，通过配电间内部的桥架连接到配电箱，所以可以挪动桥架进入配电间的位置。

桥架穿竖向洞口进入上层的，桥架连接到洞口附近就行，也不一定要和预留洞口对正。当然应尽量和预留洞口对齐，现场施工可以做喇叭口，线管通过喇叭口进入上一层的竖向桥架，如图3.2-41所示，桥架1引至洞口2附近即可。

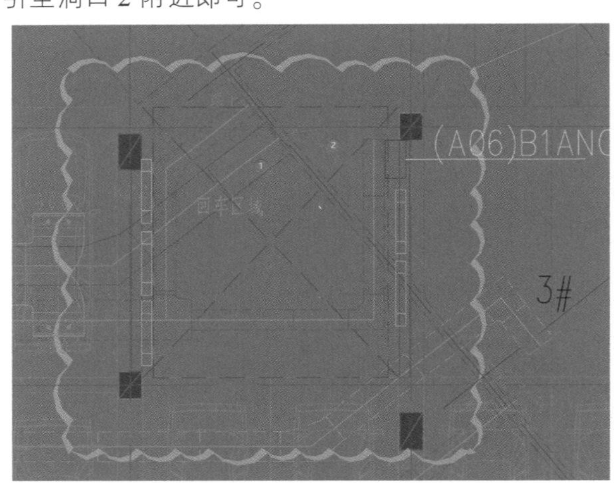

图3.2-41　桥架和洞口之间的关系

变电所没有深化图纸时，预留洞口尽量不要挪动。如果已有深化图纸，知道了电缆沟布置时，则可以根据实际调整洞口。

（4）风管路由的调整。风管路由调整后，要满足防火分区内每一个点到最近的风口的疏散距离小于30m的要求。如图3.2-42所示，风管和成排管线碰撞，需要调整风管位置。一种方案是将位置1的风口挪动到位置2处。

在CAD快速看图中测量。如图3.2-43所示，位置1离防火分区最远点距离为26.7m和28.9m。挪动到位置2后，距离变为30.8m和32.4m，都大于30m。所以挪动到风口位置2的方案不可行。

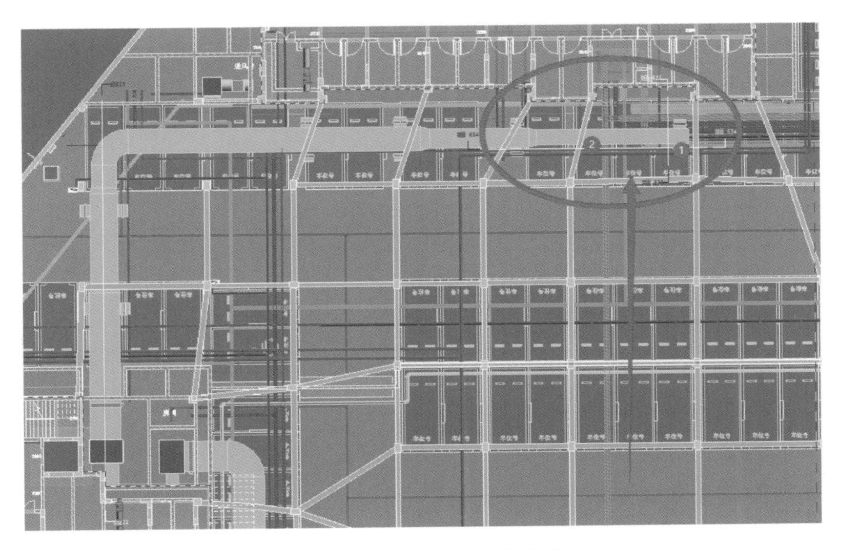

图 3. 2-42　挪动风口的方案

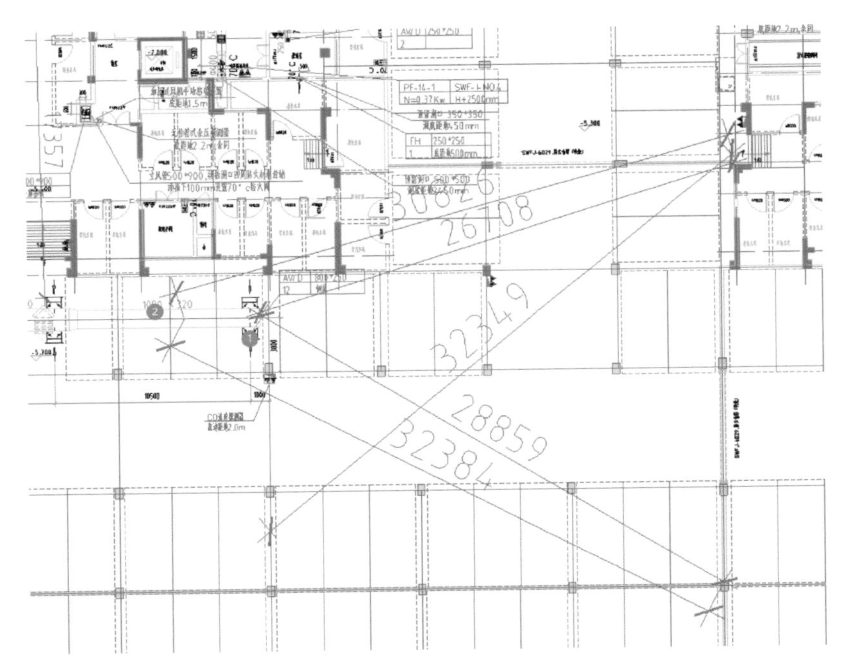

图 3. 2-43　新旧风口和防火分区最远点的距离

另外一个方案是调整风管路由（图 3. 2-44），把位置 1 的风管挪动下来。这个方法的缺点是增加了风管材料用量。

最后根据该项目的实际特点，将风管调整成边对齐，整体向南挪动并调整风口位置，如图 3. 2-45 所示。

（5）夹层喷淋管离顶板很近时，喷淋主管和周围管线距离保持 200mm 以上（图 3. 2-46），方便生出喷淋支管。

（6）门洞口周围需要布置管道时，要检查管道是否影响门的开启。

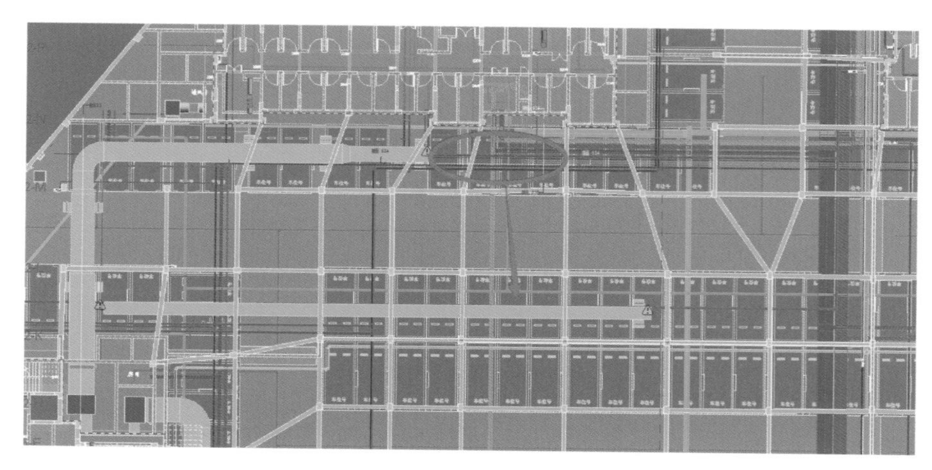

图 3. 2-44 调整路由的方案

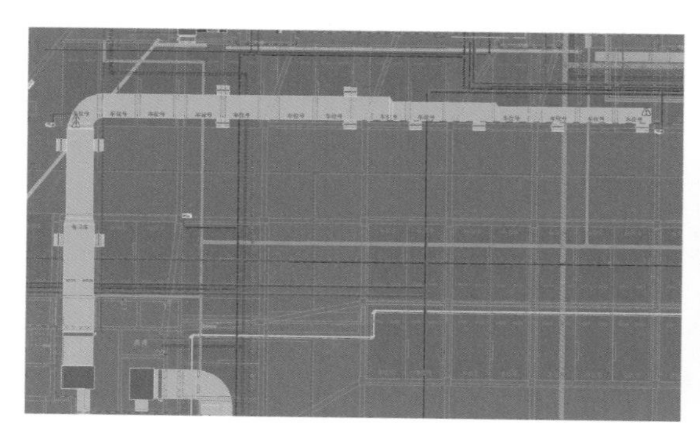

图 3. 2-45 最终方案

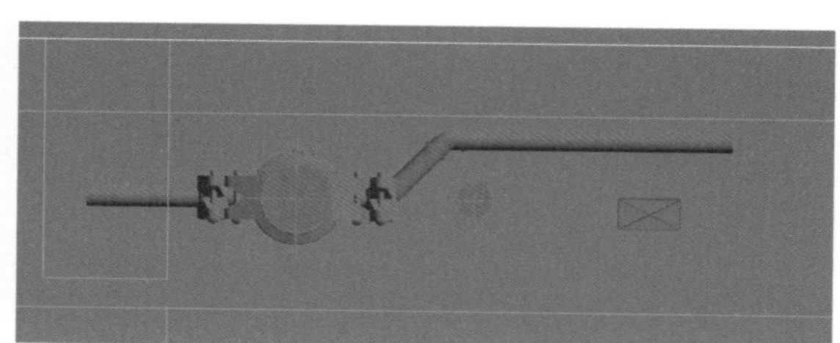

图 3. 2-46 喷淋主管周围留足空间

（7）管线路由的取舍。保证净高的情况下，有的路由可能翻弯少，有的路由走车道空间少，各有优点，难以取舍。这时可以给不同的考虑因素赋予重要性系数，然后对不同的方案打分，取综合分数高的方案。也可以直接问业主或是自己的上级后再行决定。

风管应尽量在车位上方布置，不要在车道上方布置。

无关管线尽量不要进机房。水管实在没有办法的，可以借道风机房，但不要进带电房间。

Q50 管综时应如何入手

刚开始进行管综的时候，往往觉得地下室管线非常混乱，不知从何处下手。笔者在工作中曾请教过同事刘敏，她建议从主楼开始。我觉得很有道理，就像整理织毛衣的毛线，都是需要找到毛线的头，然后顺着捋一遍。地下室的管线，大多数的路由是室外引入地下室机房，然后从机房进入各个主楼的，主楼就是“毛线”的头。

如图 3. 2-47 所示，进入主楼的支管，由于水井和电井的位置都是确定的，支管能调整的自由度比较小。进入主楼的支管调整完成后，主楼北侧的干管也就能大致确定了。调整完供给主楼的主管，接着就能调整主要路由了。

下面具体介绍初步管综时的常规步骤。

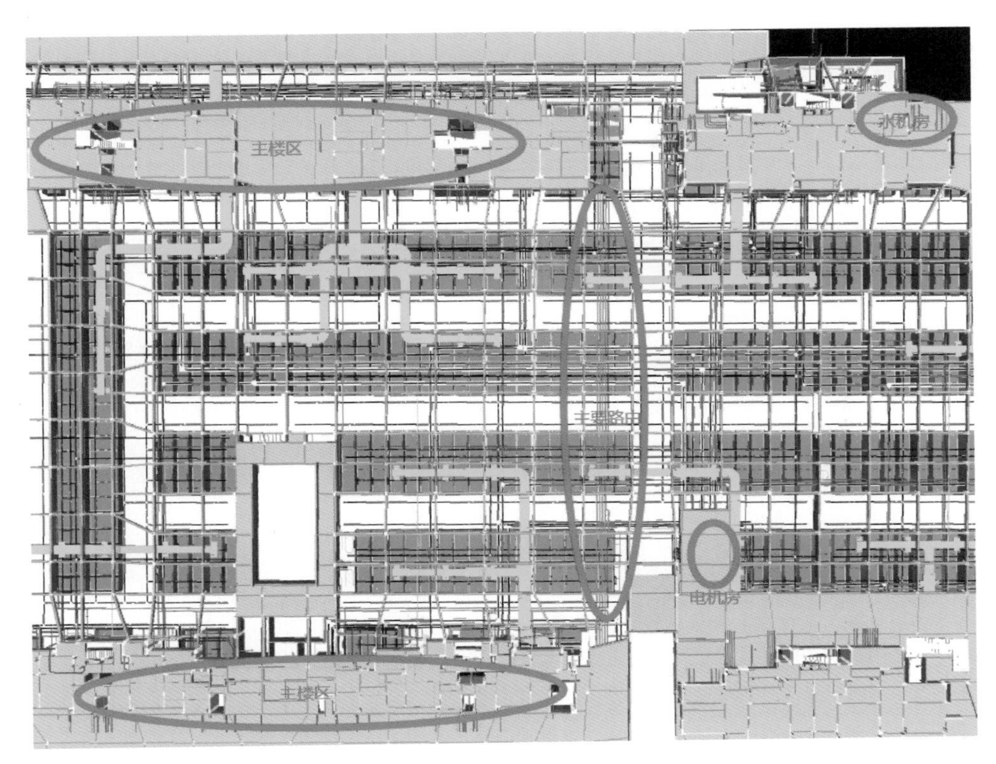

图 3. 2-47　车库平面分区

1. 调整视图显示样式

可以复制一个建模的视图，重命名为“楼层—管线综合—×××”。

调整视图范围。视图范围顶部和楼板顶部相同，底部取建筑完成面，剖切面选择顶板底部标高。

有夹层的楼层，在夹层一周绘制平面区域，通过调整平面区域的视图范围控制夹层底板上下图元的显示。

视觉样式调整为“精细”“着色”；梁、板、楼梯、风管、风管构件、停车位透明度调整为 40%。

应用过滤器区分各类桥架。可以利用视图样板，从桥架建模的视图中传递过滤器，也可以参照第 4 章内容批量新建过滤器。

视图规程可以选择“机械”或是“建筑”。“机械”规程下 MEP 图元显示比较清楚，软件运行速度也快。设置墙的填充图案为交叉的斜线，以便区分“机械”规程视图下的墙和梁。

多人合作的，可以使用裁剪视图命令，只显示自己的区域，加快软件运行速度。

2. 新建梁高过滤器

除了新建，也可以参照第 4 章，使用 Dynamo 批量标注梁下净高。

3. 新建“管线综合-×××”工作集

为了防止管线综合过程中新生成的图元工作集混乱，需要新建一个“管线综合”工作集，所有的调整都在这个工作集中进行。具体原理见《管综过程中如何防止工作集混乱》小节。

4. 从主楼开始入手，调整进入主楼的支管

观察一层建筑图，找到水井和电井的位置，了解哪些管道进入了主楼。找到地下室对应位

置，从水井开始进行管线综合。水井中一般有给水管、消防管和水井排水管。给水排水管是塑料管，单独打吊杆。给水管和消防管距离近的，可以打综合支架，距离远的，则应分别打支吊架。

下图例子中高区给水系统有3套，低区给水系统有1套。从模型中我们可以看到低区给水管和加压给水管重合了。我们先调整这四根管子的间距和高度。

调整前见图3.2-48，调整后见图3.2-49。

图3.2-48　调整前

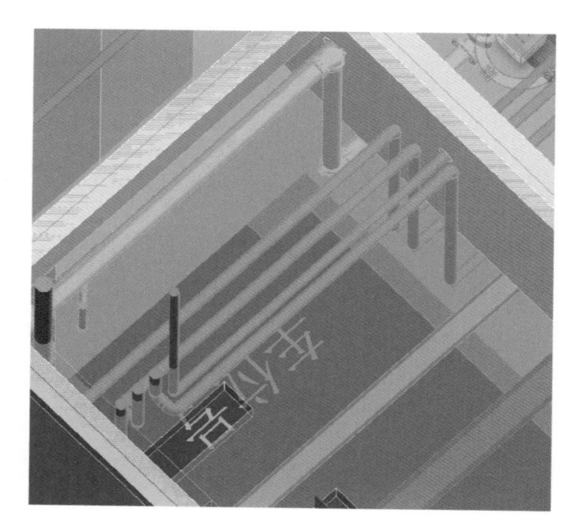

图3.2-49　调整后

5. 调整供给主楼的干管

进主楼的支管调整完后，就可以调整供给主楼的主管了。通常从管线最密集的地方开始调整。

如图3.2-50所示，北侧主管道线供给主楼2，再供给主楼1，主楼2北侧管道最密集。

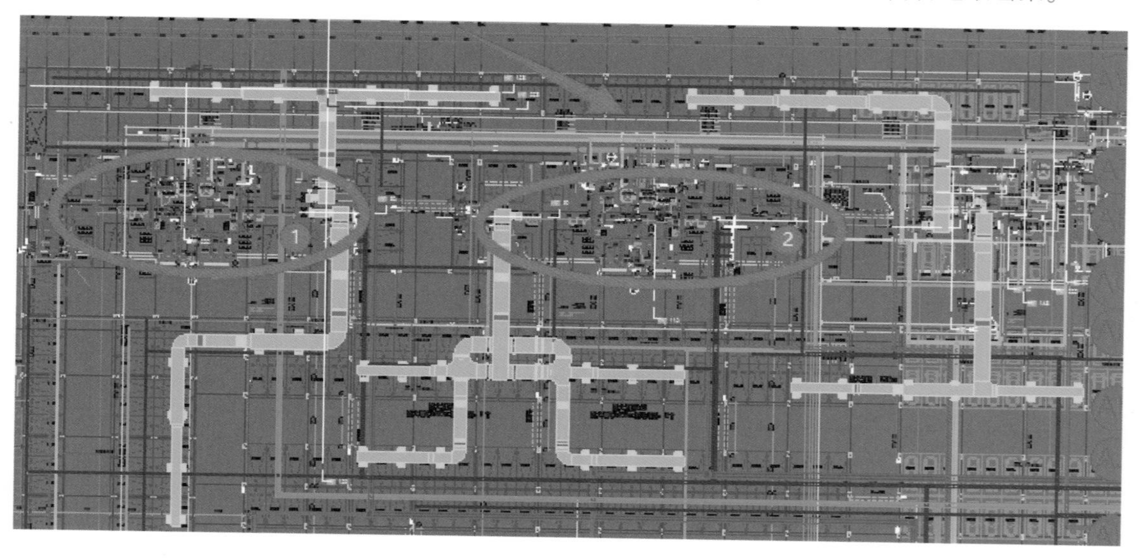

图3.2-50　管线密集处

因为水井位置在右侧，为了减少翻弯和节约电缆，我们将水的干管放在北侧，桥架放在南侧，调整后的管道如图3.2-51所示。

图 3. 2-51 调整后的管线

管道的平面位置和相对间距，详见《怎样确定管线水平位置》小节。

6. 调整管道主要路由

供给主楼的主管调整完成后，就可以从机房出发，调整管道的主要路由了。

水管都是从水泵房、消防泵房、报警阀室出发的，桥架从消防控制室、专变、变电所发出。然后从这些机房出发，逐步调整管道主要路由上的管线间距和位置。

7. 调整管道高度和局部微调

先调整管道高度，管道高度确认方法见《怎样确定管线安装高度》小节。

接着精细调整人防区、主楼门厅、水管桥架引入地下室位置等影响留洞图出图的地方，保证留洞图质量。

这样初步管综就完成了，可以进入出留洞图阶段了。留洞图出完后，再进一步进行调整翻弯等管综工作。

Q51 管综过程中怎样看图纸

1. 用 CAD 看平面图

管综过程中，必须随时看图纸。一方面了解设计意图，看看管线是经过一个区域还是服务一个区域，为调整管线提供依据；另一方面检查图模是否一致。

管综有关的图纸应放在一个文件夹里面，这样每次打开图纸就会快一点。管综过程中，建筑图、水图、强电图、消防、暖通、喷淋等所有专业图纸都要打开。

在 Revit 模型和专业图纸中，管道的走向不容易看清楚，可以在 AutoCAD 中编辑，将各专业的管道复制出来，方便查询其走向。

如果发现 CAD 打开的图纸看不到管道，可以使用天正插件打开，或使用 CAD 快速看图的导出天正 T3 文件功能。

如图 3. 2-52 所示，左边查看管线的路由，右边查看管线的设计意图。

还可以将所有管道图纸在 CAD 中叠图，方便查看一个区域内的所有管道。

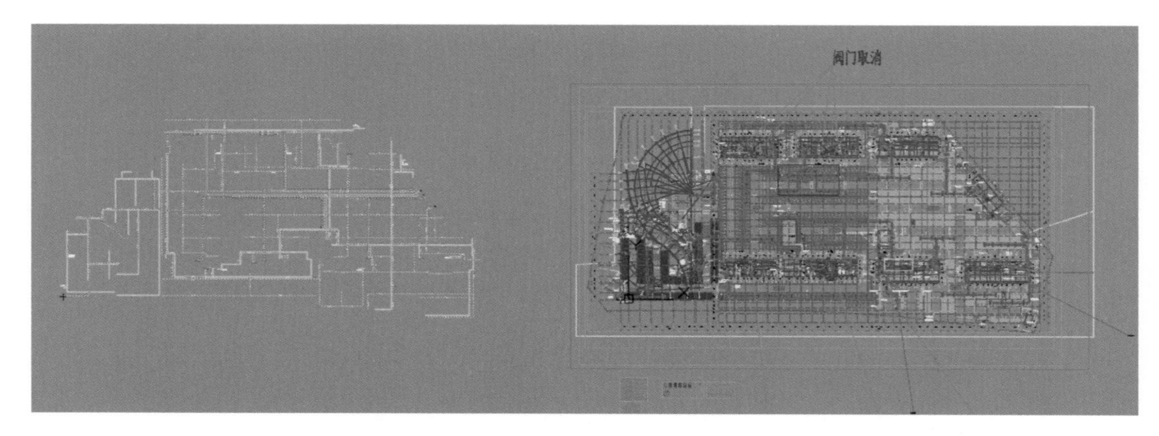

图 3. 2-52　隔离出管线

管综时，对照管线走向图，明确每一根管道平面位置、竖向高度的依据。调完的管道打一个记号，另外调的时候要注意看看调整的影响范围，不要前面管线距离调整好了，后面一调整又乱了。

2. 用 Navisworks 看管道走向

地下室管道很多时，用 CAD 或者 Revit 查看管线走向并不方便。可以开一个 Navisworks 文件，快速查看管线的走向。

Navisworks 中桥架没有材质，可以通过改写颜色区分，具体方法见《在 Navisworks 中给不同桥架着色》小节。

3. 用笔记本记管道标高

管综过程中不仅要调整管道平面位置，还有调整管道标高。可以在笔记本上记下不同尺寸构件对应的中心标高，这样每次就不用再重新换算。

Q52 怎样进行管线避让

1. 路由避让

首先要理解各系统管道的设计意图，然后才能合理调整管道路由，避开不利的地方。

〔**例 1**〕如图 3. 2-53 所示，给水管从市政给水点 1 出发，通过管道 2 来到点 3。管道 2 附近平行的管线很多，没有空间排下管道 2。

图 3. 2-53　水管原设计路由

可以挪动管道 2 的位置，走另外一条路由，这样就腾出了空间（图 3. 2-54）。

图 3. 2-54　调整后路由

管综时，水管的路由比较灵活；桥架的路由，要看图纸上桥架和哪些点位连接，避免出现线管从预埋点跨梁连接桥架。理解设计意图后，也能调整风管的路由。

管线并排走时，要看看末端能否通过调整位置关系，减少翻弯。

〔**例 2**〕如图 3. 2-55 所示桥架 1、2 互换位置后（图 3. 2-56），就减少了一个翻弯。

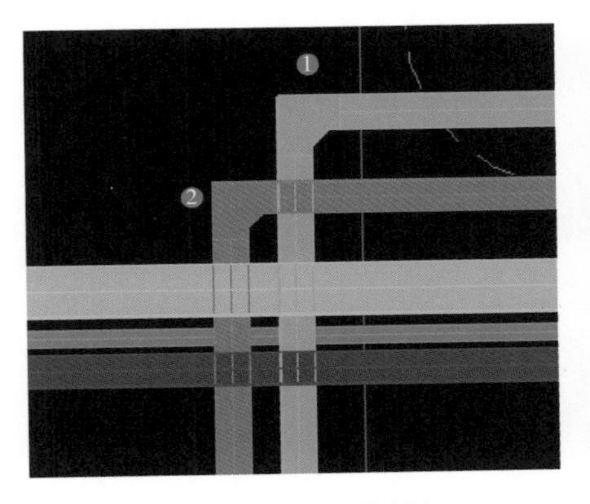

图 3. 2-55　交叉的桥架

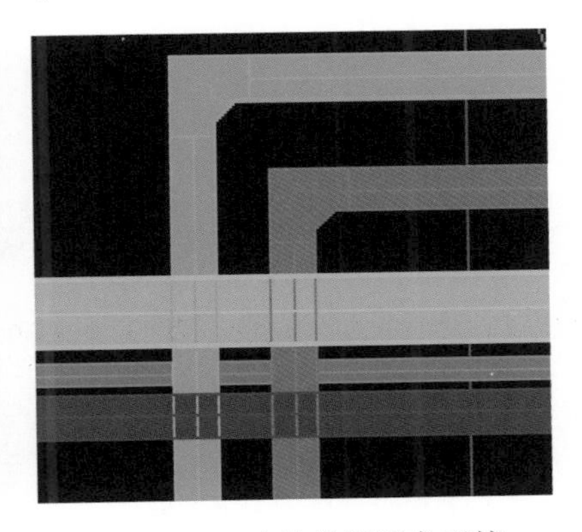

图 3. 2-56　交换位置避免碰撞

〔**例 3**〕如图 3. 2-57 所示，高压桥架 1 上方有主楼排水管 2，因为桥架上方不能出现管件，所以可以调整主楼排水管 2 的路由，同时调整主楼留洞位置（图 3. 2-58）。

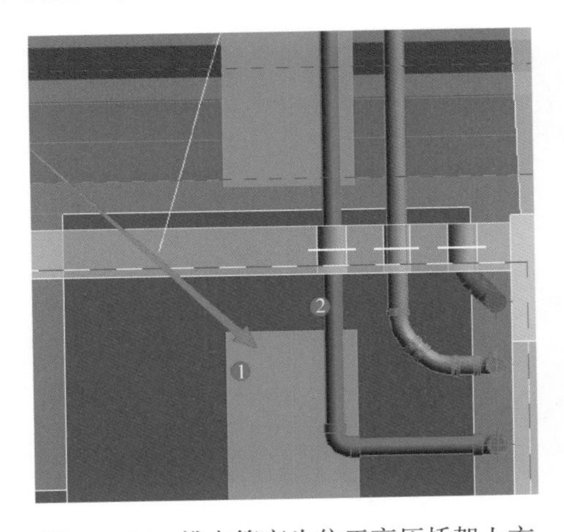

图 3. 2-57　排水管弯头位于高压桥架上方

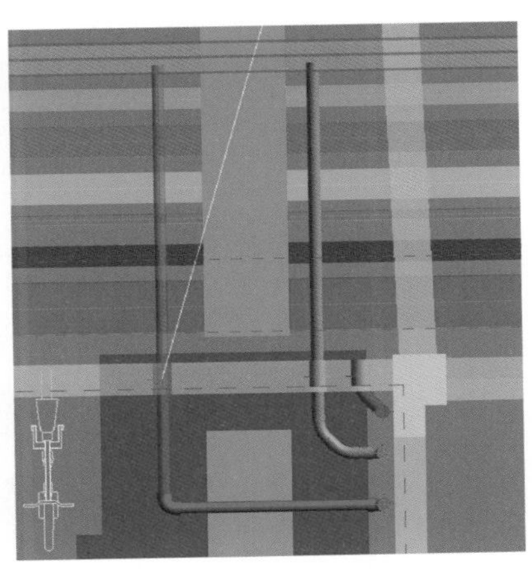

图 3. 2-58　调整排水管位置

有时候不仅可以挪动管线，还可以考虑移动管线服务的终端，如图 3. 2-59 所示。消火栓给

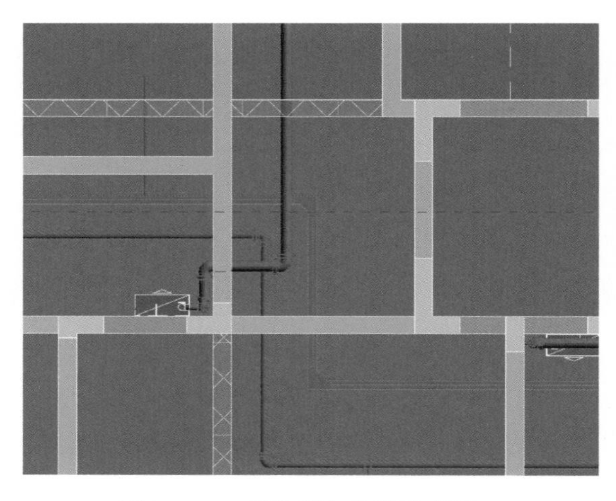
图 3.2-59 消防管和他管线碰撞

水管和桥架、喷淋管碰撞，该项目不允许管线进入房间，且净高有限，导致交叉处无法翻弯避让。解决方法是移动消火栓箱位置，从而改变消防给水管的路由。

2. 高差避让

（1）单根桥架的高差避让。如图 3.2-60 所示，风管风口和桥架碰撞，传统方法是桥架在风口处翻弯，但这样会出现桥架很短的一段距离连续翻弯的情况。

此时可以利用高差，将桥架整体标高下移，如图 3.2-61 所示。

桥架下移后，下方离车位 2200mm 控制线还有 100mm 的空间，用于放置桥架的支吊架，净高满足要求。风管风口和桥架不再碰撞，这样就避免了桥架连续翻弯。考虑桥架在风口下方可能影响排烟效果，图 3.2-60 中桥架和风口可以进一步调整相对位置，如风口向右伸长，桥架向左挪动。

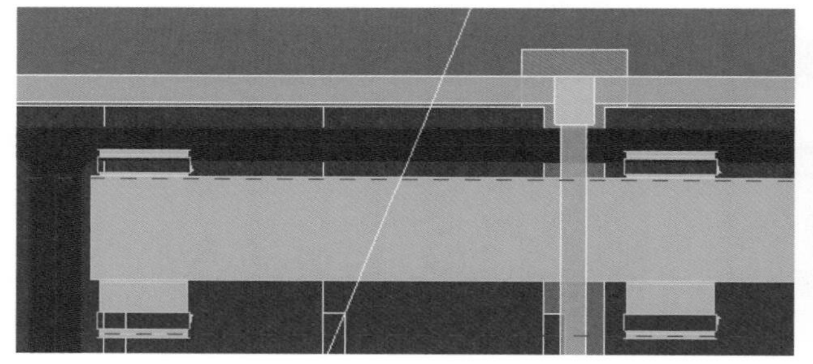
图 3.2-60 桥架和风口碰撞

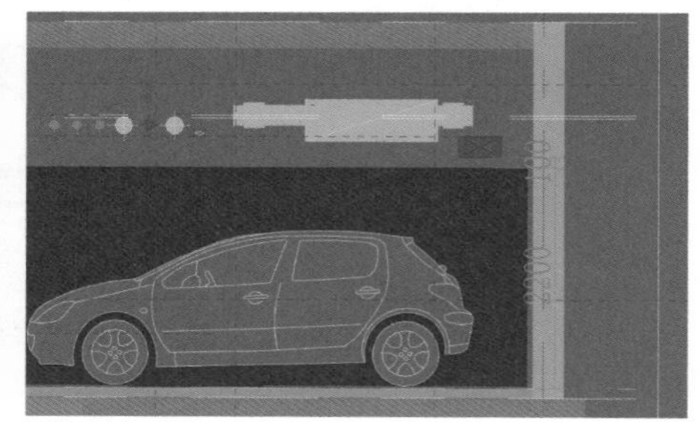
图 3.2-61 利用高差避让

图 3.2-62 桥架相互避让

通过初步管综，就确定了大面上管道的高程。但是具体的部位还可以具体分析，如通过调整管道高程，减少翻弯。

（2）多根桥架相互高差避让。多根桥架交叉处也经常用到高差避让法。桥架可以利用梁窝内的空间，相互错开高程避让。

桥架数量很多时，可使用 123 高程错开法，即第 1、2、3 根桥架标高相互叠加，第 4 根开始不再调整标高。通过另外一个方向的桥架翻弯来达到避让。如图 3.2-62 所示：以桥架 1 为基准，桥架 2、3 标高依次抬高，桥架 4、5 不调整标高。和桥架 4、5 相交的桥架，都做翻弯避开桥架 4、5。

（3）X、Y 方向两高程避让。东西和南北两个方向两组成排管道相交时，东西方向的管道一个标高，南北方向的管道一个标高，就能比较美观地相互避让。如图 3.2-63 所示，管道 X、Y 方向都有多个标高，导致水管和桥架都要翻弯。如果把桥架往下的翻弯点向右移，使桥架经过水管后再下翻，就可以避免水管翻弯，如图 3.2-64 所示。

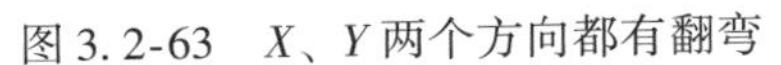

图 3.2-63　X、Y 两个方向都有翻弯

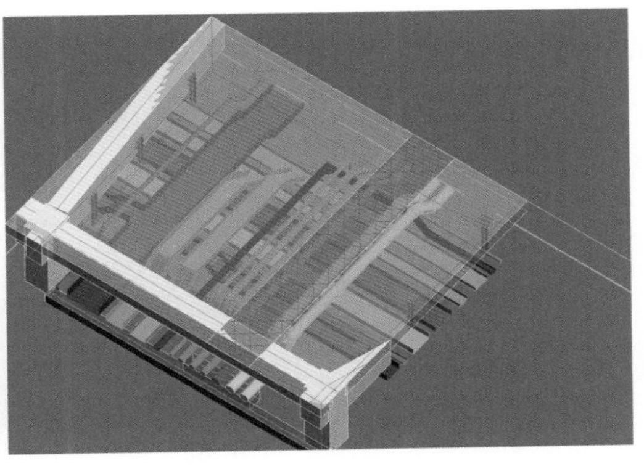

图 3.2-64　X 方向保持一个标高，Y 方向调整高度

该方法在机房（如水泵房）等管线多的地方非常有用。

（4）桥架漏斗型连接法。当抬高平开三通无法满足要求时，可以采用漏斗型连接，该做法要求高差在 200mm 以上，如图 3.2-65 所示。

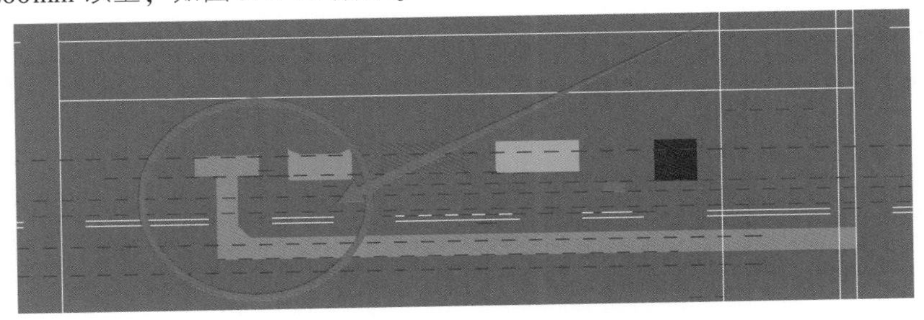

图 3.2-65　桥架漏斗型连接

该做法的现场照片见图 3.2-66。

图 3.2-66　现场照片

因为这种做法不是很常规，所以应该和业主提前沟通以确定能否采用这种方法。

3. 翻弯转嫁避让

翻弯不可避免时，应尽可能通过翻尺寸小的管道进行避让，避免翻大的管道。通过转嫁翻弯的部位来优化翻弯。

如图3.2-67所示，桥架1和风管2碰撞，桥架1很难连接到风管右侧的桥架。

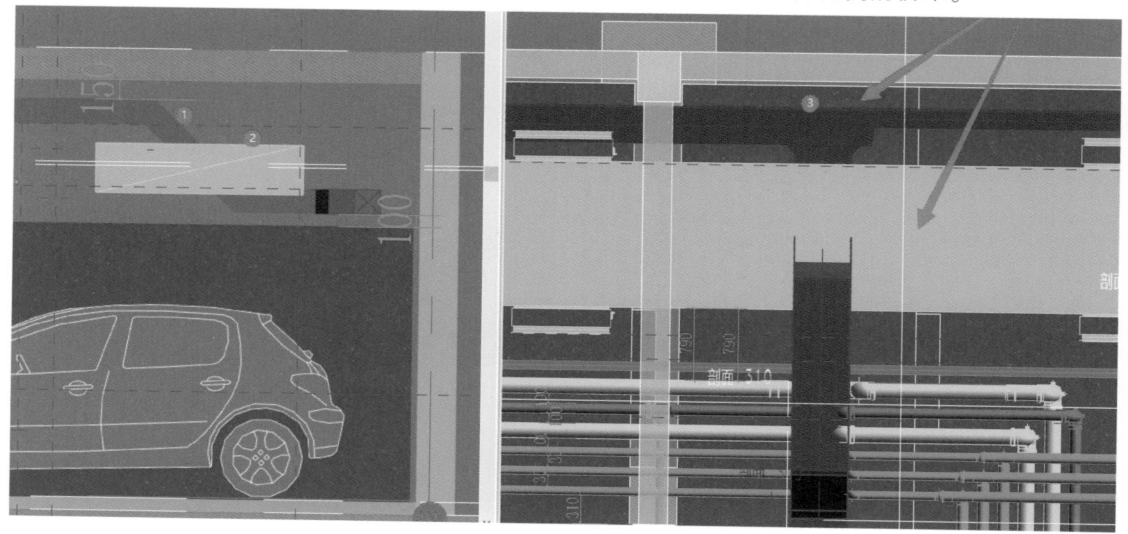

图3.2-67　桥架和风管碰撞

我们可以转而抬高三通的标高。如图3.2-68所示，尺寸比较大的桥架上的翻弯，转嫁给了两个尺寸比较小的桥架，这就是翻弯转嫁法。

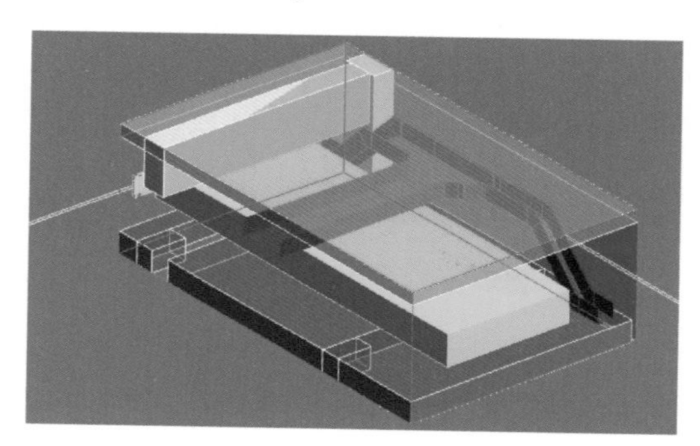

图3.2-68　翻弯转嫁法

为避免机电构件在很短的距离内连续翻弯，也经常需要使用翻弯转嫁法。

4. 桥架安装空间

成排管线交叉时，桥架上方一般留50～100mm空间，用来安装桥架盖板（图3.2-69）；如果桥架上方的成排管线需要打综合支吊架，则两者净空应最少留200mm的空间（加了100mm的支吊架）。

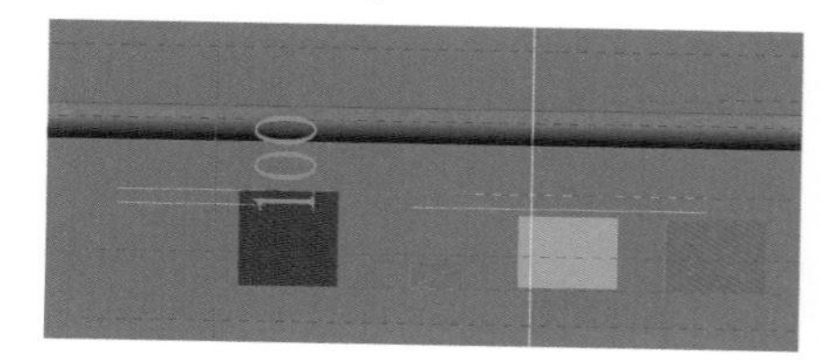

图3.2-69　管线交叉时高差

单根管线和桥架交叉时，可以贴着桥架走。

桥架要避免一段距离内连续翻弯。

5. 通过调整三通平面位置进行管道避让

如图 3.2-70 所示，弯头处无法布置三通。此时可以将三通放在弯头右侧，接出一段水平管后再改变方向（图 3.2-71）。

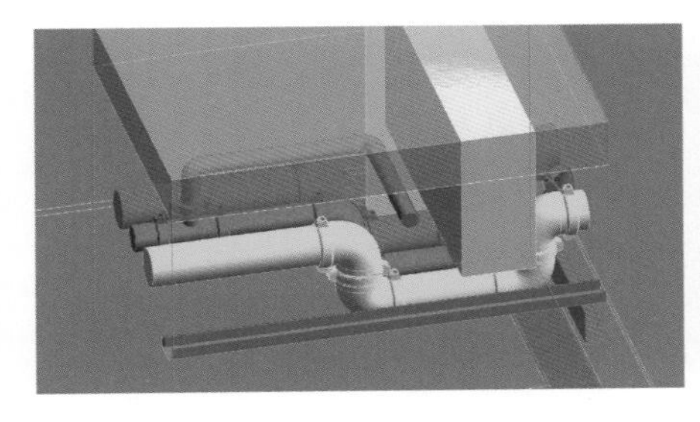

图 3.2-70 三维视图

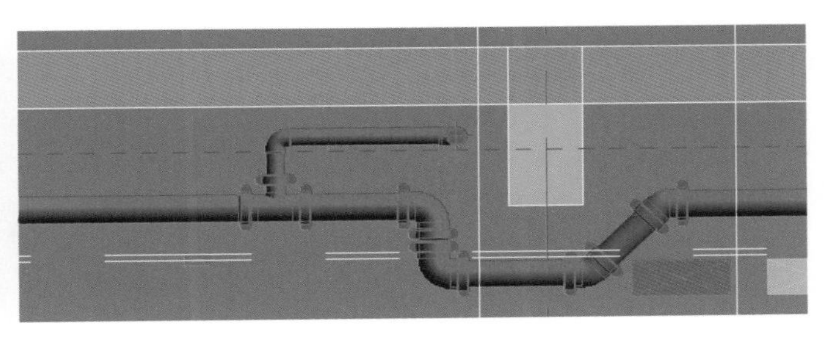

图 3.2-71 剖面视图

Q53 翻弯节点有哪些构造要求

1. 翻弯角度

业主无特殊要求的，水管一般采用 90°翻弯。

桥架尺寸 500mm 以下的采用 45°翻弯；桥架高差大于 800mm 的可采用 90°翻弯。

风管采用 45°翻弯，风管高差大于 800mm 的可以采用 90°翻弯。

同一翻弯处各类构件翻弯角度应一致，水管角度应随桥架角度（这一点要和业主确认）。

2. 翻弯高度和翻弯点距离

（1）水管和桥架遇风管翻弯。水管和桥架跨风管翻弯时，和风管保留净距 200mm（图 3.2-72）。这是为了考虑风管防火包裹 50mm、富余空间 50mm 和翻弯处支吊架 100mm，此时翻弯点距离风管 200mm。翻弯的成排管线，底标高尽量一致，以方便打支吊架。

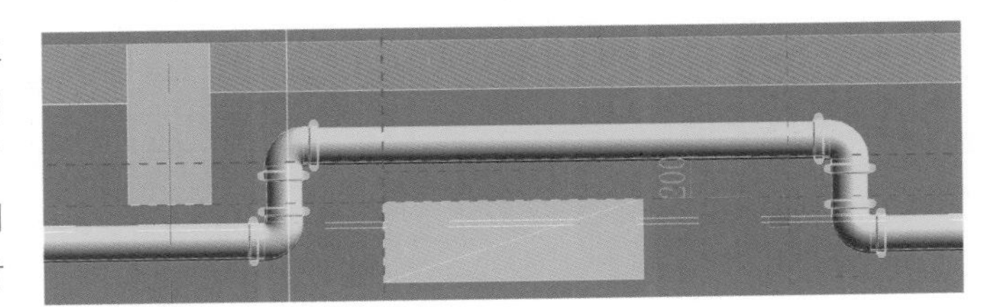

图 3.2-72 水管和桥架跨风管翻弯

如果板下空间无法保证 200mm 的净距，则净距调整为 100mm。后期支吊架打在风管两端，此时翻弯点距离风管 350mm（图 3.2-73）。

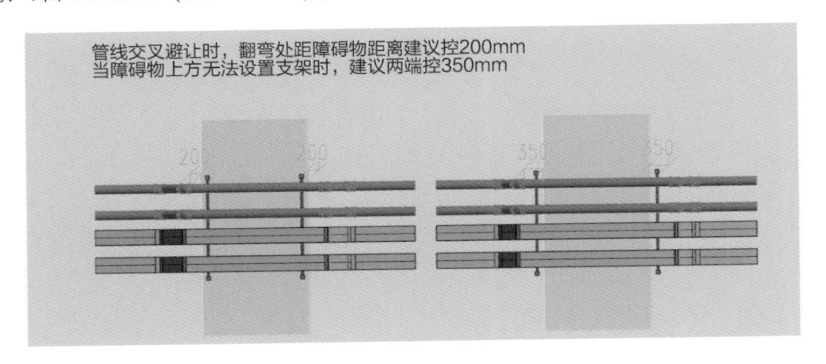

图 3.2-73 翻弯点和风管净距

（2）水管和桥架之间翻弯。成排管道间相互翻弯，构件上下净距不小于150mm，这是考虑支吊架100mm和富余安装空间50mm。单根管道翻成排管线时，构件上下净距不小于100mm，这是考虑支吊架50mm和富余安装空间50mm。

以上两个条件无法满足时，可以观察交叉管线的支吊架是否可以利用管道之间的间隙布置，从而进一步压缩支吊架安装空间。

为方便施工，翻弯起弯点水平方向上距离被翻弯构件200mm。最后出图时，翻弯起点的位置一般不标注，但是为了使模型看上去更加合理，还是要控制一下这个距离。

（3）翻弯高度和角度。水管要保证管道密闭性，需要使用成品连接件。成品配件的角度是45°和90°。虽然管道焊接时可以任意角度，但是现场一般只有大直径的管道才使用焊接。

如图3.2-74所示，对于小管径管道，虽然在软件中可以画出此图的效果，但是现场实现不了。

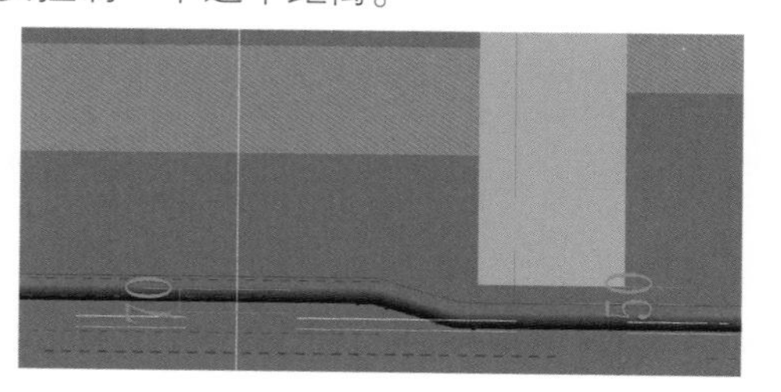

图3.2-74　模型中的管线翻弯

水管翻弯高差如图3.2-75所示，90°翻弯空间不够的，就需要用45°翻弯。

配件

90°　45°

常见的管道翻高最小尺寸：

DN100——90度翻高，204mm，45度翻高，107mm；

DN150——90度翻高，280mm，45度翻高，126mm；

公称直径/mm	管道外径/mm	90°弯头		45°弯头	
		L/mm	登高距离2L	L/mm	登高距离1.414L
80	88.9	86	172	64	90
100	108.0	102	204	76	107
100	114.3	102	204	76	107
125	139.7	124	248	83	117
150	159.0	140	280	89	126
150	165.1	140	280	89	126
150	168.3	140	280	89	126
200	219.1	173	346	108	153
250	273.0	215	430	121	171
300	323.9	245	490	133	188

图3.2-75　水管翻弯最小高度

桥架不用考虑密闭性，风管是比较薄的镀锌钢板，对于施工水平高的队伍，风管和桥架现场可以在任意角度和高差下实现连接。

模型中风管翻弯高差尽量保持在200mm以上，桥架翻弯高差保持在50mm以上，以保证软件中能够保持连接。

（4）水管竖向三通高差最小250mm，管道遇梁翻弯时，和梁净距50mm（图3.2-76）。

（5）平面上的翻弯。对于管线来说，平面和竖向翻弯没有什么区别，因此平面上管道走向改变时，按照竖向管道翻弯的要求执行即可，如图3.2-77所示。

3. 其他要求

（1）管道不要小跨度连续翻弯，如图3.2-78所示的风管。

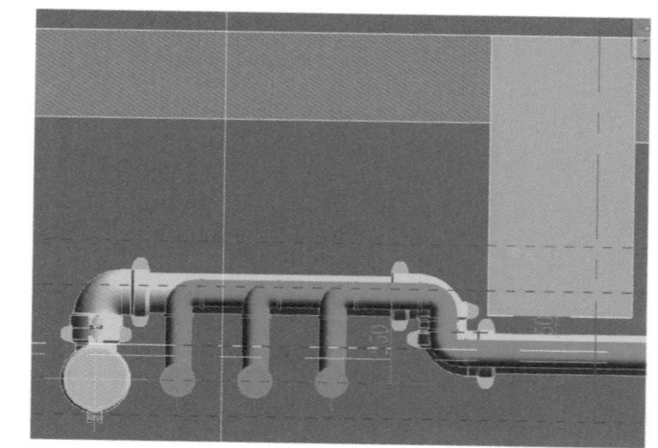

图3.2-76　竖向三通构造

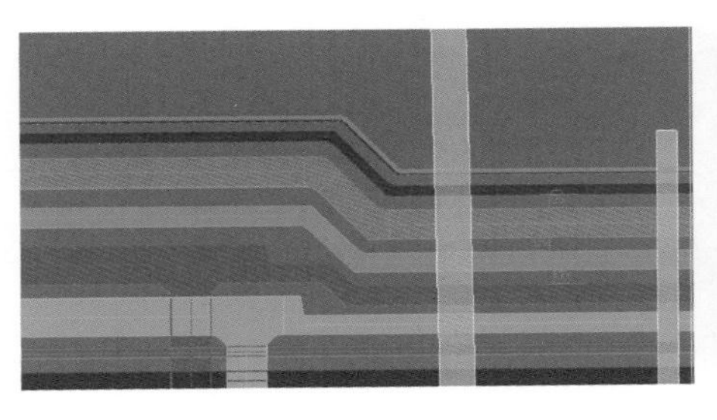

图 3. 2-77　平面翻弯

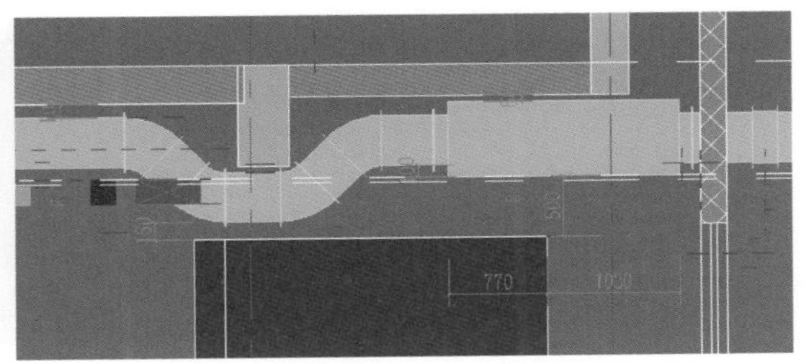

图 3. 2-78　小跨度连续翻弯

（2）翻弯优先走成排管道的上方（图 3. 2-79）。虽然增加了翻弯数量，但是人在地面上看不到翻弯，比较美观，且没有降低室内净高。

（3）可以用斜三通代替翻弯，如图 3. 2-80 所示。

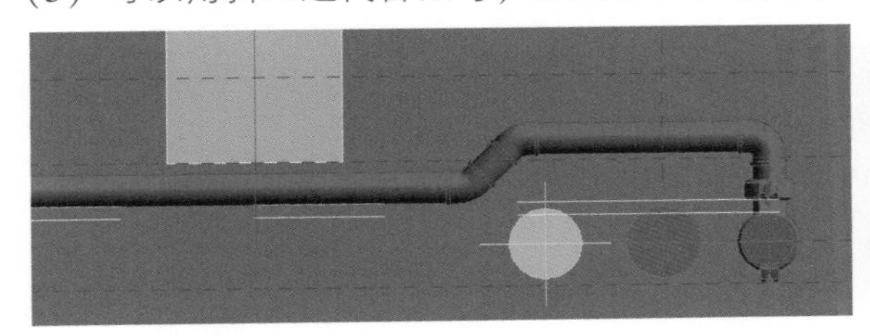

图 3. 2-79　优先走成排管线的上方

图 3. 2-80　斜三通

（4）翻弯点要对齐，可以以弯头上凸出的线段为参照进行对齐。

（5）应按尽量减少翻弯的目标进行管线综合，如图 3. 2-81 所示，桥架 1 翻弯后直接拉通即可，不必在 2 处重新翻弯回到原标高。因为从设计意图上来看，桥架通到配电间内即可。

翻弯的优先级为：优先翻水管，其次桥架，最后风管。因为风管翻弯困难，桥架翻弯后放电缆麻烦。另外，高压桥架优先级最高，风管和高压桥架碰撞时，优先翻风管，因为高压桥架里面的电缆非常粗，翻弯处难以施工。

（6）复杂位置翻弯做法。

管线特别密集交叉的地方，基本思路为分层法，一个走向位于一个层。

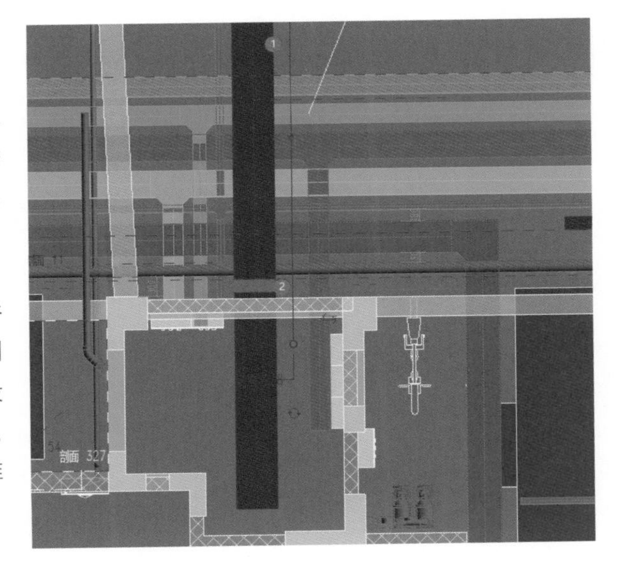

图 3. 2-81　进入配电间的桥架

Q54 怎样处理管线的对正

1. 单根管道的对正

如图 3. 2-82 所示，桥架 1 在三通之后尺寸缩小了，和桥架 2 的间距变大了，此时需要对正。方法是先删除三通，接着对齐水平方向的桥架（图 3. 2-83）

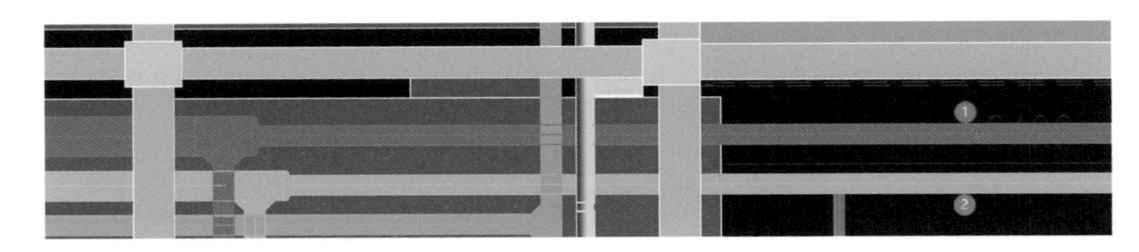

图 3. 2-82　需要对正的管道

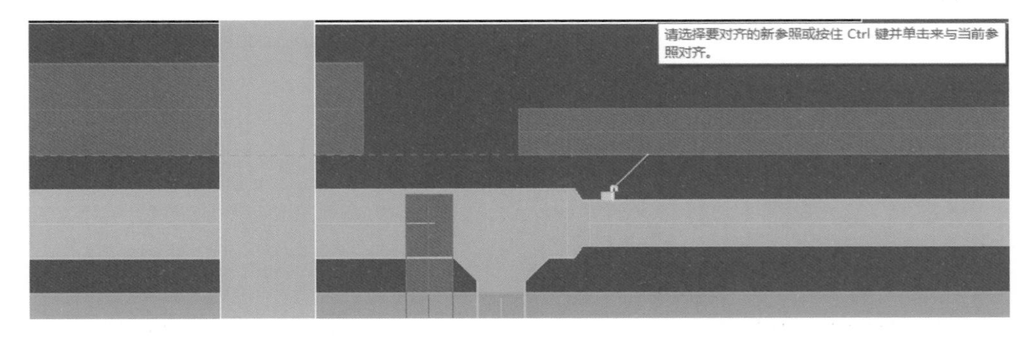

图 3. 2-83　对齐水平方向的桥架

使用插件的管线连接功能，生成三个桥架之间的三通（图 3. 2-84）。

如果提示创建连接件失败，可以换以下方式：

先连接水平方向的桥架 1 和桥架 2，接着向右挪动水平桥架的接头，为南北方向的桥架，留出三通的空间（图 3. 2-85）。

用快捷键 ET，连接南北方向的桥架，形成三通（图 3. 2-86）。

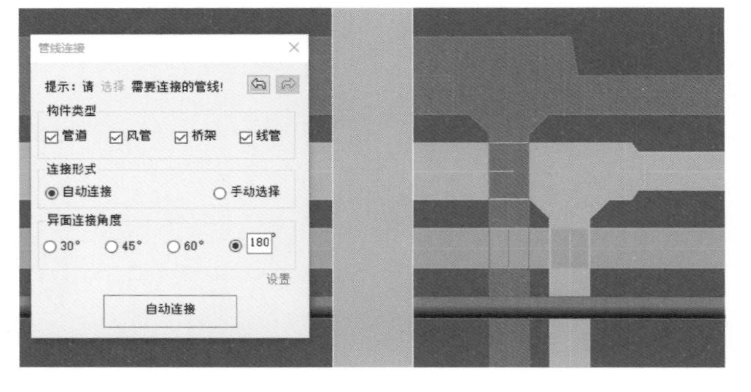

图 3. 2-84　生成三个桥架之间的三通

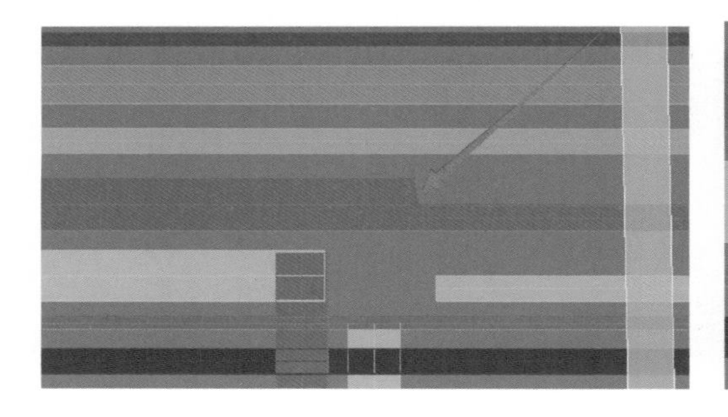

图 3. 2-85　先连接水平方向的桥架 1 和桥架 2

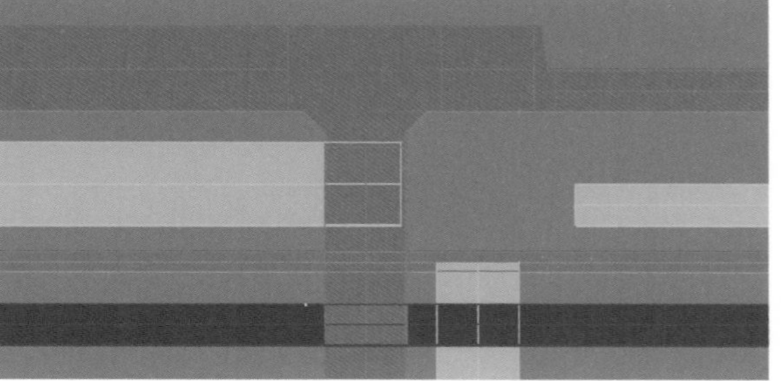

图 3. 2-86　形成三通

最后，向左挪动大小桥架之间的接头，使之靠近三通，这样就完成了桥架的对正。

风管的对正方法和桥架相同，这里介绍另外一种方法，即 Revit 自带的对正功能。

首先选中要对正的两根风管，切换到三维视图。

单击“对正”命令，单击控制点，会出现一个箭头。不断点击“控制点”，直到箭头落在参照管线上（图 3. 2-87）。

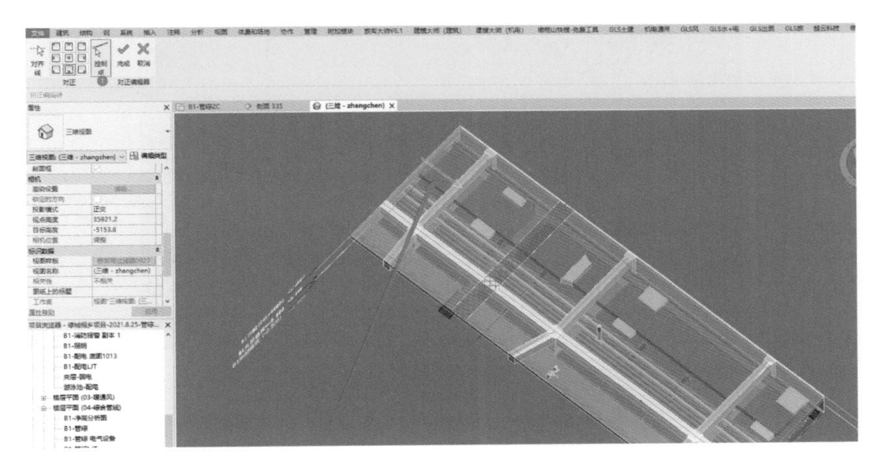

图 3. 2-87 “对正”命令

单击“对齐线”命令，会在参照管道四周出现对齐参照线（图 3. 2-88），选中需要对齐的参照线即可。

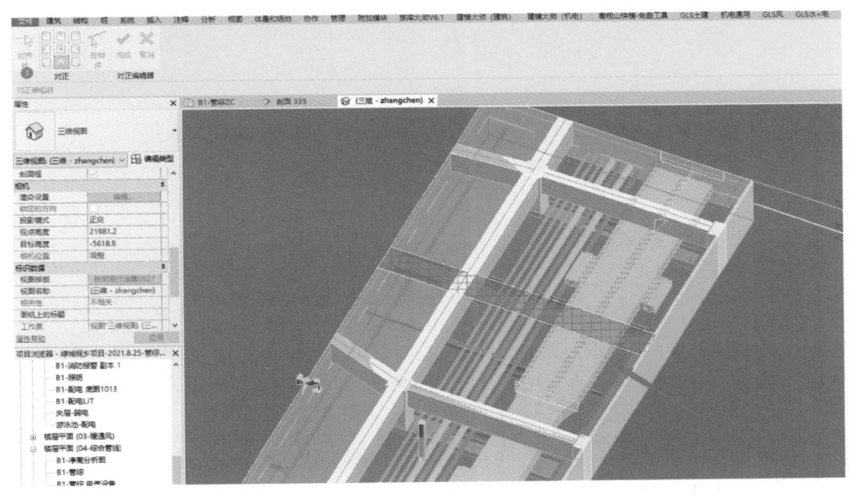

图 3. 2-88 对齐参照线

对齐效果见图 3. 2-89。

2. 成排管线的对正

由于变径或管线路由等原因，成排管线有时候需要相互对正。偏移距离比较小的，可以接一个弯头；距离比较大的，可新建三通。

如图 3. 2-90 所示，桥架 1 南北方向偏差量不大，可通过弯头 2 过渡。桥架 3 偏移量大，通过新建三通 4 过渡。

其他一些例子可参见图 3. 2-91 ~ 图 3. 2-94。

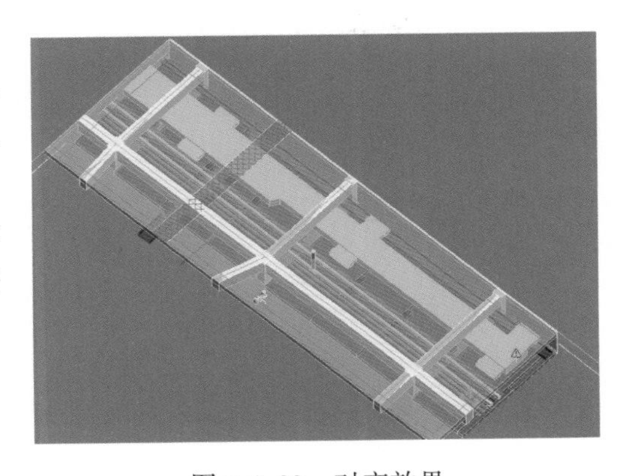

图 3. 2-89 对齐效果

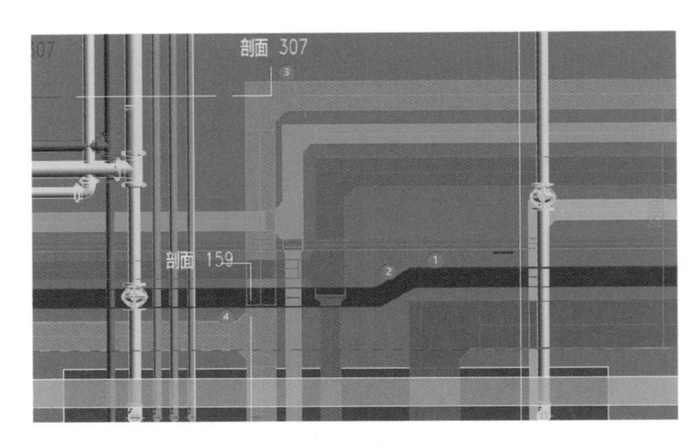

图 3. 2-90　新建三通过渡

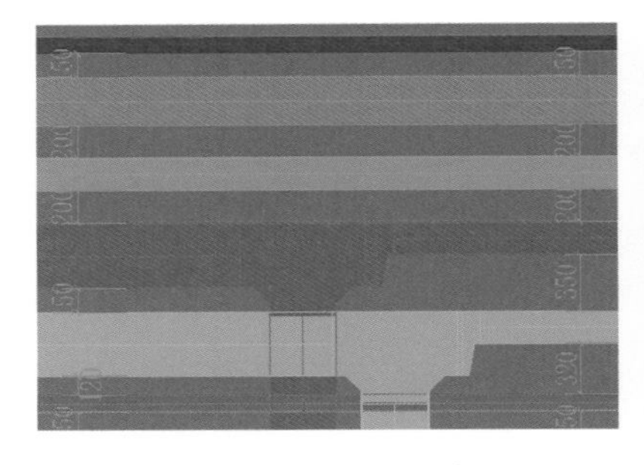

图 3. 2-91　对正前

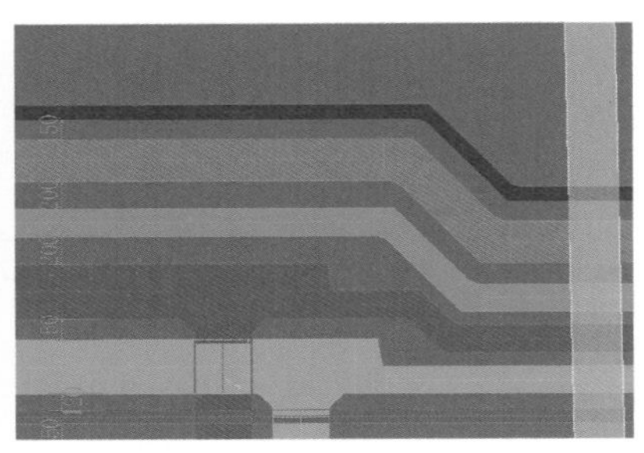

图 3. 2-92　对正后

图 3. 2-93　对正前

图 3. 2-94　对正后

Q55 怎样处理照明灯槽

1. 照明灯槽的特点

照明灯槽灯现场照片如图 3. 2-95。细部照片参见图 3. 2-96。

观察照明灯槽照片，可知照明灯槽有以下特点：

(1) 照明灯槽由吊杆居中固定，因此上方不能有影响吊杆安装的管线。

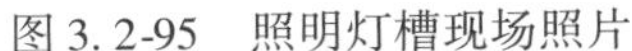

图 3.2-95　照明灯槽现场照片

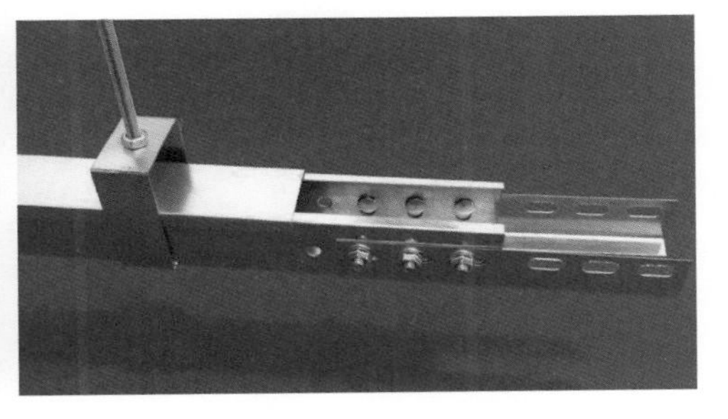

图 3.2-96　照明灯槽细部照片

如图3.2-97所示，照明灯槽2和桥架1对齐布置。这种情况下，照明桥架吊杆可以安装，但是桥架1的支吊架会和灯槽碰撞。因此，线槽灯和相邻的构件间的净距，还需要考虑构件支吊架的空间。

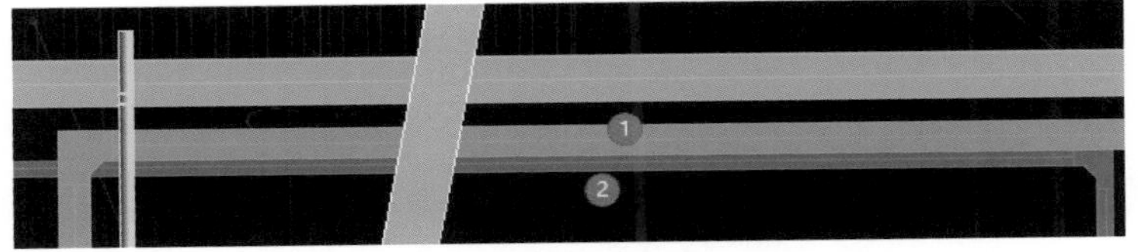

图 3.2-97　线槽灯和管线相邻

如图 3.2-98 所示，遇到照明桥架在成排管线内部时，要有意识地检查照明桥架是否会和成排管线的综合支吊架碰撞。

图 3.2-98　照明桥架在成排管线内部

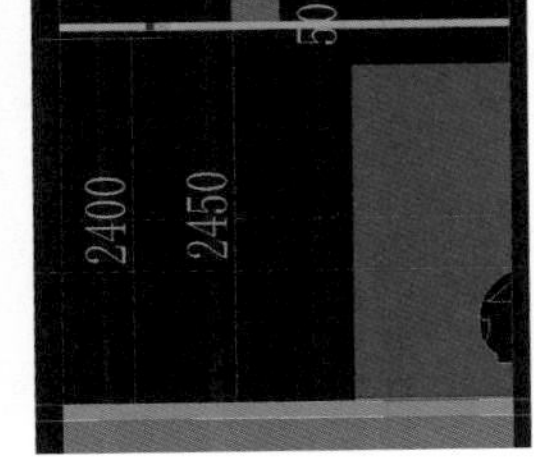

图 3.2-99　照明线槽下净高分析

（2）线槽灯下有灯管，净高分析时，线槽下还要扣除50mm灯具的空间。如图3.2-99所示，照明桥架下方距离车道地面2450mm，此时还要扣除灯具50mm，故实际净高2400mm。

2. 照明灯槽布置要点

（1）平面布置上。照明灯槽在车位上方应尽量居中布置；在车道上的两条照明灯槽，到车道中心线的距离应尽量一致。能和其他管道并排走时，即使高程不一样，也可在平面上并排布置，显得美观。

（2）高度方向布置布置。照明灯槽优先放在成排管道下面，这样比较美观。

一片区域内的照明灯槽标高尽量一致，局部可以翻弯。

如图3.2-100所示，照明灯槽有很长一段距离和桥架平行布置。

图 3.2-100　照明线槽和桥架平行布置

如果照明灯槽走在桥架下面，为了避开桥架的综合支吊架，照明灯槽和桥架之间要空出100mm，灯槽加灯具尺寸100mm，灯槽下的净高为2300（图3.2-101）。如果有的业主要求车道净高不小于2400mm，这种布置就不能满足要求，需要将照明灯槽底标高调整成和桥架底标高一致，走综合支吊架。

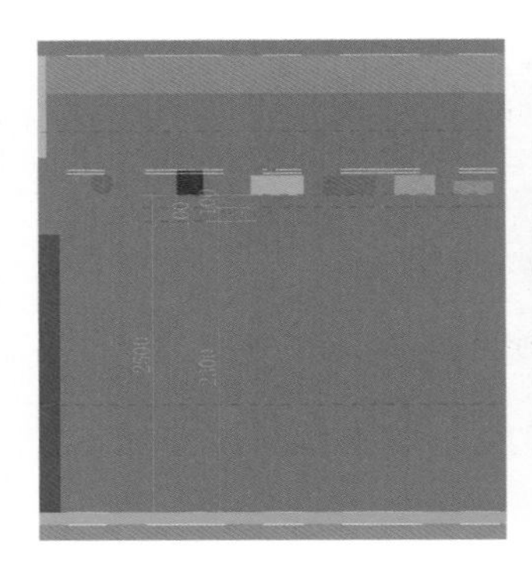

图3.2-101 照明灯槽走在桥架下面

图3.2-102 车道和车位的照明线槽

（3）搬家通道附近的照明灯槽。如图3.2-102所示，主车道为搬家通道，1位置的照明灯槽安装高度较高，如果2处灯槽和1处标高一致，则2处灯槽比桥架底标高还要高，会影响照明效果（图3.2-103）。因此，可将2处照明灯槽标高调低，如图3.2-104所示。

图3.2-103 照明灯槽比周围管线高

图3.2-104 调整标高后

Q56 管综中还有哪些注意点

笔者单位技术负责人叶天翔先生在多年工作中总结了一套行之有效的管综注意点，跟读者分享如下：

（1）各层立管对齐，后续需要留洞。

（2）管线尽量在一跨梁内并排，否则连续翻弯较多。

（3）管综视图建在楼层平面-综合管线上（图3.2-105）。

（4）本区域内各专业图纸全开，一边调管综一边看图纸，注意图模一致以及设计意图。

（5）管综工作集注意区分楼层如B2-ytx、B1-ytx。

（6）消防风管、空调风管、暖通水管应考虑50mm的单边保温，共计100mm。

（7）间距。桥架间距：宽度300mm以上的净距150mm，宽度300mm及其以下的净距100mm。

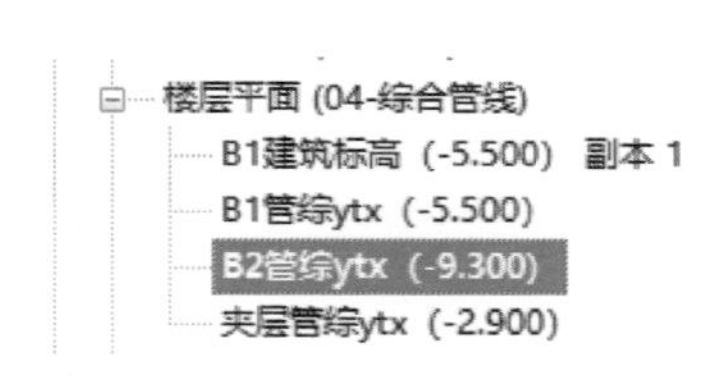

图3.2-105 新建的管线综合视图

水管间距：净距 100mm，DN65 及其以下净距 50mm，管线穿人防墙大管净距 130mm，小管净距 100mm；不同管径净距取中间值或大值。

桥架与水管净距 150mm（如有保温还要加上保温材料厚度），最小不小于 100mm。

风管：原则上排烟口距管线水平净距不小于 300mm。

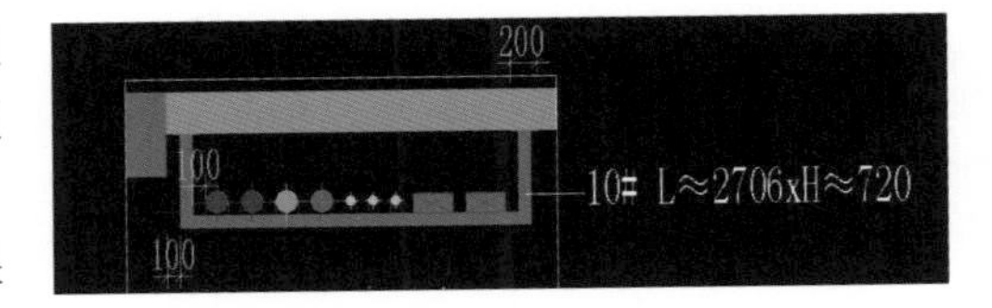

图 3. 2-106　支吊架空间

（8）支吊架。管线排布时必须考虑支吊架空间，看下能否正常安装（立杆空间有没有，立杆能否正常打在顶板或梁侧）。

1）管综排布考虑支吊架空间（图 3. 2-106），成排管道最外缘至少预留 300mm（最小 250mm）支吊架立杆空间。

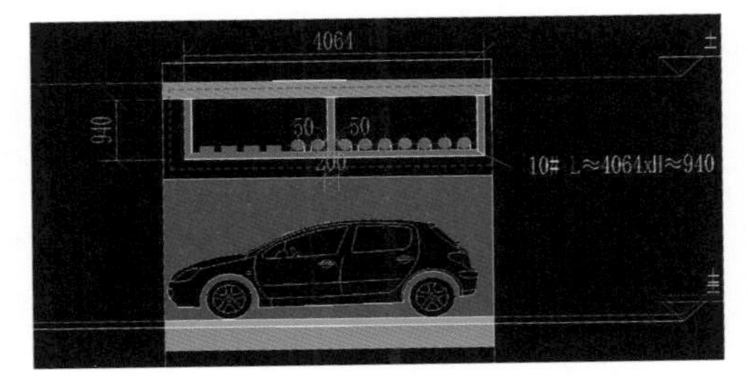

图 3. 2-107　支架在水管间加中间立杆

2）当成排宽度大于 2000mm 时，支架加中间立杆；选择好中间立杆位置（当桥架在均分位置左右时以桥架为界设立杆），增设立杆处水管间距 200mm（图 3. 2-107），桥架间距 100 ~ 150mm（图 3. 2-108，视桥架尺寸、立杆大小而定）。

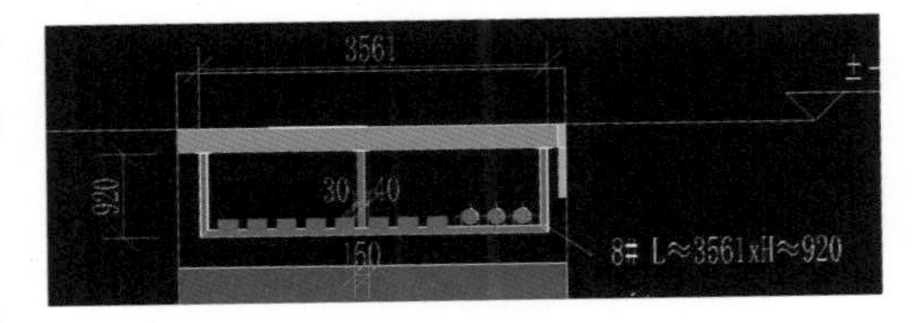

图 3. 2-108　支架在桥架间加中间立杆

3）水平折弯、上下翻弯、接头处 150 ~ 300mm 范围内设置支架（图 3. 2-109）。

4）遇喷淋支管断开的情况（图 3. 2-110），需核查下喷淋图中有无支管延续，支吊架是否需要缩短。

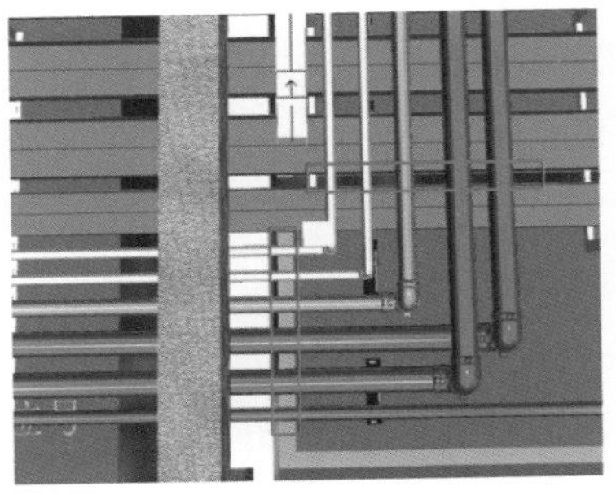
图 3. 2-109　桥架设置位置

图 3. 2-110　喷淋管处桥架

（9）翻弯：管线翻弯统一，翻弯点在同一处，水管优先 90°，桥架优先 45°（高差大于 800mm 时采用 90°），风管优先 45°（高差大于 800mm 时采用 90°），翻弯高度整体统一。

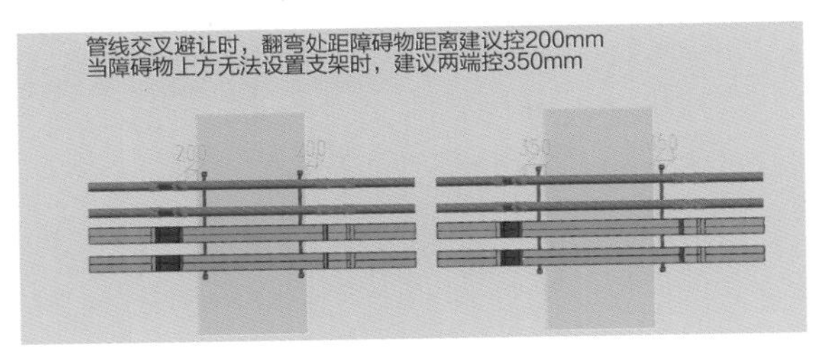

图 3. 2-111　上下管线净距

（10）梁下管线：风管最高梁下 50mm 安装，一般建议梁下 100mm（50mm 保温，50mm 误差），桥架最小梁下 50mm 安装（极限 30mm），水管建议最小梁下 50mm（极限可贴梁）。

（11）管线遇障碍物翻弯，若障碍物上方设支架（图 3. 2-111），则上下管线净距留支吊架 +

100mm 空间（200～250mm）。

（12）整个项目、整片区域管综方案、风格应统一（包括间距、翻弯高度等）。

（13）上下层管线净距至少留 200mm（图 3.2-112，考虑保温后的净距）。

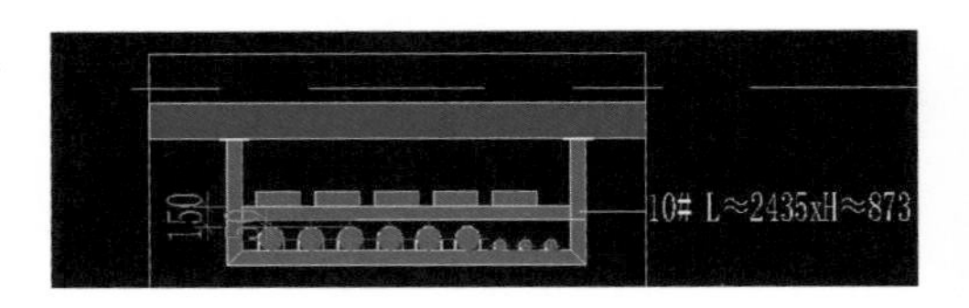

图 3.2-112　上下层管线净距

（14）管线交叉翻弯时，优先避让重力管，管线翻弯优先翻小管、水管、弱电桥架及少数成排管道。

（15）其他注意要点参见图 3.2-113～图 3.2-116。

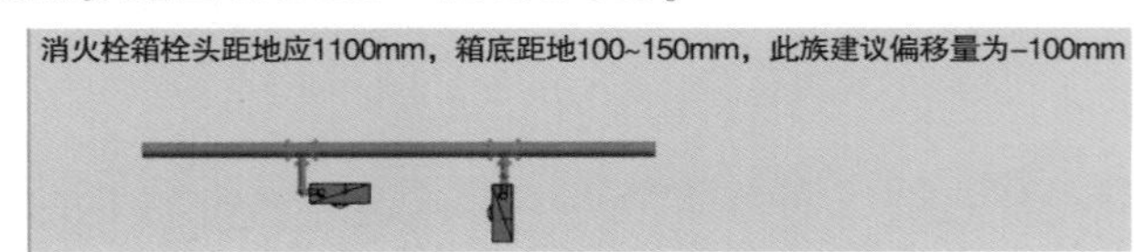

图 3.2-113　消火栓设置要求

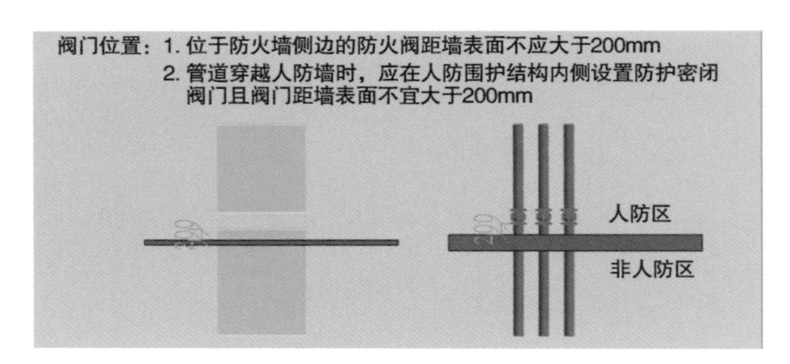

图 3.2-114　阀门位置

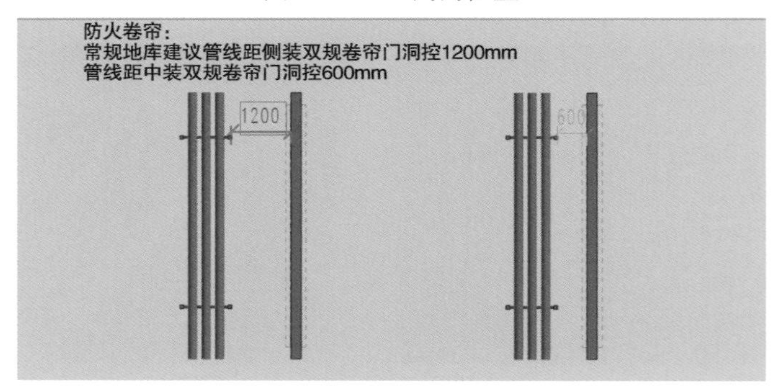

图 3.2-115　防火卷帘周围

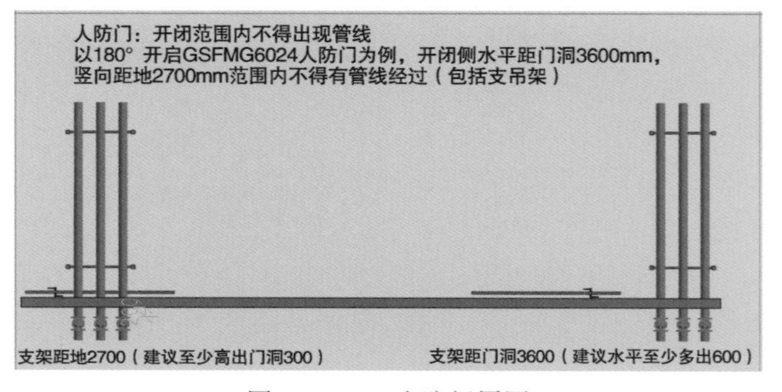

图 3.2-116　人防门周围

Q57 管综过程中如何避免工作集混乱

管综中经常需要打断和重新连接管道，过程中新构件的工作集容易混乱。解决方法是先新建一个“管综”工作集，管综都在这个工作集中进行。出图前，再将“管综”工作集里面的图元划分到各自应该在的工作集中。

如图3.2-117所示，新建一个管综工作集。多个人同时进行管综时，每个人单独建工作集，用各自的名字进行区分。

图3.2-117 新建管综工作集

将“管综”工作集置为当前活动工作集后进行管线综合工作，出图前有两种划分工作集的方法。

1. 第一种方法

(1) 打开两个三维视图。左侧只显示“管线综合”工作集，右侧视图显示全部管线（图3.2-118）。

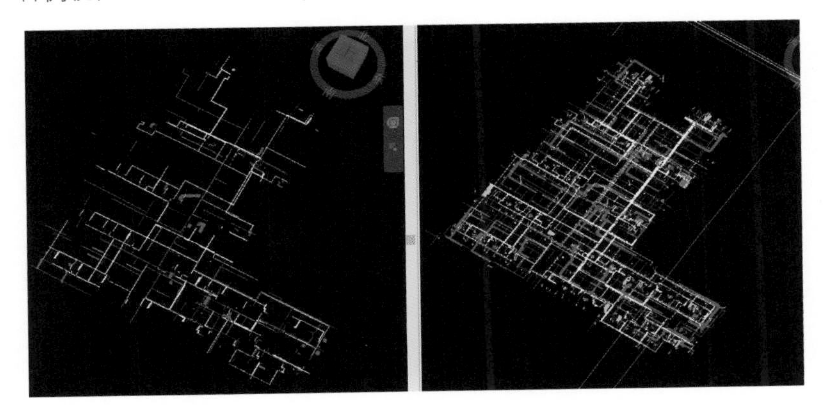

图3.2-118 两个三维视图相互对比

(2) 点选左侧视图中的一个图元，连着按3次TAB键，软件会预选和这个构件相连的所有管线。接着单击这个构件，完成和这个构件相连的所有管道的选择。

(3) 切换选中的图元的工作集。如果不清楚是什么管道，可以到右侧视图中，看看和这些图元连接的管道是什么工作集。工作集切换以后，左侧视图就看不到刚才选中的图元了。接着调整剩下的图元，直到“管线综合”工作集里面看不到任何图元。

(4) 接着分别检查各个工作集。左边视图每次只显示一个管道系统，例如只显示消火栓工作集。对比图纸，观察工作集内的图元是否完整。有缺失的，在右边视图中找到缺失的图元，切换图元的工作集。检查完一个管道系统后接着检查下一个工作集。

2. 第二种方法

对水管和风管，在系统浏览器中选择同一个系统的管道，隔离出来，打开视图的工作集显示，然后切换至合适的工作集。桥架可以用过滤器控制分别显示。

Q58 怎样快速在Revit中创建和Navisworks相同视角的视图

一般碰撞检查都是在Navisworks中进行，然后回到Revit中修改模型。在Revit中找碰撞点对应的位置比较花费时间。可以利用 SwitchBack 插件在 Revit 中快速生成和 Navisworks 里面一样的视图，方法如下：

（1）在“附加模块”——→“外部工具”中单击“navisworks Switchback 2019”，激活 SwitchBack 功能（图 3. 2-119）。

图 3. 2-119　SwitchBack 命令位置

（2）在 Navisworks 中选中图元，右键，单击 SwitchBack（图 3. 2-120，中文界面下为“返回”）。此时，Revit 模型中就会自动生成同样视角的模型视图。

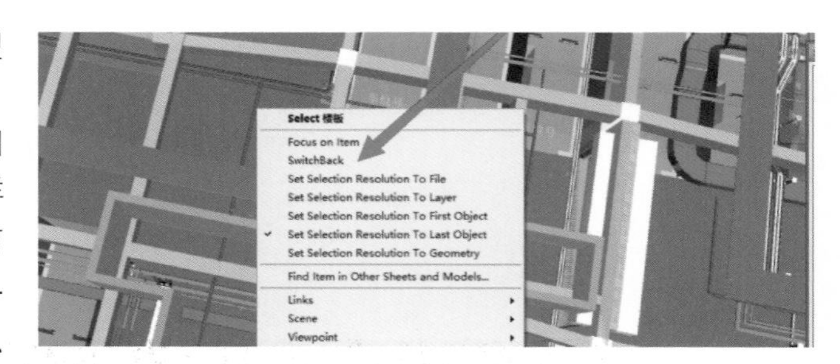

图 3. 2-120　单击 SwitchBack

（3）可以调整新生成的三维视图“Navisworks SwitchBack”的视图显示样式，比如板的透明度调低、不勾选裁剪视图。这样就可以快速获得和 Navisworks 中一样的显示效果（图 3. 2-121、图 3. 2-122）。

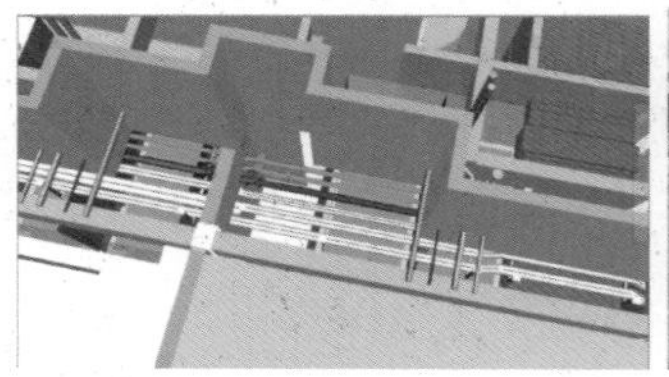

图 3. 2-121　Navisworks 中显示的视图

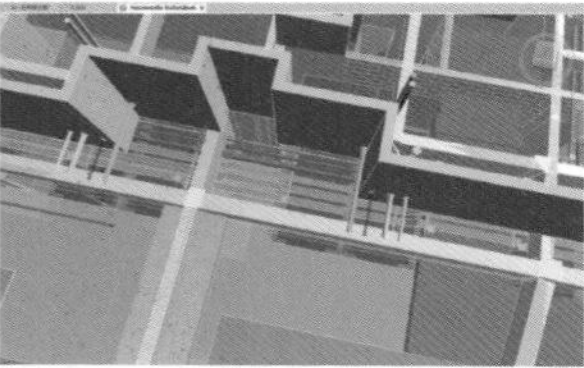

图 3. 2-122　Switchback 以后 Revit 中的视图

（4）在 Navisworks 中选中别的图元，继续右键单击 SwitchBack，Revit 中三维视图“Navisworks SwitchBack”会自动更新。

还可以调整 Revit 中 Navisworks 三维视图的剖面框使其变得很小，小到不包含任何图元。这样 Switchback 速度会很快。由于被选中的图元会被高亮显示，所以可以直接切到平面管线综合视图中，找到被高亮显示的图元。

如果只是为了碰撞检查后调整管道，那么还有第二种方法：

导出只有图元 ID 的碰撞报告（文本格式），Ctrl + C 复制碰撞报告中的图元 ID（图 3. 2-123）。

图 3. 2-123　复制碰撞报告中的图元 ID

在 Revit 中单击“按 ID 号选择图元”，使用 Ctrl + V 复制 ID（图 3. 2-124）。

然后单击“确定”选中图元，这样被选择的图元会被高亮显示，方便找到位置。

还可以使用 Dynamo 继续简化流程，详见后续章节内容。

图 3. 2-124　按 ID 号选择图元

Q59 管综中容易出现的问题

1. 不知如何下手

刚接触管综工作时，看到地下室密密麻麻的管道，往往不知道如何入手。此时可按《管线综合怎样入手》小节所讲，先调整好视图，再选一段管线密集的地方开始调整。

2. 不看图纸

只对着模型调整，不对着图纸检查建模是否准确，特别是不观察设计者的意图，就很容易出问题。

3. 时间安排不合理

管综前期应多花时间关注影响净高和留洞的有关部位。

人都喜欢做简单不费脑筋的事情，容易把前期大量的时间用于处理翻弯或是其他不重要的部位，想着复杂的地方最后再处理，结果错过了前期提问题的机会，等后期问题暴露出来会更加麻烦。

如图 3. 2-125 所示，风管下方本来是个重点部位，但是前期都在排平面管道，没有花时间在风管位置切个剖面，结果最后发现桥架和风管支架间距不够（图 3. 2-126）。此时再提问题会发现已经做了很多无用功了。

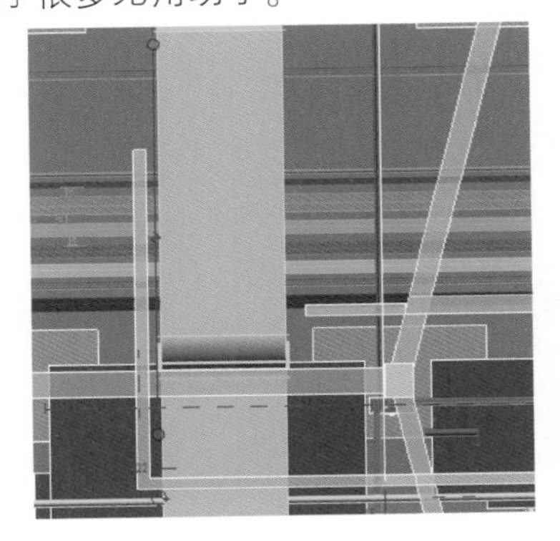

图 3. 2-125　风管下方

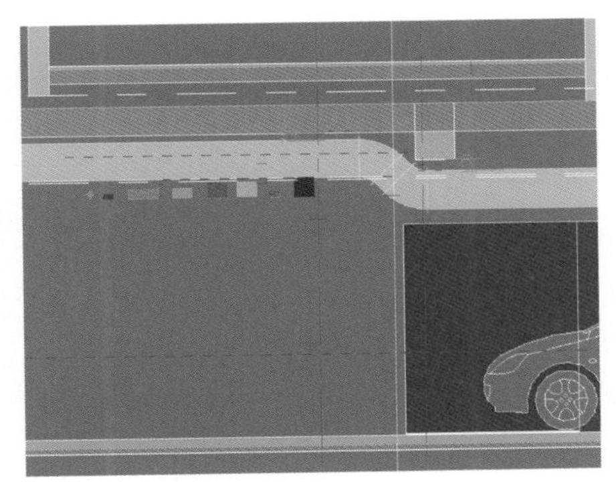

图 3. 2-126　桥架和风管碰撞

管综前期需要重点关注的部位有：影响留洞的部位、影响净高的部位（夹层、夹层下方、风管下方、自行车坡道等降板区域、管线密集处、门卷帘附近、机房）。

另外，初步排布管道时，不仅要排管道的平面布置，还要考虑管道的高度。不能想着高度以后再调整。

4. 不同标准之间存在冲突

管综有保证净高、保证排布美观、减少翻弯、减少车道上管线等多个目标。有时候一种方案能保证美观，但是要增加翻弯，往往不知如何决策。这时候就需要具体问题具体分析，一般来说在满足净高的情况下，美观的重要性大于减少翻弯。

如图 3. 2-127 所示，这种管线布置方式，所有管线靠近车位，车道上管道较少。但是平面上出现了 3 个管道走向，而且成排管道 1 东侧还出现了一个回字形的区域。综合来看，不够美观，需要修改管道走向。

5. 不使用插件和快捷键

排管综一定要使用插件，由此可以大大提高工作效率。

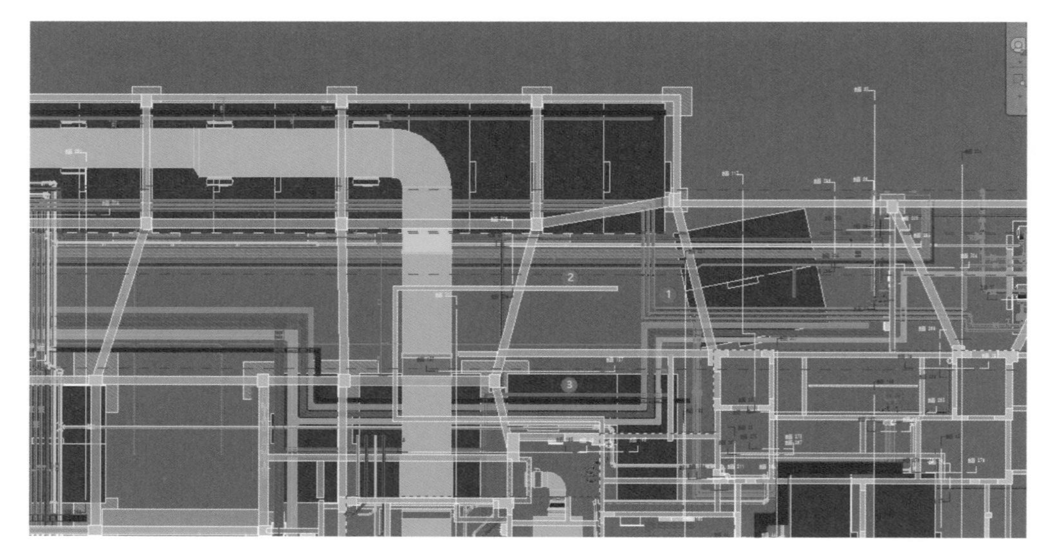

图 3. 2-127　管线布置方案之一

6. 没有整体观念

比如有的管道需要下翻 300mm，管道标高调整后，眼前的问题是解决了，但是其他地方又产生了新问题。

对于设计单位的回复，也必须用整体的观念分析。避免解决了旧问题，又产生了新问题。

7. 其他一些技术上的问题

（1）无故翻弯。管道翻弯、改变走向等，都应该有依据。图 3. 2-128 问题发生的原因可能是挪动了管道，之前为避让这个管道做的翻弯没有及时调整回来。

图 3. 2-128　无故翻弯

（2）管道位置不合理。如图 3. 2-129 所示，照明灯槽被排到了靠墙位置，这样会影响照明。照明桥架应尽量居中布置。

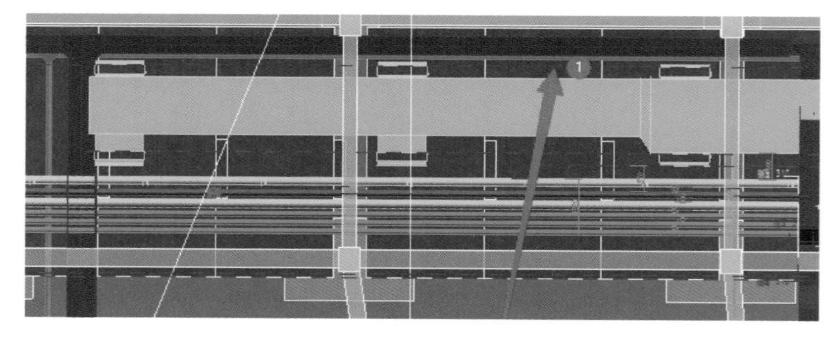

图 3. 2-129　照明灯槽靠墙布置

（3）管道回字布置。如图 3. 2-130 所示，在一片不大的区域内管道布置出现一个“回”字，这会给人非常压抑的感觉，应避免这种布置。

（4）照明线槽布置不合理。如图 3. 2-131 所示，照明线槽排布在管道正下方，违反了电上水下的原则，且照明桥架在这种情况下无法布置吊杆。

如图 3.2-132 所示，照明线槽排布在风管下方从而导致线槽支架安装困难，应尽量水平分开，确实困难处应提前知会业主。

图 3.2-130 管道回字布置

图 3.2-131 照明线槽排布在管道正下方

图 3.2-132 照明线槽排布在风管下方

图 3.2-133 中，车道照明线槽距两侧车道边距离明显不等。除特殊情况外，车道照明线槽距两侧车道边应等距。

（5）管综时未考虑支吊架布置。图 3.2-134 中，下层管线距上层管线净距过小（此处仅 50mm），不足以安装上层管线支架。应根据具体情况，降低照明线槽高度以保证支架横担空间或抬高使之与上层管线同排。

图 3.2-135 中，多根管线排布，当跨距较大时，管间距过小，支架中间支撑无法布置。一般情况下，跨距大于 3m 时，应预留支架中间的支撑空间。

图 3.2-133 道照明线槽距两侧车道边距离不等

图 3.2-134 管综时未考虑支吊架布置

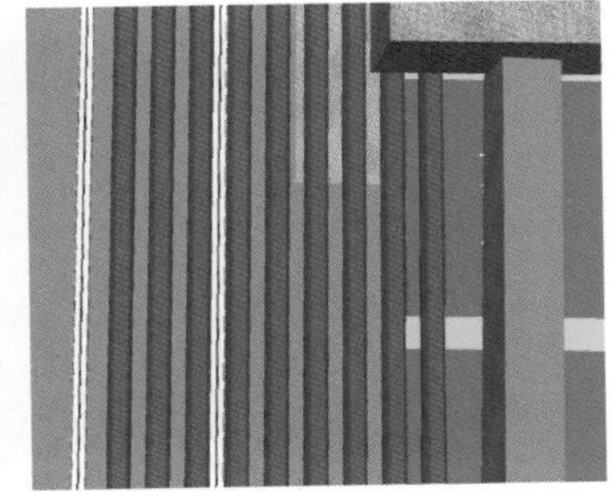
图 3.2-135 管间距过小

图 3.2-136 中，管线排布未充分考虑支架布置，导致支架跨梁，横担过长。在条件允许的情况下，管线排布时应尽量考虑留出支架空间，边缘管线距梁、距墙留出余地（可按至少 200mm 考虑）。

图 3.2-136 管线排布未充分考虑支架布置

图 3.2-137 未考虑风管支架空间

图 3.2-137 中，桥架与风管上下排布，水平位置部分重叠，未充分考虑单根管线支架空间，导致下层风管支架过长。除成排管外，单根管线也应该考虑其支

架安装空间。

（6）风口与管道间距不足。如图3. 2-138所示，风口与管道间距不足。条件允许情况下建议留出500mm距离，空间紧张时应告知业主，部分小管可选择在风口处上翻。

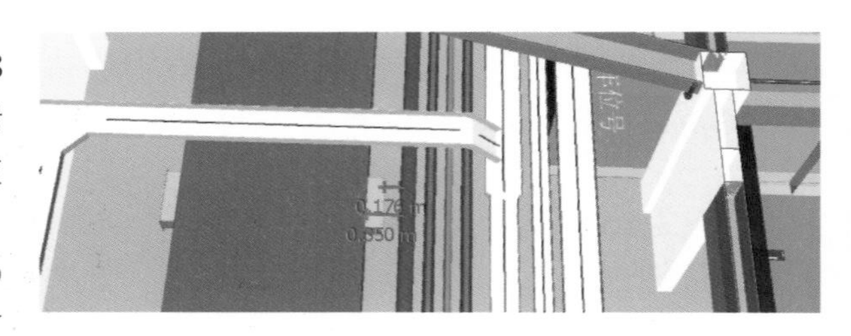

图3. 2-138　风口与管道间距不足

（7）管道无故穿越机房。如图3. 2-139所示，主楼排水管所在的工作集管综时可能被关闭，导致不能发现主楼排水管穿越了配电间。

（8）模型不符合现场实际。如图3. 2-140所示，此类斜插三通实际较难安装。对于Revit操作来说，斜插三通较平开三通简单，但不应滥用，要充分考虑实际安装问题，满足施工要求。

（9）管道和楼板距离不合理。如图3. 2-141所示，桥架长距离贴板安装，导致电缆穿线困难（常见于无梁楼盖）。除特殊情况外，桥架距板底间距不应小于100mm，尽量避免长距离距板过小。

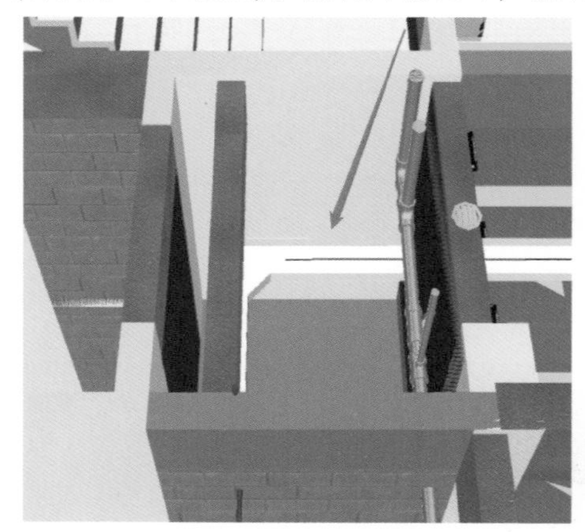

图3. 2-139　管道无故穿越机房

图3. 2-140　软件中的三通

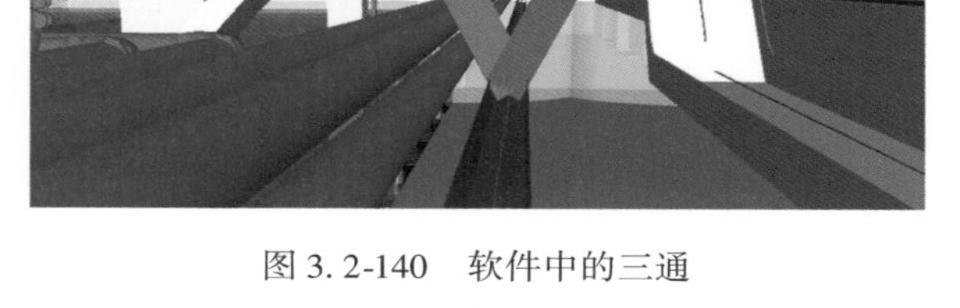

图3. 2-141　桥架长距离贴板安装

（10）未考虑喷淋支管。许多项目对于直径DN50及以下的喷淋支管不要求建模，很容易出现管综时不考虑喷淋支管的问题。

图3. 2-142中，右侧喷淋管的支管会和消火栓管碰撞。

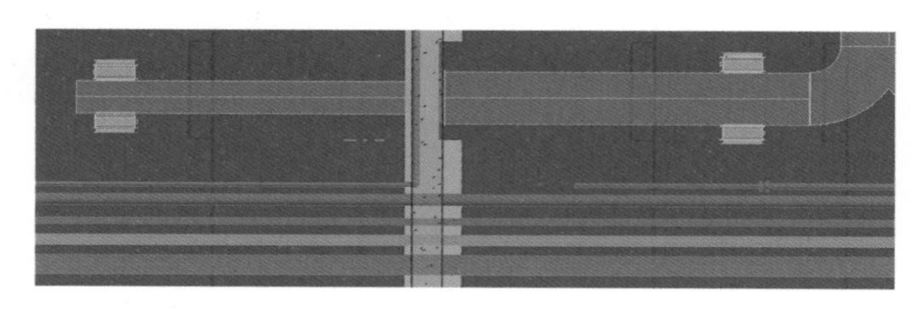

图3. 2-142　喷淋管断开处1

图3. 2-143中，管综排布时、支架布置未考虑未建模的喷淋支管空间。遇喷淋支管断开的情况，需核查下喷淋图中有无支管延续。

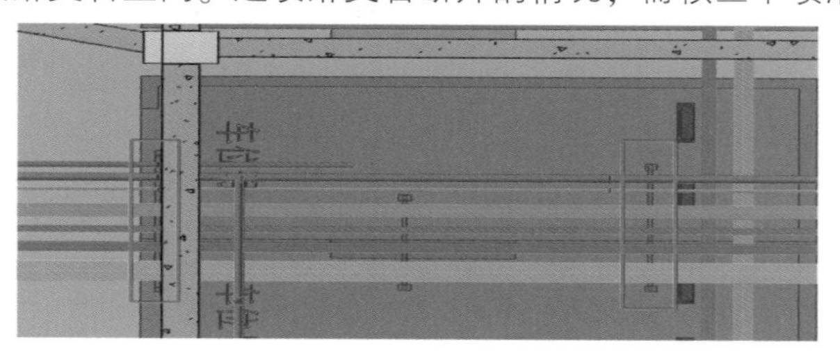

图3. 2-143　喷淋管断开处2

（11）管道和结构碰撞。图 3. 2-144 中，管线与结构发生碰撞，排布时应勤切剖面，排布后做机电与结构的碰撞检查。尤其是对斜板、柱帽斜托、个别加高的结构梁等特殊部位。

（12）后期安装的管道尽量布置在外侧。如图 3. 2-145 所示，生活给水管道位于喷淋管道之间。而生活给水管道后期由自来水公司施工，考虑施工便捷性建议靠最外侧安装。

图 3. 2-144　管道和结构碰撞

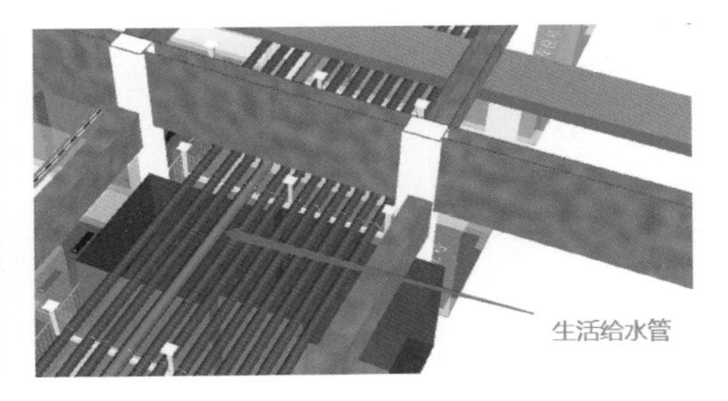

图 3. 2-145　生活给水管道位于喷淋管道之间

（13）碰撞类问题。如图 3. 2-146 所示，照明桥架未考虑卷帘箱，造成照明桥架与其他构件碰撞。

图 3. 2-147 中，给水管与楼梯发生碰撞。

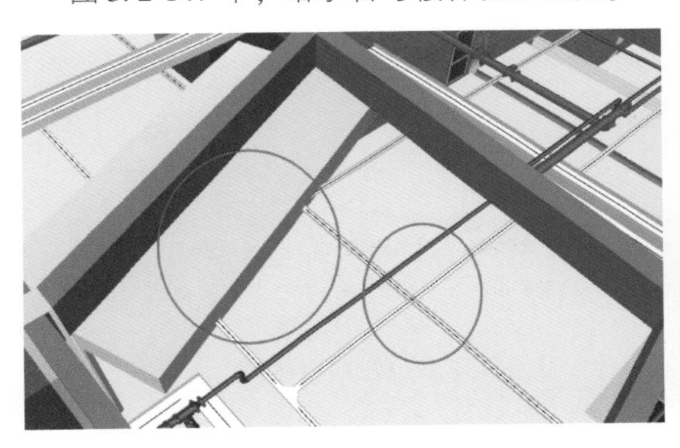

图 3. 2-146　照明桥架和其他构件碰撞

图 3. 2-147　给水管与楼梯碰撞

（14）计算净高时未考虑支吊架的空间。考虑车位净高时要考虑支吊架横担的尺寸。有空间的情况下，管线应上抬。

（15）支吊架和结构碰撞。图 3. 2-148 中管线贴近结构进行下翻时，管线距离结构太近，没有考虑支架安装的空间，应将管线移开使其离结构保持适当距离。

（16）翻弯时构件之间的距离没有留够。有空间的情况下，管线尽可能上抬，若结构条件不足，应尽量使翻弯处距离风管在 350mm 以上。

（17）双排管线上下之间间距不合理。当管线遇到双层支架时，建议上下两排管线间距保持在 150～200mm。以 10#槽钢为例，上下管线间距 150mm，支架布置完后，支架底与水管顶还有 50mm 的空间。

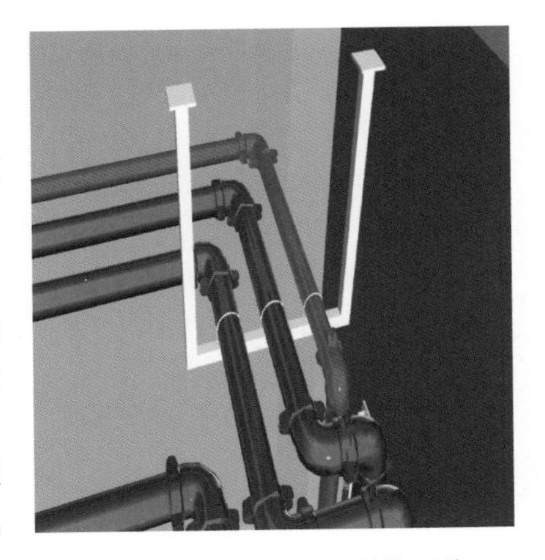

图 3. 2-148　支吊架和结构碰撞

第4章 Dynamo技术要点

第1节 Dynamo应用案例

Q60 怎样为桥架批量填写“设备类型”参数

使用建模大师的“管线标注”功能标注桥架时，标注内容中不能体现出桥架的类别（图4.1-1）。

由于插件能标注“设备类型”（图4.1-2），我们可以把桥架的类别填写到“设备类型”参数中。

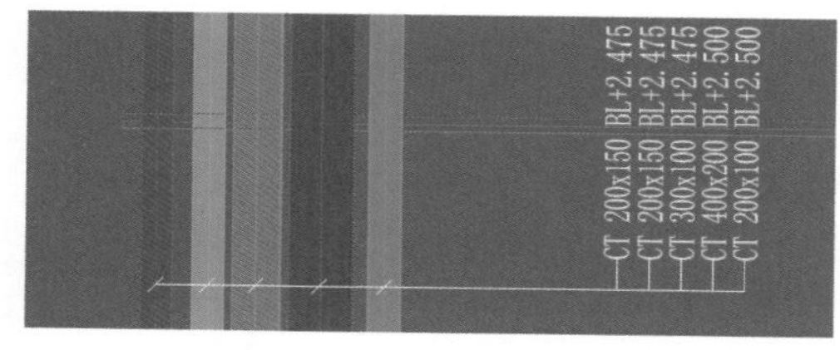

图4.1-1　默认标注效果

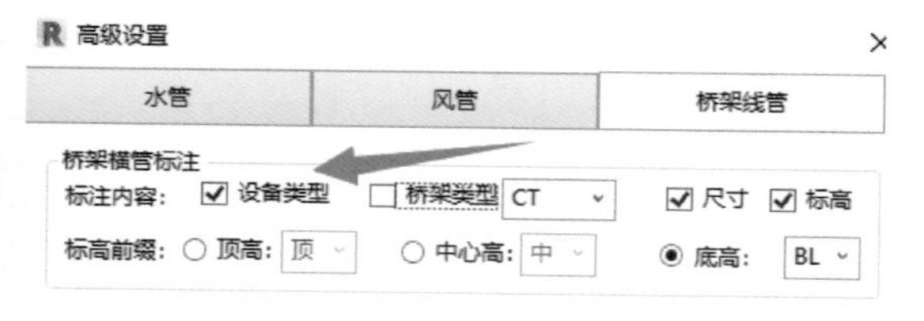

图4.1-2　管线标注设置

传统方法步骤为：

（1）新建一个视图。

（2）设置视图可见性，只显示电缆桥架图元。

（3）为视图应用视图样板，加载桥架过滤器。

（4）调整过滤器，一次只显示一种桥架。

（5）选中所有图元，过滤出桥架。

（6）修改选中的桥架的“设备类型”参数。

（7）重复修改其他类别的桥架。

而使用Dynamo的简化操作为：

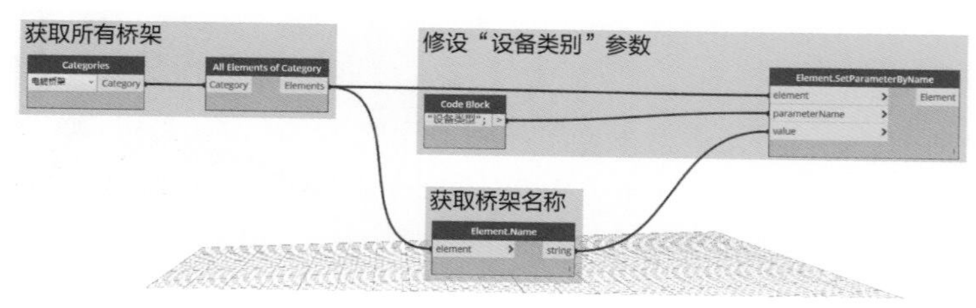

图4.1-3　Dynamo节点

运行程序，所有的桥架“设备类型”参数就被填写好了（图 4. 1-4）。

用插件标注效果参见图 4. 1-5。

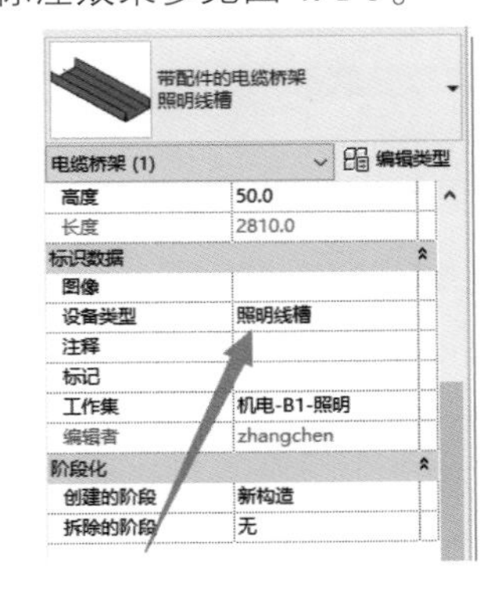

图 4. 1-4　桥架“设备类型”参数

图 4. 1-5　插件标注效果

本程序只用了 5 个节点，编写加运行的时间不到 2 分钟，而传统手工操作要花不小于半小时的时间，由此可见掌握 Dynamo 是非常有用的。

从本例中，也可以看到运用 Dynamo 的思路：

1）首先过滤符合条件的图元。在本例中，就是获取项目中所有的电缆桥架。

2）然后获取图元的信息。在本例中，就是获取过滤出来的桥架的名字。

3）最后一步就是加工和利用信息。在本例中，我们将桥架名字提取出来，填写到桥架的“设备类型”参数中。

大家在工作中遇到需要重复操作的步骤，都可以按这种思路，编写 Dynamo 程序来简化操作。

Q61 怎样自动标注管道的参照标高

出留洞图时，图纸说明会有“所示标高均相对于＊＊”的备注。

对于有多个建筑完成面的项目，建模时管道偏移要换算成相对于一个基准标高的高度，施工单位拿到图纸还要再换算回相对各区域完成面的偏移量，双方都非常不方便。

出现这种问题的原因，是因为标注族可用字段里面没有管道“参照标高”，导致无法自动标注管道的基准面。

为了解决这个问题，一种思路是运行 Dynamo，将参照标高的内容复制到系统族标识数据中的“注释”栏里面（图 4. 1-6）。

首先用 Categories 节点获取管道所在的类别（图 4. 1-7）。选中 Dynamo 中的图元，就能在属性对话栏看到该图元所在类别（图 4. 1-8）。

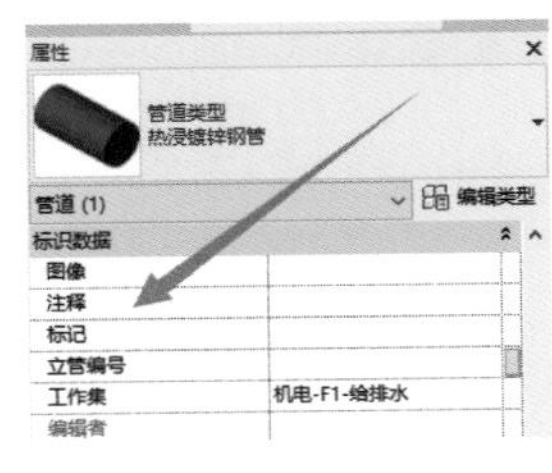

图 4. 1-6　管道参数

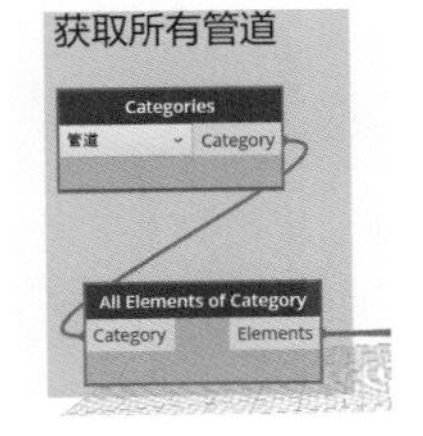

图 4. 1-7　获取所有管道

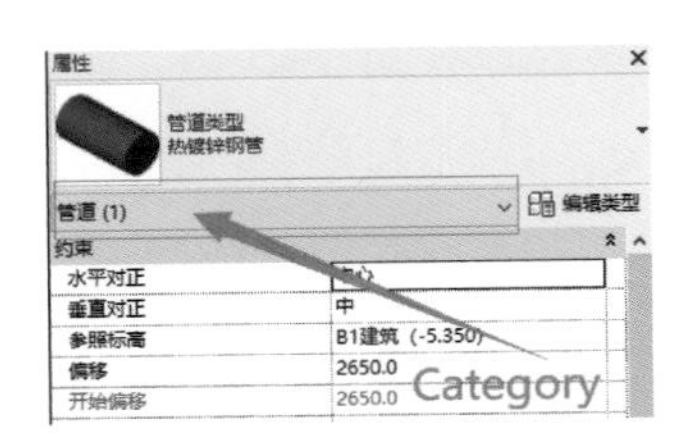

图 4. 1-8　查询构件类别

接着提取管道的信息（图4.1-9）。

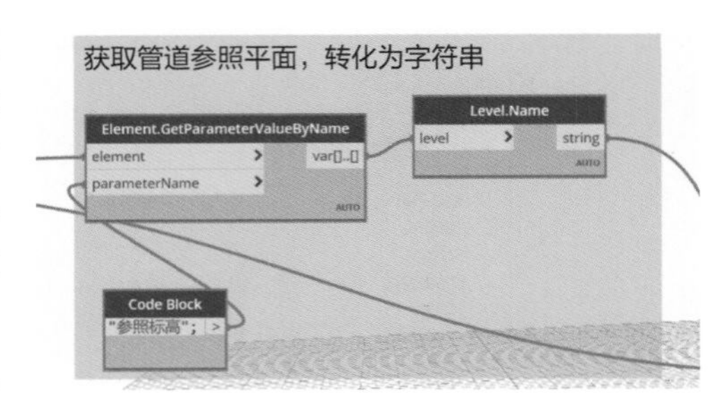

图4.1-9　提取管道的信息

使用 Element. GetParameterValueByName 节点可以获取图元的参数。参数的名字在属性栏中。例如，我们在 Revit 中选择一段管道，“水平对正”“垂直对正”“参照标高”等都是参数名字，也就是节点的“ParameterName”。而右边的具体值就是参数值，也就是节点输出的 Value（图4.1-10）。

节点的值有整数、数值、字符串、对象等类型。本例中，Element. GetParameterValueByName 返回了管道的标高，这个标高是 Revit 图元，是 Element，所以可以用 Element. name 或是 Level. Name 方法获取对应的字符串形式的名字。

Element. SetParameterByName 节点用于填写图元的参数。本例中，我们把管道所在标高写入“注释”这一参数中（图4.1-11）。

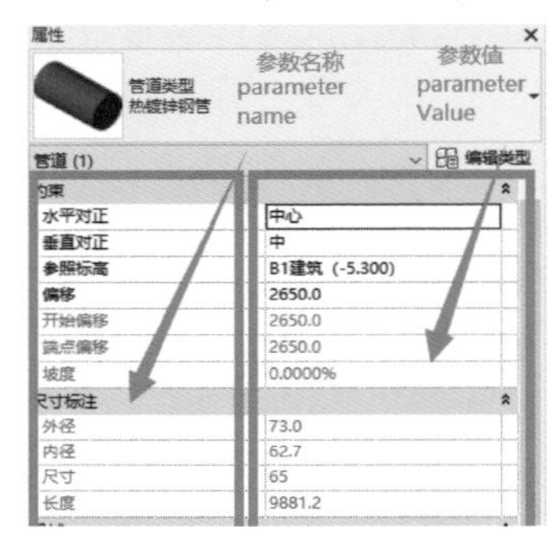

图4.1-10　参数名称和值

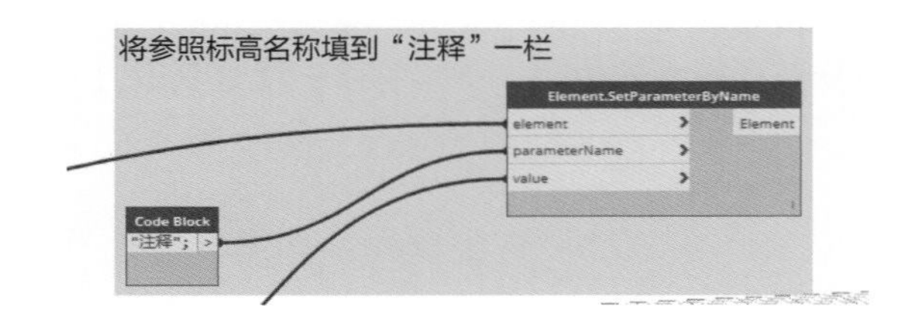

图4.1-11　填写注释

运行 Dynamo 之后，“注释”参数中就有了标高值（图4.1-12）。

接着新建一个带参数“注释”的管道标记族，前缀加上“参照标高”（图4.1-13）。

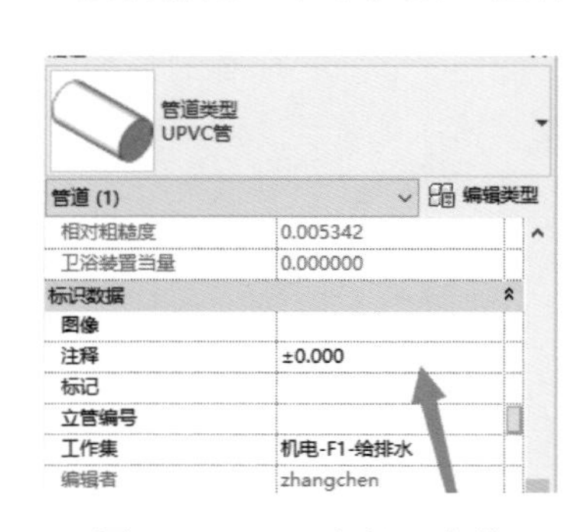

图4.1-12　“注释”参数

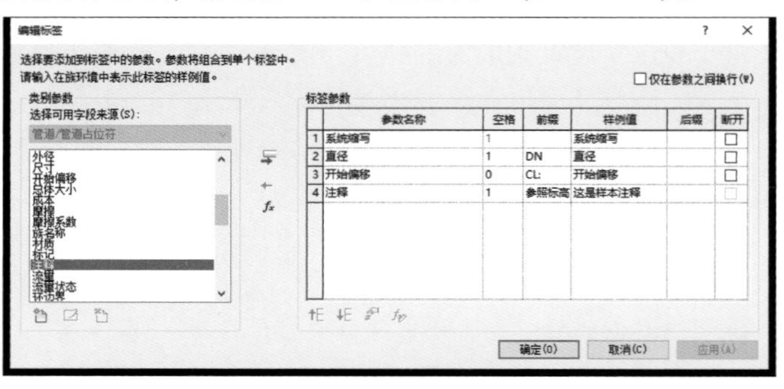

图4.1-13　新建管道标记族

将新建的标记族保存并载入项目，标注的时候就能自动附上管道的参照标高了。这样地下室不同分区可以按照各自的完成面建模，施工单位就不用自己重新换算一遍了。

通过本例，大家能掌握在 Dynamo 中获取和设置参数的方法。我们工作中碰到的很多重复性的工作，其实都是在修改图元的属性。

筛选出需要修改的图元，获取参数，加工后修改参数，这就是应用 Dynamo 的主要思路。

Q62 怎样遍历显示某类构件

我们经常会碰到需要检查某类构件所有实例的情况，比如检查所有的压排是否影响车位等问题。传统方法是在 CAD 快速看图中开一张图纸，对比图纸压排位置，然后在模型中一个个找。这样做效率低，且容易出现遗漏。此时就可以利用 Dynamo 遍历显示某类构件，其原理在于，单击图元 ID，能在视图中定位图元。

以遍历项目中所有压排为例，操作过程如下：

压排的族类别 Category 为机械设备，首先筛选出所有的机械设备（图 4. 1-14）。

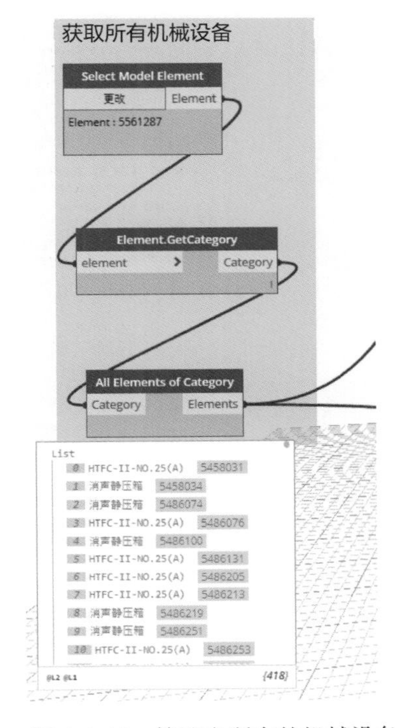

图 4. 1-14　筛选出所有的机械设备

这些被筛选出来的机械设备，属于族实例，也就是 FamilyInstance。

因为本项目中潜污泵族中的族类别名字都不带“潜污泵”这三个字，所以本例中利用族名字来筛选出潜污泵（图 4. 1-15）。当然也可以将族类别重命名，然后用 Familytype 的名字来筛选。

在图 4. 1-16 项目浏览器中，“潜污泵”是 Family，也就是族（图 4. 1-17）。“50mm-10CMH-11m”属于族类别。族和族类别都是属于一种抽象的定义，在项目中并不存在实体。当我们布置潜污泵的时候，模型中生成了族类别的实例，这个实例就是 FamilyInstance。

可以把族理解为人，族类别理解为男人，族实例理解为张三同学。“人”和“男人”都是抽象的概念，世界上并不存在它们本身，只存在它们的实例，一个个具体的人。

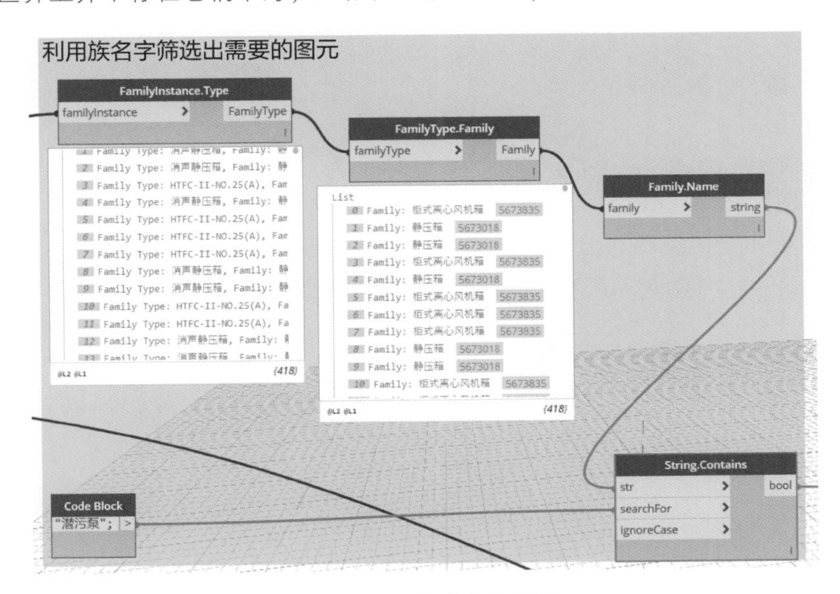

图 4. 1-15　筛选出潜污泵

筛选出所有潜污泵后，只要单击潜污泵的ID，就能在视图中定位到对应的潜污泵。

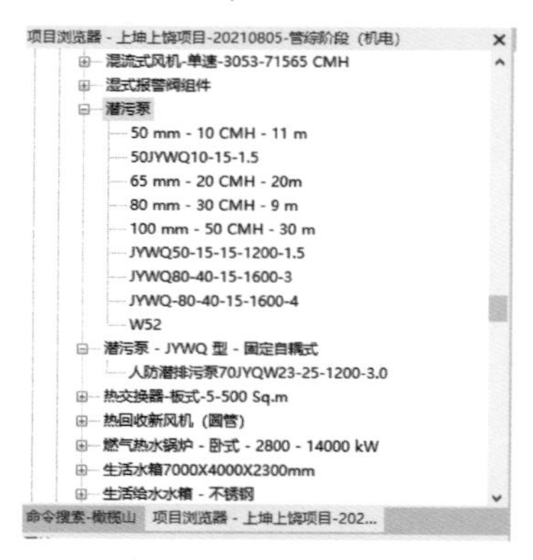

图 4. 1-16　族和族类别

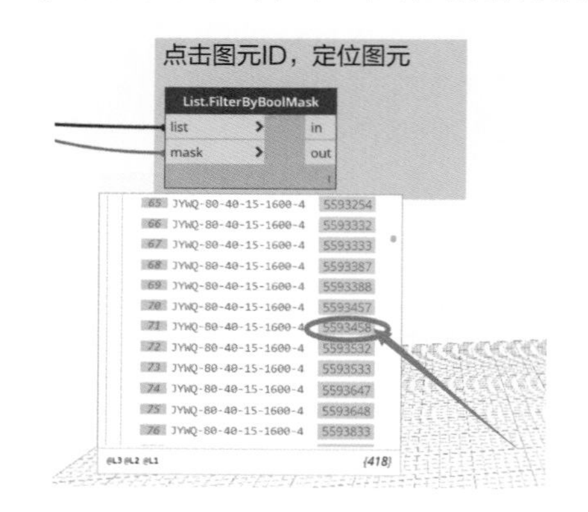

图 4. 1-17　定位到对应的潜污泵

很多需要遍历检查的某类构件，都可以按照本例的步骤，先筛选出需要的图元，接着单击图元ID定位视图。

Q63 怎样遍历导入的CAD图纸上的图块和文字

在CAD快速看图中，我们可以使用文字查找和“图形识别”命令，遍历图纸上指定的文字或图块。为了避免检查模型遗漏，很多时候都是左边屏幕开Revit模型，右边屏幕开CAD快速看图，利用CAD快速看图定位，然后在Revit中找到对应的位置修改。操作完成后在CAD快速看图中做个记号，接着找下一个点。整个过程十分烦琐。这种情况下可以使用Dynamo，达到直接在Revit中定位和遍历文字、图块的效果。

1. 遍历文字

首先使用Select Model Element节点获取导入的图纸。接着使用BimorphNodes节点包中的CADTextData. FromLayers节点，获取指定图层上的文字。这里的图层名字也可以不填，此时该节点会返回图纸上所有的文字（图4. 1-18）。

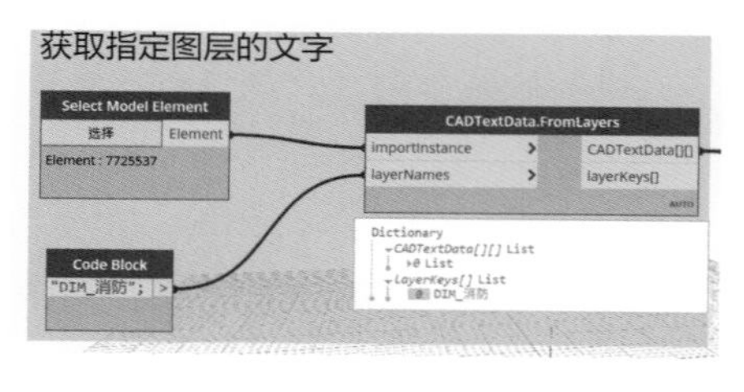

图 4. 1-18　返回图纸上所有的文字

接着通过CADTextData. TextValue节点，将文字的内容转化为字符串。利用String. Contains节点，判断字符串是否包含需要的文字。最后用List. FilterByBoolMask节点，筛选出符合要求的CADTextData（图4. 1-19）。

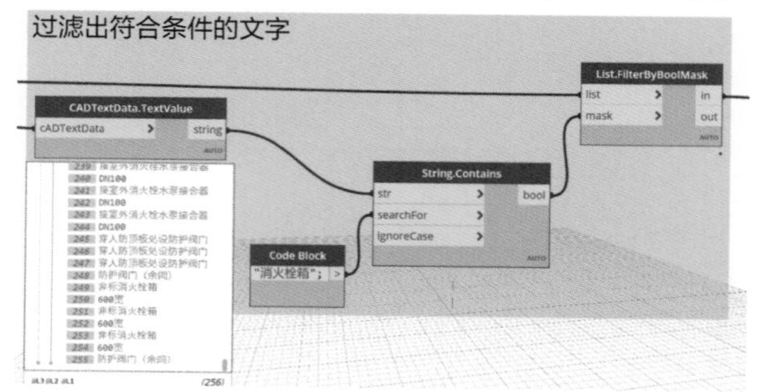

图 4. 1-19　筛选出符合要求的CADTextData

接着用 CADTextData. OriginPoint 获取文字所在位置。为了达到遍历文字的效果，需要在文字所在位置布置一个不用的族。本例布置了一个嵌套灯（图 4. 1-20），后期可以批量删除。

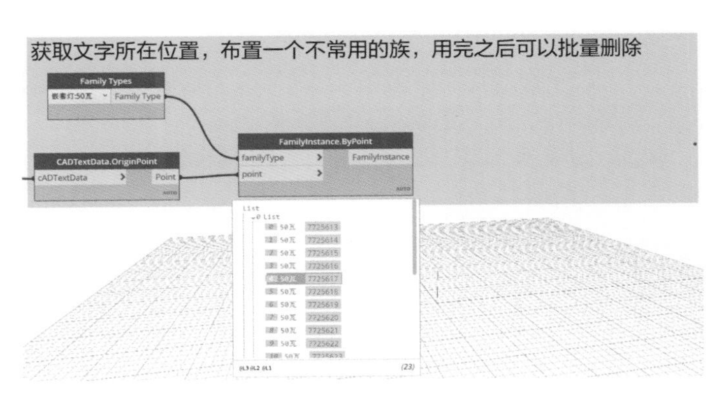

图 4. 1-20　布置族

这样单击族的 ID，就能跳转到对应位置。

2. 遍历图块

遍历图块需要使用 GeniusLoci 节点包下的 CAD Block 节点。

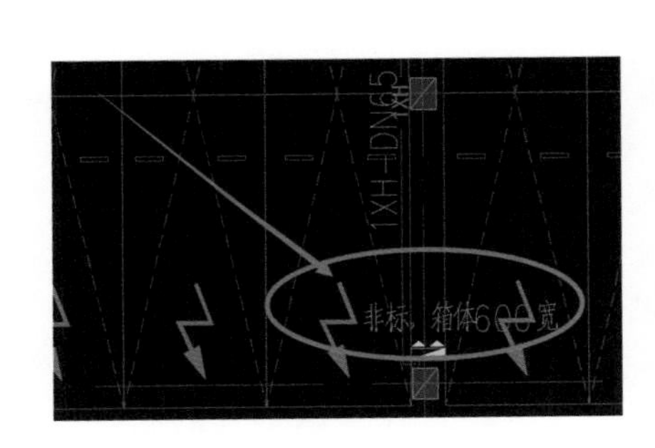

图 4. 1-21　定位效果

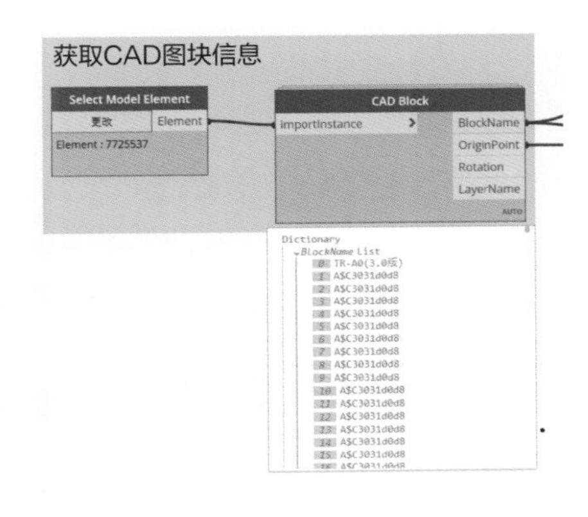

图 4. 1-22　CAD Block 节点

利用图块名称是否相同生成一个布尔列表，用来过滤出需要的位置点，参见图 4. 1-23。

接着布置一个定位族，单击族的 ID，就能跳到对应的视图（图 4. 1-24）。用完后，族可以批量删除。

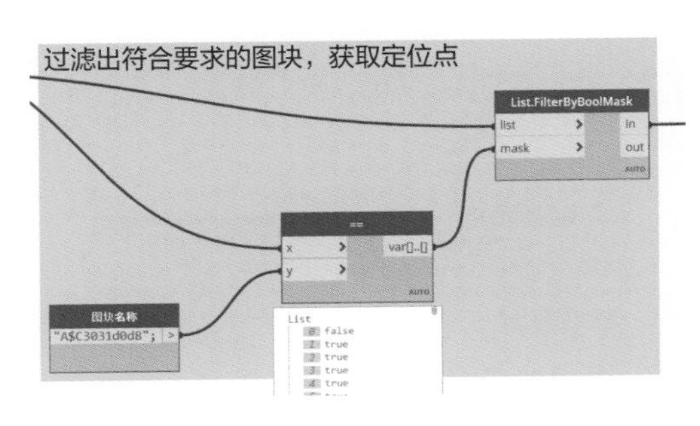

图 4. 1-23　获取需要的定位点

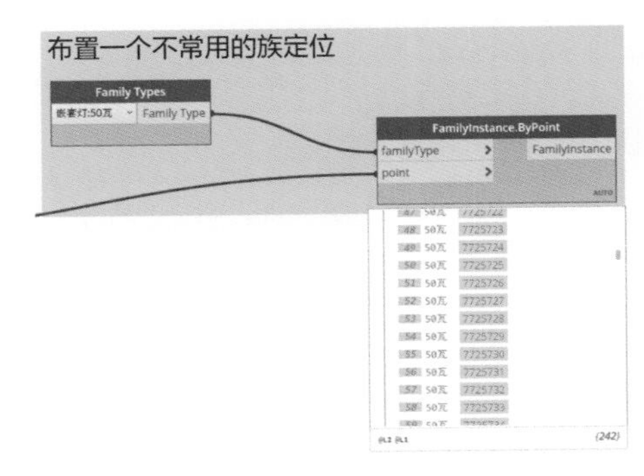

图 4. 1-24　布置定位族

Q64 怎样批量布置构件或模型组

1. 根据图块布置构件

可参考上小节中遍历图块的做法，最后在图块的定位点直接布置需要的族就行。也可以使用橄榄山软件的“CAD 图块生构件”功能。

2. 根据图块布置模型组

橄榄山插件可以按照 CAD 图块布置构件，但是暂时不能批量布置模型组。而在机电工程建模中，经常需要将一些构件组合成组进行复制。可以使用 Steam-Nodes 下的 Tool. PlaceGroupAtPoint 节点布置模型组，参见图 4. 1-25。

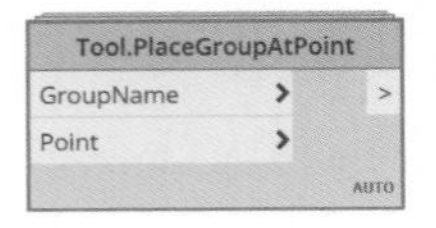

图 4. 1-25　Tool. PlaceGroupAtPoint 节点

3. 为被打散的图块布置构件

〔**例一**〕布置消火栓箱

部分给水排水图纸中，消火栓不是图块，此时不能使用橄榄山插件的“CAD 图块生构件”功能布置消火栓，可以使用 Dynamo 布置，主要步骤如下：

用 CAD. CurvesFromCADLayers 节点获取指定图层上的线，参见图 4. 1-26。

每个图块的线段数量是一定的，按照线段数量，对线进行分组。本例中，消火栓箱有 4 条边线和 1 条对角线，一共 5 条线段，所以用 List. Chop 节点，每 5 个线段分成一组（图 4. 1-27）。

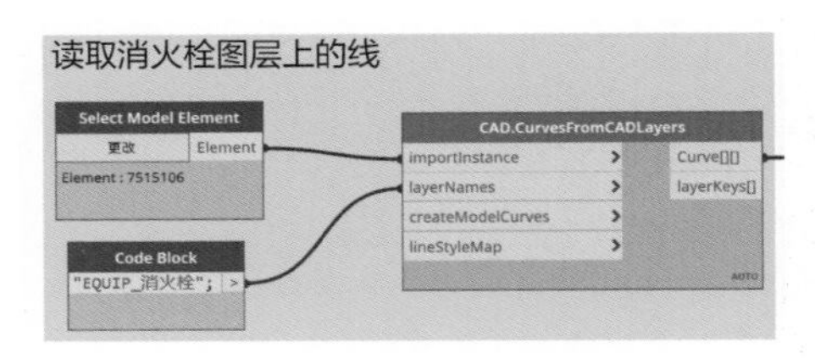

图 4. 1-26　获取指定图层上的线

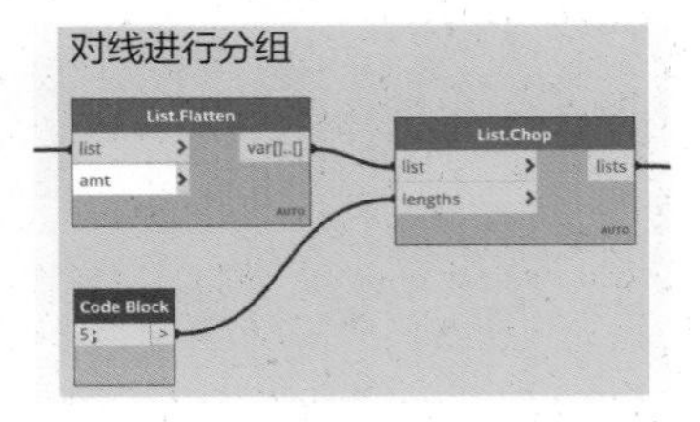

图 4. 1-27　对线进行分组

获取每组中第一根线的中点，List. FirstItem 节点返回列表的第一个元素。Curve. Point 节点返回曲线上的点。这里比例取 0. 5，就是返回中点（图 4. 1-28）。

获取中点后，就可以用 FamilyInstance. ByPoint 节点布置消火栓了。

〔**例二**〕布置地漏

使用 Dynamo 布置地漏的主要步骤如下：

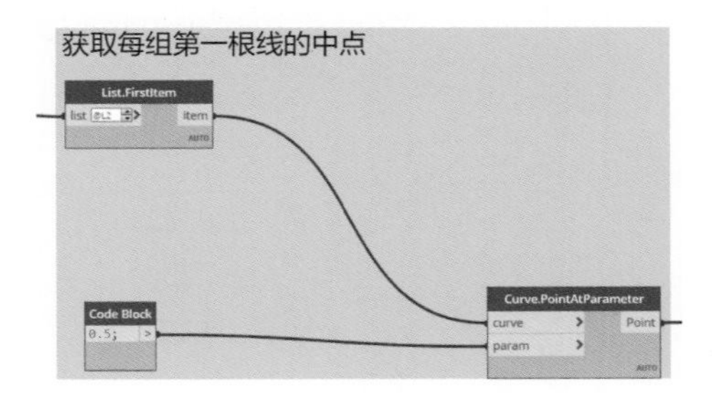

图 4. 1-28　获取每组中第一根线的中点

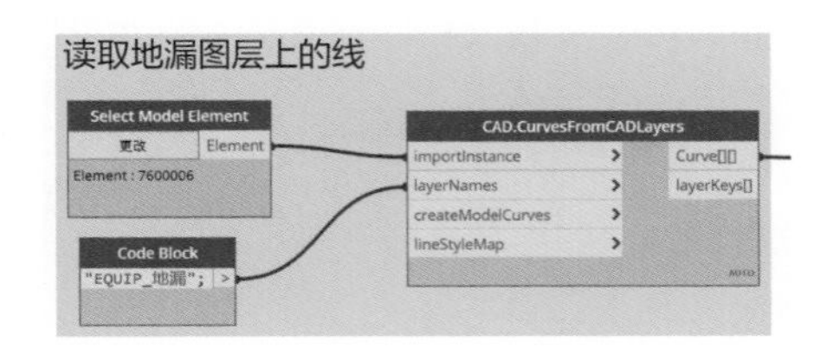

图 4. 1-29　读取指定图层上的线

地漏所在的图层可能有直线（图 4. 1-29），所以先把得到的曲线列表拍平，使用 List. Map 节点，获取曲线的名字。利用圆的名字为 Circle，由 C 开头的条件，过滤掉圆弧 Arc 和直线 Line。最后用 Circle. CenterPoint 节点获取圆心，用 List. UniqueItems 过滤重复项，这样就获得了所有地漏的定位点（图 4. 1-30）。

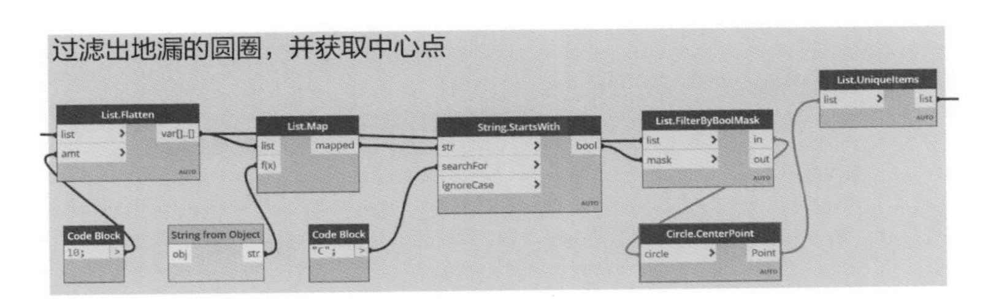

图 4. 1-30　获取地漏圆心

最后使用 FamilyInstance. Bypoint 节点布置地漏，并设置偏移。

Q65 怎样批量建立水管和风管系统

项目中风管和水管系统数量很多时，建立系统、修改系统简称等操作的工作量比较大，且容易出现遗漏。可以使用 Dynamo + Excel 快速建立各个系统。

首先新建 Excel 文件，录入系统信息见图 4. 1-31。

	A	B	C	D	E
1	revit类型	系统类型	缩写	类型注释	
2	家用冷水	01-市政直供水管	SJ	市政直供水管	
3	家用冷水	02-低区加压供水管	DJ	低区加压供水管	
4	家用冷水	03-中区加压供水管	ZJ	中区加压供水管	
5	家用冷水	04-高区加压供水管	GJ	高区加压供水管	
6	家用热水	05-热水供水管	R	热水供水管	
7	家用热水	06-热水回水管	RH	热水回水管	
8	湿式消防系统	07-低区消火栓给水管	X	低区消火栓给水管	
9	湿式消防系统	08-高区消火栓给水管	GX	高区消火栓给水管	
10	湿式消防系统	09-喷淋主管	ZP	喷淋主管	
11	湿式消防系统	10-喷淋支管	ZP	喷淋支管	
12	卫生设备	11-污水管	W	污水管	
13	卫生设备	12-废水管	F	废水管	
14	卫生设备	13-通气管	T	通气管	

图 4. 1-31　录入系统信息

接着利用 Data. ImportExcel 节点读取数据，然后转置列表，方便操作数据，见图 4. 1-32。

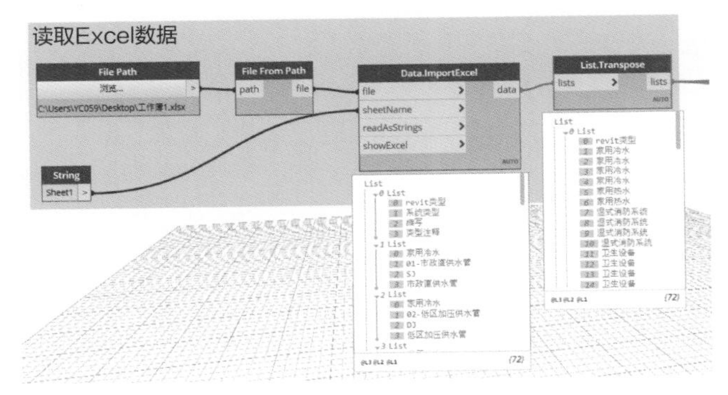

图 4. 1-32　读取数据

以系统分类数据为例，先获取系统分类所在的列表，展开列表后，删除第一项，就获得了系统分类数据。

采用同样方法获取系统类型、缩写、注释类型等数据。

接着匹配和复制系统。项目中已经有系统的，先找到和表格中的系统分类参数一样的系统，接着复制该系统（图 4. 1-34）。

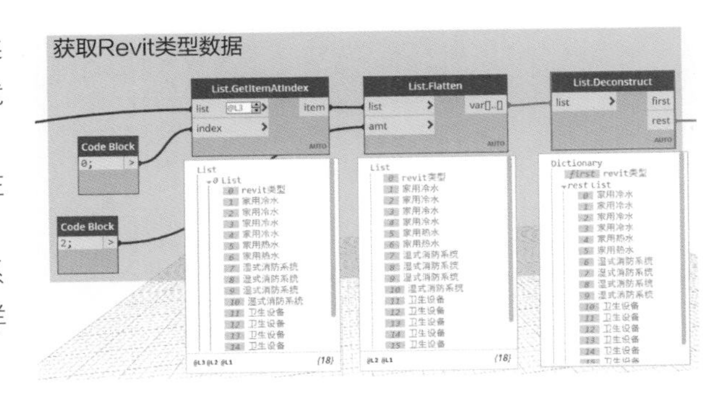

图 4. 1-33　获得系统分类数据

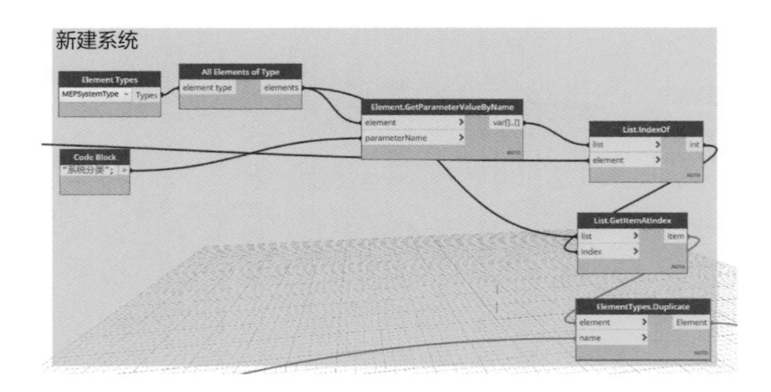

图 4. 1-34　复制系统

继续使用 Element. SetParameterByName 节点，设置缩写和注释类型参数（图 4. 1-35）。

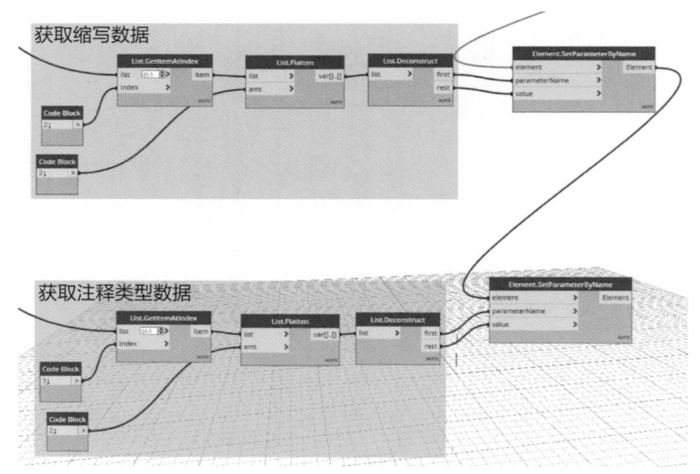

图 4. 1-35　设置缩写和注释类型参数

Q66 怎样批量建立风管的剖面视图

为了绘制净高分析图，需要对每段风管建立剖面。由于风管数量众多，且有时候新建的剖面需要调整视图深度，因此这一步骤往往比较耗费时间和精力，可以使用 Dynamo 批量建立剖面。

（1）筛选出需要绘制剖面的风管，排除比较短的风管，参见图 4. 1-36。

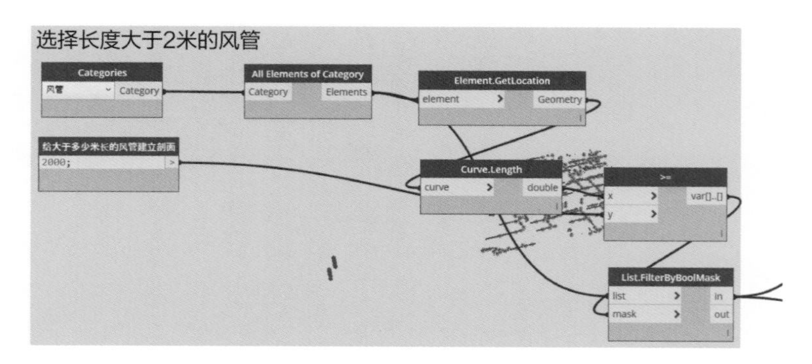

图 4. 1-36　排除比较短的风管

（2）第二步，获取这些风管的定位线，在定位线中心新建局部坐标系，并旋转这个坐标系，参见图4.1-37。这里旋转坐标的原因，是因为局部坐标系 *Z* 轴方向要和剖面方向一致，详见图4.1-43。

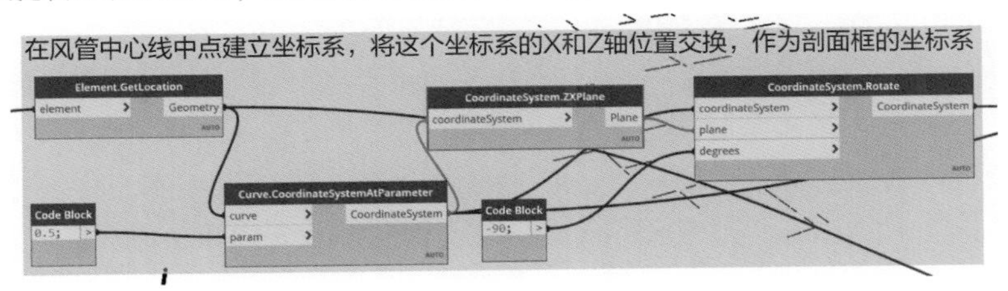

图4.1-37　新建局部坐标系

CoordinateSystemAtParameter 节点返回曲线上指定点处的局部坐标系。对于曲线，*X* 轴方向和该点曲线法线方向对齐，*Y* 轴方向和曲线该点切线方向对齐（指向曲线终点），*Z* 轴方向由 *X* 和 *Y* 轴根据右手法则叉积确定。对于直线，*X* 轴方向与直线法线相同，*Z* 轴和项目坐标系 *Z* 轴的方向一致，*Y* 轴由 *Z* 轴和 *X* 轴根据右手法则叉积确定（图4.1-38）。

CoordinateSystem. rotate 节点用于旋转坐标轴。顺时针为负，逆时针为正。

在本例中旋转前后的效果如图4.1-39和图4.1-40所示。

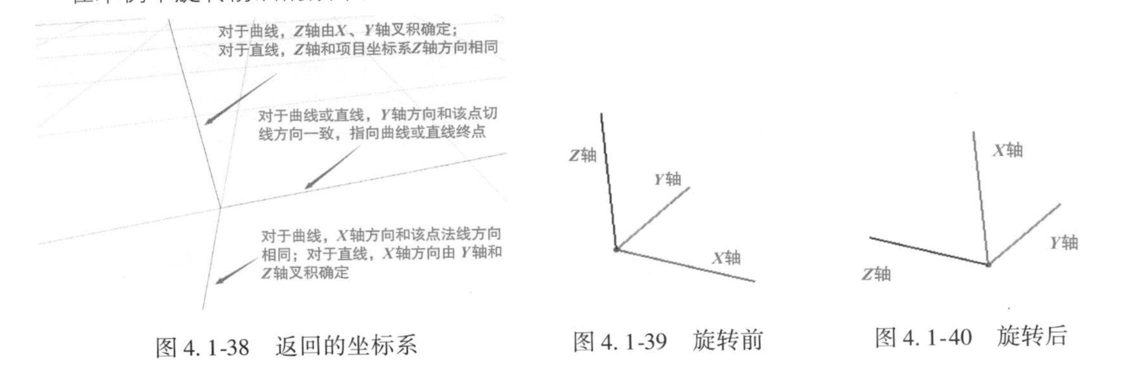

图4.1-38　返回的坐标系　　图4.1-39　旋转前　　图4.1-40　旋转后

（3）第三步设置剖面的范围（图4.1-41）。

（4）第四步，利用 SectionView. ByCoordinateSystemMinPointMaxPoint 节点绘制剖面，并设置视图样板（图4.1-42）。

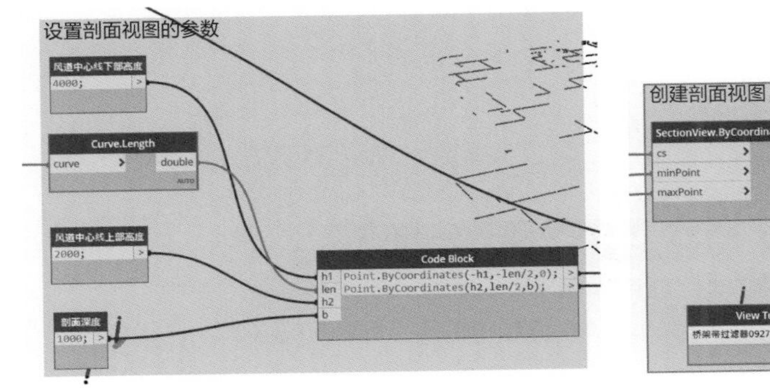

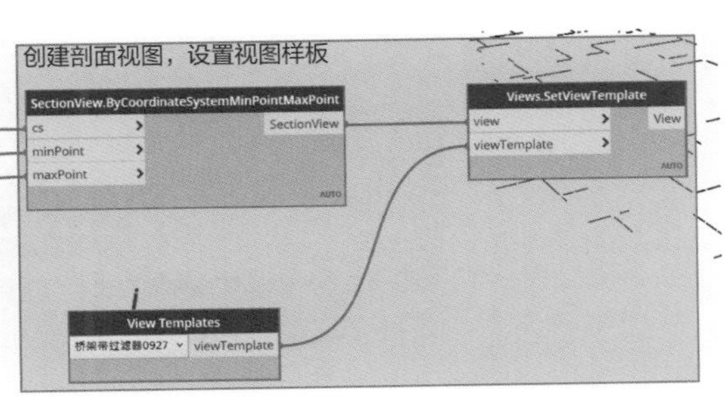

图4.1-41　置剖面的范围　　图4.1-42　新建剖面

这个节点需要两个点和一个局部的坐标系。两个点（MaxPoint 和 MinPoint）是剖面3D范围框的两个角点。这两个点的坐标值，设置公式的时候要按照相对新建的局部坐标系 cs 的原点考虑，而不是项目原点。

本例中，PointByCoordinates（h2，len/2，b）生成的点，相对的原点是（0，0，0）。传入 sectionView. ByCoordinateSystemMinPointMaxPoint 节点形成的 MaxPoint 坐标点数值上也是（h2，len/2，b），但是 MaxPoint 的原点已经是局部坐标系的原点了，在本例中，就是相对风管的中心。

新建的局部坐标系 Z 轴的方向就是剖面视图深度的方向（图 4. 1-43）。

MaxPoint 的坐标点，在局部坐标系中，x、y、z 的值都应该大于 MinPoint，如图 4. 1-44 所示，局部坐标系的中点在风管中心，则 MaxPoint 应该在画面的最上方顶点，MinPoint 在画面最下方顶点，从而保证 MaxPoint 和 MinPoint 能形成一个范围框。

图 4. 1-43　局部坐标系 Z 轴方向

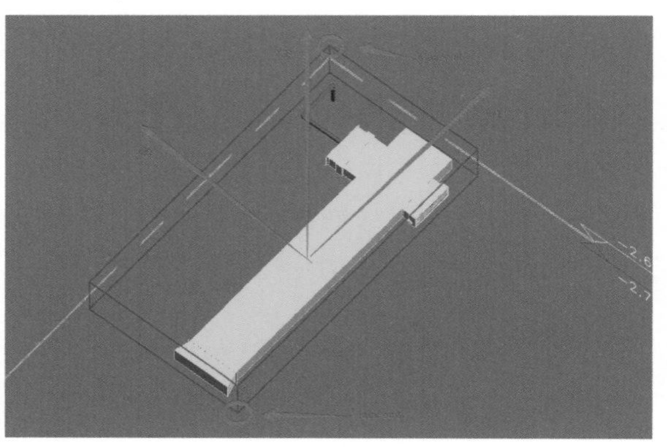

图 4. 1-44　MaxPoint 和 MinPoint

这样就批量生成了风管的剖面。

Q67 怎样在 Revit 中遍历碰撞点

碰撞检测通常在 Navisworks 中进行，然后在 Revit 中找出对应的位置再修改模型，很多时间花在了找来回对应位置上，这时可以使用 Dynamo 来节约时间。

程序运行效果：在 Dynamo 工作空间中单击有碰撞的图元的 ID（图 4. 1-45），就能跳到对应的平面视图里。

平面图中发生碰撞的构件被染成黑色，且沿着图元中心新建了剖面，参见图 4. 1-46。

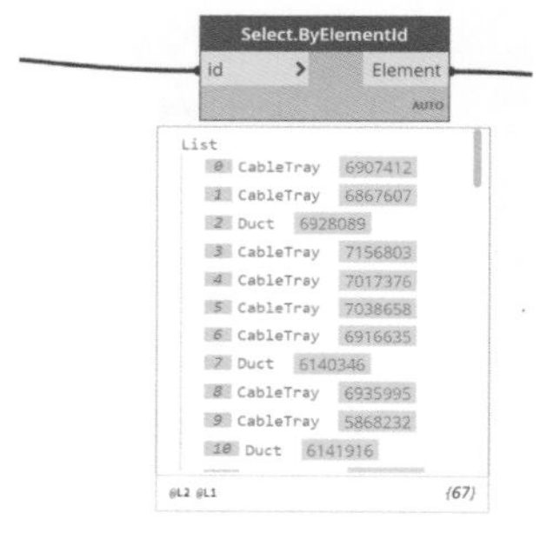

图 4. 1-45　碰撞点 ID

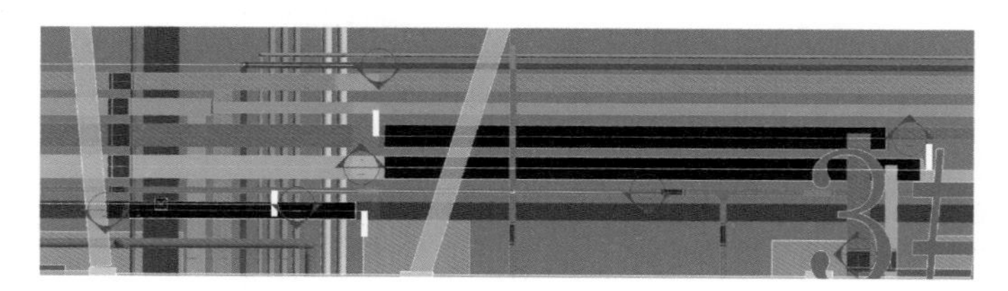

图 4. 1-46　新建的剖面

具体步骤为：先在 navisworks 中运行碰撞检测，导出只带碰撞图元 ID 的 txt 格式的报告，将 txt 文本文件中的数据导入到 Excel 中。

Dynamo 节点具体为：在图 4. 1-47 中，因为图元 ID 应该被作为整数类型的数据拾取，所以

“ReadasString”一项要填为 False。

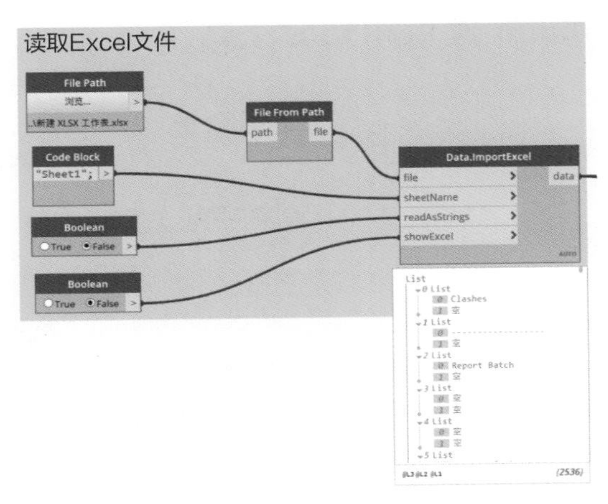

图 4. 1-47 读取 Excel 文件

观察 Excel 文件，前面 16 行都是没用的数据，后面开始每个碰撞点的数据占据 13 行，所以我们利用这些规律提取数据。在图 4. 1-48 中，从第 16 行开始，每隔 13 个数据提取一行数据。

接着把列表拍平，取偶数项，这样就获取了图元 ID，如图 4. 1-49 所示。

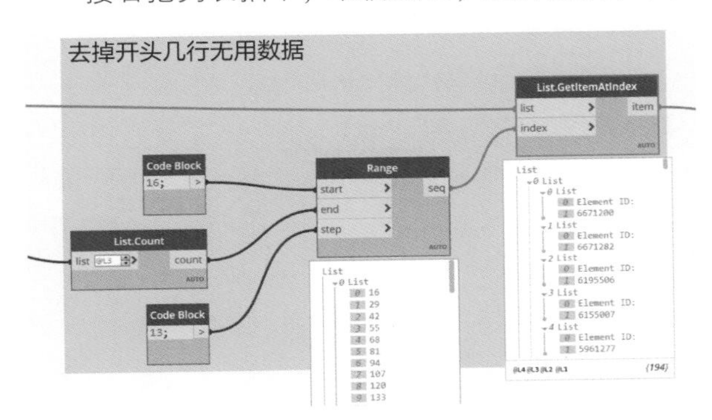

图 4. 1-48 提取数据

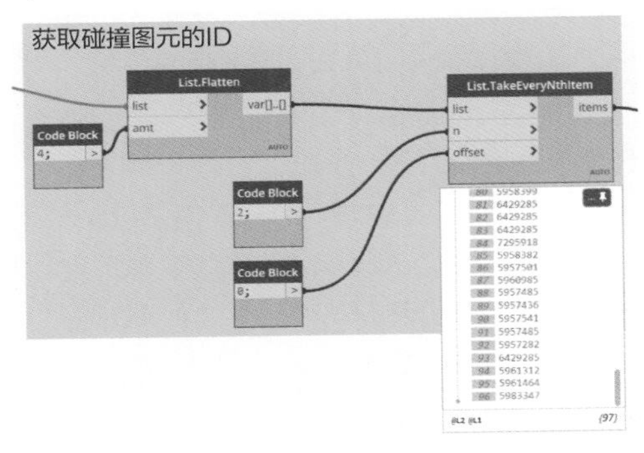

图 4. 1-49 获取图元 ID

也可以在 Excel 中直接用筛选命令，过滤出碰撞图元 ID，然后在 Dynamo 中读取。

有了碰撞图元的 ID 后，使用 Archilab 的 Select. ByElement 节点，将整数类型的 ID 号转化为元素的列表，接着用 OverwriteColorInView 节点将碰撞的构件染色，达到单击图元 ID 就能快速定位模型中的构件的效果。

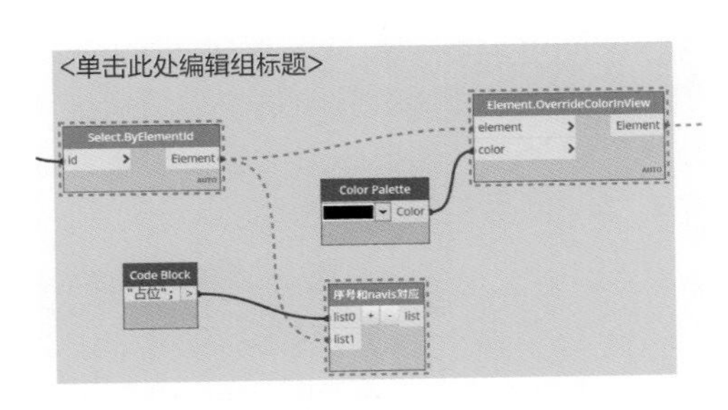

图 4. 1-50 对应位置序号

因为 Dynamo 的列表索引是从 0 开始的，所以我们可以用 list. Join 节点加一个占位符号，让元素的索引从 1 开始。这样就和 Navisworks 中碰撞点的位置序号一一对应了（图 4. 1-50）。

已知图元后，还可以获取图元中心线，在中心线上建立剖面，具体可参考《批量建立风管剖面视图》小节的内容。

Q68 怎样使用 Dynamo 检查和划分工作集

1. 检查工作集

管综完成后，需要将管综工作集中的图元重新划分到各个对应的工作集中。可以使用 Dynamo 辅助检查。下面以消火栓工作集为例，进行说明。

首先检查消火栓系统有关图元是否都在消火栓工作集内。

新建三维视图，隔离出消火栓系统，然后获取所有图元的工作集进行检查。

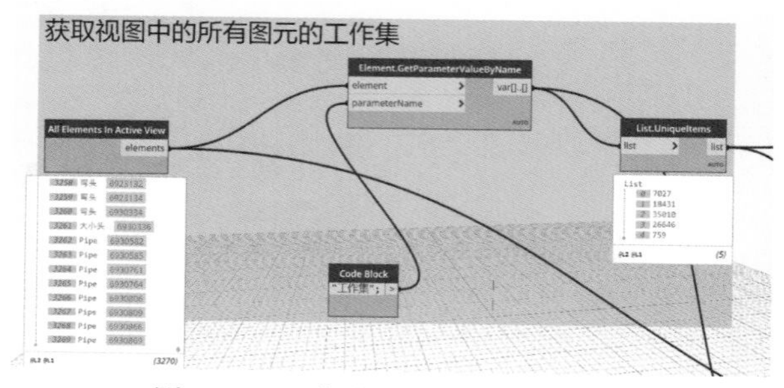

图 4. 1-51　获取所有图元的工作集

图 4. 1-51 中，消火栓系统的图元分布在 5 个工作集中，我们可以查询这些工作集的名字。

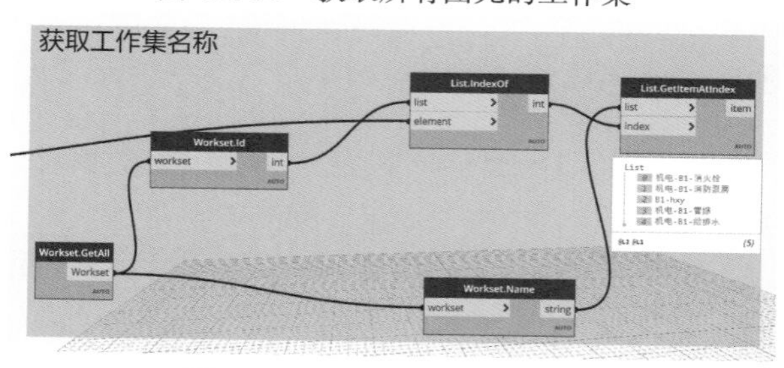

图 4. 1-52　查询工作集名称

图 4. 1-52 中，消火栓系统除了“机电-B1-消火栓”，还在管综和给水排水工作集中。我们需要把管综和给水排水工作集中的元素调整回“机电-B1-消火栓”。首先使用 list. FilterByBoolmask 节点，将图元按工作集分类，如图 4. 1-53 所示。

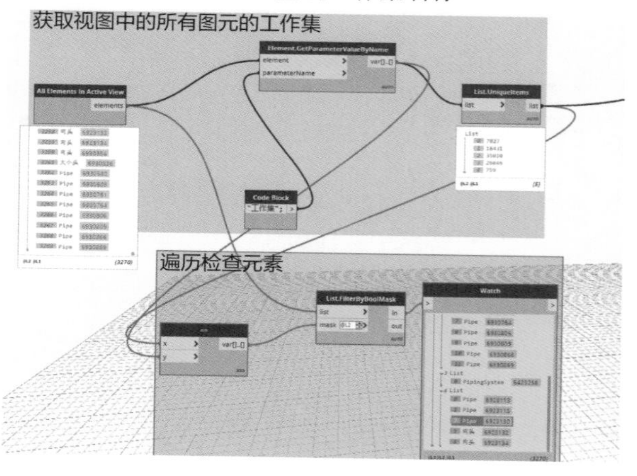

图 4. 1-53　图元按工作集分类

单击图 4. 1-53 中的元素图元 ID，定位到对应构件后，即可手动切换工作集。

接着还需要检查消火栓工作集中是否有其他图元。可控制视图只显示消火栓工作集，再观察模型即可。

2. 划分工作集

由于各种原因，模型中的图元工作集会变得不准确，影响出图，可使用 Dynamo 整理工作集。以留洞套管为例，项目中套管工作集比较混乱，需要分成楼板的套管和墙柱的套管。具体步骤如下：

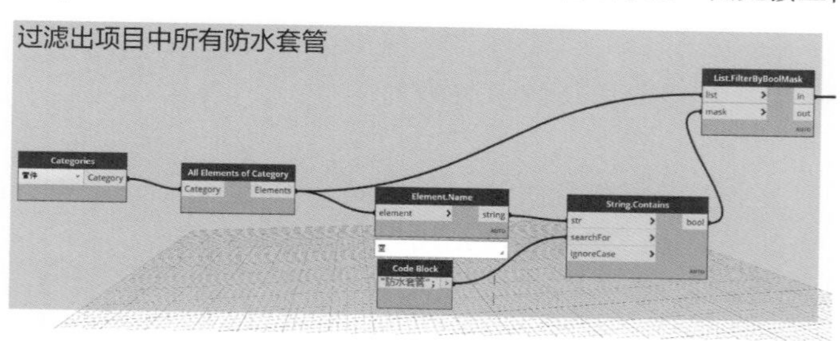

图 4. 1-54　过滤出防水套管

利用楼板的套管（竖向布置）的向量和 Z 轴平行的特点，对套管进行分类（图4.1-55）。

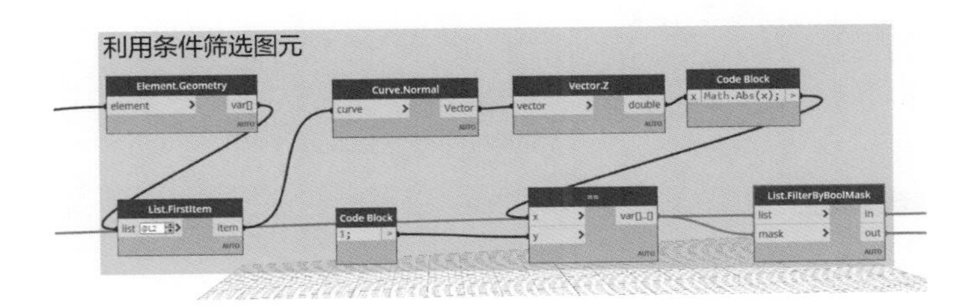

图4.1-55 对套管进行分类

分类完成后，使用 Element. SetParameterByName 节点设置构件的工作集（图4.1-56）。

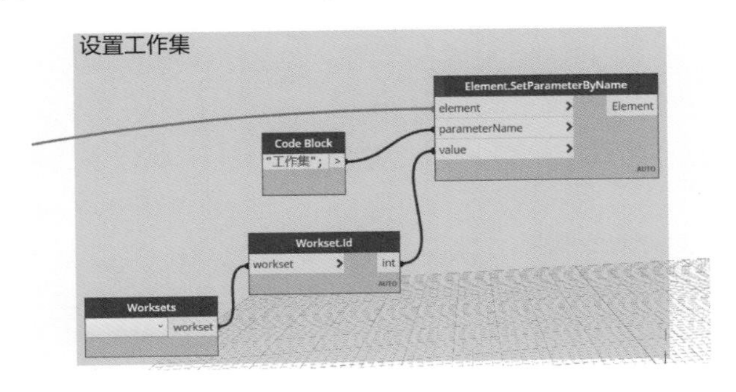

图4.1-56 设置构件的工作集

Q69 怎样自动布置功能房间并调整房间高度

检查水管是否穿配电间、风井、弱电机房等问题，传统方法是在每一个功能房间建立剖面观察。当功能房间数量很多时，非常麻烦，且容易出现遗漏。另外一种解决思路是在功能房间上布置房间，利用 Navisworks 碰撞检测功能快速定位有问题的房间。

但是橄榄山软件批量布置房间时，房间的编号和名称不能自动和 CAD 图纸的标注对应，名称都是“房间”。而且插件只能批量布置所有房间，不能只布置功能房间。

此时可以使用 Dynamo 自动布置带名字的房间。

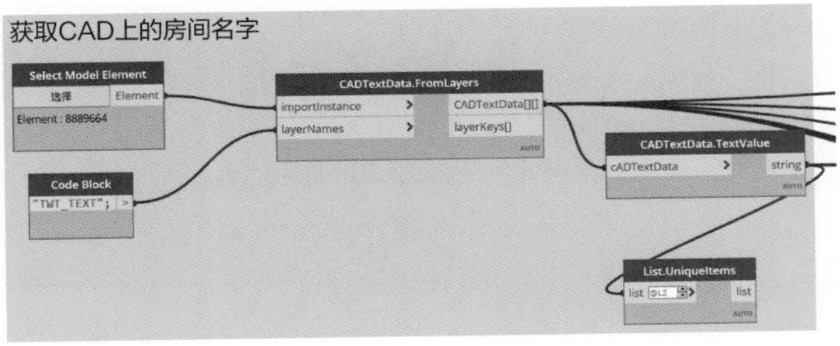

1. 自动布置功能房间

图4.1-57 输入端

在输入端（图4.1-57），选择 CAD 底图，填写房间名字所在的图层。

根据需要，提取符合要求的房间文字（图4.1-58）。

将所有需要的房间合成列表，拍平后获取文字的位置点和值（图4.1-59）。

接着使用 Room. ByLocation 节点布置房间（图4.1-60）。此时也可以在 Number 位置添加房间编号。

运行程序后，就会自动布置房间，且房间带名称和编号（图4.1-61）。

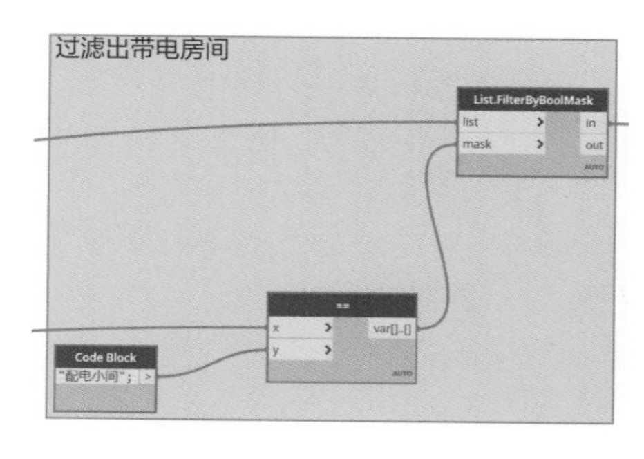

图 4.1-58　提取符合要求的房间文字

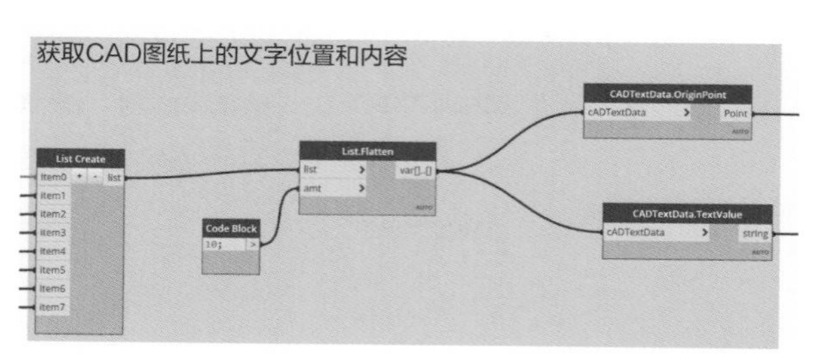

图 4.1-59　获取文字的位置点和值

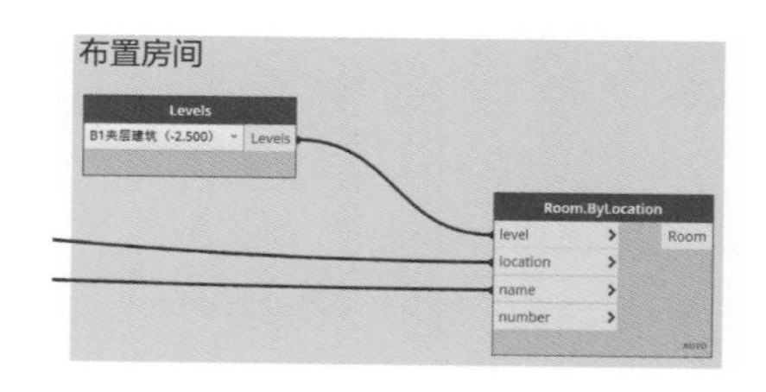

图 4.1-60　布置房间

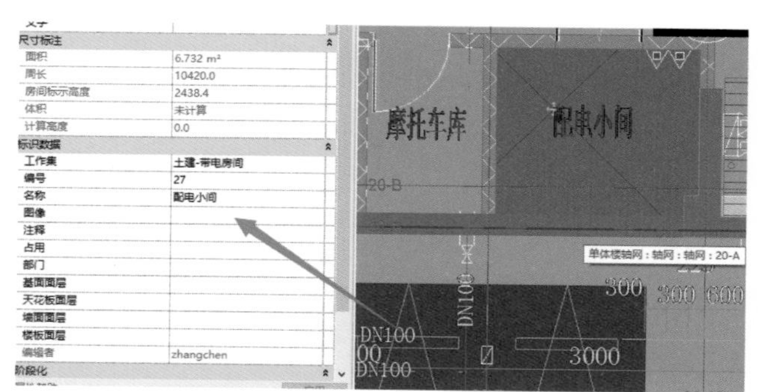

图 4.1-61　自动布置的房间

使用本程序，需要注意项目测量点和基点要在同一位置。如果不在同一位置，会发生 CAD 文字位置偏移的情况，因此需要把测量点挪到基准点上。

2. 自动调整房间高度

Revit 中布置房间时，房间的高度往往是不准确的（图 4.1-62）。

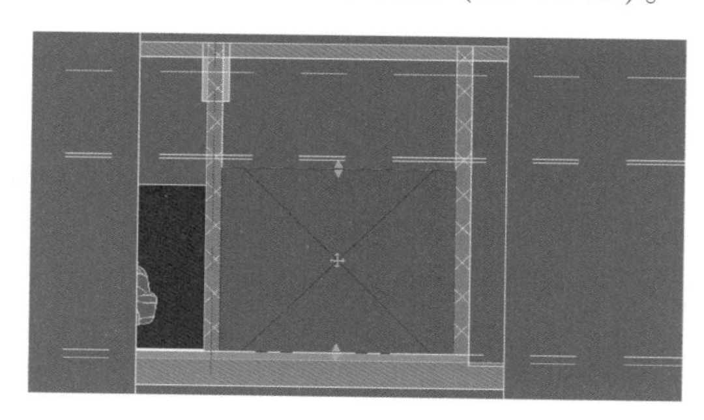

图 4.1-62　房间的高度

可以使用 Dynamo 批量调整房间高度，主要步骤如下参见图 4.1-63 ~ 图 4.1-67。

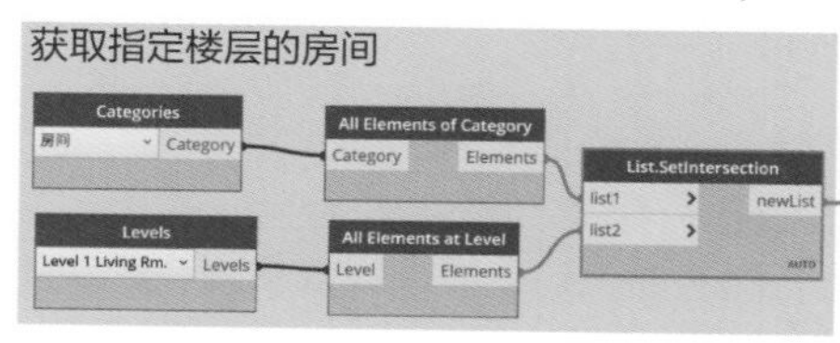

图 4.1-63　获取指定楼层的房间

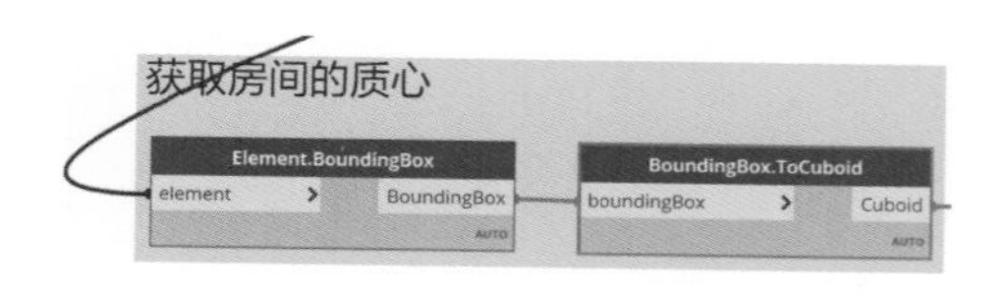

图 4.1-64　获取房间质心

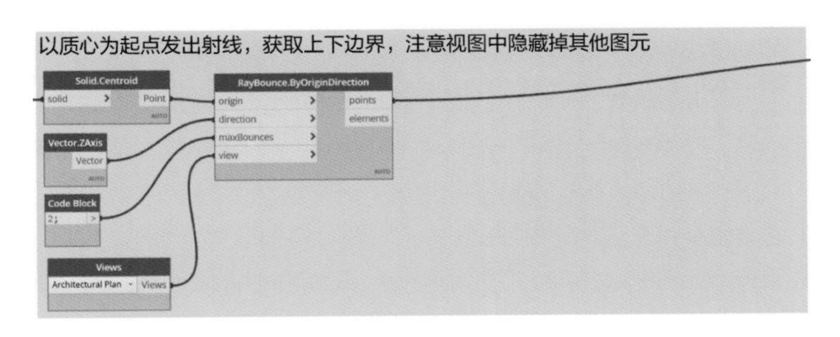

图 4. 1-65　获取房间边界

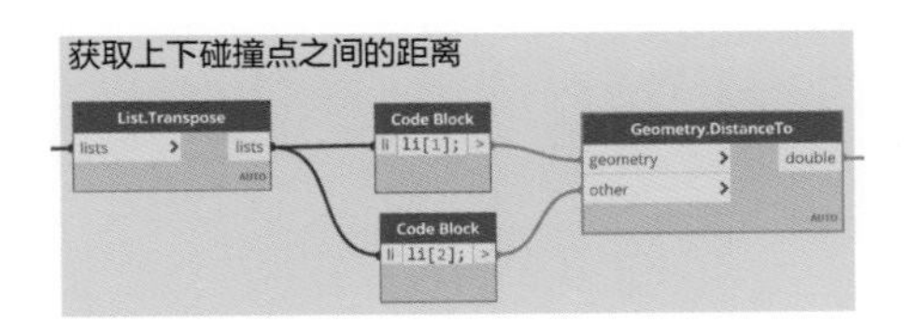

图 4. 1-66　获取房间高度

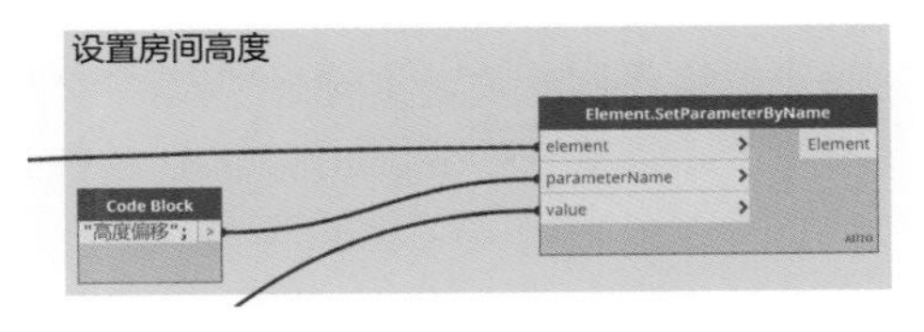

图 4. 1-67　设置房间高度

布置好房间后，在 Navisworks 中新建碰撞检查，左侧为管道，右侧为房间，就能快速定位有水管穿过的功能房间。

Q70 怎样自动寻找喷淋支管留洞位置

DN65 以下的喷淋支管一般不要求建模，但是需要留洞的地方必须表示出来。传统方法是对照 CAD 图纸找出需要留洞的喷淋支管，但这样容易发生遗漏。可以使用 Dynamo 简化工作，以喷淋支管和结构墙碰撞位置留洞为例，主要步骤如下：

首先获取土建链接模型中所有的墙。对于链接模型，要使用 LinkElement. OfCategory 节点获取某类别下的所有图元（图 4. 1-68）。

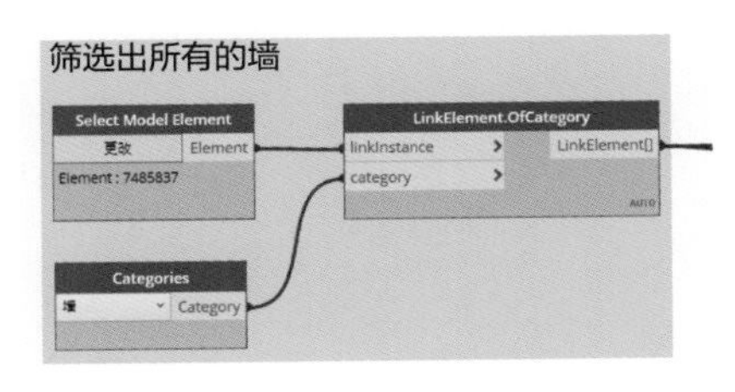

图 4. 1-68　获取所有墙

接着利用墙的名字是“建筑墙”还是“结构墙”的规则，筛选出结构墙（图 4. 1-69）。

接着用 CAD. CurvesFromLayers 节点，获取喷淋管所在图层上的所有线（图 4. 1-70）。

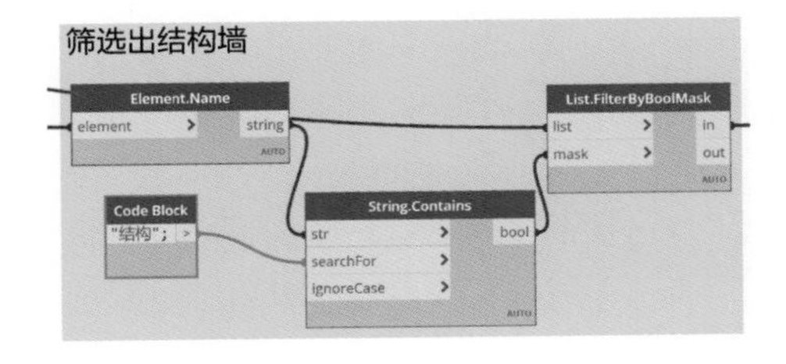

图 4. 1-69　筛选出结构墙

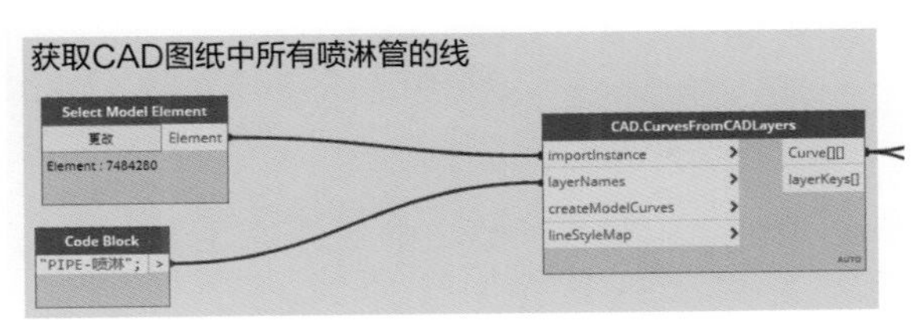

图 4. 1-70　获取喷淋管所在图层上的所有线

有了线之后，以线为中心建立圆柱体实体。因为直线的位置是在图纸所在的标高上，也就是和建筑地面齐平，所以需要把圆柱体向上移动到喷淋管的高度（图 4. 1-71）。

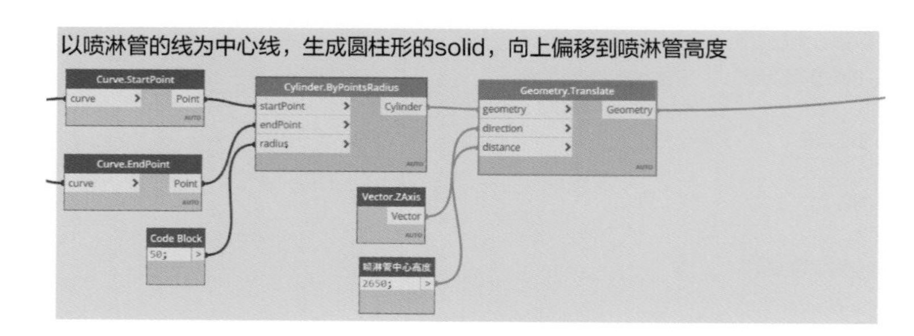

图 4. 1-71　建立圆柱体实体

用 BimorphNodes 的 Element. IntersectSolid 节点，对结构墙和圆柱形实体进行碰撞检测。通过碰撞结果是否为空集判断喷淋支管是否和结构墙碰撞（图 4. 1-72）。

发生碰撞的喷淋管，用 ImportInstance. ByGeometry 节点将圆柱体导入模型中（图 4. 1-73）。

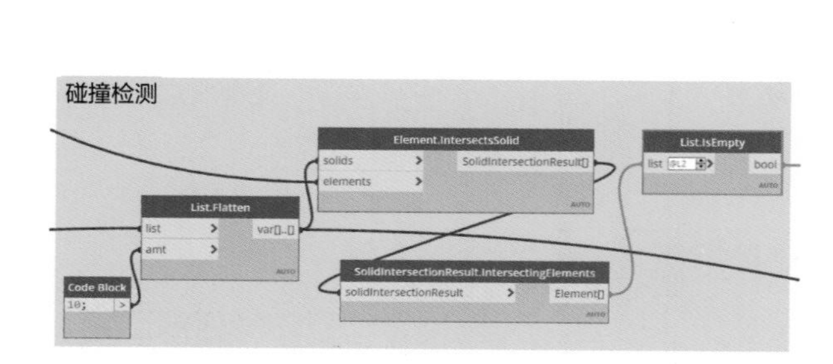

图 4. 1-72　碰撞检测

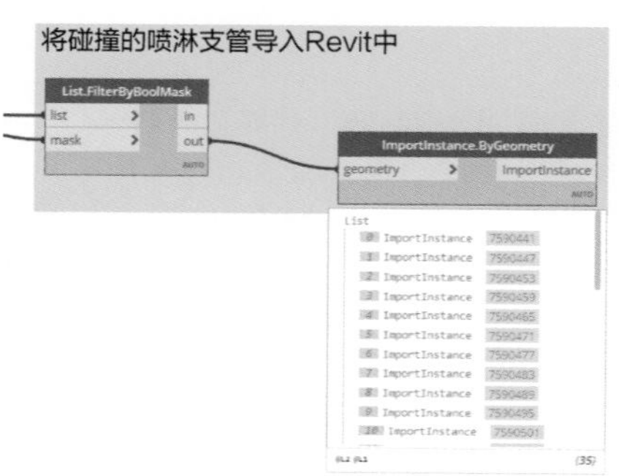

图 4. 1-73　将圆柱体导入模型

单击导入实例的 ID，就能跳转到相应位置（图 4. 1-74）。

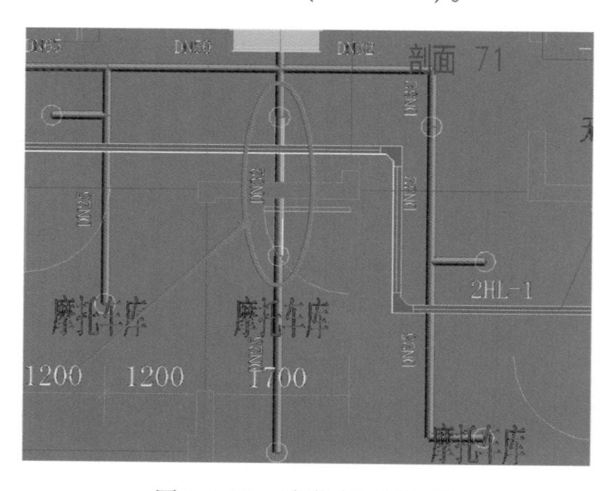

图 4. 1-74　喷淋支管穿墙处

这样就找到了喷淋支管穿墙的位置。本程序简单改造一下，就能接着检测出和结构柱、梁碰撞的地方。

◀ 第2节 Dynamo 基础 ▶

Q71 怎样快速上手 Dynamo

1. 启动 Dynamo

单击"管理"⟶"Dynamo"启动 Dynamo（图 4.2-1）。启动界面右侧为学习资源。

可以在"讨论论坛"中搜索关键字，找相关的主题。单击 Dynamo primer，链接到 Dynamo 教程，"Dynamo 词典"链接到节点说明文件；单击左侧的"新建"，则进入操作界面。

2. Dynamo 操作界面（图 4.2-2）

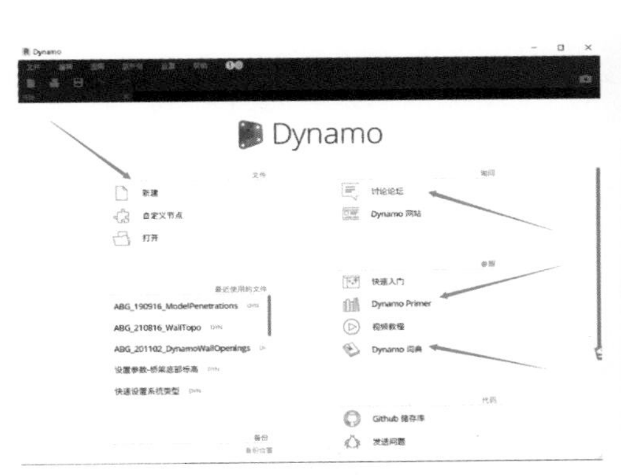

图 4.2-1 Dynamo 启动界面

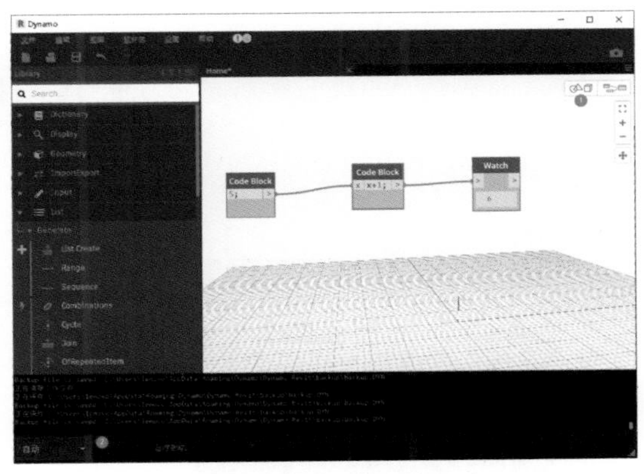

图 4.2-2 Dynamo 操作界面

左侧为选择节点的库，右侧为编辑节点的工作空间。单击上图"1"处，或使用快捷键 Ctrl + B，可以切换编程背景和图形背景。左下角数字 2 所在位置为切换自动模式和手动模式。手动模式下，只有单击"运行"时，程序才会运行，一般都使用手动模式编程。

3. 可视化编程简介

图 4.2-3 中，中间节点有输入端 1 和输出端 2；数字"5"进入输入端 1，从输出端 2 输出结果"6"。这就是可视化编程的原理：数据从左往右，经过一个个节点的加工，从而得到我们想要的结果。

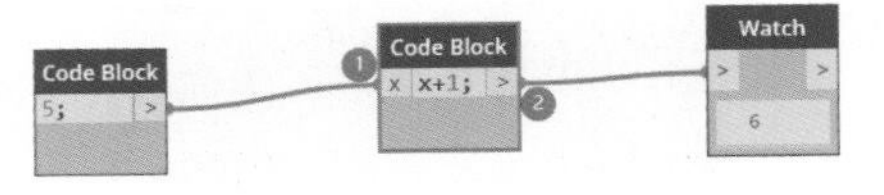

图 4.2-3 可视化编程

4. 列表简介

Dynamo 中经常需要使用列表，图 4.2-4 中，数字 1 所在区域为列表的索引（index），需要注意，索引都是从 0 开始的，索引之后为列表中元素的值。图中数字 2 显示的是列表的项数。

鼠标放在节点下方时，会出现预览符号，单击右下角三角箭头，可以预览数据。单击固定按钮，可以保持数据一直在前端显示（图 4.2-5）。

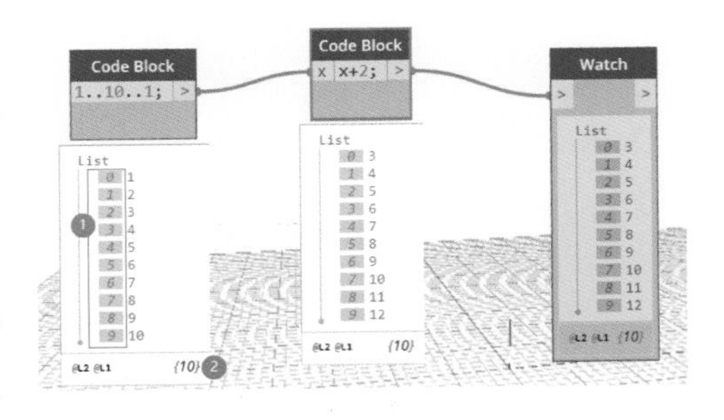

图 4.2-4 列表

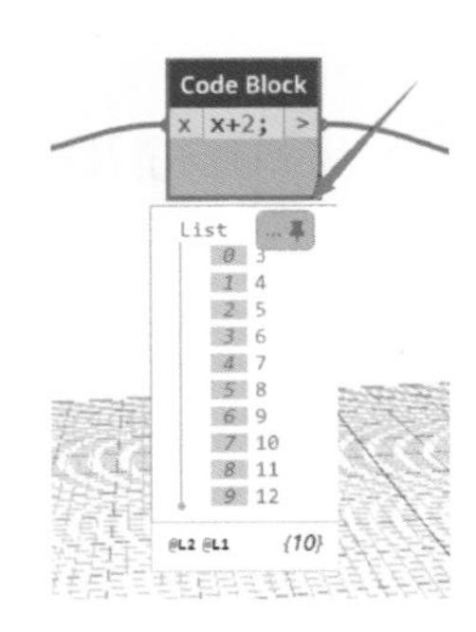

图 4.2-5 预览数据

5. 连接节点

下面以生成一个数列为例，说明节点的相关操作。

依次单击节点库中的 list→generate→sequence，在工作空间中生成 sequence 节点（图4.2-6）。

对 Dynamo 中的节点比较熟悉之后，也可以直接在工作空间中右键单击，直接搜索需要的节点（图4.2-7）。

节点左侧为输入端，右侧为输出端。把鼠标放在端头上，软件会提示输入和输出的数据类型（图4.2-8）。

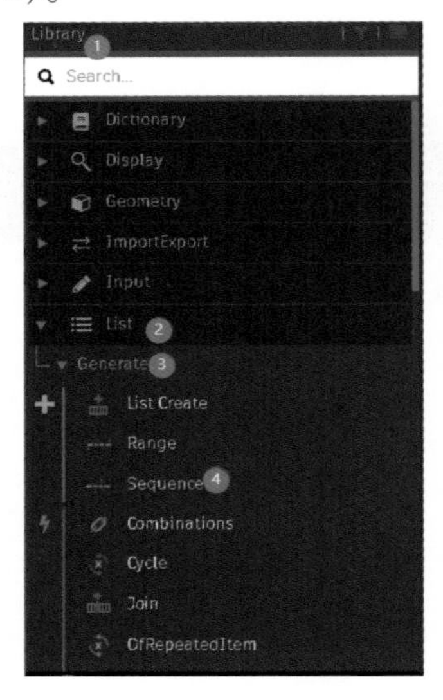

图 4.2-6 生成 sequence 节点

图 4.2-7 直接搜索需要的节点

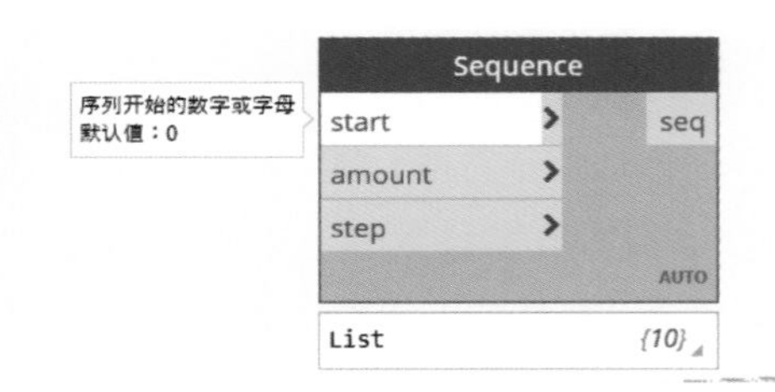

图 4.2-8 输入端提示

Sequence 节点提示我们要输入数字，于是我们在库中搜索数字 number（图4.2-9）。

单击两个节点的端头，就完成了节点之间的连接（图4.2-10）。

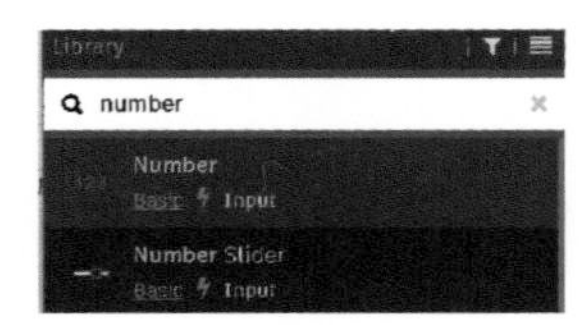

图 4.2-9 number 节点

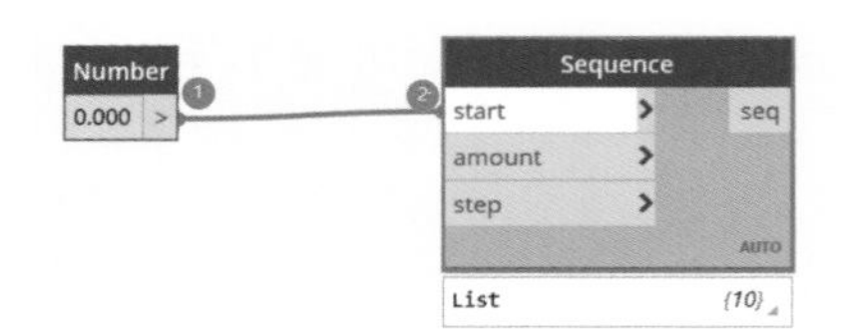

图 4.2-10 节点之间的连接

补充剩余的节点，生成一个数列（图4.2-11）。

6. 安装软件包

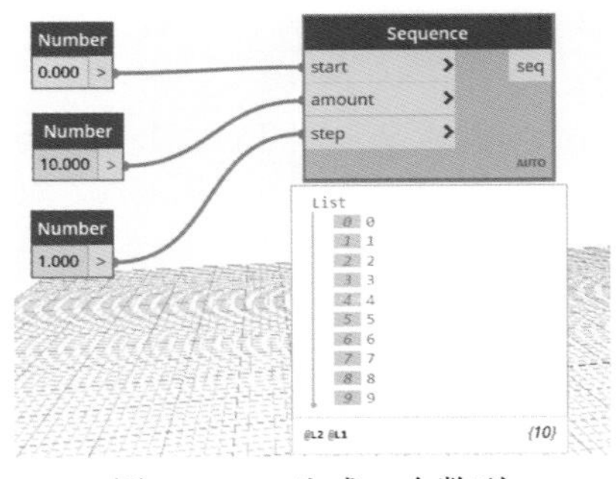

图4.2-11 生成一个数列

Dynamo编程经常需要使用他人开发的软件包，单击“软件包”——→“搜索软件包”，寻找需要的软件包（图4.2-12）。2.12以后的版本，方法为依次单击“Dynamo”——→“首选项”——→“Package Manager”。

找到需要的软件包后，单击“安装”，程序会自动安装软件包。

如果联机搜索没有反应（有的地区网络限制），可以打开https：//www.dynamopackages.com/#在浏览器中搜索需要的软件包。

浏览器中下载的是压缩包，解压后，将文件夹放在Dynamo安装目录里面（图4.2-13）。

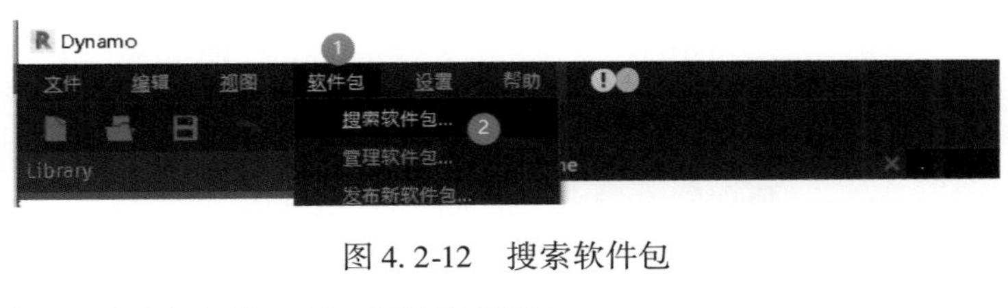

图4.2-12 搜索软件包

lenovo › AppData › Roaming › Dynamo › Dynamo Revit › 2.1 › packages ›

名称	修改日期	类型	大小
Apply View Template	2021/7/18 9:45	文件夹	
archi-lab.net	2021/7/18 9:44	文件夹	
BIM4Struc.Productivity	2021/7/14 19:33	文件夹	
bimorphNodes	2021/7/11 14:39	文件夹	

图4.2-13 Dynamo安装目录

推荐的节点包：

Clockwork、Archilab、Bakery、archilab_Bumblebee、Modelical、Rhythm、Springs、Archi-Lab MantisShrimp、Genius-Loci、Orchid、Lunchbox、SteamNodes、Synthetic、Zebra、linkDWG等。

7. 其他设置

（1）设置备份更新间隔。Dynamo会隔一段时间自动保存节点文件。自动备份频率太快的话会影响使用，可以在Dynamo安装目录中用记事本打开“DynamoSetting”文件，将BackupInterval后的数字改大一些（图4.2-14）。

（2）设置数据范围。有时候Dynamo会给出数据范围有关的警告，此时可以单击“设置”——→“几何图形缩放”，选择新的数据范围。2.12以后的版本，设置位置为：“Dynamo”——→“首选项”——→“几何图形缩放”。

（3）解决重新运行节点文件时上一次运行生成的构件被删除的问题。Dynamo默

图4.2-14 设置备份更新间隔

认重复运行同一节点文件后，上一次运行生成的构件会被覆盖（Python 自定义节点中使用了 Transaction 生成的构件除外）。

可以在运行完节点文件后，关闭节点文件，重新打开再运行。

也可以将节点文件中有变化的部分右键单击，选择“是输入”。然后在 Dynamo Player 中运行节点文件。

（4）19 及 19 以下版本 Dynamo 更新。部分 Revit2019 带的 Dynamo 是 1. X 版本，很多 2. X 的节点无法使用。可百度“Dynamo 2. 0. 1”，下载安装包后安装。

Q72 Dynamo 中有哪些数字运算和逻辑判断节点

1. 数字输入节点

（1）Number 节点，可以输入数字（图 4. 2-15）。

（2）Slider 数字条节点（图 4. 2-16），可以产生一个滑块，控制数字大小。Min 代表最小值，Max 代表最大值，Step 表示步长。通过这个节点可以快速调整输入的数据大小。

图 4. 2-15　Number 节点

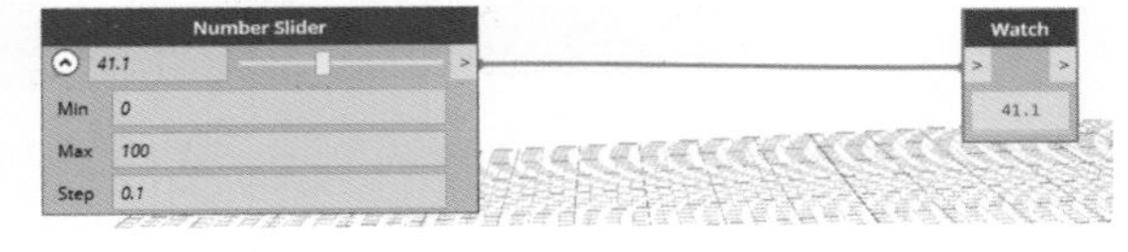

图 4. 2-16　Slider 数字条节点

2. 基本运算节点

（1）加减乘除（图 4. 2-17）：+ - * / %（% 是相除取整）。

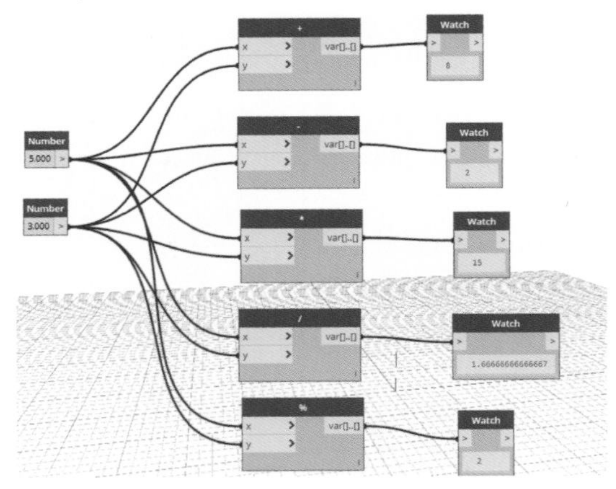

图 4. 2-17　加减乘除节点

（2）绝对值和正负号（图 4. 2-18）。

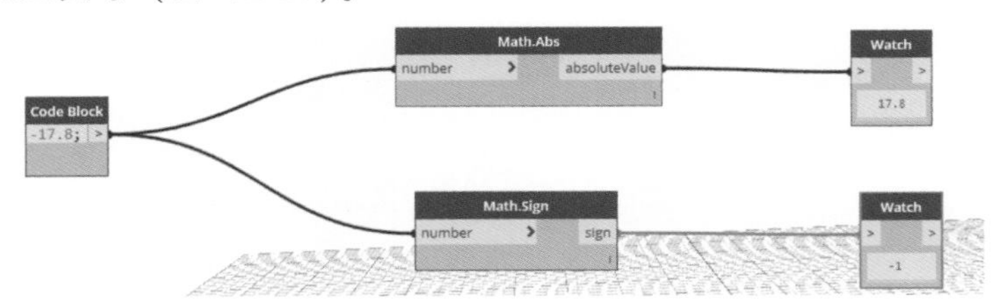

图 4. 2-18　绝对值和正负号节点

更多数学函数可在节点库 Math 分类里面找到。

3. 数列节点

Sequence 节点（图 4. 2-19），可根据最小值、最大值和步长生成数列。

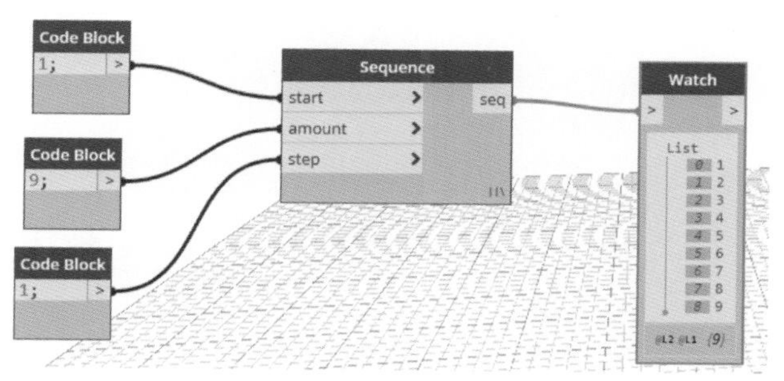

图 4. 2-19　sequence 节点

数列缩放节点 RemapRange，可以将一组数据调整范围，同时保留数据的分布率（图 4. 2-20）。这个节点在求百分比、转化 RGB 值的时候特别有用。

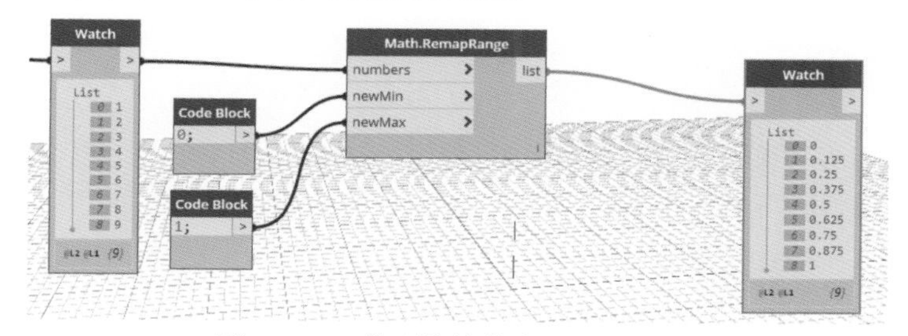

图 4. 2-20　数列缩放节点 RemapRange

Range 节点（图 4. 2-21）和 Sequence 差不多。

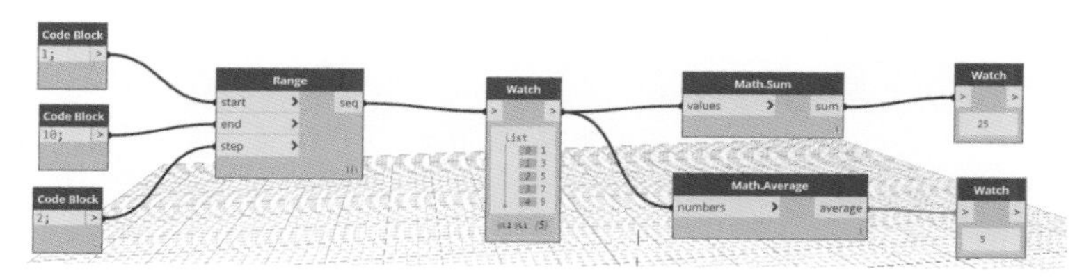

图 4. 2-21　Range 节点

4. 逻辑判断节点

如图 4. 2-22 所示，有!=、==、<、>、<=、>=。

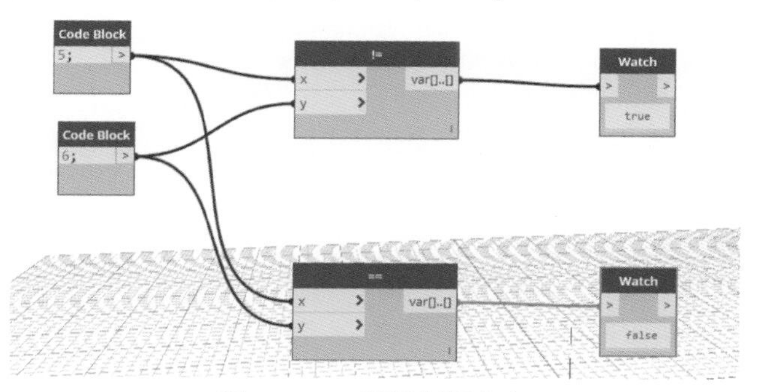

图 4. 2-22　逻辑判断节点

5. 逻辑运算节点

（1） Boolean、Not、And、Or、Xor（当且仅当只有一个是对的时输出对）。

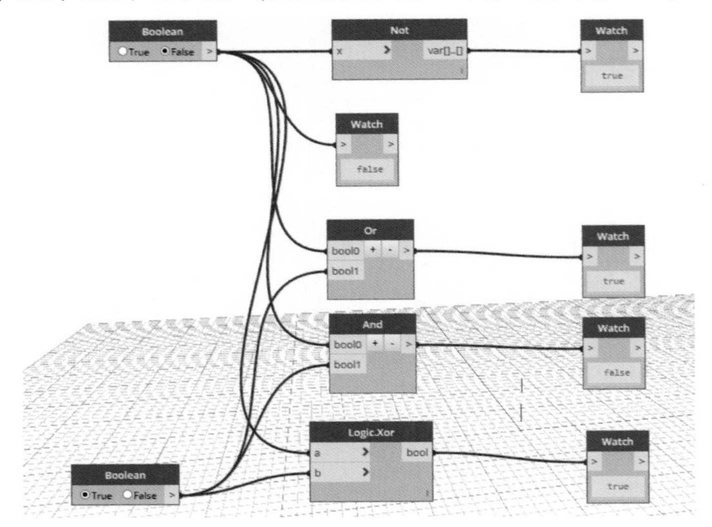

图 4. 2-23　逻辑运算节点

（2） If 节点，相当于编程中的 If. . . . . . Then. . . . . . Else. . . . . . 语句（图 4. 2-24）。Dynamo2. 0 以上版本中没有该节点，可以下载 Zebra 软件包，里面有 Logic. If 节点。

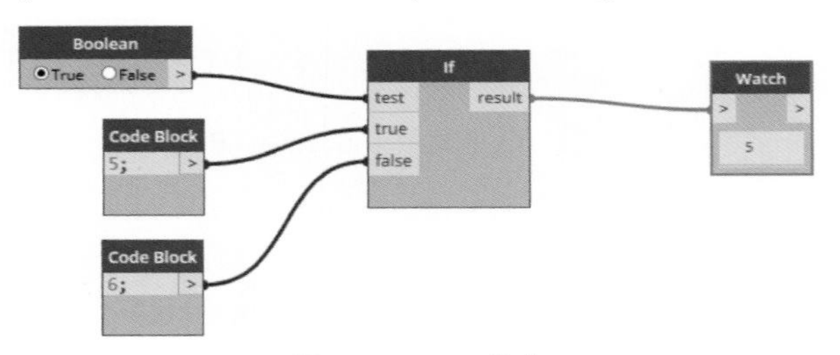

图 4. 2-24　If 节点

6. 单位转换节点

（1） Convert between units 节点（图 4. 2-25），用于换算不同的单位。

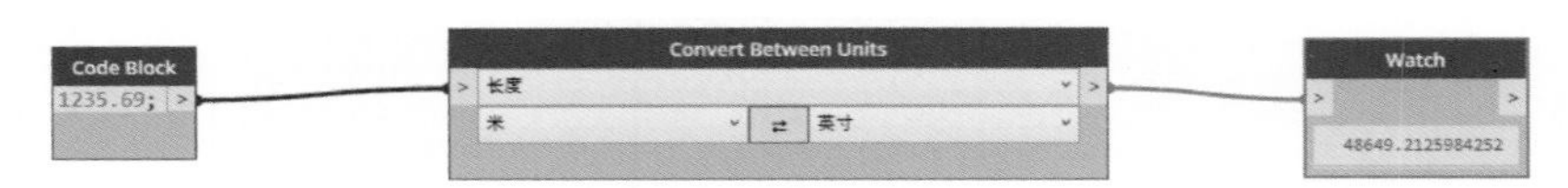

图 4. 2-25　Convert between units 节点

（2） 角度转换节点（图 4. 2-26）。

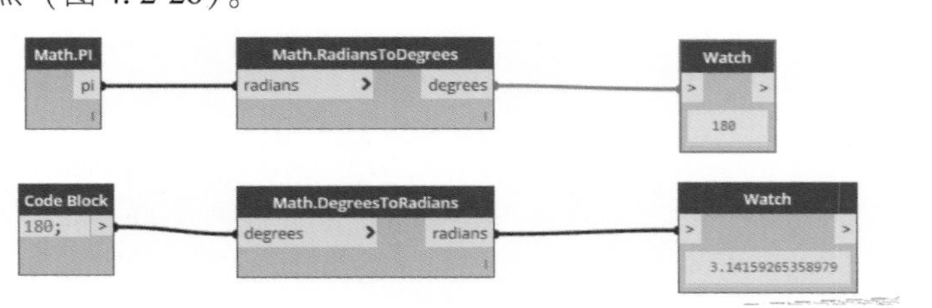

图 4. 2-26　角度转换节点

Q73 字符串和其他数据类型中有哪些相关节点

1. 与 String 有关的操作

（1）可用于生成字符串数列（图4.2-27）。

（2）String from Array 和 String from Object。

前者将一个数列变成一个字符串，后者将一个数列中的每一个元素变成字符串，从而产生一个字符串的数列（图4.2-28）。

String to Number 节点可以将字符串转化为数字。

（3）字符串合并节点：String. Concat、String. Join、+。

这几个节点也能对字符数列进行运算，参见图4.2-30。

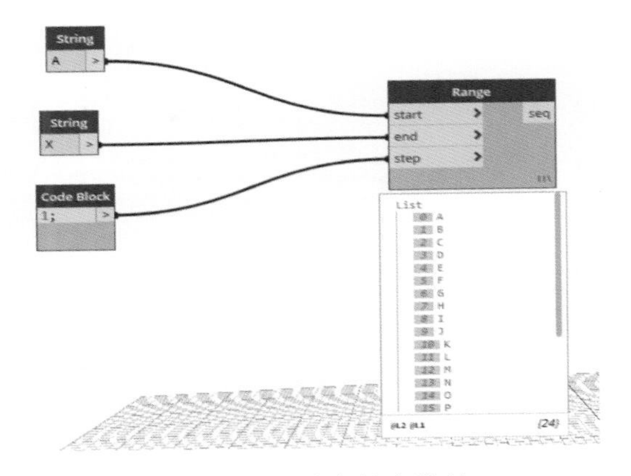

图4.2-27　生成字符串数列

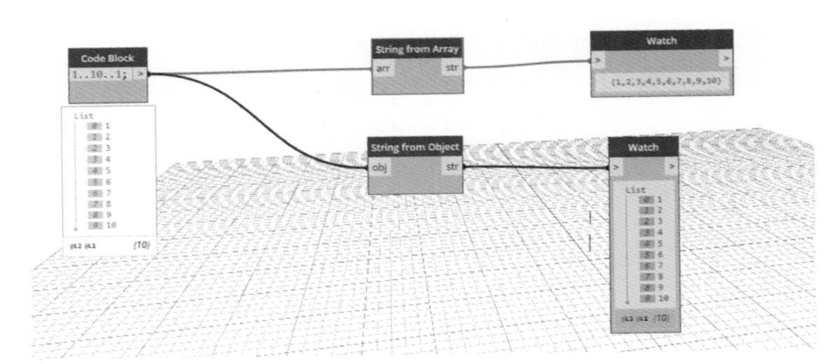

图4.2-28　String from Array 和 String from Object

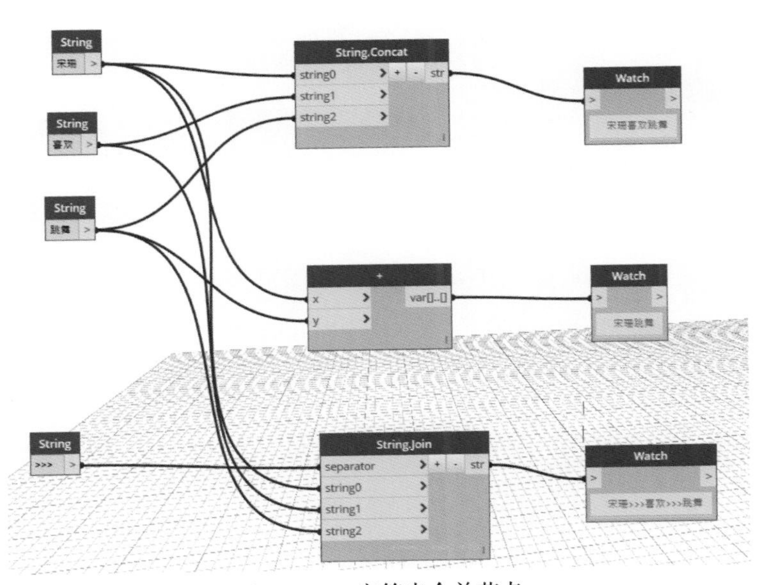

图4.2-29　字符串合并节点

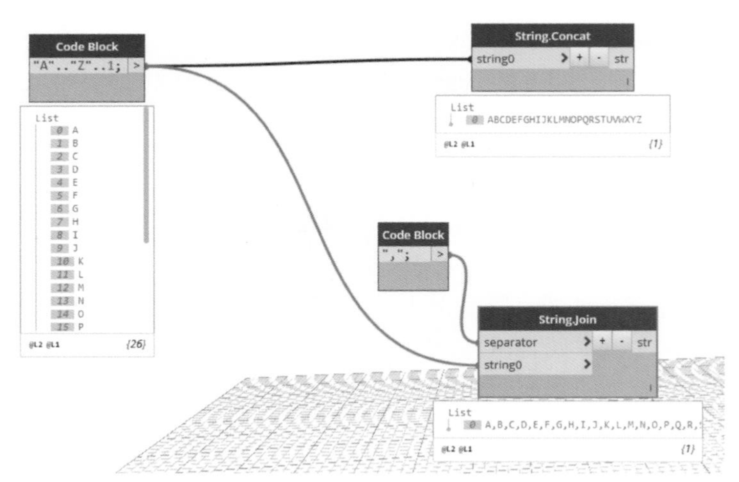

图 4. 2-30　对字符数列进行运算

（4）字符串逻辑判断节点。String. StartWith 和 String. EndWith 节点（图 4. 2-31）用于判断字符串开头和结尾是不是给定的值，IgnoreCase 表示是否考虑大小写。

字符串包含和相等节点有（图 4. 2-32、图 4. 2-33）：Contains、 = =

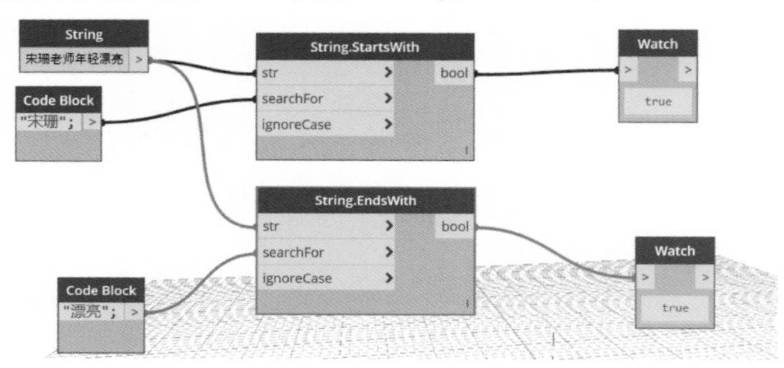

图 4. 2-31　String. StartWith 和 String. EndWith 节点

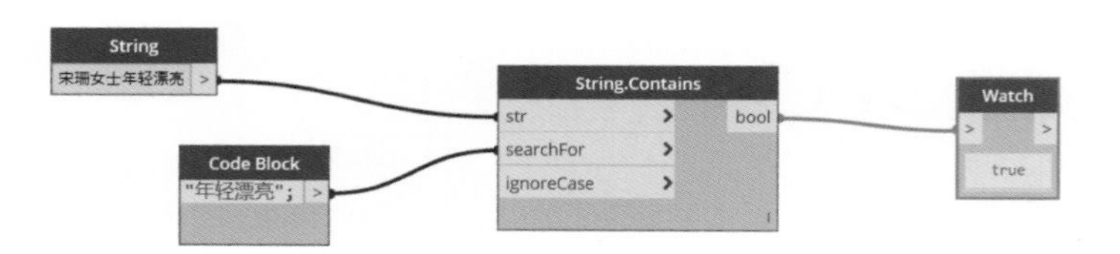

图 4. 2-32　字符串包含节点

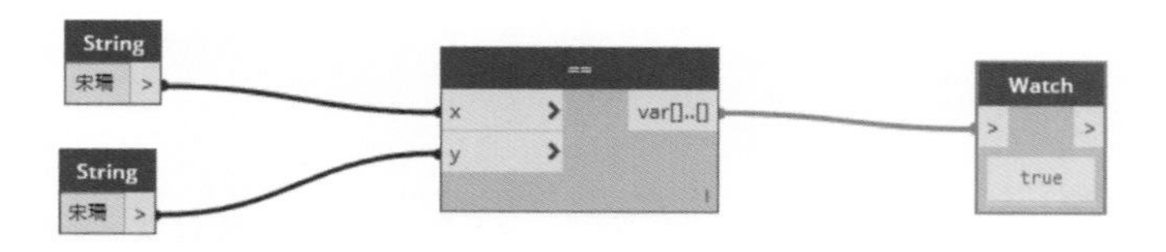

图 4. 2-33　字符串相等节点

（5）获取字符串出现位置的节点（图 4. 2-34）：String. AllindicesOf、String. IndexOf、String. LastIndexOf，注意第一个字符索引是 0。

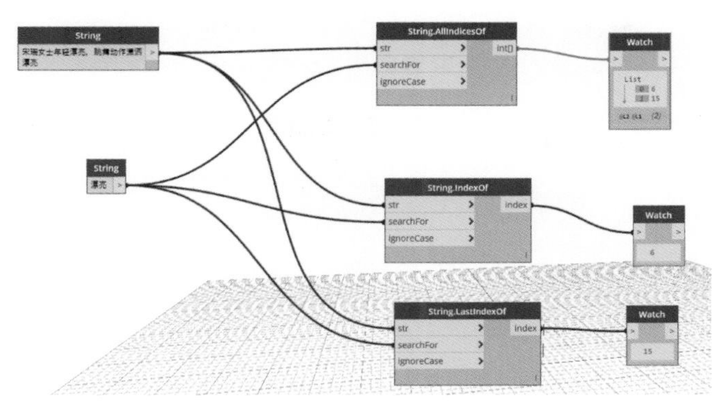

图 4. 2-34　获取字符串出现位置的节点

（6）字符串长度节点（图 4. 2-35）String. Length 和字符串出现次数节点 String. CountOccrences。

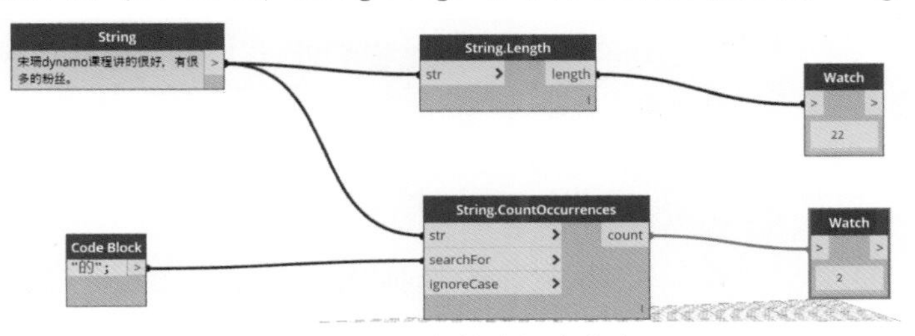

图 4. 2-35　字符串长度节点

（7）增加空格节点 Pad（图 4. 2-36）。

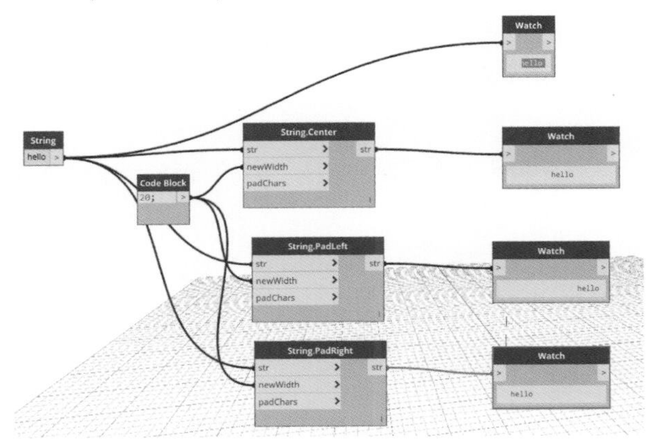

图 4. 2-36　增加空格节点

（8）插入字符的节点 Insert（图 4. 2-37）。

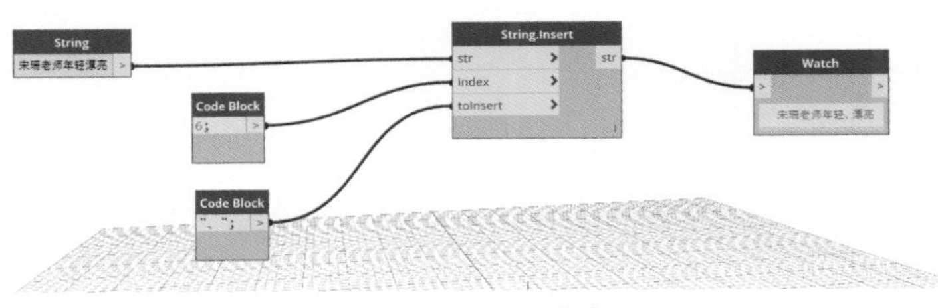

图 4. 2-37　Insert 节点

（9）查找和分割字符串节点。

Replace 节点（图 4. 2-38）用于替换字符串中的子字符串。

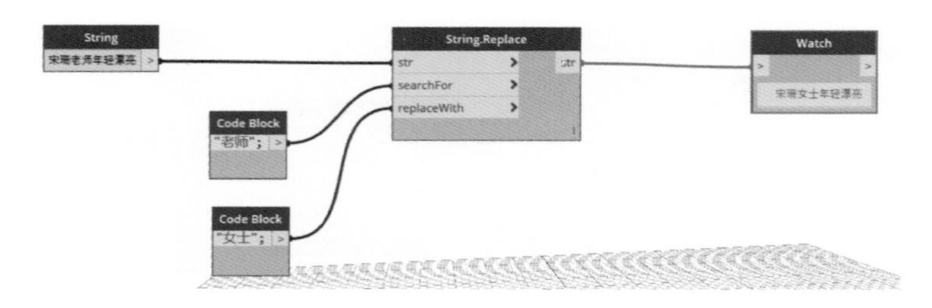

图 4. 2-38　Replace 节点

Split 节点（图 4. 2-39）用于分割字符串。

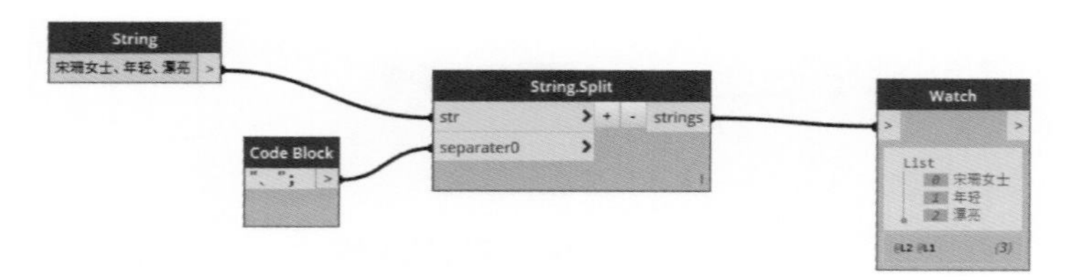

图 4. 2-39　Split 节点

Remove 节点（图 4. 2-40）用于删除字符串中的子字符串。

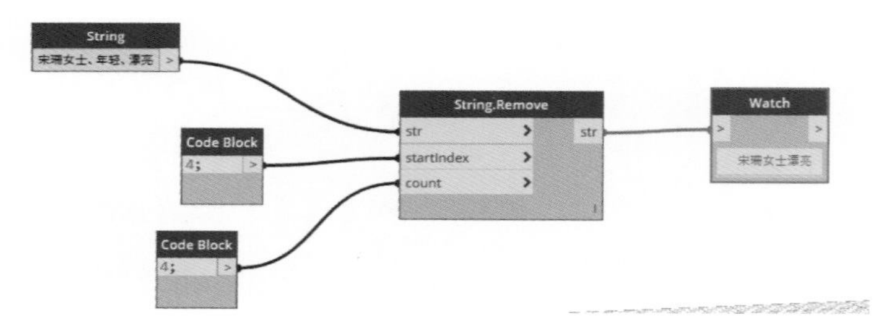

图 4. 2-40　Remove 节点

（10）Substring 节点（图 4. 2-41），用于获取子字符串。

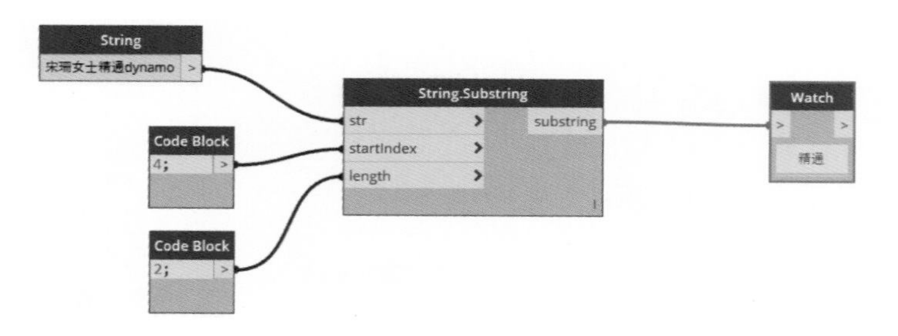

图 4. 2-41　Substring 节点

（11）字符串空格键清除节点 TrimWhitespace（图 4. 2-42）。

2. 与颜色有关的节点

（1）颜色选项板 Color Palette，用于选择颜色。

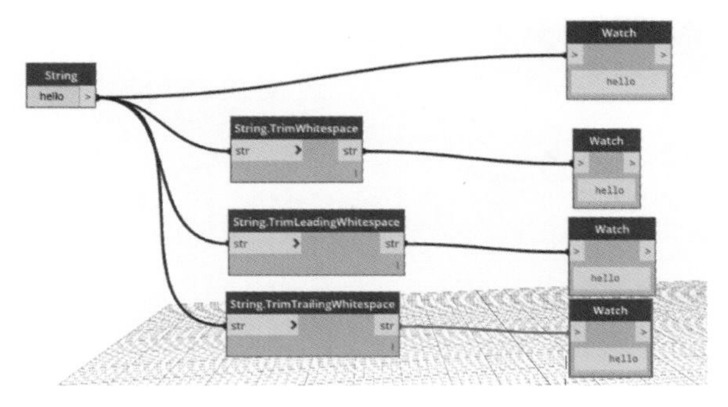

图 4. 2-42　字符串空格键清除节点

(2) 颜色节点 Color. ByARGB；注意 RGB 值不能大于 255。

3. 时间节点

时间节点 DateTime. Now（图 4. 2-43）用于返回当前时间，DataTime. Today 用于返回一个今天的日期。

图 4. 2-43　时间节点 DateTime. Now

Q74 列表的创建和管理有哪些注意点

列表是一群元素的集合，如图 4. 2-44 所示，一根香蕉是元素，一串香蕉就是列表。

列表也可以为空，所以也可以把列表当成容器。

与列表有关的节点有：

List. MinimumItem 和 List. MaximumItem 可以获取列表中元素最小值和最大值（图 4. 2-45），配合 List. IndexOf 节点，可以获取元素在列表中最大和最小元素的位置。

图 4. 2-44　一串香蕉是列表

List. RemapRange 节点（图 4. 2-46），可以调整数字范围，并保留数字的分布情况。

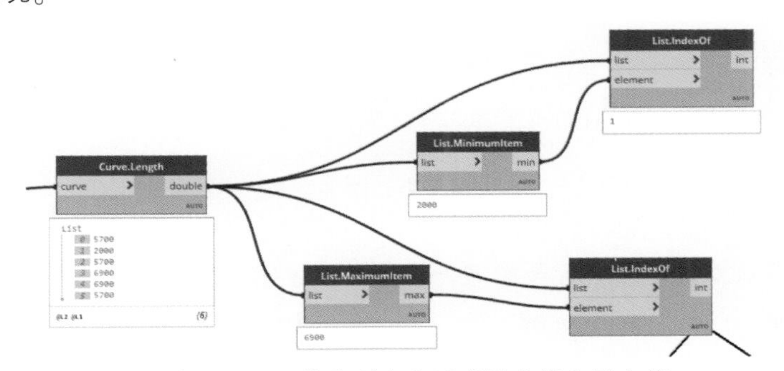

图 4. 2-45　获取列表中元素最小值和最大值

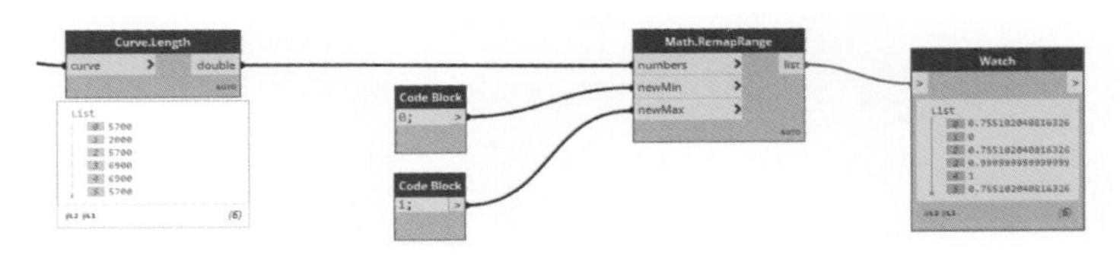

图 4. 2-46　List. RemapRange 节点

List. OfRepeatedItem 和 List. Cycle 用于创建重复项和循环项的列表（图 4. 2-47、图 4. 2-48）。

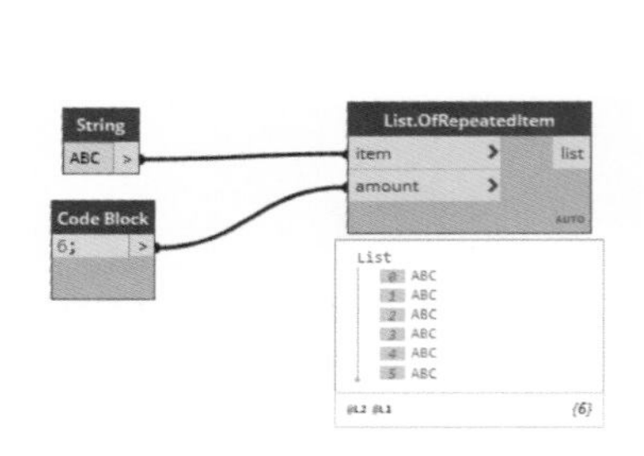

图 4. 2-47　创建重复项列表

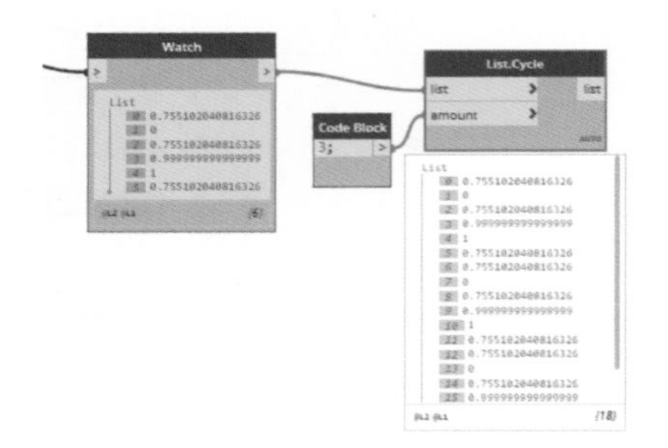

图 4. 2-48　创建循环项的列表

List. UniqueItems 用于获取列表中唯一项（图 4. 2-49），Clockwork 节点包中的 List. CountOccurences 节点可以获取列表中各个元素的重复次数。

List. Join 节点将所给的列表元素放在同一层，形成一个新列表；节点 List. Create 形成的新列表则增加了一层（图 4. 2-50）。

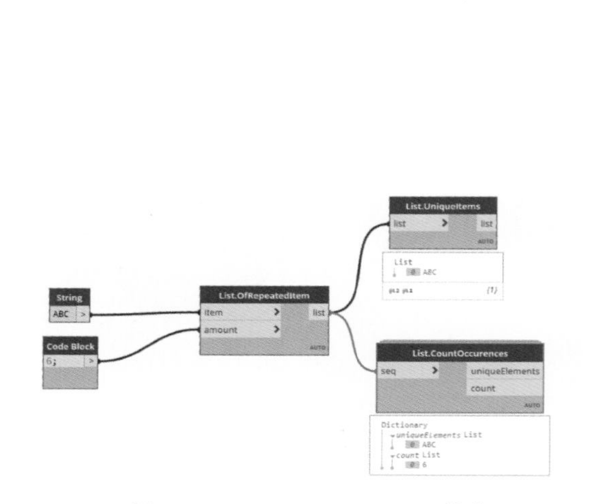

图 4. 2-49　List. UniqueItems 节点

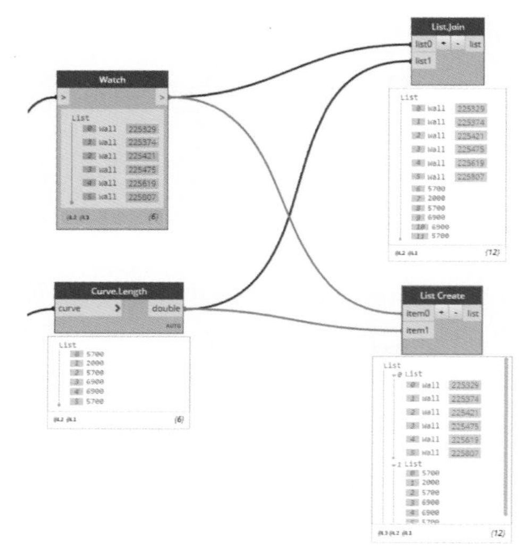

图 4. 2-50　List. Join 节点和 List. Create 节点

List. Transpose 节点用于转置列表，如图 4. 2-51 所示，能将墙和对应的长度组合在一起。这个节点在处理 Excel 导入的数据时经常用到。

List. Reverse 节点（图 4. 2-52）用于生成一个元素顺序相反的列表。

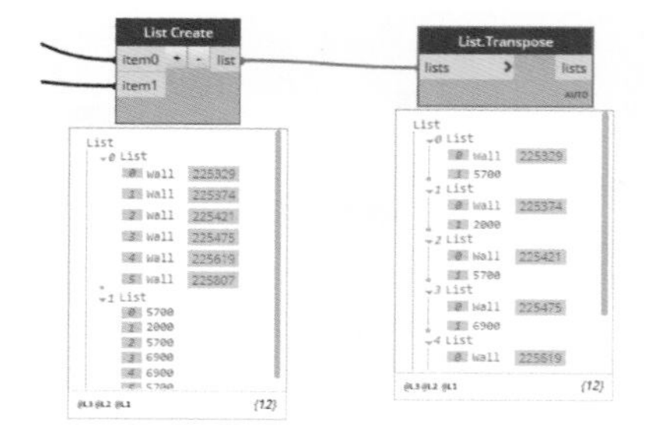

图 4. 2-51　List. Transpose 节点

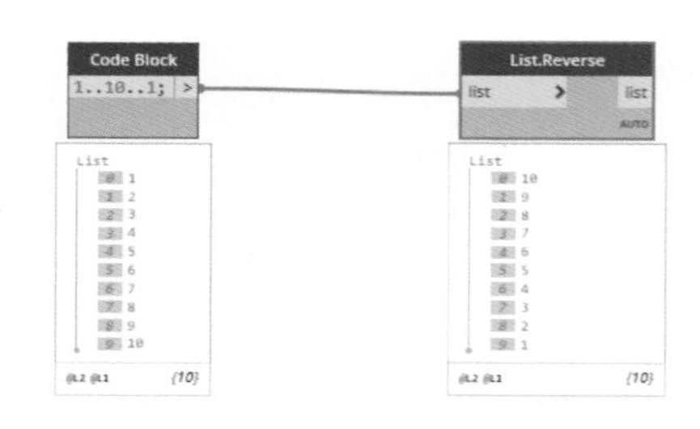

图 4. 2-52　List. Reverse 节点

List. Shuffle 节点（图 4. 2-53）用于随机打乱列表中元素的顺序。

List. Flatten 节点（图 4. 2-54）用于拍平列表。

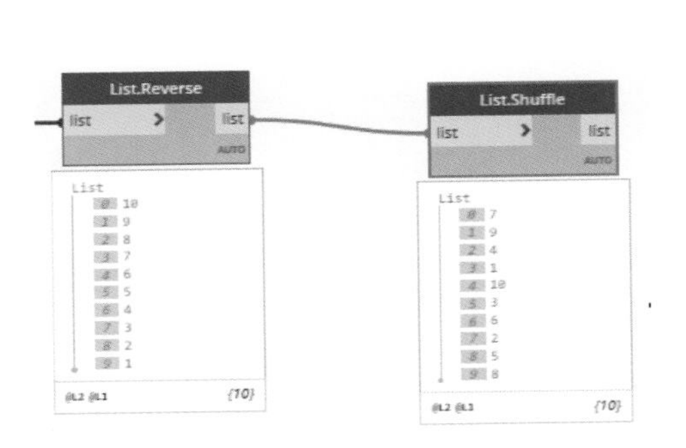

图 4. 2-53 List. Shuffle 节点

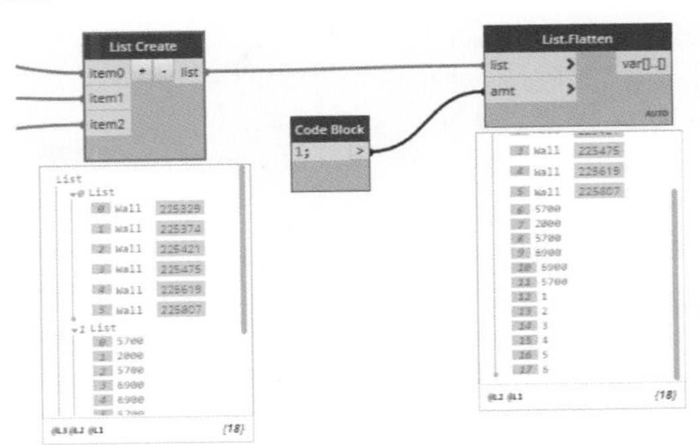

图 4. 2-54 List. Flatten 节点

List. Chop 节点（图 4. 2-55）用于分割列表，也可以用于列表“升维”。

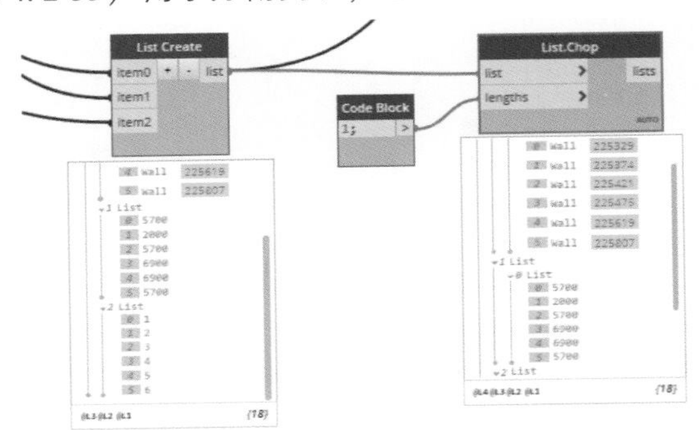

图 4. 2-55 List. Chop 节点

List. Empty 节点用于创建一个空列表，可以用来存储符合要求的元素。List. IsEmpty 节点用于判断列表是否为空（图 4. 2-56）。

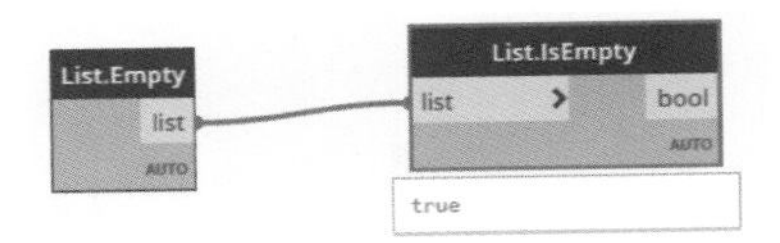

图 4. 2-56 List. Empty 节点

List. takeEveryNthItem 节点用于按照一定间隔提取元素（图 4. 2-57）。

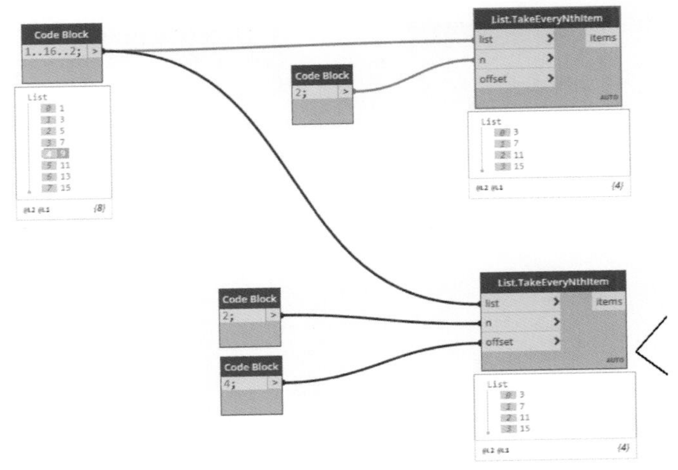

图 4. 2-57 按照一定间隔提取元素

左上角的 List. TakeEveryNthItem 节点，从第一项开始，每两个值取一个值，可得到3、7、9、11。右下角的 List. TakeEveryNthItem 节点，偏移值是4，表示从第五项（1+4=5）开始，每隔两个元素取一个元素，取到列表最后一个元素后接着往列表开始的元素位置进行组合。

List. DropEveryNthItem 用于删除给定间隔的项（图4.2-58）。

List. Count 节点用于统计列表中元素数量，默认情况下统计的是第二级别的个数。图4.2-59例子中，列表有4级，Count 节点默认计算第4级列表所含的元素数量，即有几个第3级别的元素，本例中位于L3的有3个List，节点返回3。

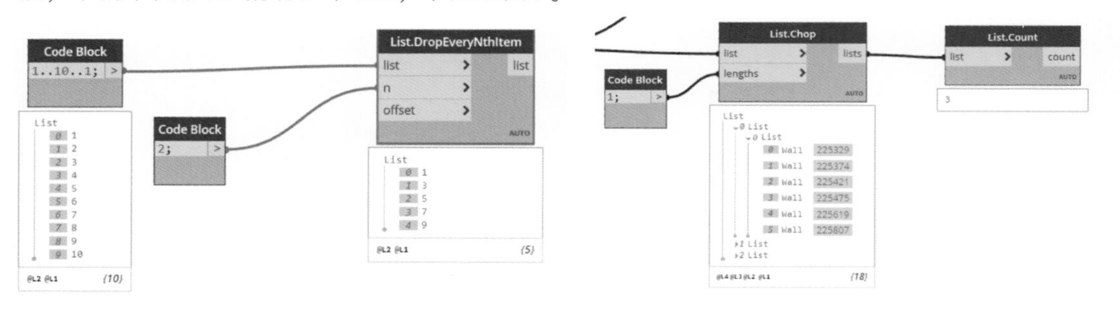

图4.2-58　删除给定间隔的项

图4.2-59　List. Count 节点

单击节点输入端的箭头，选择L3级别（图4.2-60），此时 Count 节点返回L3的下一级，也就是位于L2级别上的元素数量（图4.2-61）。

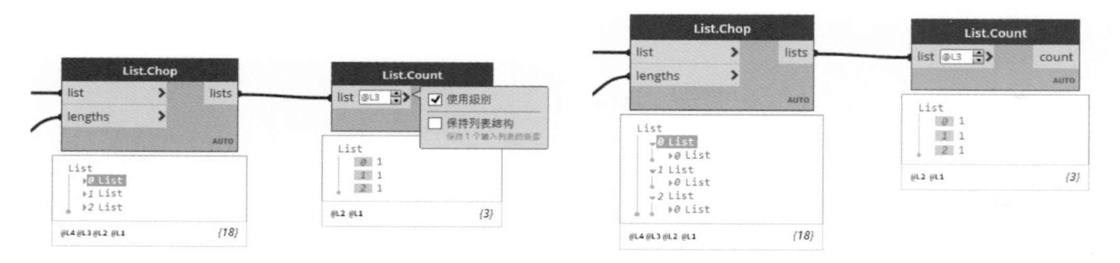

图4.2-60　选择L3级别

图4.2-61　L3级别

切换到L2时（图4.2-62），意指返回每个L2包含的L1层级的元素数量。

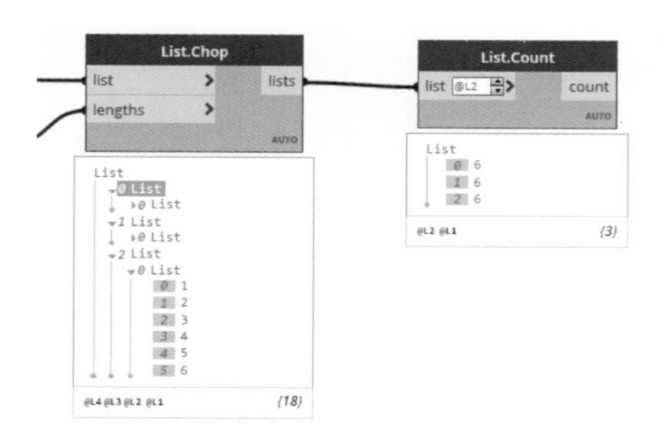

图4.2-62　切换到L2

也可以这样理解级别，节点是一个函数$f(x)$，选择不同的级别，就是选择不同的输入项x。比如 Count 函数，输入L2级别，就是让求L2级别下有几个元素，也就是L3级别元素的数量。

GetItemAtIndex 节点（图 4.2-63）用于获取指定索引值的元素。

List. Map 节点，用于对列表的每一个元素进行运算。图 4.2-64 例子中，运算 $f(x)$ 是“取列表的索引为 3 的项”。List. Map 节点执行的操作为，对于输入的 List 中的每个元素（在 L2 级别上）进行“取列表的索引为 3 的项”的运算。

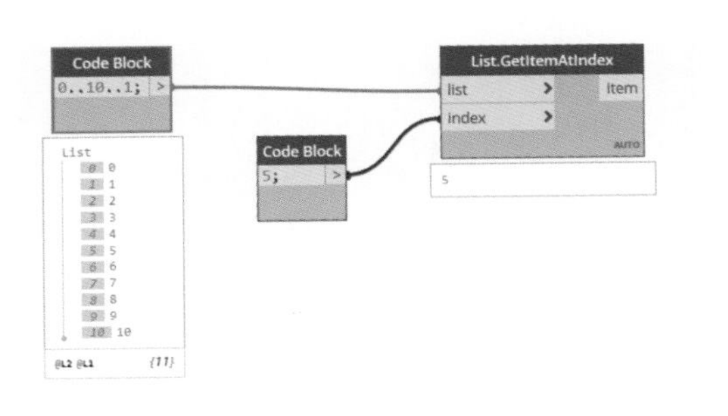

图 4.2-63 GetItemAtIndex 节点

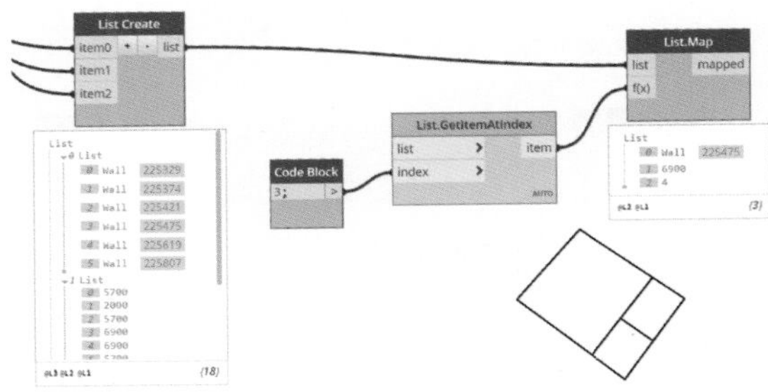

图 4.2-64 List. Map 节点

List. ReplaceItemAtIndex（图 4.2-65）用于替换指定索引位置的项目。

SortListByAnother 节点（图 4.2-66）位于 ArchiLab 软件包中，可以根据一个列表对另外一个列表进行排序。

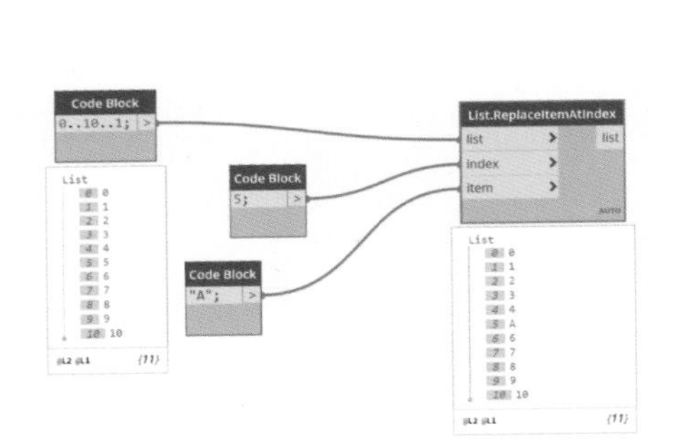

图 4.2-65 List. ReplaceItemAtIndex 节点

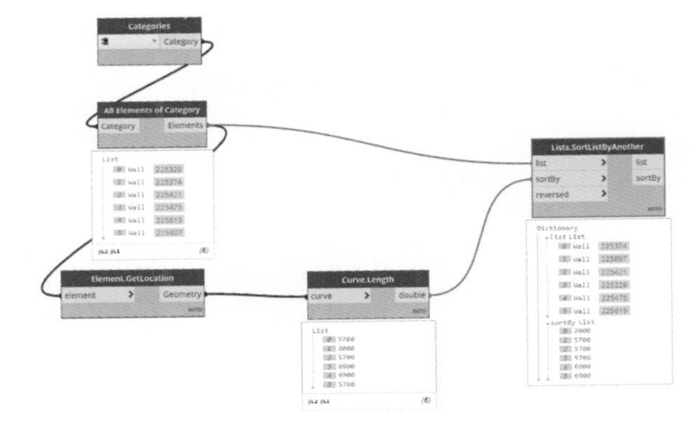

图 4.2-66 SortListByAnother 节点

配合 List. CountOccurence 节点和 List. Chop 节点，可以对列表按一定的标准进行分类（图 4.2-67）。

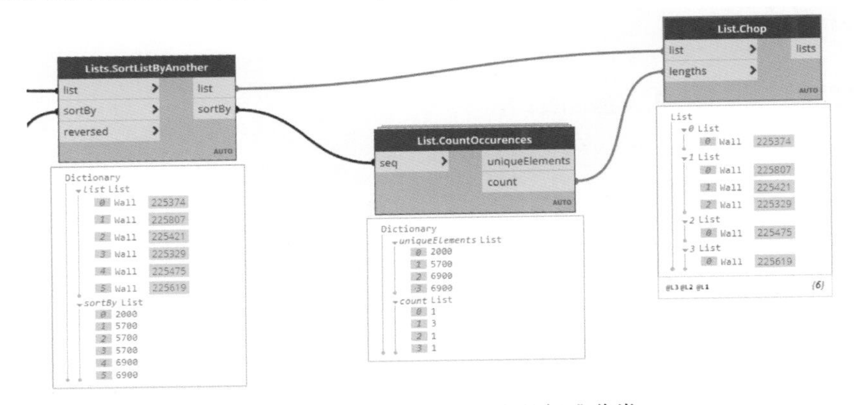

图 4.2-67 对列表按一定的标准分类

有的节点有连缀属性，选中节点右键单击，可以调整连缀方式。图 4. 2-68 是默认的连缀方式，节点左下角提示连缀方式的文字为 Auto。

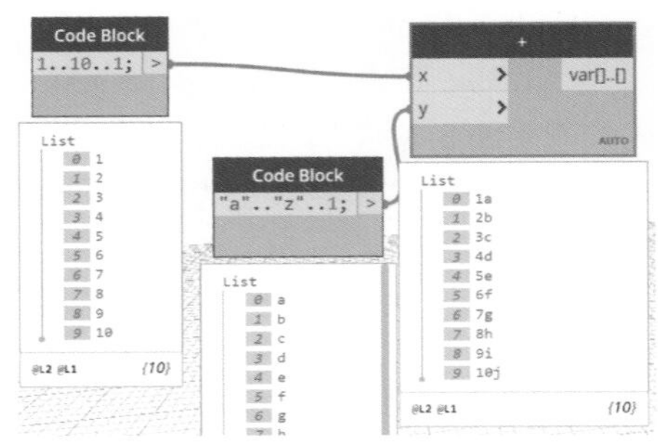

图 4. 2-68　默认的连缀方式

连缀方式调整成 Short 后（图 4. 2-69），即按最短连缀时（图 4. 2-70），两个列表的元素会一一对应进行运算。多余的元素不参与运算。

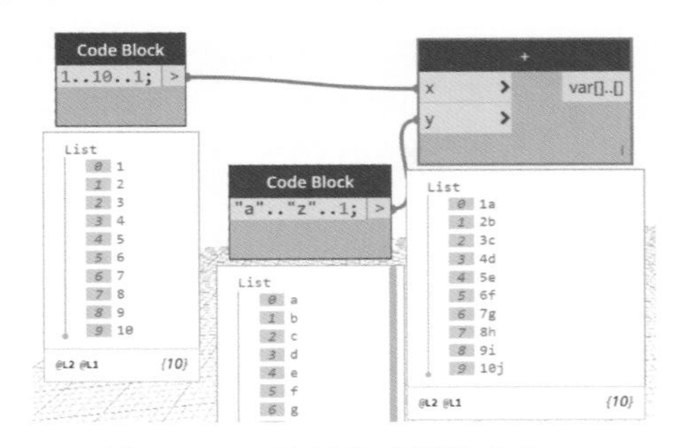

图 4. 2-69　连缀方式调整成 Short

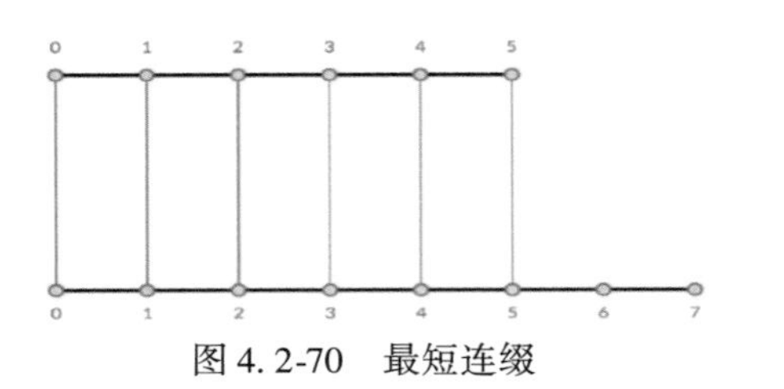

图 4. 2-70　最短连缀

连缀方式调整成最长后（图 4. 2-71），如图 4. 2-72 所示，多出来的元素会和最后一个元素进行运算。

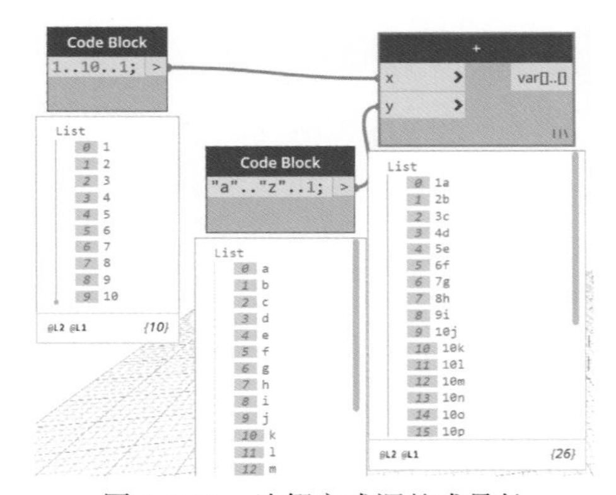

图 4. 2-71　连缀方式调整成最长

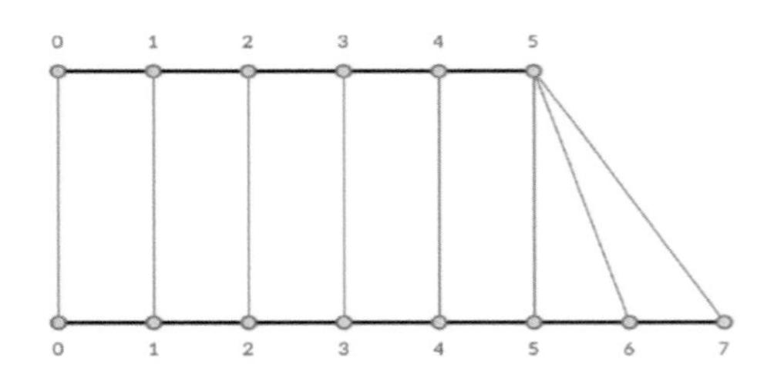

图 4. 2-72　多出来的元素和最后一个元素进行运算

连缀方式调整成叉积后（图 4. 2-73），即在叉积状态下（图 4. 2-74），所有元素会彼此进行一次运算。

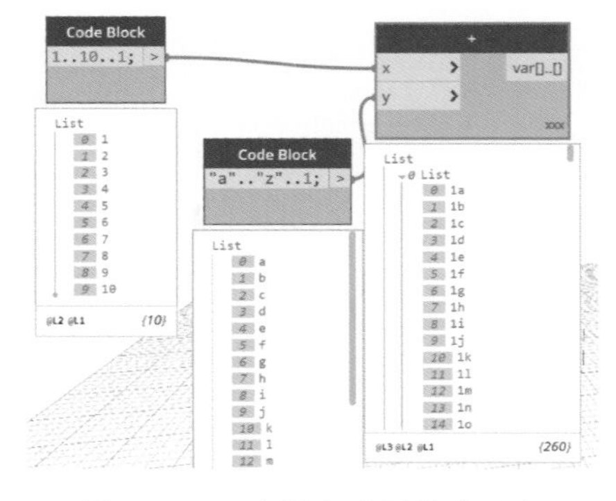

图 4. 2-73　连缀方式调整成叉积

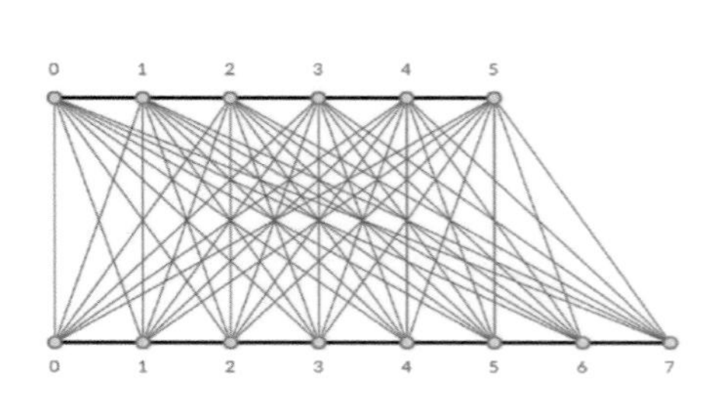

图 4. 2-74　叉积状态

FilterByBooleanMask 节点用于过滤列表中符合要求的元素，如图 4.2-75 所示，可过滤出所有长度大于 3m 的墙。

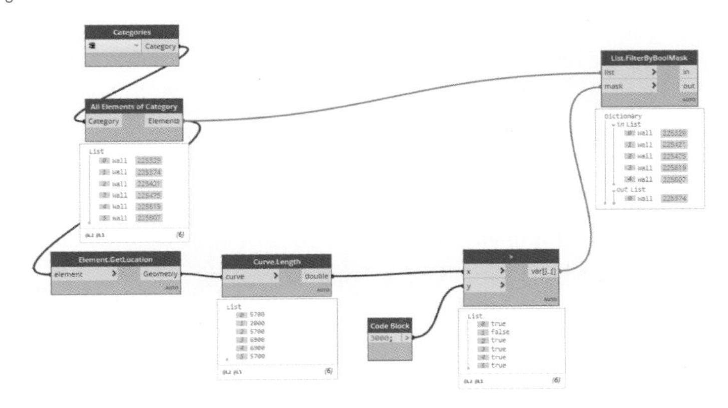

图 4.2-75　过滤列表中符合要求的图元

Q75 怎样在 Code Block 中编写 Design Script

对 Dynamo 中的节点比较熟悉后，可以使用 Code Block 和 Design Script 编写节点文件，以节约时间。

1. 创建 Code Block 相关的基本操作

在 Dynamo 工作空间中双击，就可以生成空白的 Code Block。

如图 4.2-76 中，右侧为 Code Block，左侧为 Dynamo 中预定义的节点，可见使用 Code Block 可以加快速度，节约时间。

在 Code Block 输入完一句以后，加上“;”进行结尾。单击回车键，可以另起一行，如图 4.2-77 所示。

在 Code Block 中可以进行运算，如图 4.2-78 所示。

在 Code Block 中输入含 x、y 等字母表示的变量后，左侧会生成输入点，用于指定变量的值。利用这一特性，可以简化很多数学运算的节点（图 4.2-79 ~ 图 4.2-82）。

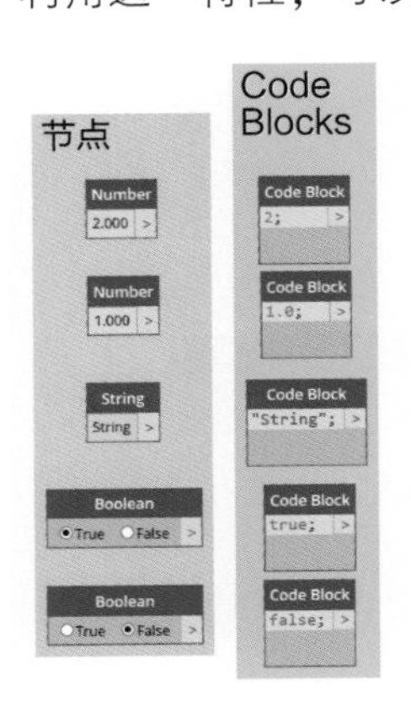

图 4.2-76　内置节点和 code block

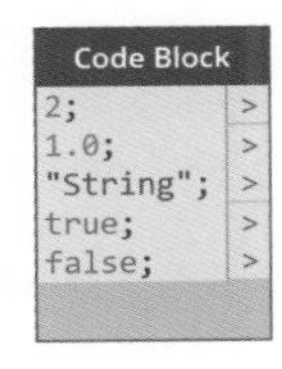

图 4.2-77　在 Code Block 输入语句

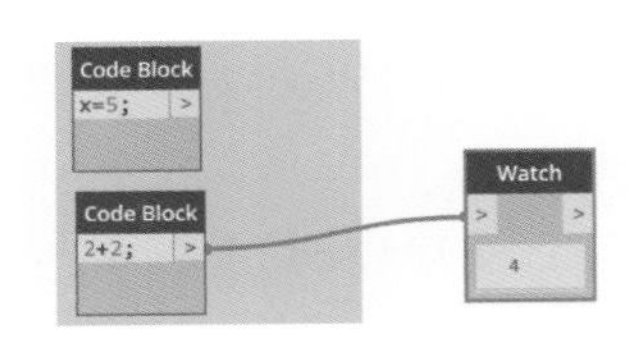

图 4.2-78　在 Code Block 中进行运算

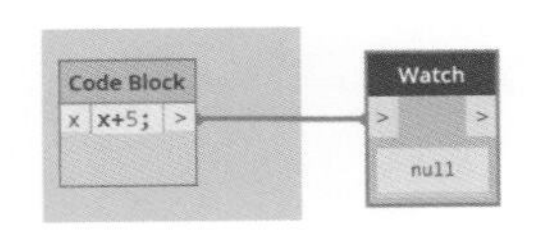

图 4.2-79　左侧生成输入点

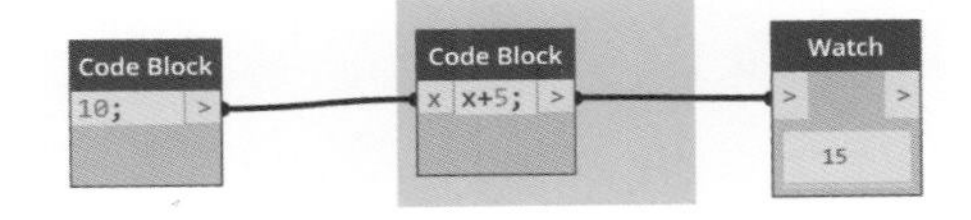

图 4.2-80　输入计算值

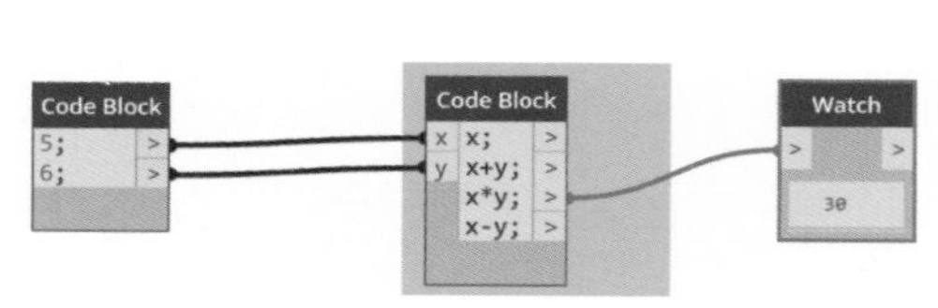

图 4.2-81　多个计算值

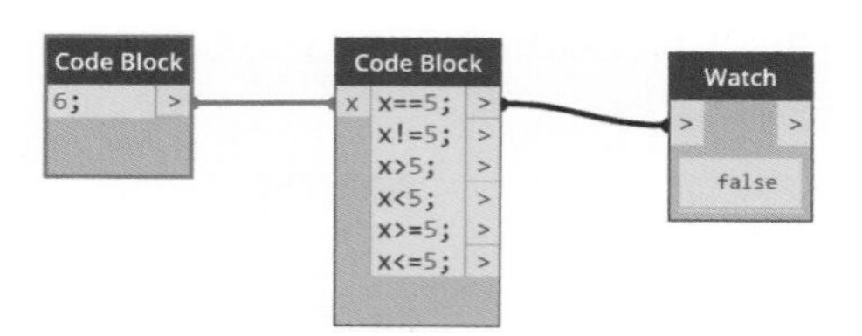

图 4.2-82　多个运算

2. 使用 Design Script 在 Code Block 中调用方法

语法格式为：Thing. Method（inputs）；即实物．方法（输入）。

如图 4.2-83、图 4.2-84 所示，输入关键字 Point 后再输入“.”，有关的方法会出现在后面供选择。

图 4.2-83　Point 有关方法

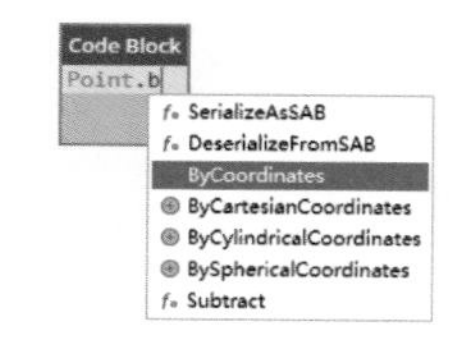

图 4.2-84　字母 b 开头的有关方法

3. 在 Code Block 中创建列表

如图 4.2-85 所示，可使用“［ ］”来创建列表。

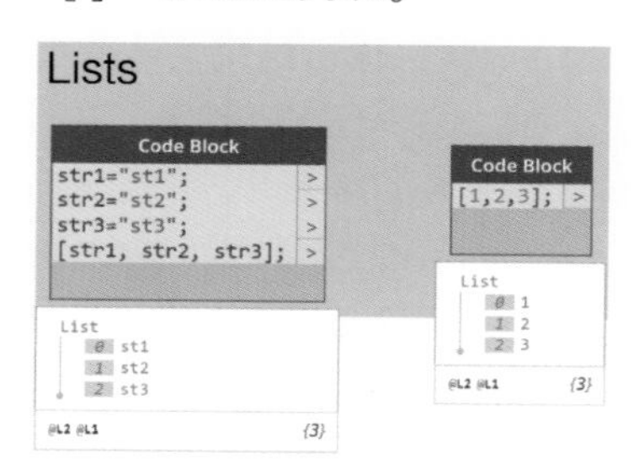

图 4.2-85　创建列表

可以使用 Code Block 快速生成数字序列（图 4.2-86 ~ 图 4.2-88）。

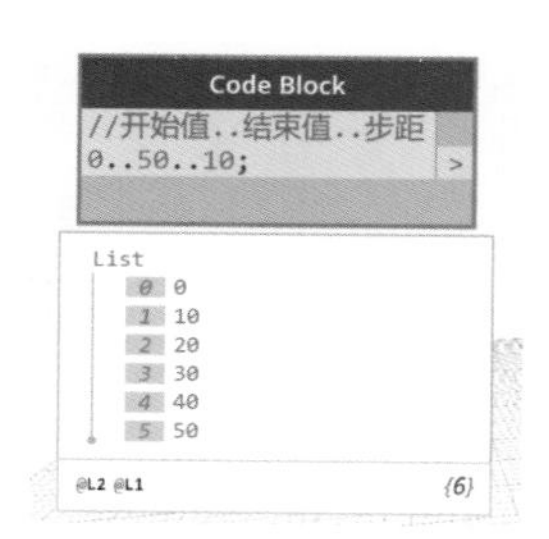

图 4.2-86　生成数字序列方式 1

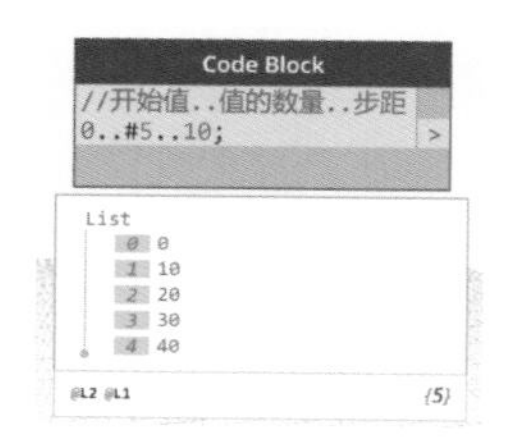

图 4.2-87　生成数字序列方式 2

图 4.2-88　生成数字序列方式 3

使用 Code block 创建列表时，上述起始值、结束值、数量都可以用变量表示，如图 4.2-89 所示。

4. 在 code block 中新建方法

新建方法的关键字为 “def”，具体方法如图 4.2-90 所示。方法建立之后，所在的 Code Block 可以随便拖动位置，不需要连接电路。

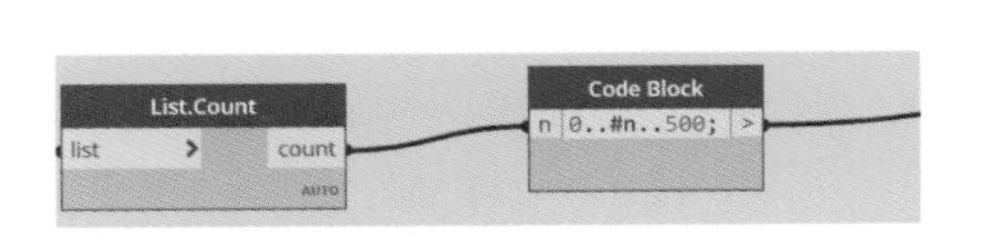

图 4.2-89 用变量表示

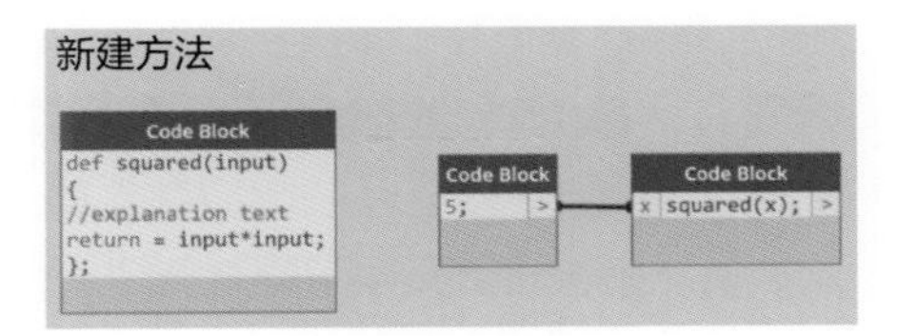

图 4.2-90 新建方法

Q76 怎样和 Revit、Excel、CAD 底图进行数据交互

1. 和 Revit 进行数据交互

在 Dynamo 中，Revit 的族、族类别、族实例、视图、明细表都是被当做 Element 看待的。它们之间的关系如图 4.2-91 所示。

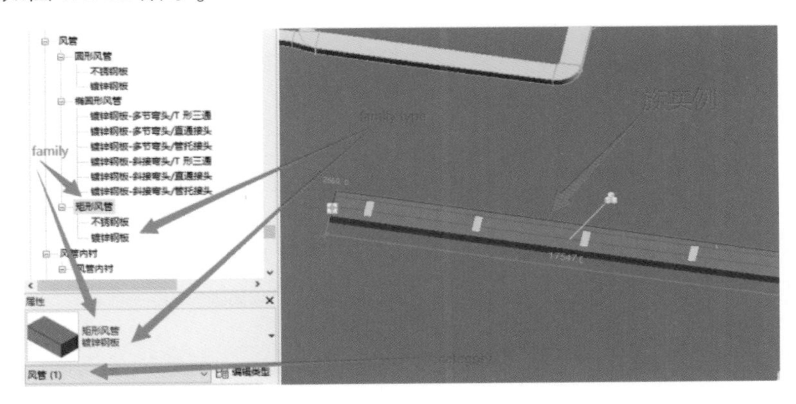

图 4.2-91 族、族类别、族实例关系

（1）元素收集器。Dynamo 中常用的元素收集器如图 4.2-92 所示。

Category 收集器用于收集某个类别下的所有元素。连接上 All Elements of Category 节点后，就能返回一个列表。

Element Type 节点返回的是系统族的列表。

需要找到可载入族时，可以使用 Family Types 节点。

这几个元素收集器下拉列表很长，建议用 Category. ByName 和 FamilyType. ByName 节点简化操作，如图 4.2-93 所示。

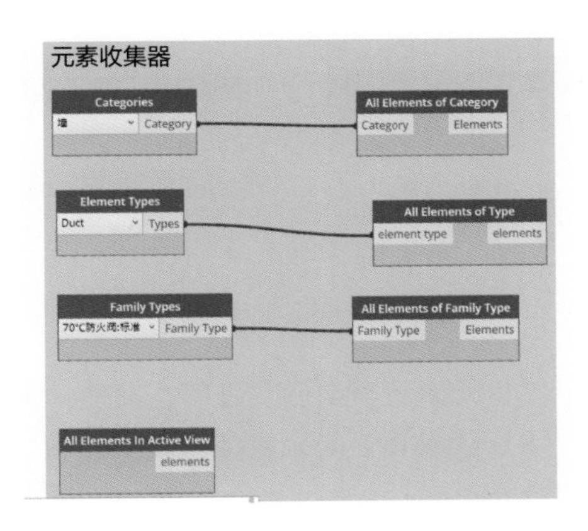

图 4.2-92 元素收集器

（2）像标高、视图一类的 Revit 图元，有特殊的节点可以获取。获取标高需要使用 Levels 节点，获取视图需要使用 Views 节点。

（3）选择模型中的对象，主要是 Select Model Element 和 Select Model Elements 节点（图 4. 2-94）。前者一次选择一个对象，后者能一次框选多个对象。

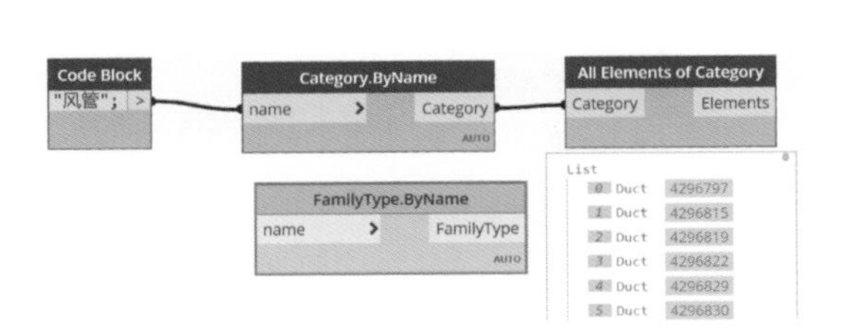

图 4. 2-93　Category. ByName 和 FamilyType. ByName 节点

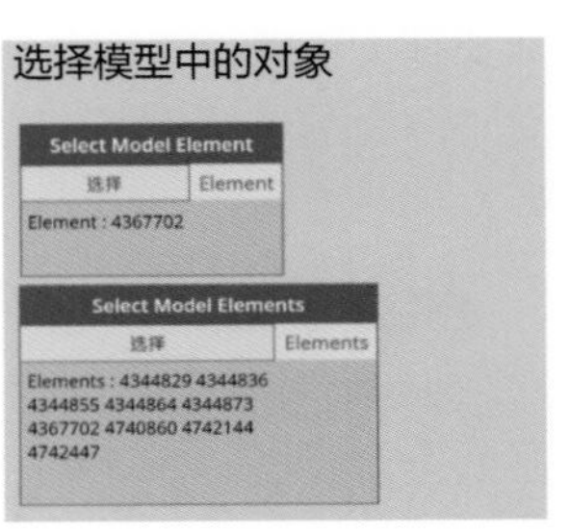

图 4. 2-94　选择模型中的对象

也可以用 All Elements at Level 获取基于某个标高的所有元素。如图 4. 2-95 所示，筛选了指定标高上的所有风管附件。

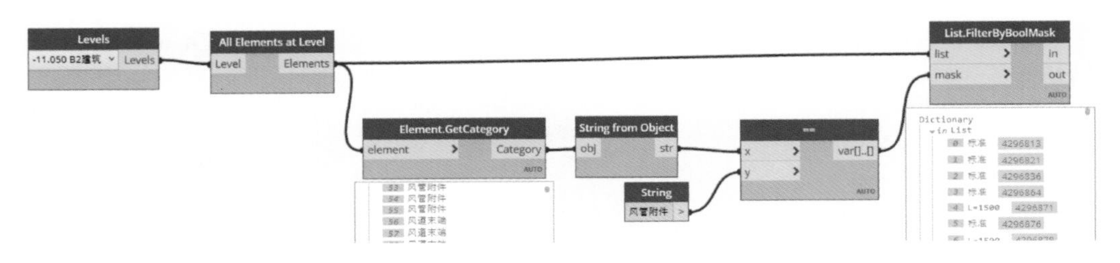

图 4. 2-95　筛选指定标高上的所有风管附件

（4）获取元素的参数。将获取的图元连接到 Element. Parameters 节点，就可以获取图元的参数（图 4. 2-96）。使用 Parameter. Value 节点能查询参数的值。

（5）获取元素 ID 节点为 Element. Id。

（6）获取元素位置（图 4. 2-97），节点为 Element. Location。可载入族返回的是族的定位点。风管、墙等基于线的图元，返回的是定位线。

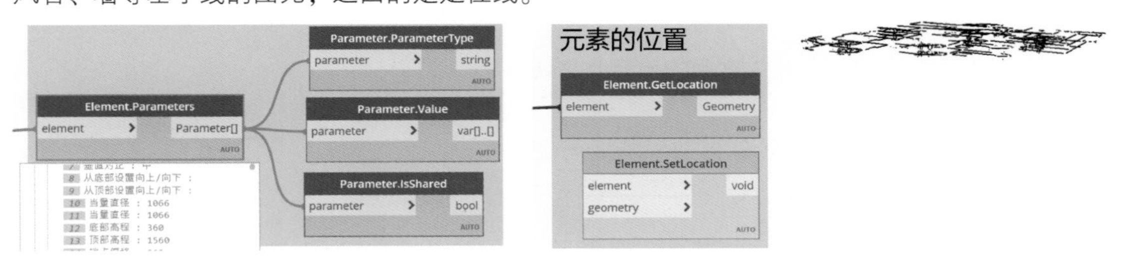

图 4. 2-96　获取元素的参数

图 4. 2-97　获取元素位置

（7）元素还有图形、名字、类别、族类别等属性可以通过对应节点获取（图 4. 2-98）。

（8）获取和修改元素参数值。主要为 Element. GetParameterValueByName 和 Element. SetParam eterByName 两个节点（图 4. 2-99）。前者根据参数名称获取参数值，后者可用于修改参数值。要注意写入的数据和参数的存储类型应一致，否则会出现图 4. 2-100 所示的错误。

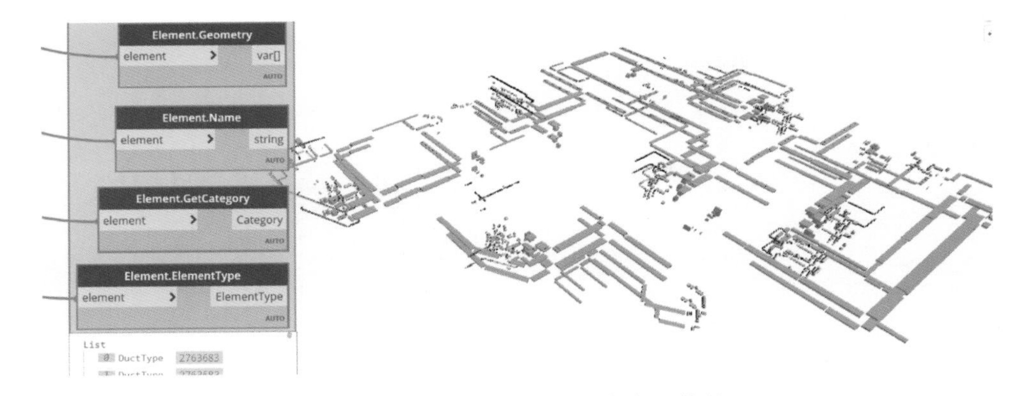

图 4. 2-98　获取元素图形、名字、类别

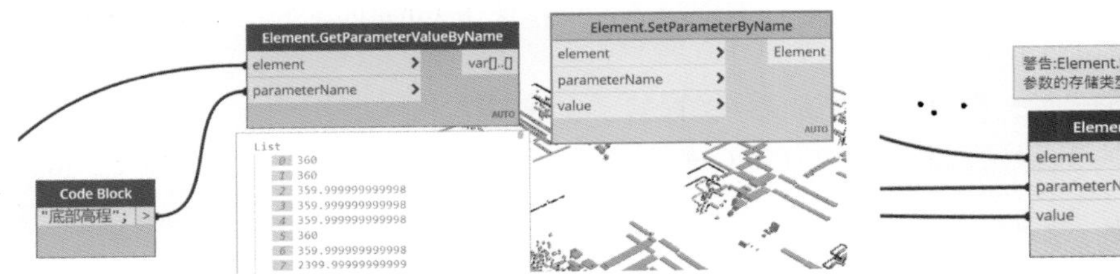

图 4. 2-99　获取和修改元素参数值

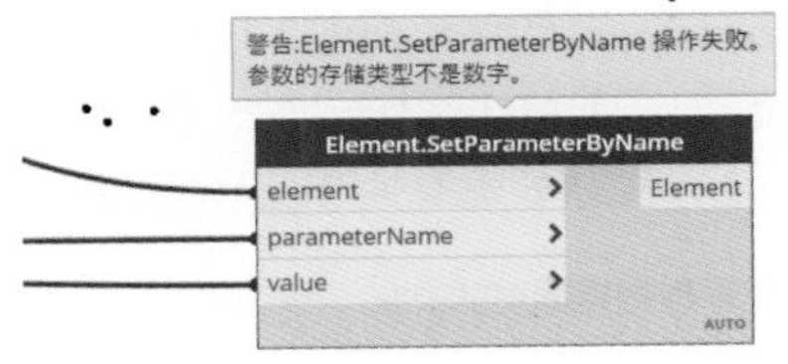

图 4. 2-100　写入的数据和参数的存储类型不一致

图 4. 2-100 中族实例中的参数是一个字符串，我们输入数字的话，就会提示操作失败。

2. 和 Excel 交互

（1）从 Excel 读取数据节点（图 4. 2-101）。

首先通过 File Path 节点获取 Excel 文件路径。接着使用 File From Path 节点获取 Excel 文件，接入 Data. ImportExcel 节点中。SheetName 表示 Excel 中工作表的名字。ReadAsString 表示将数据转化为字符串类型。ShowExcel 表示要不要同时打开 Excel 文件。

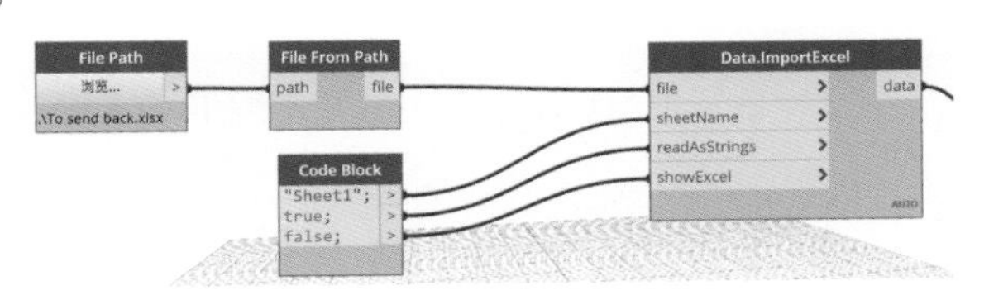

图 4. 2-101　从 Excel 读取数据

（2）写入数据到 Excel 中的节点。

〔**举例**〕导入模型中梁的数据到 Excel 表中相关操作如图 4. 2-102。

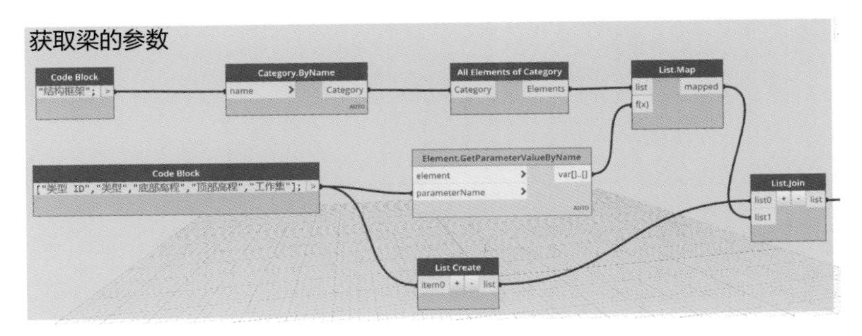

图 4. 2-102　导入数据到 Excel 中的节点

输入 Excel 中（图 4. 2-103），输出结果（图 4. 2-104）。

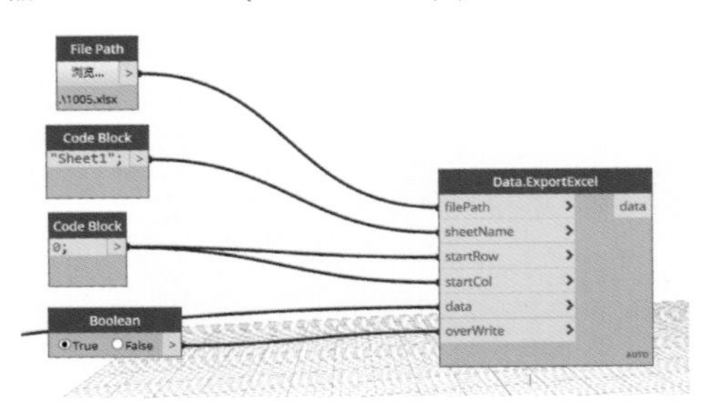

图 4. 2-103　输入 Excel 中

	A	B	C	D	E	F
1	类型 ID	类型	底部高程	顶部高程	工作集	
2	Family Type: 2	Family Ty	-1650	-750	799	
3	Family Type: 2	Family Ty	-1650	-750	799	
4	Family Type: 2	Family Ty	-1650	-750	799	
5	Family Type: 2	Family Ty	-1550	-750	799	
6	Family Type: 2	Family Ty	-1250	-750	799	
7	Family Type: 2	Family Ty	-1250	-750	799	
8	Family Type: 2	Family Ty	-1250	-750	799	
9	Family Type: 2	Family Ty	-1250	-750	799	
10	Family Type: 2	Family Ty	-1250	-750	799	

图 4. 2-104　输出结果

3. 处理 CAD 图纸的重要节点

（1）文字处理有关节点。获取 CAD 图纸上的文字，可以使用 BimorphNodes 中的 CADTextData. FromLayers 节点（图 4. 2-105）。

获取了 CADTextData 后，可以接着查询文字的内容、位置等信息。

（2）图块处理有关节点。获取图块需要使用 GeniusLoci 节点包下的 CAD Block 节点（图 4. 2-106）

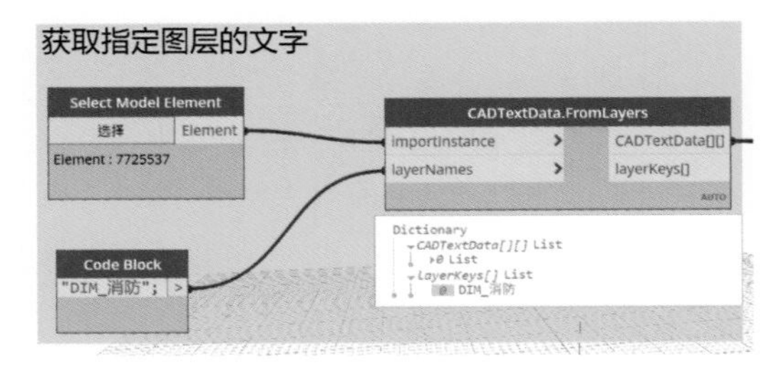

图 4. 2-105　获取 CAD 图纸上的文字

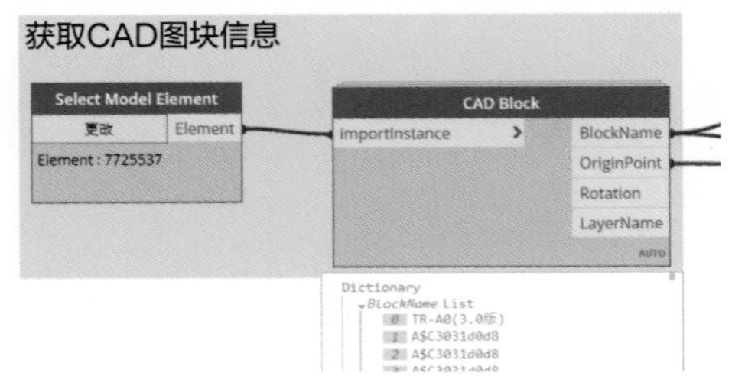

图 4. 2-106　CAD Block 节点

（3）获取 CAD 上的线。需要使用 BimorphNodes 中的 CAD. CurvesFromCADLayers 节点。

Q77 处理族类别和族实例需要哪些节点

1. 族类别、族、族类型、族实例之间的关系

如图 4. 2-107 所示，图元在 Revit 中的层级为族类别——→族——→族类型——→族实例。

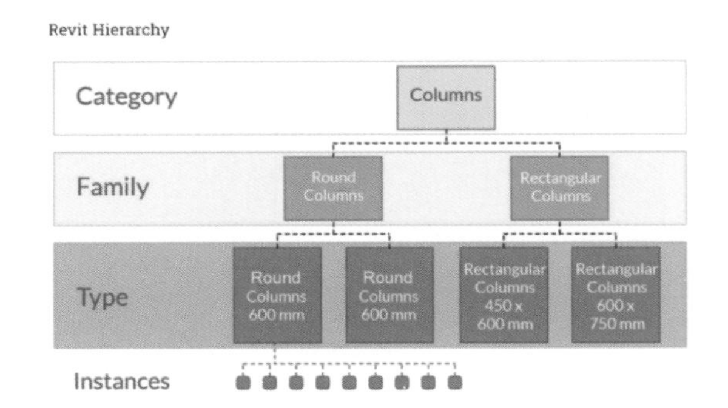

图 4. 2-107　族类别、族、族类型、族实例之间的关系

选中构件时，属性栏上方就是构件的族类别（图 4.2-108）。

单击“编辑类型”，可以查询当前构件的族和族类型（图 4.2-109）。

族实例是指模型中的实体。

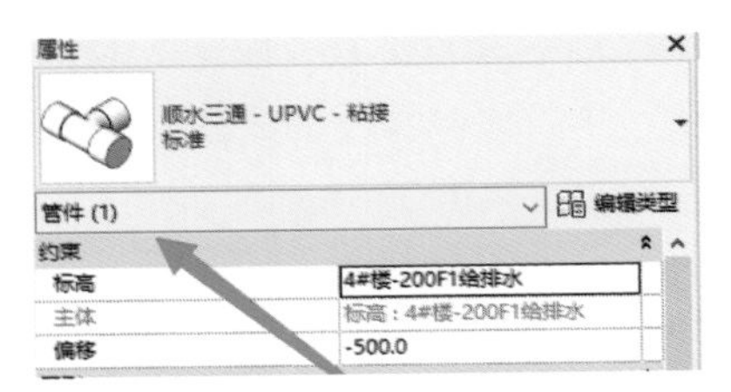

图 4.2-108 族类别

2. 有关节点

（1）获取某个族下所有族类别的节点，见图 4.2-110。

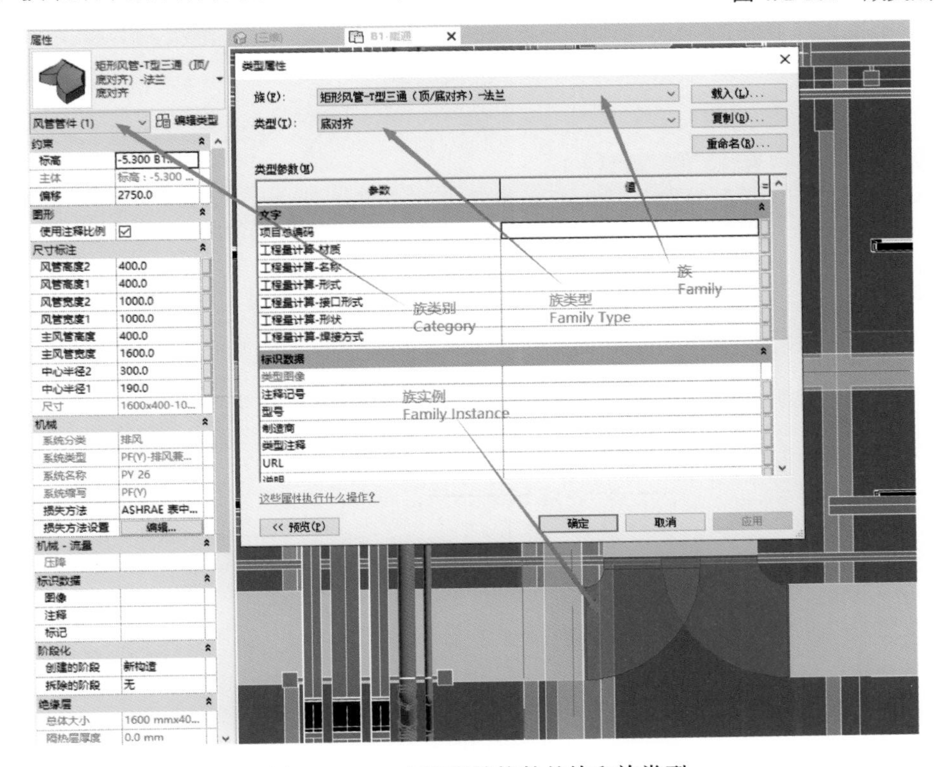

图 4.2-109 查询当前构件的族和族类型

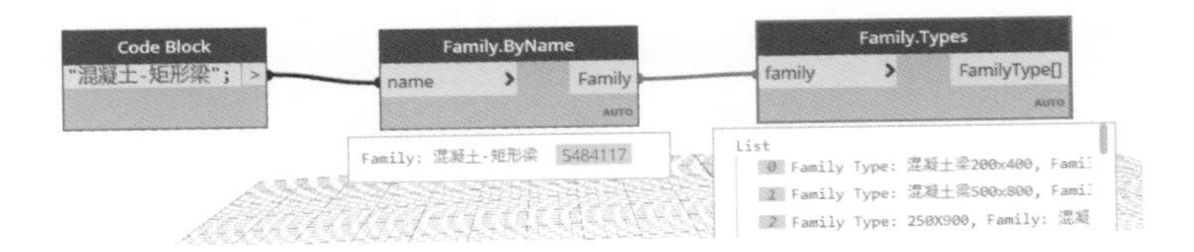

图 4.2-110 获取某个族下所有族类型的节点

（2）获取某个族类型下所有族实例的节点，见图 4.2-111。

（3）获取族类型所在的族的节点，见图 4.2-112。

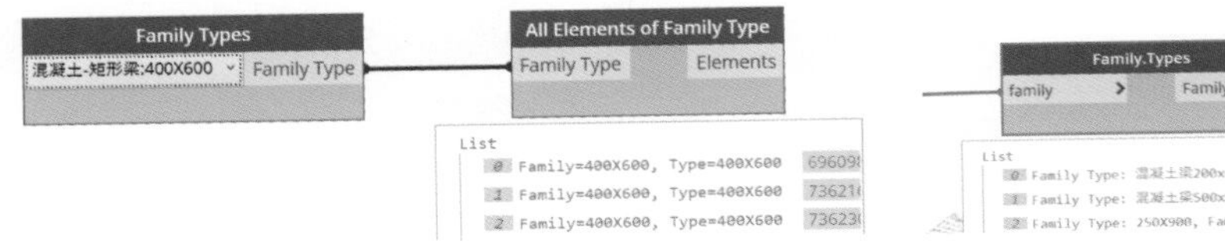

图 4.2-111 获取某个族类型下所有族实例的节点

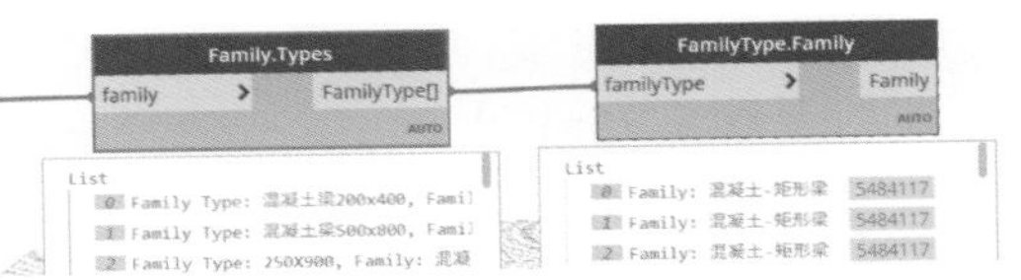

图 4.2-112 获取族类型所在的族的节点

（4）根据名称获取族类别的节点。因为不同族下面的族类别的名字可能相同（比如闸阀和蝶阀下可能都有一个“65mm”的族类别），推荐使用 FamilyType. ByFamilyAndName 节点。

（5）与标高有关的节点，见图 4. 2-113。

（6）获取族类别下所有族和族类型的节点，可使用 ClockWork 节点包下的 All Families Of Category 和 All Family Types Of Category 节点。

（7）与族实例的属性有关的节点，见图 4. 2-114。

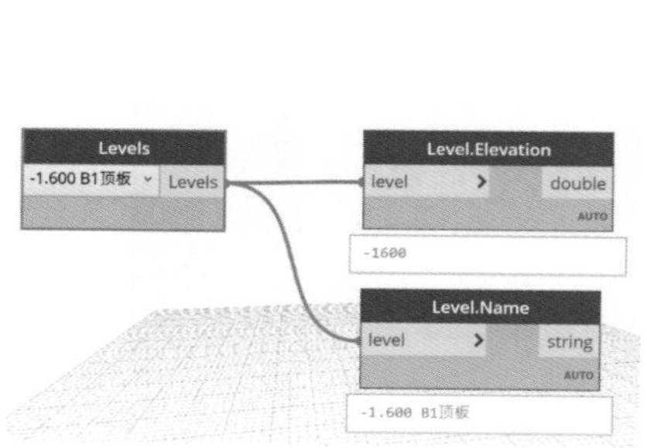

图 4. 2-113　与标高有关的节点

图 4. 2-114　与族实例的属性有关的节点

（8）放置族实例的节点，主要有以下三个，见图 4. 2-115。

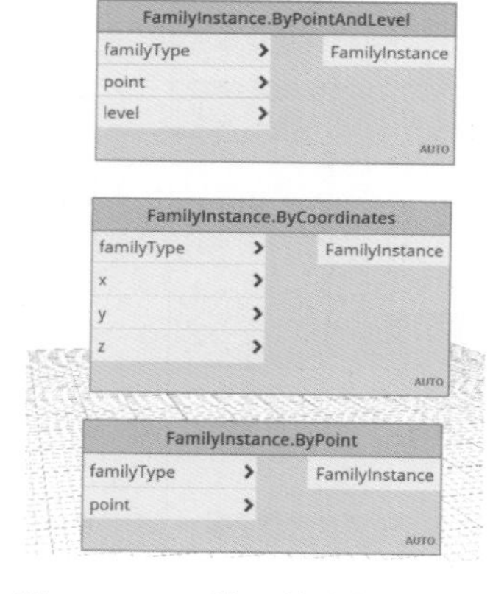

图 4. 2-115　放置族实例的节点

Q78 有哪些与几何计算相关的节点

1. 点、线、向量、坐标系有关节点

（1）Point. ByCoordinate 节点，用于在 Dynamo 空间中新建点。其连缀方式默认为最短，如图 4. 2-116 所示，右下角生成了 6 个点。

最长连缀（图 4. 2-117），右下角生成 10 个点。

叉积，见图 4. 2-118。

（2）Point. Origin 节点（图 4. 2-119），为返回 dynamo 中的原点。

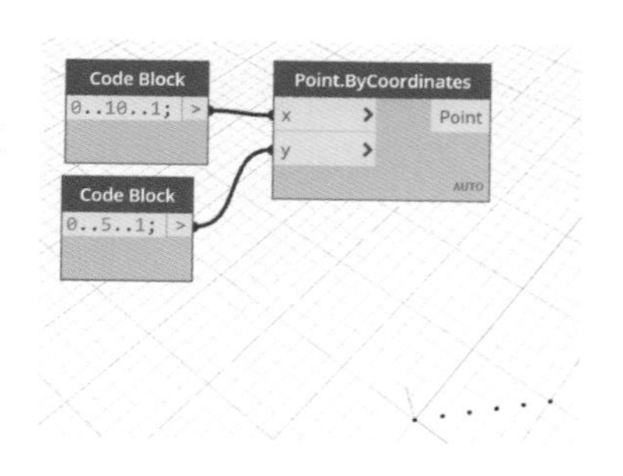

图 4. 2-116　Point. ByCoordinate 节点

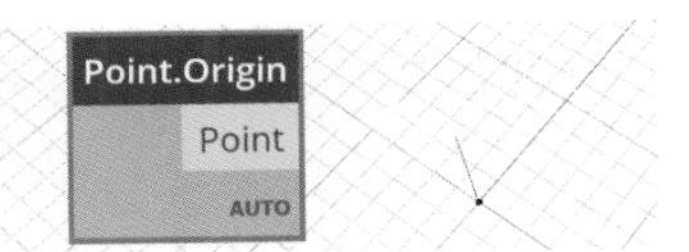

图 4. 2-117　最长连缀

图 4. 2-118　叉积

图 4. 2-119　Point. Origin 节点

（3）Point. x、Point. y、Point. z 返回点的 x、y、z 值，见图 4. 2-120。

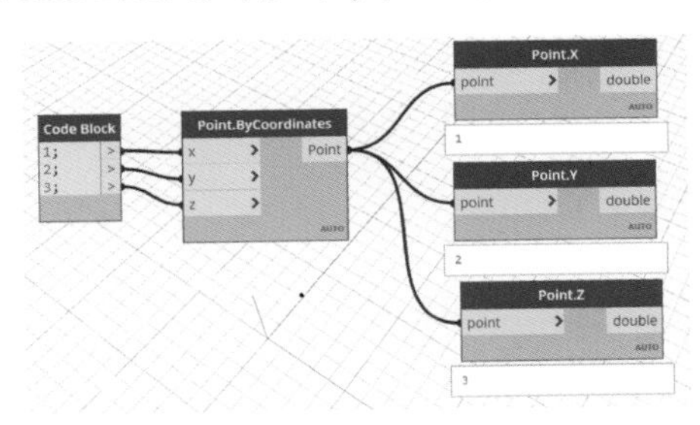

图 4. 2-120　返回点的 x、y、z 值

（4）Geometry. Translate 可以用于各种图元的移动，如图 4. 2-121 中点 1 向 Z 轴正向偏移了 10 个单位，生成了点 2。

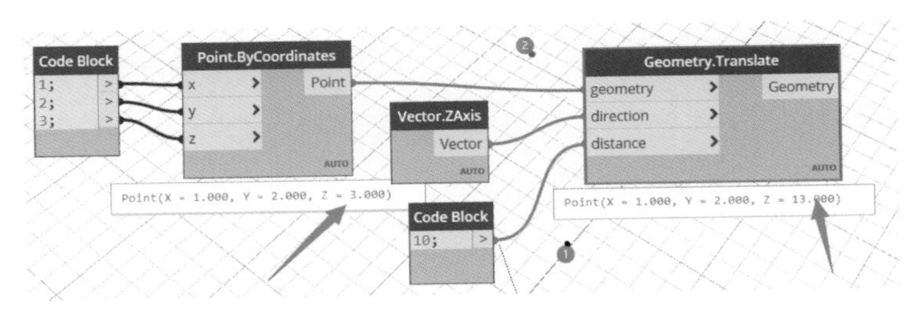

图 4. 2-121　Geometry. Translate 节点

应注意：Geometry. Translate 需要指示方向的向量。

（5）向量生成节点，见图 4. 2-122。

（6）向量间角度计算，见图 4. 2-123。

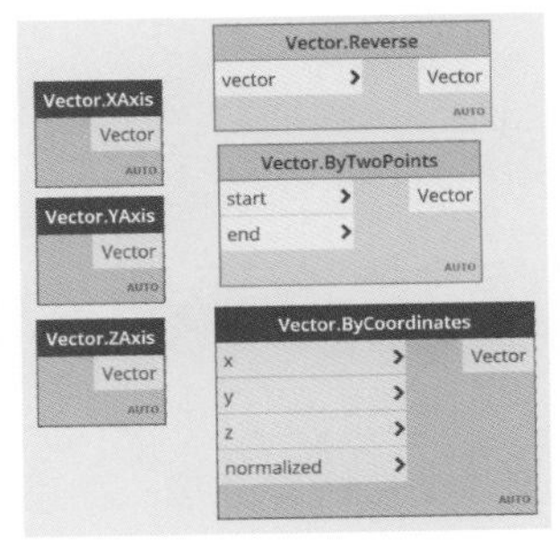

图 4. 2-122　向量生成节点

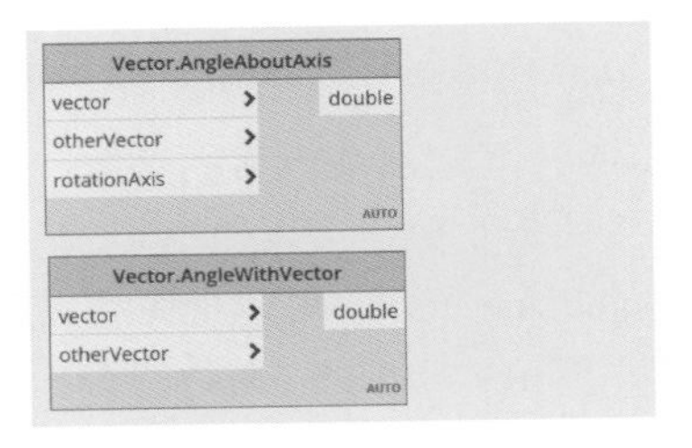

图 4. 2-123　向量间角度计算

（7）Geometry. DistanceTo 返回两个图元之间的距离，见图 4. 2-124。

（8）布置自适应构件族节点 AdaptiveComponent. ByPoints。

（9）与坐标系有关的节点。

使用本地坐标系的节点，见图 4. 2-125。

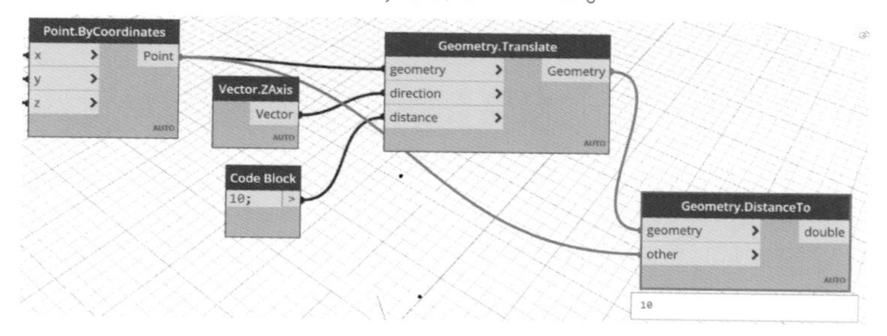

图 4. 2-124　返回两个图元之间的距离

图 4. 2-125　本地坐标系

新建圆柱坐标系节点，见图 4. 2-126。

新建球坐标系节点，见图 4. 2-127。

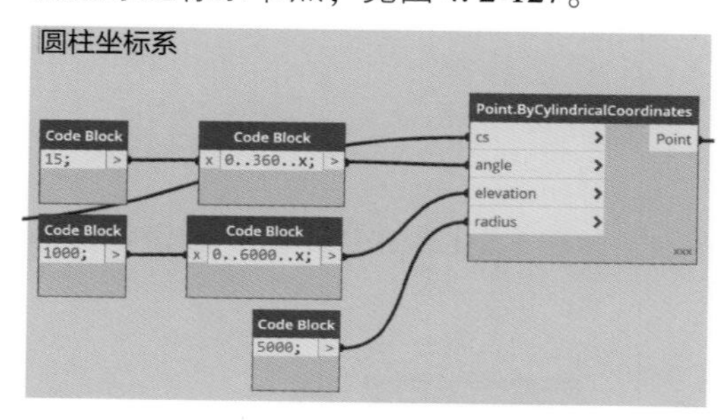

图 4. 2-126　圆柱坐标系

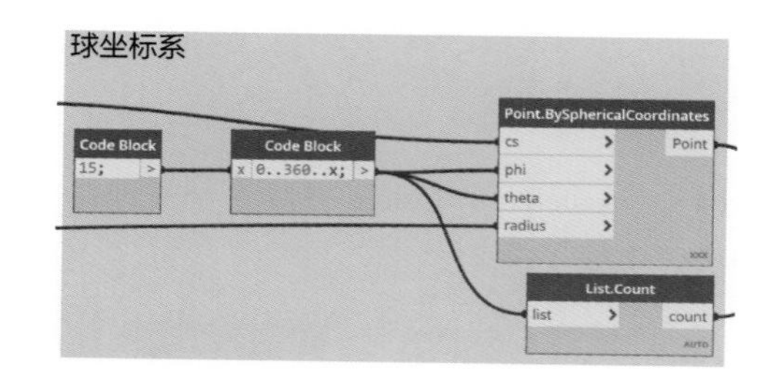

图 4. 2-127　球坐标系

由点生线的节点，见图 4. 2-128。

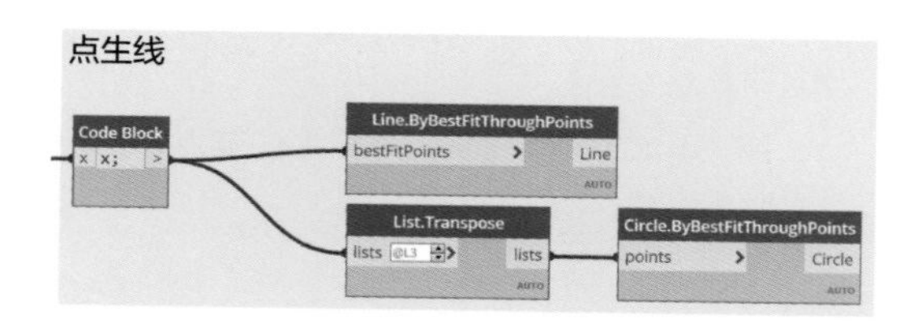

图 4. 2-128　由点生线节点

2. 与边和曲线有关的节点

选择与边和曲线有关的节点，不仅可以从 Revit 中选取模型图元，还可以选取模型上的点、线、面（图 4. 2-129）。

Element. Geometry 可以获取元素的实体，图 4. 2-130 左侧为一墙体在 Dynamo 空间中的实体。

当曲线在一个平面上时，可以使用 Curve. Offset 节点偏移曲线。

Curve. PullOntoPlane 节点，可以把曲线投影到给定的平面上。

延长曲线节点 Curve. Extend，通过选择一个端点，延长曲线一定长度。如果知道曲线的起始点，还可以使用 Curve. ExtendStart 和 Curve. ExtendEnd 节点。

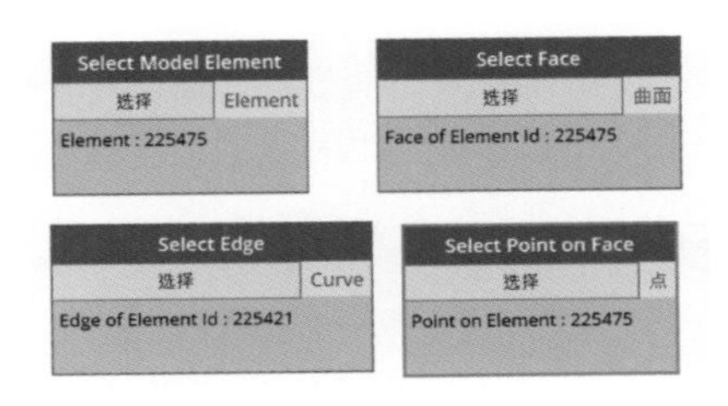

图 4. 2-129　选取模型上的点、线、面

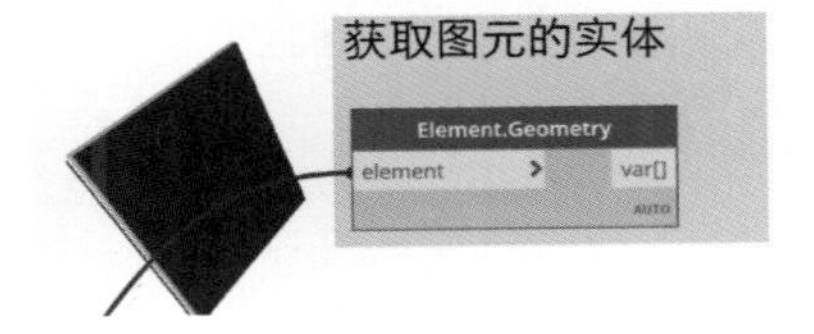

图 4. 2-130　获取元素的实体

划分曲线节点 Curve. PointAtParameter。给定一组从 0 到 1 的数列（0 代表起点，1 代表终点，中间数字代表点和起点距离与曲线长度的比例），该节点能将曲线按照数列中数字的比例划分线段，生成点。图 4. 2-131 和图 4. 2-132 中，根据给定的曲线和最大间距，可以找到线段的等分点和点上的曲线法线。Curve. NormalAtParameter 节点用于返回点上的法向量。

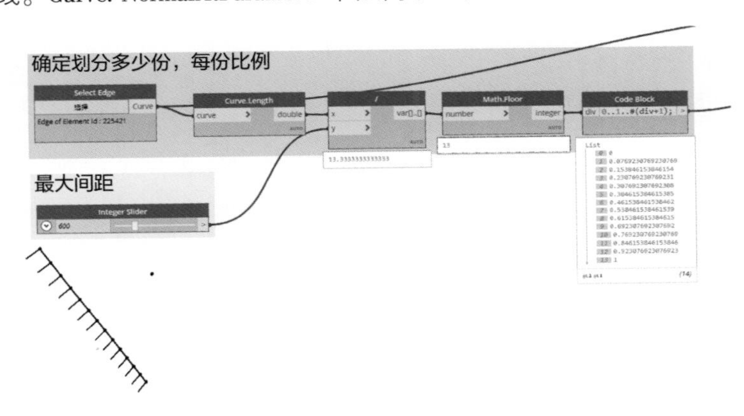

图 4. 2-131　确定划分线段数量

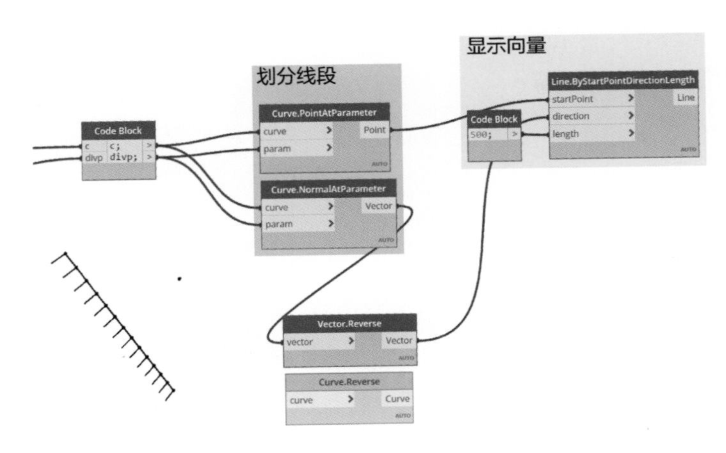

图 4. 2-132　显示向量

Curve. Reverse 节点用于改变曲线的起点和终点方向。

上例均分曲线，也可以使用 Curve. PointsAtEqualSegmentLength 节点，见图 4. 2-133。

Segmentlength 代表曲线上的一点和曲线起点之间的曲线长度。

和 SegmentLength 相关的节点还有 Curve. PointAtSegmentLength 节点，参见图 4. 2-134 中所示。

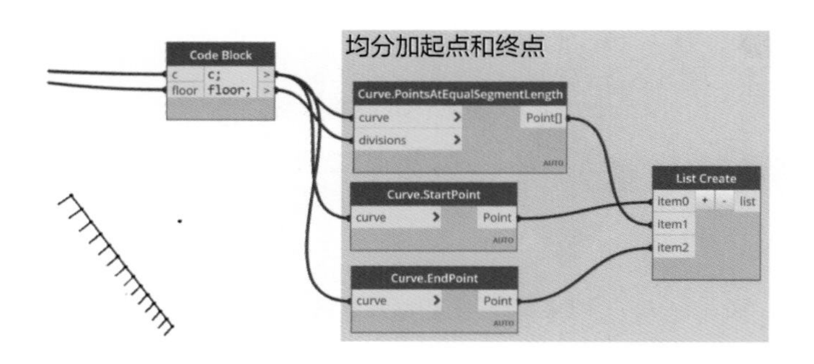

图 4. 2-133　Curve. PointsAtEqualSegmentLength

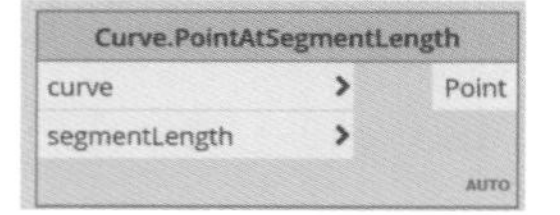

图 4. 2-134　Curve. PointAtSegmentLength 节点

该节点返回对应长度的曲线上的点，这个点和曲线起点之间的曲线长度等于我们给出的 Segment Length。

Dynamo 中还有一些节点名字中带 Chord Length，Chord Length 表示曲线上的弦长，即两点之间线段的长度。Chord length 和 Segment Length 区别如图 4. 2-135 所示。

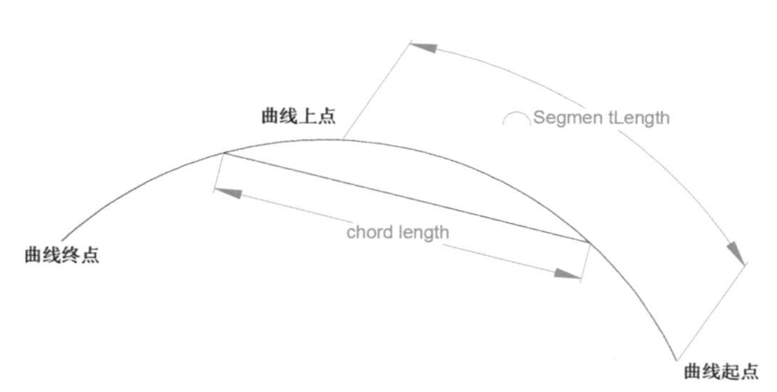

图 4. 2-135　Chord Length 和 Segment Length 区别

闭合曲线节点 Curve. Patch，类似我们在 CAD 中闭合多线段。Curve. IsClose 用于判断曲线是否是闭合的。

3. 处理面和实体的相关节点

（1）与面有关的节点。由点生成面的节点为 Surface. ByPerimeterPoints，Perimeter 单词中文意思是边界，通过 Surface. PerimeterCurves 节点可以获取一个面边线的集合（图 4. 2-136）。

PolyCurve. ByJoinedCurves 可以通过相互连接的曲线生成多线段见图 4. 2-137。

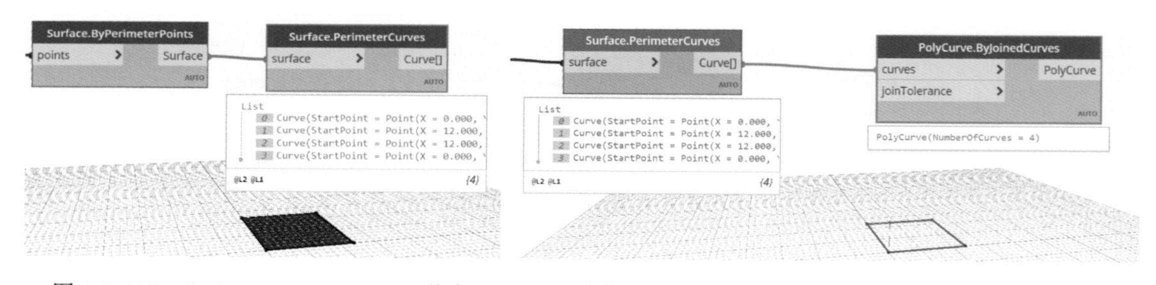

图 4. 2-136　Surface. PerimeterCurves 节点　　　图 4. 2-137　通过相互连接的曲线生成多线段

闭合的曲线可以通过 Surface. ByPatch 节点来生成面，见图 4. 2-138。

Surface. Area 和 Surface. Perimeter 节点用来查询面积和周长，见图 4. 2-139。

Surface 指的是面体的面，是 Dynamo 空间里面的线体、面体里面那个面；Face 指的是实体的面，是点、线、面、体这四种图元中那个面，是具体某个构件上的一面。通过 Face. SurfaceGeometry 节点可以把 Revit 模型中的面转化到 Dynamo 中。图 4. 2-140 展示了导入一个风管的 6 个面到 Dynamo 中的步骤。

也可以使用 Element. Faces 节点直接获取 Surface（图 4. 2-141）。

图 4. 2-138　Surface. ByPatch 节点

图 4. 2-139　查询面积和周长

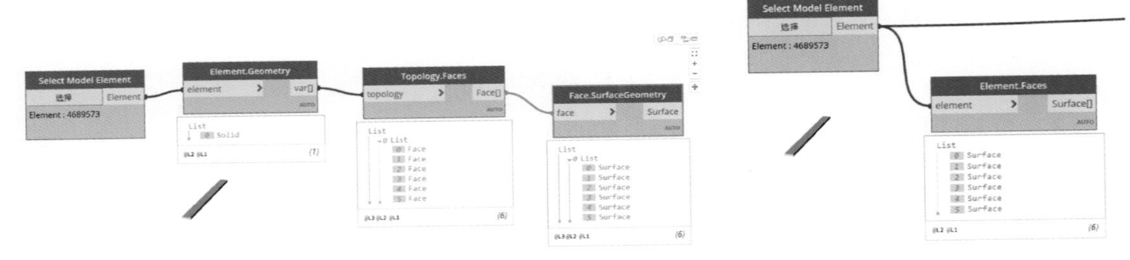

图 4. 2-140　导入一个风管的 6 个面到 Dynamo 中

图 4. 2-141　Element. Faces 节点

PolySurface. BySolid 节点可以由 Solid 生成的多面 Polysurface，通过 PolySurface. EdgeCount、PolySurface. SurfaceCount、PolySurface. VertexCount 节点获取多面的边数、面数和顶点数量，见图 4. 2-142。

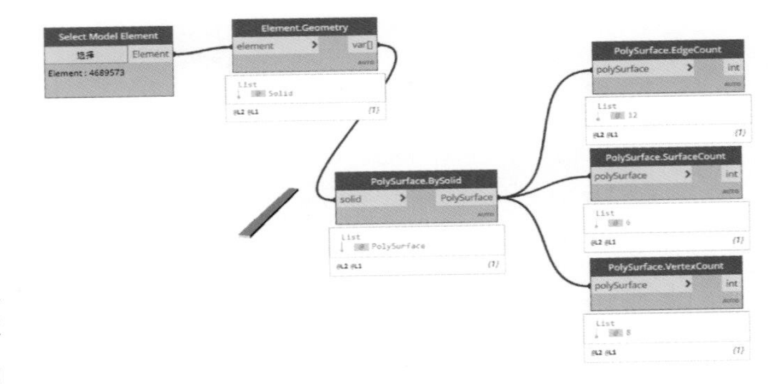

图 4. 2-142　面有关节点

Surface. GetIsoline 节点用于获取曲面 UV 坐标系的坐标线。需要分割曲面时，可以先分割生成的 Isoline，见图 4. 2-143。

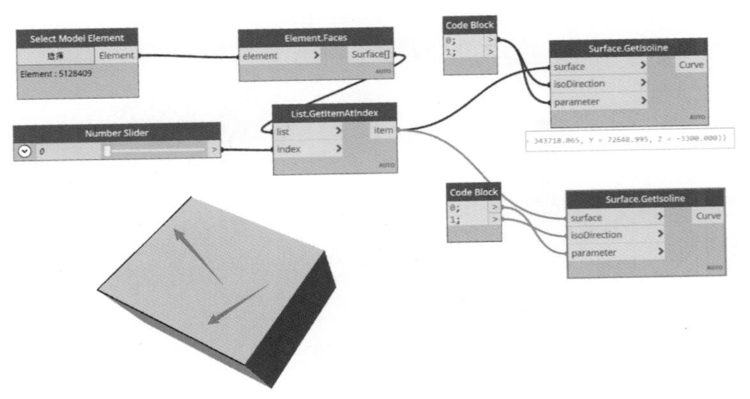

图 4. 2-143　Surface. GetIsoline 节点

Surface. PointAtParameter 节点可以获取面上的点，Surface. NormalAtPoint 节点可用于获取面上

指定点的法向量（图 4. 2-144）。

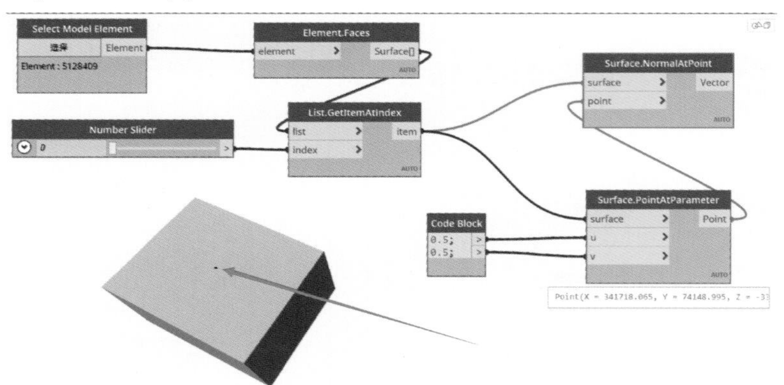

图 4. 2-144　获取面上的点

（2）与调整面有关的节点。Surface. FlipNormalDirection 用于变换面的法线方向；Surface. Offset 用于沿着法线方向偏移曲面；Surface. Thicken 节点通过拉伸生成实体。

（3）与实体有关的节点。与长方体有关的节点：Cuboid. ByLengths 用于生成长方体；Cuboid. Height、Cuboid. Length、Cuboid. Width 用于查询长方体边长；Solid. Area、Solid. Volume、Solid. Centroid 用于获取实体的表面积、体积和质心。

与球体有关的节点，见图 4. 2-145。

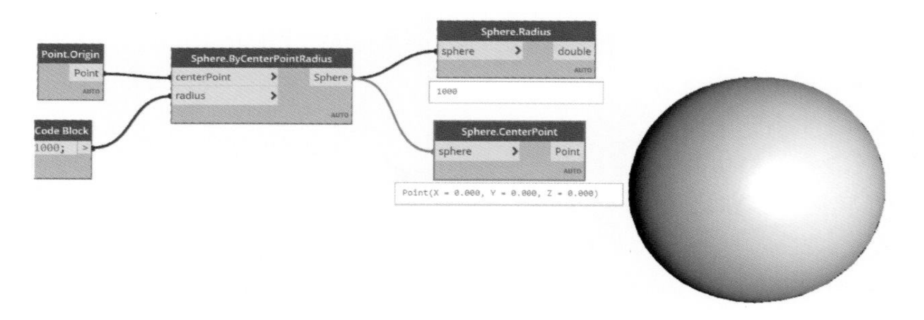

图 4. 2-145　与球体有关的节点

实体在 Dynamo 中使用不同颜色显示的节点 GeometryColor. ByGeometryColor，见图 4. 2-146。

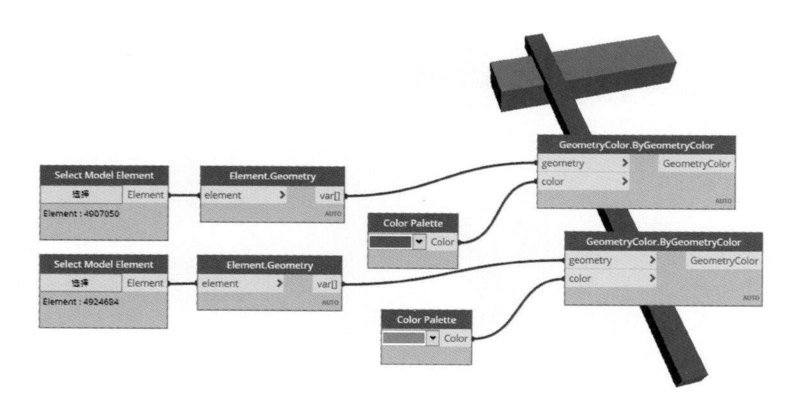

图 4. 2-146　使用不同颜色的节点

实体的合并和求差节点（图 4. 2-147）。Geometry. DoesIntersect 用来判断实体是否相交；Solid. Union 用来获取实体合并的结果；Solid. Difference 用来获取两实体差集。

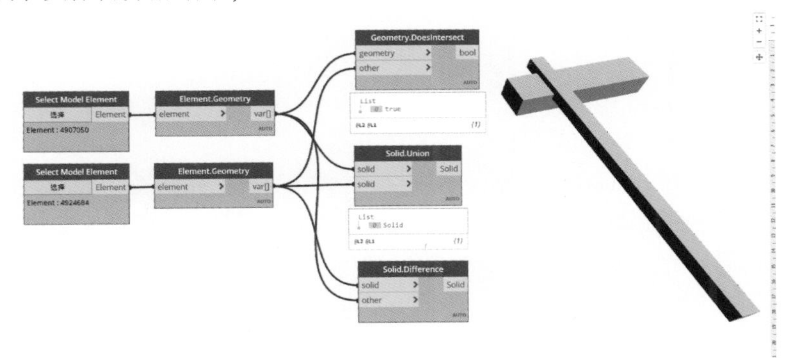

图 4. 2-147　实体的合并和求差节点

ImportInstance. ByGeometry 节点用于将 Dynamo 空间中的实体导入 Revit 模型中（图 4. 2-148、图 4. 2-149）。

图 4. 2-148　Dynamo 空间的图元

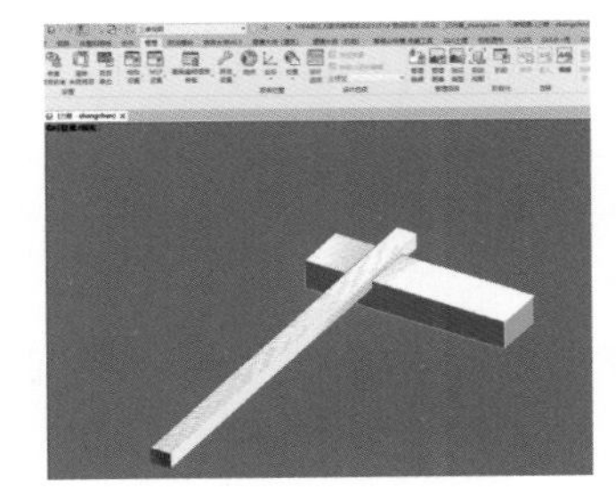

图 4. 2-149　导入 Revit 空间的图元

BounBoundingBox. ByGeometry 节点可以获取实体的范围框，见图 4. 2-150。要注意范围框的两边是和项目中的 *X*、*Y* 轴平齐的，而不是和实体平齐。

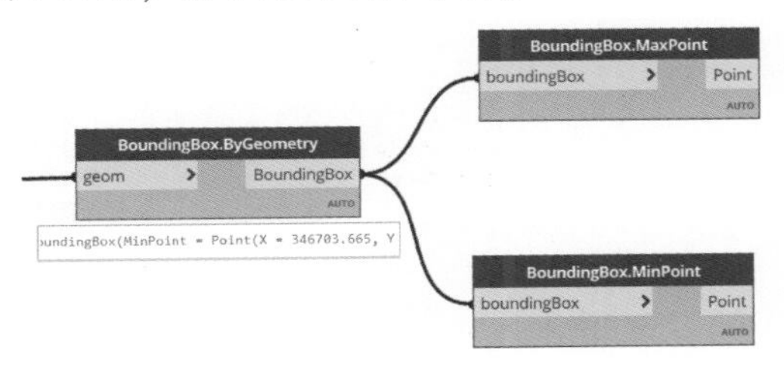

图 4. 2-150　获取实体的范围框

第 3 节　Python 基础

Q79 有哪些与数据类型有关的函数和方法

很多人觉得编程很神秘很复杂，其实不然。我们前面介绍的 Dynamo 就是一种编程方式。

Dynamo 虽然有很多实用的节点，但是毕竟不能百分百覆盖我们需要解决的问题；同时很多 RevitAPI 中的功能，都没有对应的节点。利用 Python 结合 Dynamo，基本能解决上述问题。学习 Python 的好处有：

能使用循环、遍历等方法处理大量图元，不用编写很多节点。

能更灵活地处理 Dynamo 中的列表。

能调用 API 的方法，实现更多功能。

本书只介绍 Python 和 Dynamo 结合使用需要的最基本知识，并配备了大量的例子进行讲解，即使读者一时记不住，也可以在需要的时候随时查询，所以完全没有必要害怕学习编程语言。

建议读者下载 Thonny，对本节例子进行练习。

1. 数据类型

在 Python 中，数据都是对象，有不同的类别，如图 4.3-1 所示。

int 是整数类型，float 是浮点数，可以理解为带小数的数字。

bool 代表布尔值，就是真和假。注意 Python 中真为 True，假为 False；两者首字母都是大写的。str 代表字符串，我们前面在 Dynamo 中也经常使用。list 是列表。不同的数据类型占用的内存大小不一样。

Integers	int	1
Floats	float	1.5
Booleans	bool	True
Strings	str	“text”
Lists	list	[a,b,c]
Others	varies	varies

图 4.3-1　数据类别

2. 变量

给变量赋值的语法：

变量 = 值，如图 4.3-2 所示。

值存在内存中，变量就是内存的地址。

3. 函数

（1）显示变量内容的函数为：print（变量），如图 4.3-3 所示。

运行结果见图 4.3-4。

```
111.py
1 my_int=10
2 my_float=10.5
3 my_string="song san"
4 my_bool=True
5 my_list=[1,2,3,4]
```

图 4.3-2　给变量赋值的语法

```
111.py
1 my_int=10
2 my_float=10.5
3 my_string="song san"
4 my_bool=True
5 my_list=[1,2,3,4]
6
7 print(my_int)
8 print(my_float)
9 print(my_string)
10 print(my_bool)
11 print(my_list)
```

图 4.3-3　显示变量内容

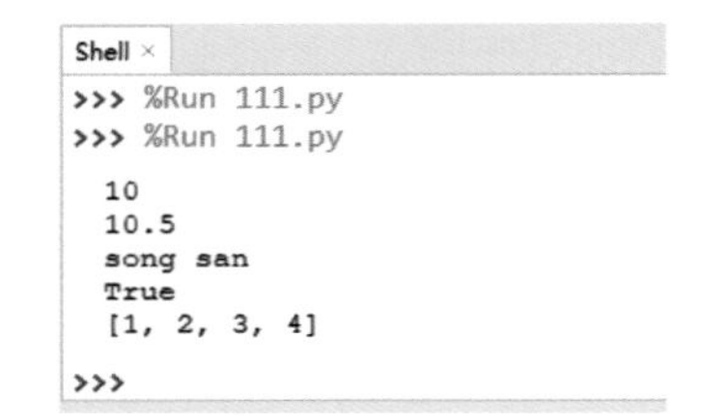

图 4.3-4　运行结果

（2）查询变量类型的函数为 type（变量），见图 4.3-5。

```
111.py
1 my_int=10
2 my_float=10.5
3 my_string="song san"
4 my_bool=True
5 my_list=[1,2,3,4]
6
7 my_type=type(my_string)
8
9 print(my_string)
10 print(my_type)
```

图 4.3-5　查询变量类型

运行结果见图 4. 3-6。

```
Shell ×
>>> %Run 111.py

  song san
  <class 'str'>
```

图 4. 3-6　运行结果

（3）数据类别转化函数 class（变量），class 为相应的数据类别（图 4. 3-7）。运行结果见图 4. 3-8。

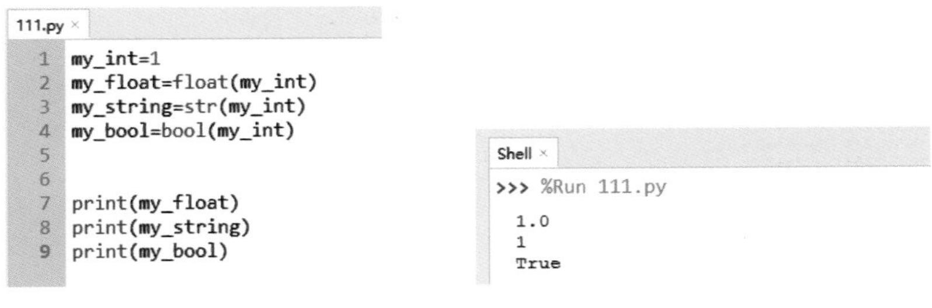

图 4. 3-7　数据类别转化　　　　图 4. 3-8　运行结果

（4）算数运算符

加	+	取整数除法	//
减	-	指数运算	* *
乘	*	求余数	%
除	/		

（5）逻辑运算符

等于	= =	大于等于	> =
不等于	! =	小于等于	< =
大于	>	逻辑和运算	and
小于	<	逻辑或运算	or
逻辑非运算	not ()		

〔**举例**〕逻辑运算示例见图 4. 3-9。

```
111.py ×
 1  my_bool=(3==4)
 2  print(my_bool)
 3
 4  not_bool=not(my_bool)
 5  print(not_bool)
 6
 7  or_bool=my_bool or not_bool
 8  print(or_bool)
 9  and_bool=my_bool and not_bool
10  print(and_bool)

Shell ×
>>> %Run 111.py

  False
  True
  True
  False
```

图 4. 3-9　逻辑运算

4. 方法

方法和对象相关，使用方法的语法：对象．方法()。例如，字符串转化大小写的方法见图 4. 3-10。

有的方法需要输入多个变量，比如字符串分段函数 String. Split()，就需要两个变量（图 4. 3-11）。

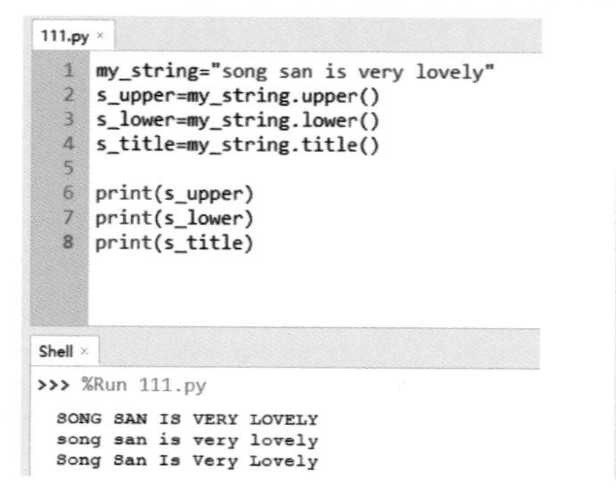

图 4. 3-10　字符串转化大小写

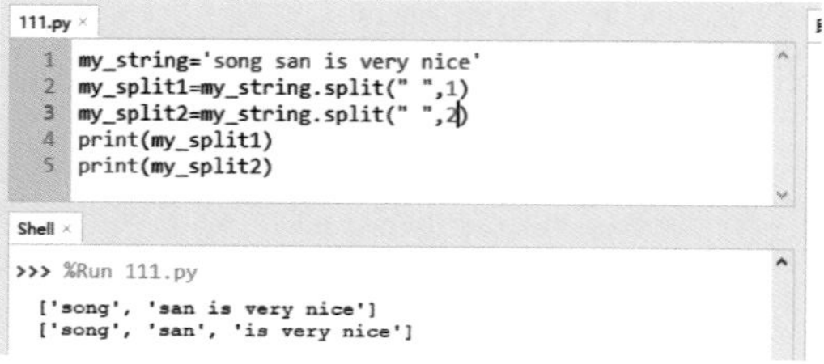

图 4. 3-11　字符串分段函数

可以使用 dir() 函数，以获取对象的所有属性，查询对象包含的方法，见图 4. 3-12。

_ _ doc_ _ 函数会返回对象所有文字说明，注意 doc 前后是两个“_ ”符号，见图 4. 3-13。

图 4. 3-12　dir() 函数

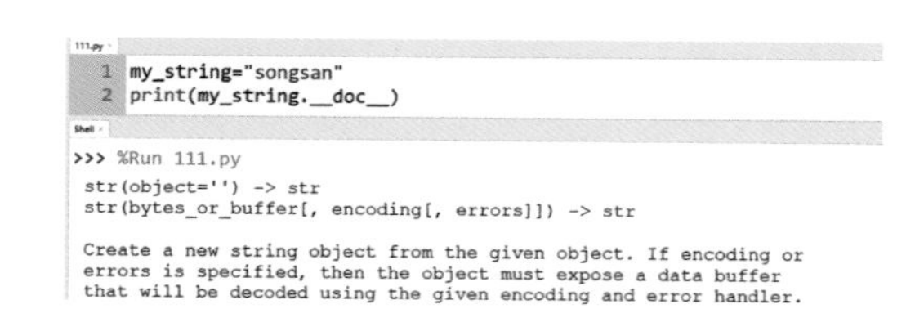

图 4. 3-13　_ _ doc_ _ 函数

定义方法的语法为：

def 方法名字（变量）：

（tab）代码

（tab）代码

（tab）return 结果

示例可参见图 4. 3-14。

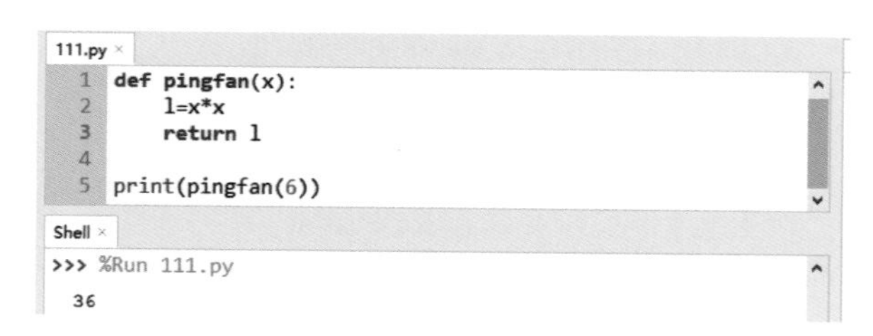

图 4. 3-14　定义方法

Python 中定义方法没有 {}；方法所在的代码的范围是通过 tab 键实现界定的，属于定义方法的代码都应该带上 tab 键，不要和关键字“def”对齐。

定义方法时，可以有多个变量，还可以指定变量默认值，如图 4. 3-15 所示。

定义方法的代码中的变量，称为本地变量，不能被外界调用。

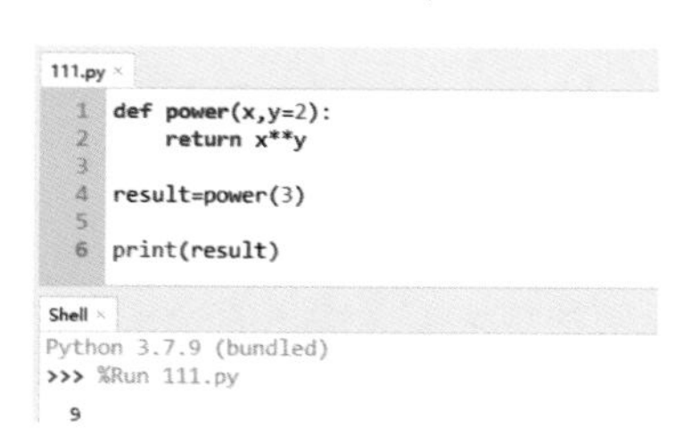

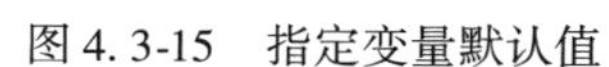

图 4. 3-15　指定变量默认值

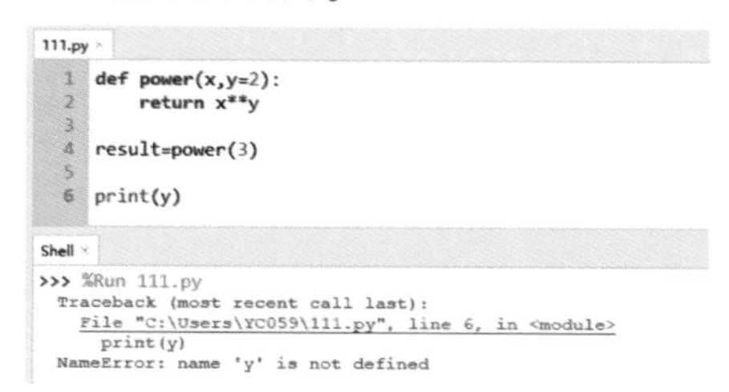

图 4. 3-16　本地变量

如图 4. 3-16 中，y 在方法内被定义，属于方法的本地变量，在方法外部无法访问 y。

Q80 列表和字符串有哪些注意点

1. 列表

（1）新建列表语法：[对象 1，对象 2，对象 3……]，图 4. 3-17 为新建的一个列表，并返回列表的类型。可见列表也是一种数据类型。

还可以新建多级列表，如：[[1，2，3]，[1，2，3]]

（2）列表中元素操作的有关函数。列表中元素索引是从 0 开始的，获取元素的语法为 list [索引值]。如图 4. 3-18 例子中所示，索引值“3”返回列表第 4 位元素。

```
my_list=[1,2,3,4,5]
my_type=type(my_list)
print(my_type)

>>> %Run 111.py
<class 'list'>
```

图 4. 3-17　新建列表

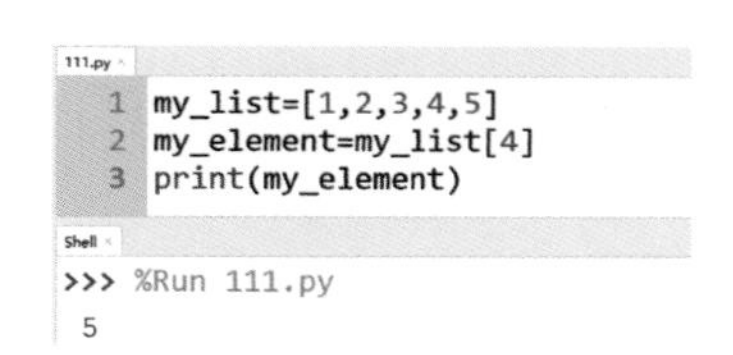

图 4. 3-18　元素索引

多级列表获取元素的语法为 list [索引 1] [索引 2]，如图 4. 3-19 例子所示。

给列表中元素赋值语法：list [索引] =新值，如图 4. 3-20 例子所示。

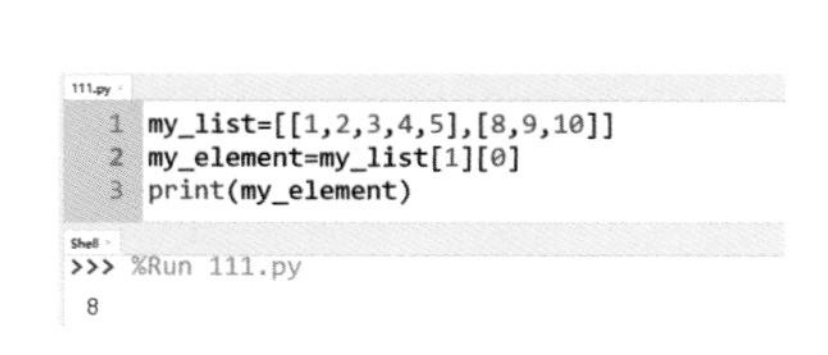

图 4. 3-19　多级列表获取元素

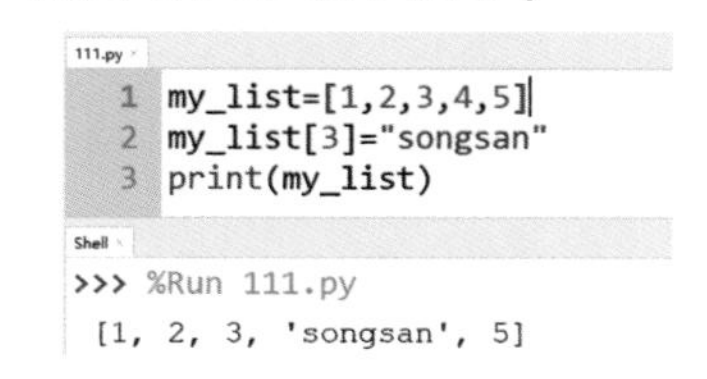

图 4. 3-20　给列表中元素赋值

删除某个索引位置的元素（图 4. 3-21），语法 del（list [索引]）。

为列表添加元素语法：list. append（对象）。这个方法在编程时候经常被使用。例如需要存储符合条件的对象，可以新建一个列表，每个符合条件的元素用这个方法添加到列表中，最后输出列表（图 4. 3-22）。

（3）列表有关函数。获取列表的长度的函数：len（列表），如图 4. 3-23 所示。

```
1 my_list=[1,2,3,4,5]
2 del(my_list[3])
3 print(my_list)
>>> %Run 111.py
 [1, 2, 3, 5]
```

图 4.3-21　删除某个索引位置的元素

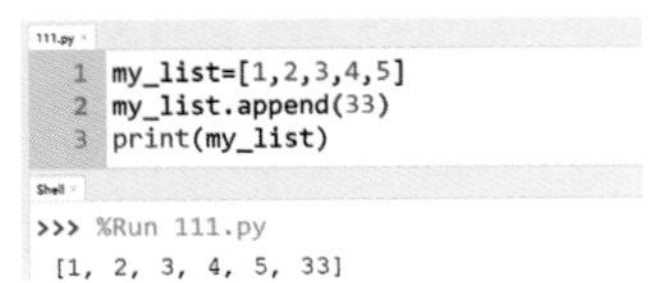

图 4.3-22　为列表添加元素

```
1 my_list=[1,2,3,4,5]
2 my_len=len(my_list)
3 print(my_len)
>>> %Run 111.py
 5
```

图 4.3-23　获取列表的长度

分割列表函数：list［开始：结束］；注意这个方法返回的结束值比输入的少一位，如图 4.3-24 所示。

可以省略开头或结尾值，见图 4.3-25。

替换列表中片段语法 list［片段］＝［新片段］，见图 4.3-26。

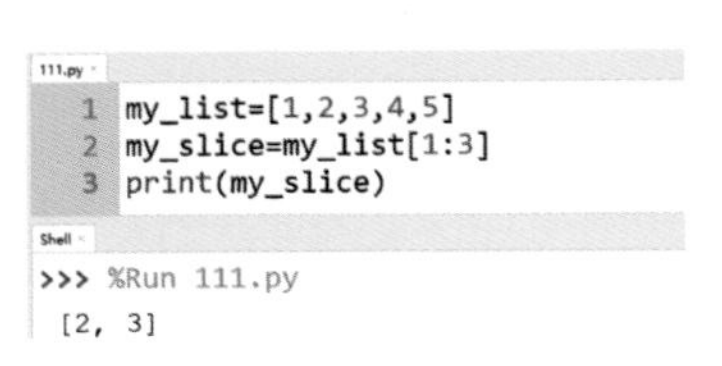

图 4.3-24　分割列表

```
1 my_list=[1,2,3,4,5]
2 my_slice1=my_list[:3]
3 my_slice2=my_list[2:]
4 print(my_slice1)
5 print(my_slice2)
 [1, 2, 3]
 [3, 4, 5]
```

图 4.3-25　省略开头或结尾值

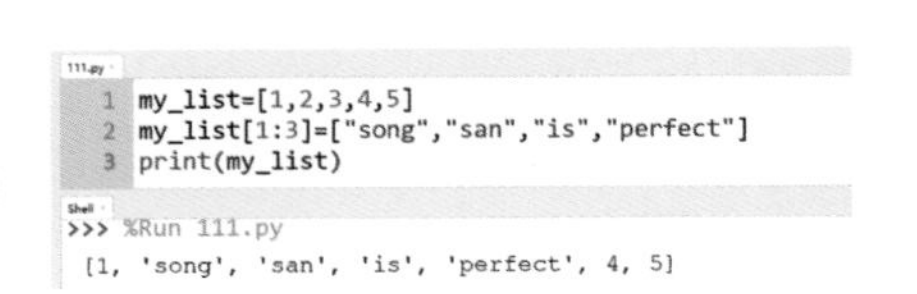

图 4.3-26　替换列表中片段

获取列表每 N 个元素函数：list［开始：结束：间隔］，见图 4.3-27。

构造数列函数：range（开始，结束，步长），见图 4.3-28。

```
1 my_list=[1,2,3,4,5,6,7,8,9,10]
2 my_list2=my_list[0:11:2]
3 print(my_list2)
>>> %Run 111.py
 [1, 3, 5, 7, 9]
```

图 4.3-27　获取列表每 N 个元素

```
1 my_range=range(0,10,2)
2 print(my_range)
3
4 for i in my_range:
5     print(i)
>>> %Run 111.py
 range(0, 10, 2)
 0
 2
 4
 6
 8
```

图 4.3-28　构造数列

获取列表最大值、最小值函数：min()、max()，见图 4.3-29。

列表排序函数：sorted（list，reverse＝bool），见图 4.3-30。

```
1 my_list=[1,2,3,4,5,6,7,8,9,10]
2 my_max=max(my_list)
3 my_min=min(my_list)
4 print([my_max,my_min])
>>> %Run 111.py
 [10, 1]
```

图 4.3-29　获取列表最大值、最小值

```
1 my_list=[1,33,3,45,5,69,77,82,94,10]
2 my_sort=sorted(my_list)
3 my_sortReversed=sorted(my_list,reverse=True)
4 print(my_sort)
5 print(my_sortReversed)
>>> %Run 111.py
 [1, 3, 5, 10, 33, 45, 69, 77, 82, 94]
 [94, 82, 77, 69, 45, 33, 10, 5, 3, 1]
```

图 4.3-30　列表排序

列表倒序函数 reversed（list），注意该函数操作之后的数据类型为“list_reverseiterator”，必须重新转换为列表数据类型，见图 4.3-31。

获取某个元素的索引：list. index（对象），见图 4.3-32。

计算元素在列表中出现次数：list. count（对象），见图 4.3-33。

注意不同名称可能指向同一个内存地址上的列表，如图 4.3-34 所示，my_list1 添加一个元素

后，my_list 也添加了一个元素。第 3 行的等号表示 my_list2 和 my_list1 指向内存中相同的列表。如果需要复制一个列表，则应新建一个空列表，然后把旧列表中的元素依次添加到新列表中。

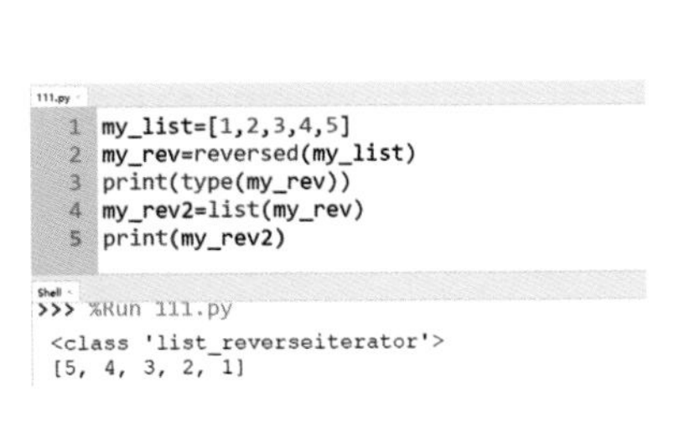

图 4.3-31 重新转换为列表

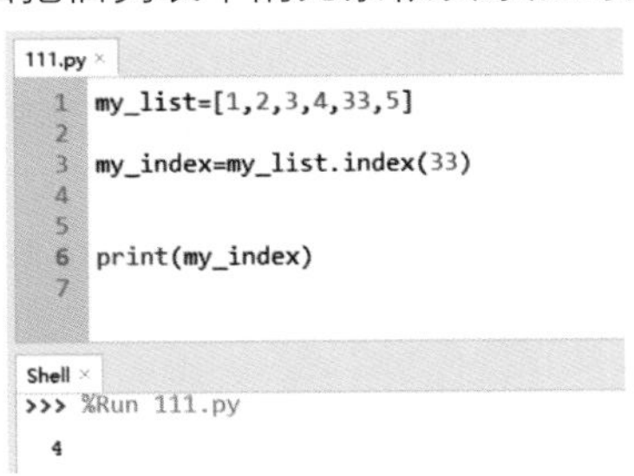

图 4.3-32 获取某个元素的索引

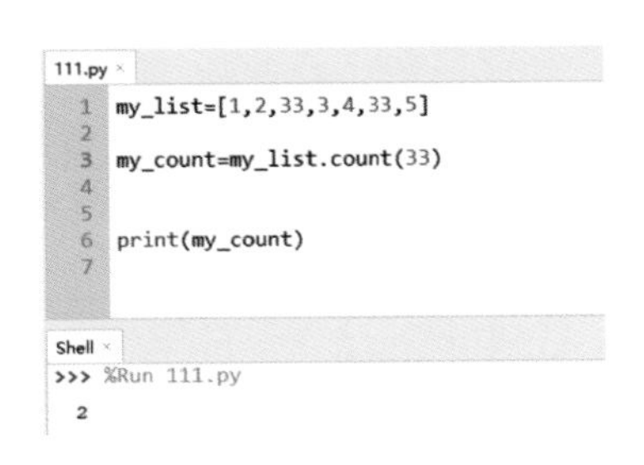

图 4.3-33 计算元素在列表中出现次数

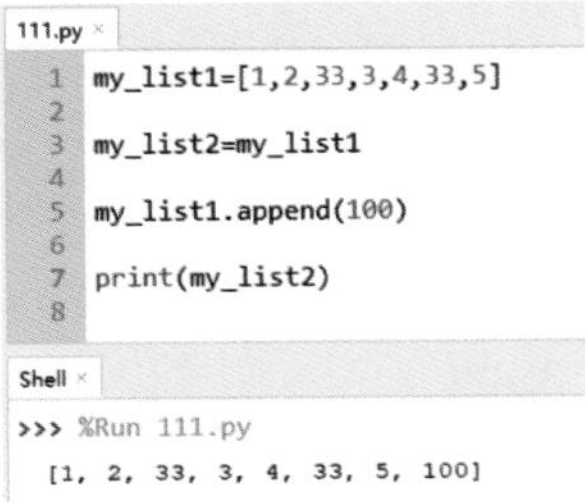

```
111.py
1 my_list1=[1,2,33,3,4,33,5]
2
3 my_list2=my_list1
4
5 my_list1.append(100)
6
7 print(my_list2)
8
Shell
>>> %Run 111.py
[1, 2, 33, 3, 4, 33, 5, 100]
```

图 4.3-34 不同名称指向同一个内存地址上的列表

（4）字典。字典（图 4.3-35）和列表很像，用 {} 代替列表的 [ ]，字典可以存储关键值 Key。关键值是唯一的，关键值对应的 Value 可以重复：

列表中的元素不能直接相加，如图 4.3-36 所示。

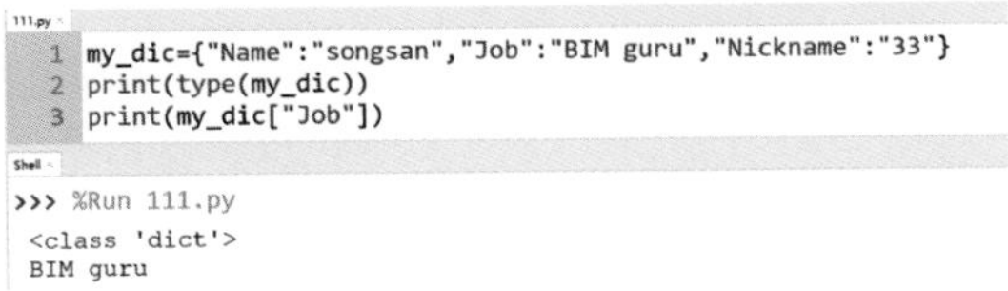

```
111.py
1 my_dic={"Name":"songsan","Job":"BIM guru","Nickname":"33"}
2 print(type(my_dic))
3 print(my_dic["Job"])
Shell
>>> %Run 111.py
<class 'dict'>
BIM guru
```

图 4.3-35 字典

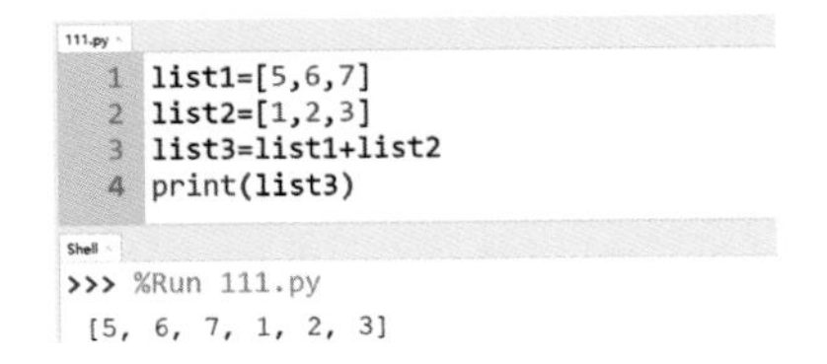

图 4.3-36 列表中的元素不能直接相加

2. String 有关方法

字符串 String 也是一种数据类型，字符串可以用双引号或单引号表示，见图 4.3-37。

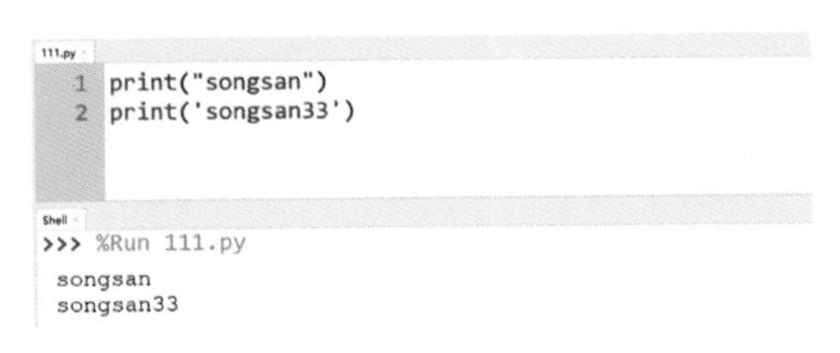

图 4.3-37 字符串 String

Python 中有一些功能可以用特殊字符代替，如需要换行时，可以使用“\n”。其他转义符见表 4.3-1。

表 4. 3-1　Python 中的转义符

\（在行尾时）	续行	\ "	双引号
\ \	斜杠符号符	\ b	退格
\ '	单引号	\ r	回车

转换对象为字符串方法：str（对象），见图 4. 3-38。

表示文件夹路径语法：r "字符串"，加 r 前，见图 4. 3-39。

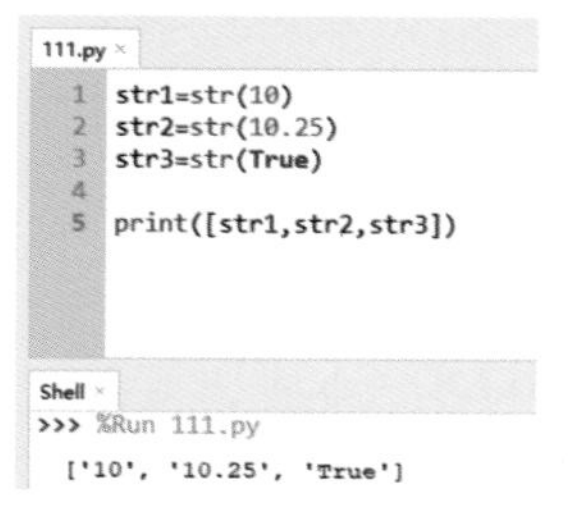

图 4. 3-38　转换对象为字符串

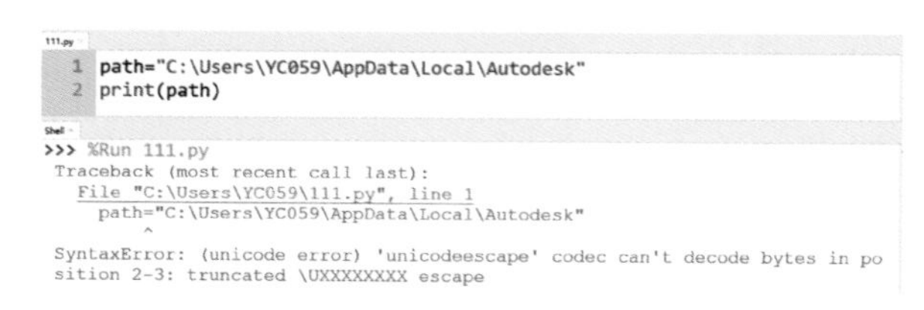

图 4. 3-39　加 r 前

加 r 后见图 4. 3-40。

字符串获取子字符串的方法和列表类似，见图 4. 3-41。

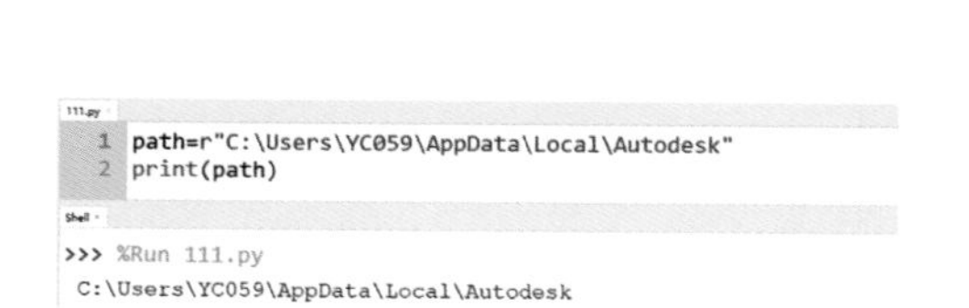

图 4. 3-40　加 r 后

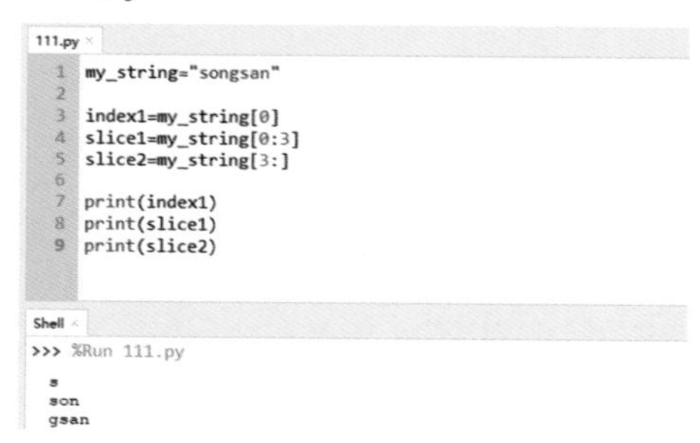

图 4. 3-41　获取子字符串

字符串长度函数：len（字符串），见图 4. 3-42。

字符串大小写转换函数如图 4. 3-43 所示。

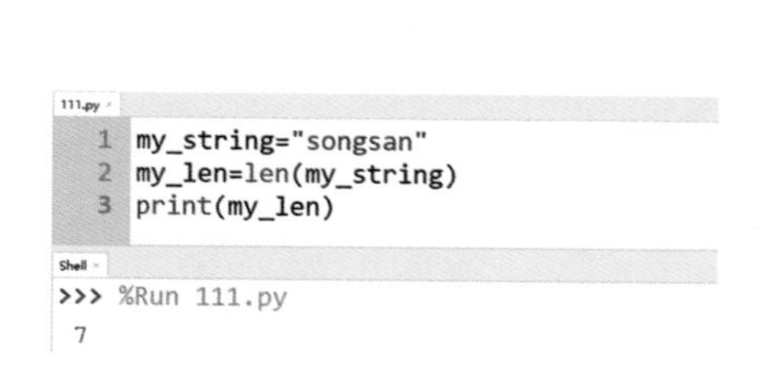

图 4. 3-42　字符串长度

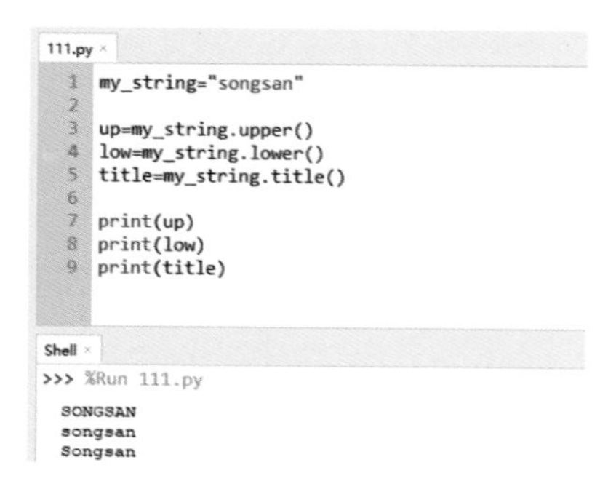

图 4. 3-43　大小写转换

字符串反转函数：string［::　-1］，见图 4. 3-44。

寻找子字符串函数：find()，见图 4. 3-45。

```
111.py
1 my_string="songsan"
2 reverse=my_string[::-1]
3 print(my_string)
Shell
>>> %Run 111.py
songsan
```

图 4.3-44　字符串反转

```
111.py
1 my_string="songsan is a BIM guru"
2 there=my_string.find("BIM")
3 print(my_string)
4 print(there)
Shell
>>> %Run 111.py
songsan is a BIM guru
13
```

图 4.3-45　寻找子字符串

统计子字符串出现次数函数：count()，该函数是区分大小写的，见图 4.3-46。

字符串替换函数：replace()，见图 4.3-47。

```
111.py
1 my_string="songsan is a BIM guru"
2 there=my_string.count("s")
3 print(my_string)
4 print(there)
Shell
>>> %Run 111.py
songsan is a BIM guru
3
```

图 4.3-46　统计子字符串出现次数

```
111.py
1 my_string="songsan is a BIM guru"
2 there=my_string.replace("BIM","dancing",1)
3 print(my_string)
4 print(there)
Shell
>>> %Run 111.py
songsan is a BIM guru
songsan is a dancing guru
```

图 4.3-47　字符串替换

合并字符串方法：+，见图 4.3-48。

列表中的字符串可以用 join() 方法合并成一个字符串，见图 4.3-49。

```
111.py
1 str1="songsan "
2 str2="is very good at "
3 str3="dancing"
4 my_string=str1+str2+str3
5 print(my_string)
Shell
>>> %Run 111.py
songsan is very good at dancing
```

图 4.3-48　合并字符串

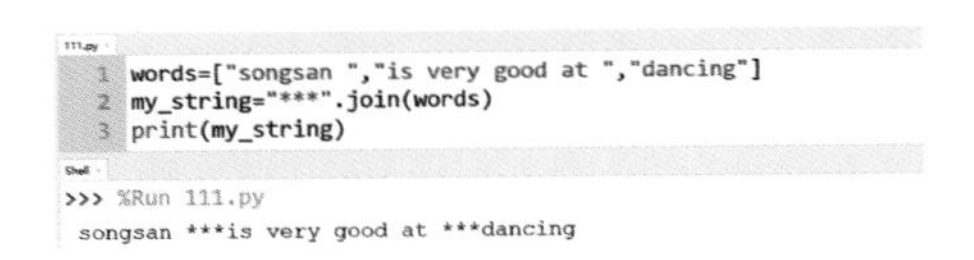

```
111.py
1 words=["songsan ","is very good at ","dancing"]
2 my_string="***".join(words)
3 print(my_string)
Shell
>>> %Run 111.py
songsan ***is very good at ***dancing
```

图 4.3-49　join() 方法

将字符串分解为列表的函数：split()，见图 4.3-50。

数字转字符串，需要使用字符串格式化输出的方法，见图 4.3-51。

```
111.py
1 my_string="songsan is very good at dancing"
2 words=my_string.split(" ",2)
3 print(words)
Shell
>>> %Run 111.py
['songsan', 'is', 'very good at dancing']
```

图 4.3-50　将字符串分解为列表

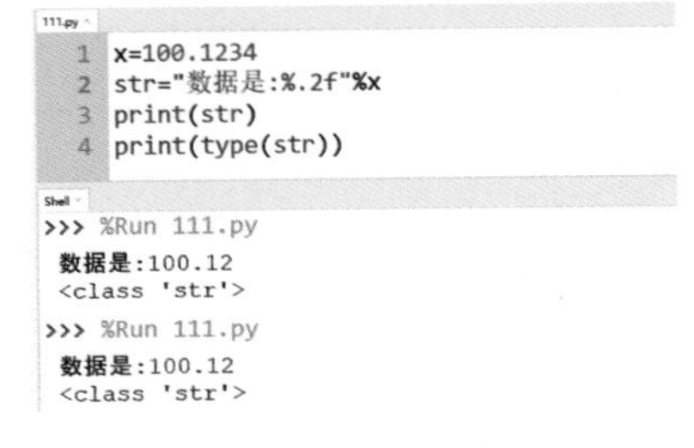

```
111.py
1 x=100.1234
2 str="数据是:%.2f"%x
3 print(str)
4 print(type(str))
Shell
>>> %Run 111.py
数据是:100.12
<class 'str'>
>>> %Run 111.py
数据是:100.12
<class 'str'>
```

图 4.3-51　数字转字符串

如图 4.3-51 所示，双引号里面的百分号表示此处要替换一个字符串进来。f 表示需要一个 float 类型的数据，.2 表示将其取 2 位小数。双引号外面的百分号后面跟着要替换进去的值。

除了 f 表示浮点数，还有 i 表示整数，s 表示字符串。

整数直接转字符串如图 4.3-52 所示。

也可以使用 str() 函数，见图 4.3-53。

字符串转数字，需要使用 int()、float() 方法，见图 4.3-54。

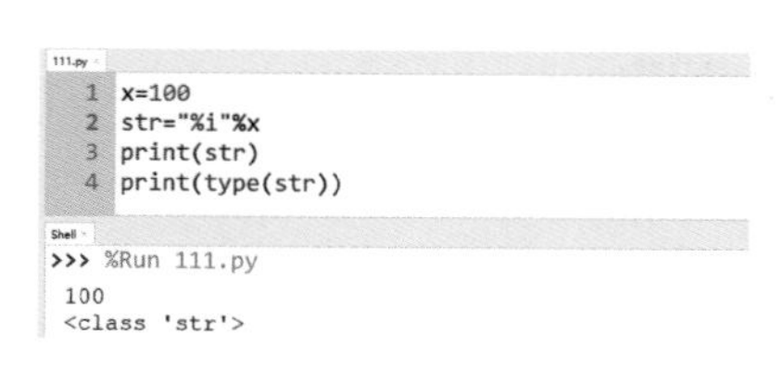
```
1 x=100
2 str="%i"%x
3 print(str)
4 print(type(str))
>>> %Run 111.py
100
<class 'str'>
```
图 4. 3-52　整数直接转字符串

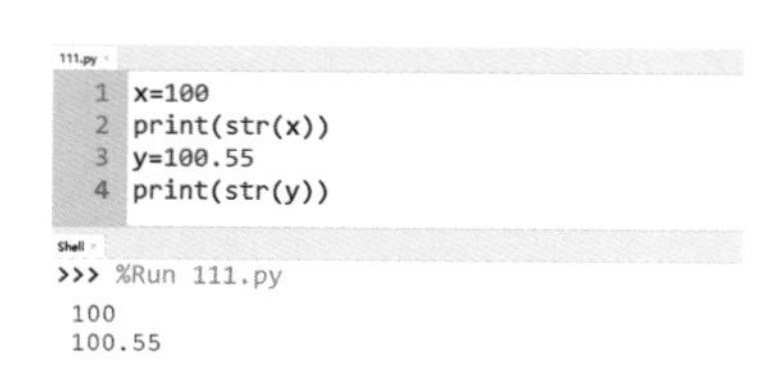
```
1 x=100
2 print(str(x))
3 y=100.55
4 print(str(y))
>>> %Run 111.py
100
100.55
```
图 4. 3-53　str() 函数

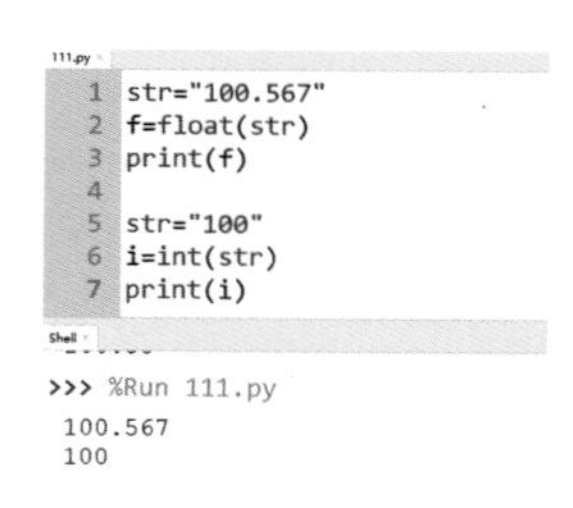
```
1 str="100.567"
2 f=float(str)
3 print(f)
4
5 str="100"
6 i=int(str)
7 print(i)
>>> %Run 111.py
100.567
100
```
图 4. 3-54　字符串转数字

Q81 Python 中有哪些程序控制语句

Python 中程序控制语句主要有 if、try/except 和 for/while 语句。

1. if 语句

语法如下：

if 条件：

（TAB）结果 1

else：

（TAB）结果 2

注意 Python 不像其他语言一样 if 后面带括号，在 Python 中是通过 TAB 键控制语句的层级的。另外 if 和 else 后面的冒号也不要忘掉。

if 语句例子如图 4. 3-55 所示。

当需要多次判断时，可以使用 elif 语句，其控制流程见图 4. 3-56。

elif 使用实例见图 4. 3-57。

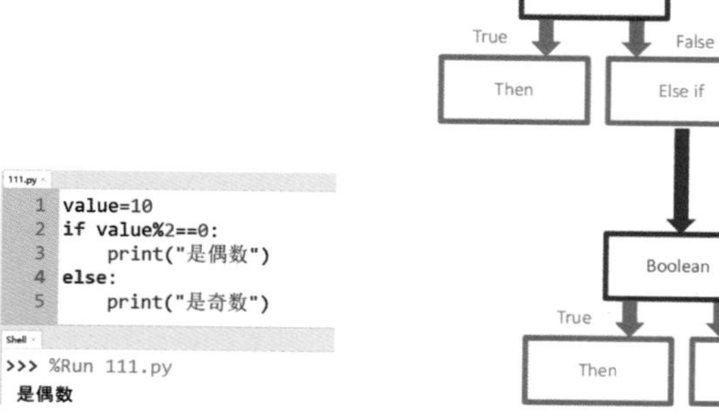
```
1 value=10
2 if value%2==0:
3     print("是偶数")
4 else:
5     print("是奇数")
>>> %Run 111.py
是偶数
```
图 4. 3-55　if 语句例子

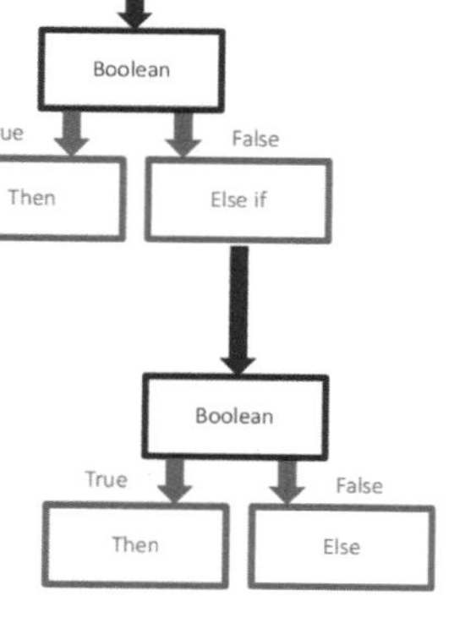

图 4. 3-56　控制流程

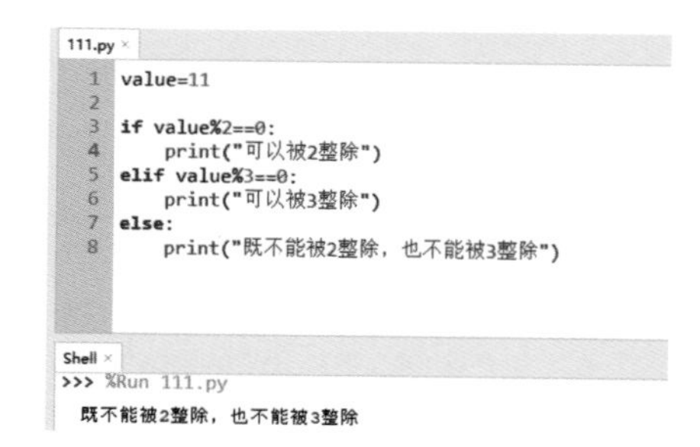
```
1 value=11
2
3 if value%2==0:
4     print("可以被2整除")
5 elif value%3==0:
6     print("可以被3整除")
7 else:
8     print("既不能被2整除，也不能被3整除")
>>> %Run 111.py
既不能被2整除，也不能被3整除
```
图 4. 3-57　elif 使用实例

2. try/except 语句

编写程序时，需要提前预测可能出现的问题，并提供解决方法。try/except 语句控制流程见图 4. 3-58。

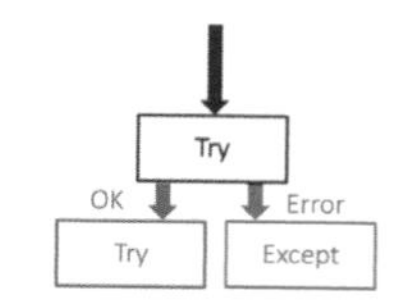

图 4. 3-58　try/except 语句

其语法为：

try：

（tab） 动作 1

except:

（tab） 动作 2（如果执行动作 1 时发生了错误）

使用实例如图 4.3-59 所示。

还可以增加一个 else/finally 语句。

try:

（tab） 动作 1

except:

（tab） 动作 2（如果执行动作 1 时发生了错误）

else:

（tab） 动作 3（如果动作 1 成功执行了）

finally:

（tab） 动作 4（无论动作 1 是否执行）

详见图 4.3-60 例子。

图 4.3-60 中，y 是一个字符串，不能和整数相加，发生异常。需要在执行 except 里面的语句后再执行 finally 语句。

图 4.3-61 中，x、y 可以相加，没有异常。执行 else 里面的语句后再执行 finally 语句。

图 4.3-59 try/except 语句案例

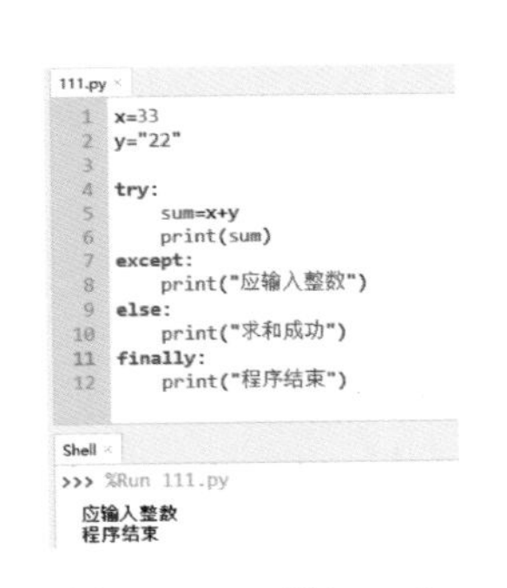

图 4.3-60 增加一个 else/finally 语句

图 4.3-61 执行 finally 语句

3. for 和 while 循环

（1） for 语句语法。

for 变量 in 集合:

（TAB） 代码

使用实例如图 4.3-62 ~ 图 4.3-64 所示。

使用遍历语句，我们可以对列表中的元素依次进行某种处理，如图 4.3-65 所示。

还可以对列表中的元素进行判断，符合一种条件的进行动作 1，不符合的进行动作 2，如图 4.3-66 所示，将 1 ~ 9 按能否被 3 整除分类。

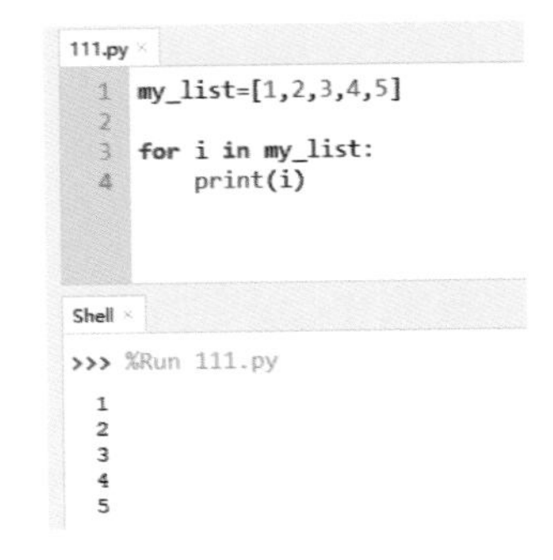

图 4.3-62 遍历列表中的元素

```
111.py
1 my_string="songsan"
2
3 for i in my_string:
4     print(i)

Shell
>>> %Run 111.py
 s
 o
 n
 g
 s
 a
 n
```

图 4.3-63 遍历字符串中的字符

```
111.py
1 my_range=range(1,6,1)
2
3 for i in my_range:
4     print(i)

Shell
>>> %Run 111.py
 1
 2
 3
 4
 5
```

图 4.3-64 遍历 1 到 10

```
111.py
1  def power(x,y):
2      return x**y
3
4  my_range=range(1,12,1)
5  my_list=[]
6
7  for i in my_range:
8      j=power(i,2)
9      my_list.append(j)
10
11 print(my_range)
12 print(my_list)
13 print(type(my_range))
14 print(type(my_list))
15

Shell
Python 3.7.9 (bundled)
>>> %Run 111.py
 range(1, 12)
 [1, 4, 9, 16, 25, 36, 49, 64, 81, 100, 121]
 <class 'range'>
 <class 'list'>
```

图 4.3-65 对列表中的元素依次进行处理

```
111.py
1  my_range=range(1,10,1)
2  number=3
3
4  list_can=[]
5  list_cannot=[]
6
7  for i in my_range:
8      if i%number==0:
9          list_can.append(i)
10     else:
11         list_cannot.append(i)
12
13 print(list_can)
14 print(list_cannot)
15

Shell
>>> %Run 111.py
 [3, 6, 9]
 [1, 2, 4, 5, 7, 8]
```

图 4.3-66 将 1 ~9 按能否被 3 整除分类

可以在循环中增加 try/except 语句如图 4.3-67 所示。

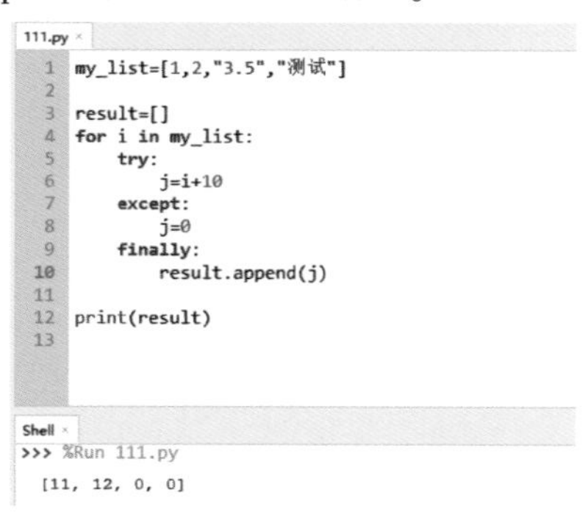

图 4.3-67 在循环中增加 try/except 语句

（2） while 循环语法。

while 条件:

(tab) 代码

例子如图 4.3-68 所示。

5. zip 方法

前面介绍的循环方法都是对一个列表的，有时候我们需要同步运算两个列表，如图 4.3-69 示例中，新建了一个长度等于列表元素数量的数列控制循环次数。

```
111.py
1  start=20
2  divisor=2
3  end=1
4
5  current=start
6  result=[]
7
8  while current>end:
9      result.append(current)
10     current=current/divisor
11
12 print(result)
13
Shell
>>> %Run 111.py
 [20, 10.0, 5.0, 2.5, 1.25]
```

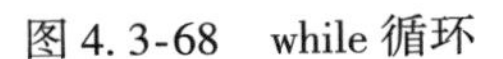

图 4.3-68 while 循环

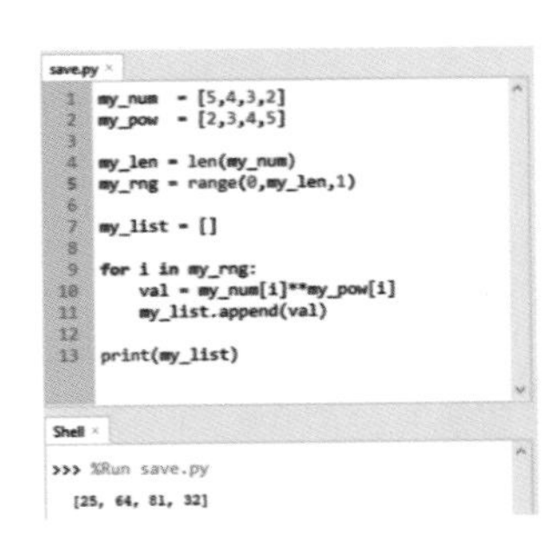

```
save.py
1  my_num = [5,4,3,2]
2  my_pow = [2,3,4,5]
3
4  my_len = len(my_num)
5  my_rng = range(0,my_len,1)
6
7  my_list = []
8
9  for i in my_rng:
10     val = my_num[i]**my_pow[i]
11     my_list.append(val)
12
13 print(my_list)
Shell
>>> %Run save.py
 [25, 64, 81, 32]
```

图 4.3-69 控制循环次数

可以用 zip() 方法处理这种需要平行获取两个列表的问题，其语法为：

for x，y in zip（列表 1，列表 2）：

(tab）代码

如图 4. 3-70 所示。

还可以用 zip 函数进行排序，见图 4. 3-71。

```
111.py
1  my_num=[5,4,3,2]
2  my_pow=[2,3,4,5]
3  my_list=[]
4
5  for n,p in zip(my_num,my_pow):
6      val=n**p
7      my_list.append(val)
8
9  print(my_list)
Shell
>>> %Run 111.py
 [25, 64, 81, 32]
```

图 4.3-70 zip() 方法

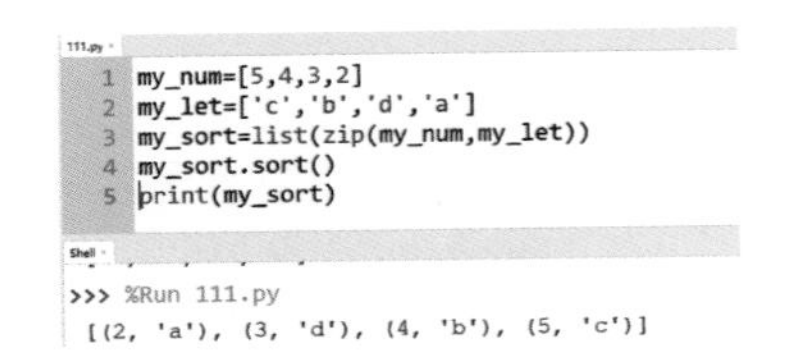

```
111.py
1  my_num=[5,4,3,2]
2  my_let=['c','b','d','a']
3  my_sort=list(zip(my_num,my_let))
4  my_sort.sort()
5  print(my_sort)
Shell
>>> %Run 111.py
 [(2, 'a'), (3, 'd'), (4, 'b'), (5, 'c')]
```

图 4.3-71 用 zip 函数进行排序

输出的结果可以重新返回两个新列表，见图 4. 3-72。

```
111.py
1  my_num=[5,4,3,2]
2  my_let=['c','b','d','a']
3  my_sort=list(zip(my_num,my_let))
4  my_sort.sort()
5  var1,var2=zip(*my_sort)
6  print(list(var1))
7  print(list(var2))
Shell
>>> %Run 111.py
 [2, 3, 4, 5]
 ['a', 'd', 'b', 'c']
```

图 4.3-72 返回两个新列表

Q82 怎样在 Dynamo 中搭建 Python 开发环境

1. 启动 Python 节点

Dynamo 中编写 Python 节点方法为：右键单击鼠标，搜索 Python 节点，见图 4. 3-73。

在 Python 节点上右键单击，再单击“编辑”，进入代码编写界面，见图 4. 3-74。

默认界面如图 4. 3-75 所示。

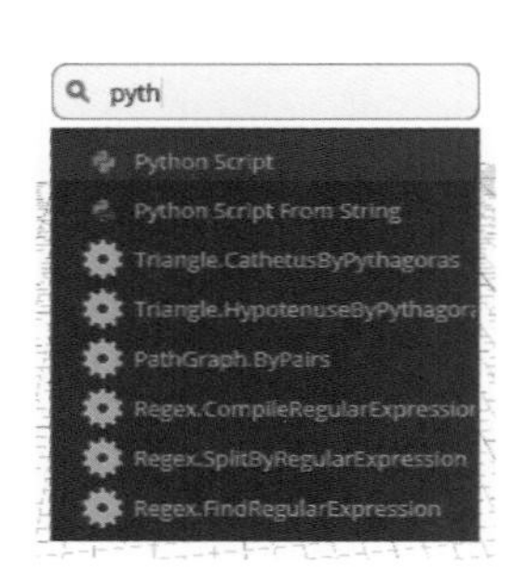

图 4.3-73　搜索 Python 节点

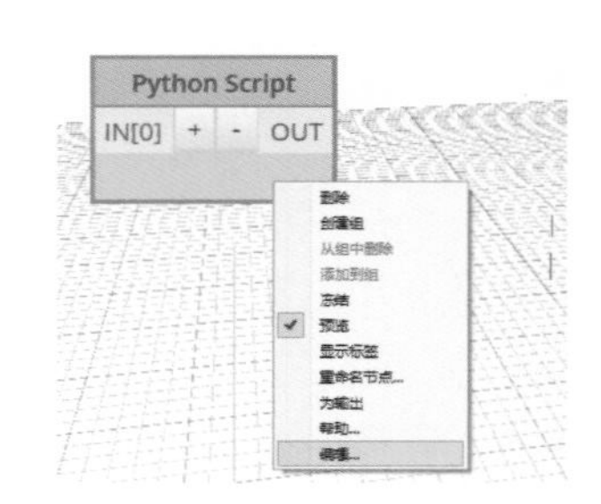

图 4.3-74　进入代码编写界面

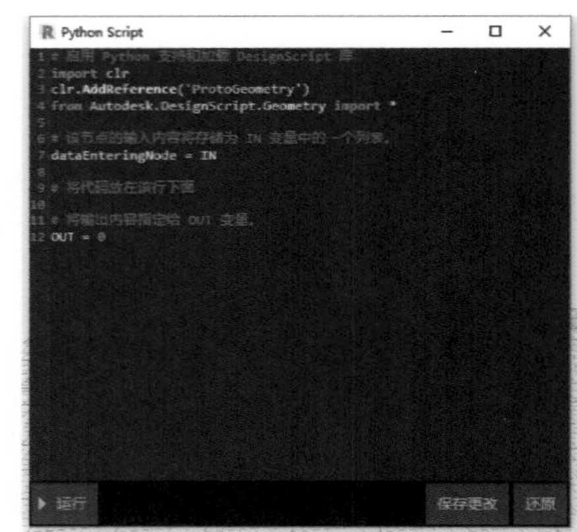

图 4.3-75　默认界面

2. 导入需要的包，配置编程样板

编程时，需要利用他人已经写好的类，也就是要导入外部软件包。比如我们想给管道添加保温层，不需要自己写一个添加保温层的方法，只需要引入管道保温类，用管道保温类的添加保温方法就可以了。

可以把常用的导入包的语句汇总在一起形成编程代码样板文件，推荐的样板文件如下图 4.3-76 所示。

图 4.3-76　样板文件

该文件可在 Dynamo primer 中下载。

可以设置软件默认 Python 模板，具体步骤如下：

打开 DynamoSetting 所在文件夹，用记事本打开 Dynamo Setting，见图 4. 3-77。

› 此电脑 › 本地磁盘 (C:) › 用户 › YC059 › AppData › Roaming › Dynamo › Dynamo Revit › 2.0

名称	修改日期	类型	大小
definitions	2021/10/2 20:05	文件夹	
Logs	2021/10/30 10:06	文件夹	
packages	2021/10/6 8:07	文件夹	
DynamoSettings	2021/10/30 10:05	XML 文档	3 KB

图 4. 3-77 Dynamo Setting

替换 <PythonTemplateFilePath/ > 为 <PythonTemplateFilePath >

< string > C: \ Users \ 用户名 \ AppData \ Roaming \ Dynamo \ Dynamo Core \ 2. 0 \ PythonTemplate. py </string >

</PythonTemplateFilePath >

```
DynamoSettings - 记事本
文件(F) 编辑(E) 格式(O) 查看(V) 帮助(H)
  <string>C:\Users\YC059\AppData\Roaming\Dynamo\Dynamo Revit\backup\主楼点选建模1023.dyn</string>
 </BackupFiles>
 <CustomPackageFolders>
  <string>C:\Users\YC059\AppData\Roaming\Dynamo\Dynamo Revit\2.0</string>
 </CustomPackageFolders>
 <PackageDirectoriesToUninstall />
 <PythonTemplateFilePath />
 <BackupInterval>6000000</BackupInterval>
 <BackupFilesCount>1</BackupFilesCount>
 <PackageDownloadTouAccepted>true</PackageDownloadTouAccepted>
 <OpenFileInManualExecutionMode>false</OpenFileInManualExecutionMode>
 <NamespacesToExcludeFromLibrary>
  <string>ProtoGeometry.dll:Autodesk.DesignScript.Geometry.TSpline</string>
```

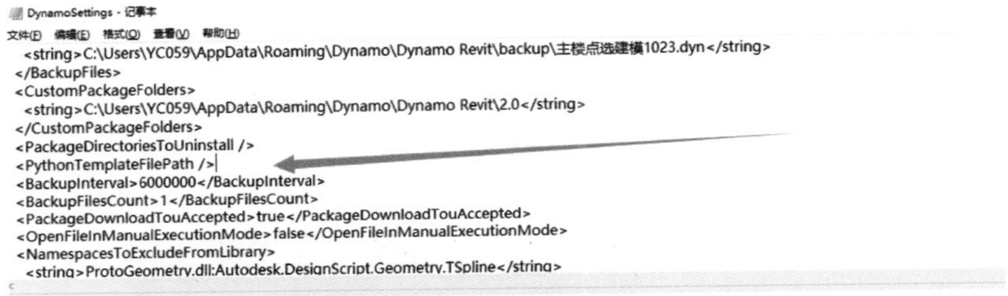

图 4. 3-78 替换 <PythonTemplateFilePath/ >

替换后页面见图 4. 3-79。

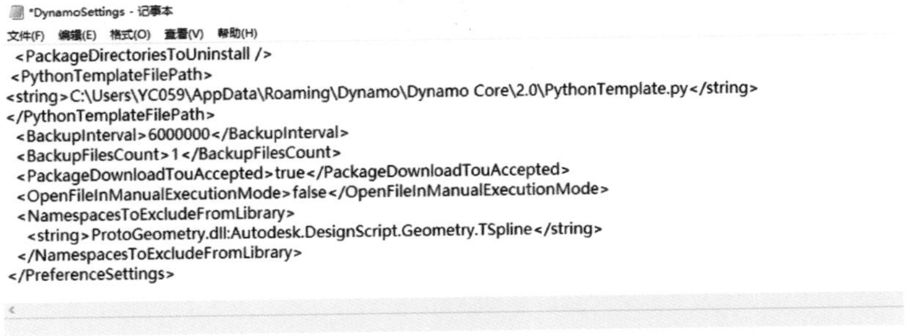

```
*DynamoSettings - 记事本
文件(F) 编辑(E) 格式(O) 查看(V) 帮助(H)
 <PackageDirectoriesToUninstall />
 <PythonTemplateFilePath>
<string>C:\Users\YC059\AppData\Roaming\Dynamo\Dynamo Core\2.0\PythonTemplate.py</string>
</PythonTemplateFilePath>
 <BackupInterval>6000000</BackupInterval>
 <BackupFilesCount>1</BackupFilesCount>
 <PackageDownloadTouAccepted>true</PackageDownloadTouAccepted>
 <OpenFileInManualExecutionMode>false</OpenFileInManualExecutionMode>
 <NamespacesToExcludeFromLibrary>
  <string>ProtoGeometry.dll:Autodesk.DesignScript.Geometry.TSpline</string>
 </NamespacesToExcludeFromLibrary>
</PreferenceSettings>
```

图 4. 3-79 替换后文件页面

新建一个记事本文件，复制项目样板代码，另存为 PythonTemplate. py 文件，见图 4. 3-80。

› 此电脑 › 本地磁盘 (C:) › 用户 › YC059 › AppData › Roaming › Dynamo › Dynamo Revit › 2.0 ›

名称	修改日期	类型	大小
definitions	2021/10/2 20:05	文件夹	
Logs	2021/10/30 10:06	文件夹	
packages	2021/10/6 8:07	文件夹	
DynamoSettings	2021/10/30 10:30	XML 文档	3 KB
PythonTemplate	2021/10/30 10:32	Python file	2 KB

图 4. 3-80 另存为 PythonTemplate. py 文件

3. Python 节点的输入和输出端

节点输入端的数据被存储在列表 IN 中，如图 4.3-81 所示。数列被存储在 IN［0］中，文字被存储在 IN［1］中。

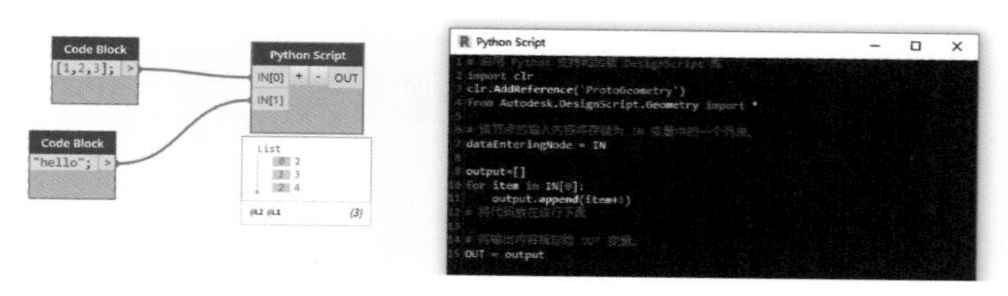

图 4.3-81　存储在列表 IN 中

节点输出端位于 OUT 中。

4. 常见错误处理

（1）Object has no attribute，图 4.3-82。

通常是因为方法或属性的拼写错误或大小写错误引起的。

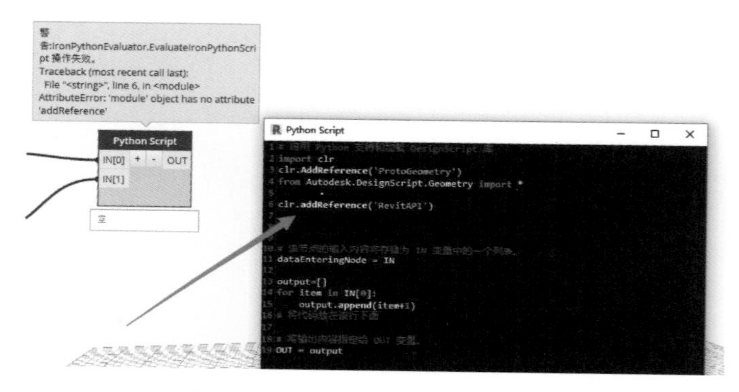

图 4.3-82　Object has no attribute

（2）Unexpected token，见图 4.3-83。

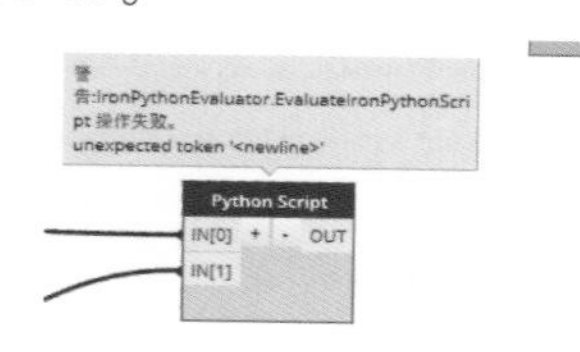

图 4.3-83　Unexpected token

通常是由于少了冒号等原因。

（3）Unexpected indent。通常是因为缩进不对，可以先在 Python IDE 中编写代码，方便发现语法问题，然后复制到节点中。

（4）引用 RevitServices 失败。这是因为系统路径中没有保存 RevitServices 的文件夹路径，可在 Import RevitServices 前添加图 4.3-84 的语句。

5. 背景知识

为了理解编程样板文件，需要知道一些 Python 语言、Revit API、.NET Framework、面向对象编程、Dynamo 库等背景知识（图 4.3-85）。

```
14 import sys
15 sys.path.append(r'C:\Program Files\Dynamo\Dynamo Revit\2\Revit_2019')
16 clr.AddReference("RevitServices.dll")
17 import RevitServices
18 from RevitServices.Persistence import DocumentManager
19 from RevitServices.Transactions import TransactionManager
20
```

图 4. 3-84　引用 RevitServices

图 4. 3-85　背景技术

图片来自 Dynamo Python Primer

（1） API 全名 Application Programming Interface，意为程序编程接口。我们平时在 Revit 中的操作都是通过鼠标和键盘操作用户界面实现的。比如移动一根管道，需要先选中管道，然后输入 MV 快捷键，接着拖动鼠标移动管道。而在 API 中，定义了移动管道的方法，我们只要在代码中调用这个方法就能移动管道。

就像我们去饭店吃饭时，服务员会给我们菜单，菜单就是用户界面，只能有特定的菜品。而通过 API 访问程序，就像我们直接去饭店厨房，厨房里面有原料和炊具，可以根据自己的口味做菜。

我们可以从数据库的角度理解 Revit。建模阶段相当于在数据库中添加数据，随后的各种调整相当于修改数据。使用 API 操作 Revit，就是依据一定规则操作数据库中的数据。

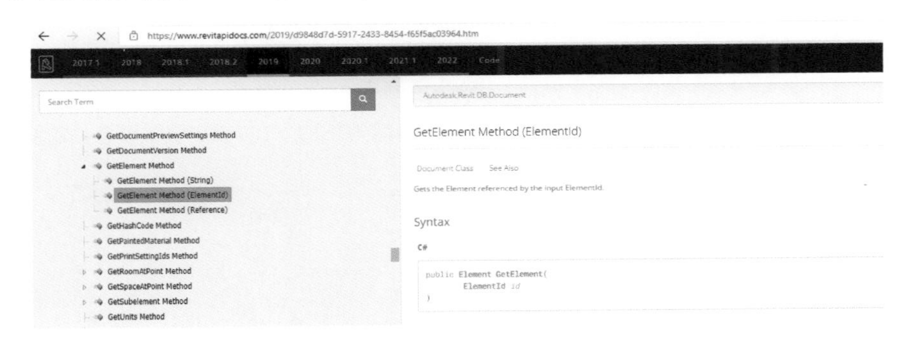

图 4. 3-86　Revit API 在线文档网站

（2）. NET Framework 是 Windows 操作系统的软件开发资源包。程序有 Window 风格的界面，比如窗口、滚动条，就是因为使用了 . NET 的库。另外，因为不同程序间共用 . NET 资源，它们彼此之间也交流数据。如果说 Revit API 是原料和炊具的话，. NET 就是厨房，给我们做菜提供了一个平台，. NET Framework 就是煤气、电源等公共设施。

（3） 面向对象编程是一种编程方法。以管道为例，程序员将管道定义为一个名为 Pipe 的类。类是方法和属性的集合，比如管道类里面有管道长度、直径、系统类型等属性参数，也有创建管道、修改管道直径等方法。创建一根管道，就是创建了管道类的对象。

可以对比 Revit 中族的使用。我们需要先编辑完成一个族，载入项目后，接着布置族实例。类是抽象的定义，就像族文件；对象是类的实例，相当于族实例。族实例是可以和其他构件交互的（比如窗附着在墙上）。

类也是一种数据类型，和字符串、整数等数据类型一样。

（4） Python 导入模块的语法。需要使用他人编写的类的方法时，需要导入类所在的模块，以让程序能识别需要的类。例如需要创建管道，就需要导入管道 Pipe 类所在的命名空间

Autodesk. Revit. DB. Plumbing。

Python 中语法为：

from Autodesk. Revit. DB. Plumbing import ＊，表示从 Autodesk. Revit. DB. Plumbing 模块中导入所有的类，这样就可以直接使用 Autodesk. Revit. DB. Plumbing 模块里面的类了。

Python 中导入模块还有 Import + 模块名称的方法，如“Import Autodesk. Revit. DB. Plumbing”。使用这种方法引入时，每次使用类要在前面加上模块名字，格式为：“模块 . 类”。例如 Import math 之后，想使用角度转化弧度的方法，语句为 math. radians()。

（5）样板文件中各语句具体含义为：

Import clr：clr 是 . NET 的 common language runtime，是一个让不同语言写成的代码能相互通信的环境。可以理解为引入了一个名为 clr 的管理员 + 翻译官 + 快递员。如果需要使用 Dynamo 或是 RevitAPI 等其他软件的功能，则需要这一句。

clr. AddReference('ProtoGeometry')：为 clr 添加引用 Dynamo 用于处理图形（图 4. 3-87）的 ProtoGeometry. dll 文件。需要利用 Dynamo 中的图形有关的功能，如获取曲线的端点等工作，就需要这句话。

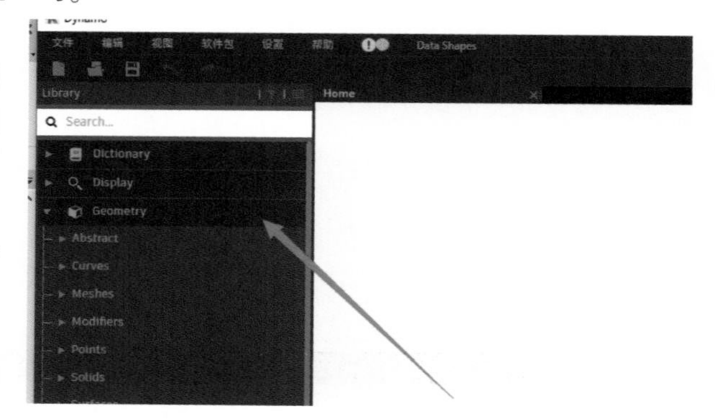

图 4. 3-87　Dynamo 中图形有关功能

. dll 文件中存储了各种程序集，相对于一个存了很多程序的仓库。给 clr 添加引用，就是告诉快递员哪个位置有仓库（图 4. 3-88）。

图 4. 3-88　dll 文件位置

from Autodesk. DesignScript. Geometry import ＊：从 Autodesk. DesignScript. Geometry 模板下引入所有类。前面加载 clr 是引入快递员，添加引用是告诉快递员仓库在哪里，这一步的 Import 就是让快递员把指定地址的文件搬过来。

Import sys，sys 是 Python 的一个包，可以用来管理系统路径。Python 加载包时，会检查 sys. path 下所有的文件夹路径。如果 sys. path 下找不到指定的文件，就会报错。

Import RevitServices，需要在模型中添加或修改图元时需要这句话。

from RevitServices. Persistence import DocumentManager，这是引入一个追踪 Dynamo 指向的项目文件的类。

from RevitServices. Transactions import TransactionManager，用于处理 Revit 中的事务。在 Revit 中，对模型的修改，都需要包装到一个“事务”（图 4. 3-89）里面，这样执行完修改后，可以在撤销菜单中撤销更改。

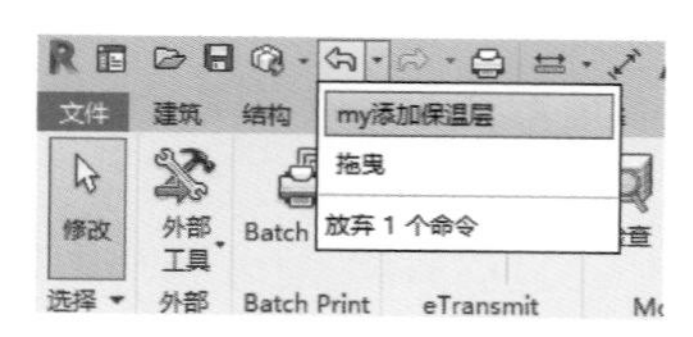

图 4. 3-89　事务可以被撤销

clr. AddReference("RevitAPI")，添加到 RevitAPI 的引用，需要使用 RevitAPI 有关功能时需要这句话。

clr. AddReference("RevitAPIUI")，添加到 RevitAPIUI 的引用，需要处理用户交互有关问题时需要这句话，比如控制视图显示范围、获取用户选择等功能。

需要处理 Dynamo 元素和 Revit 元素相互转化的情况时需要以下语句：

```
clr. AddReference( "RevitNodes")
import Revit
clr. ImportExtensions( Revit. GeometryConversion)
clr. ImportExtensions( Revit. Elements)
```

这 2 个类提供了 Dynamo 元素和 Revit 元素相互转化的方法。

Q83 怎样在 Python 节点中获取和修改构件参数

1. 安装 Revit Lookup

Revit Lookup 用于快速查询对象的属性。可百度 RevitSDK 进入 Autodesk 官网下载（图 4. 3-90）。

单击后跳转到 GitHub，选择下载 ZIP 文件。因为访问 GitHub 需要科学上网，如果条件有限的话，可以百度 RevitLookup，选择其他能下载的网站。

解压后，单击 Revit Lookup. msi 进行安装。

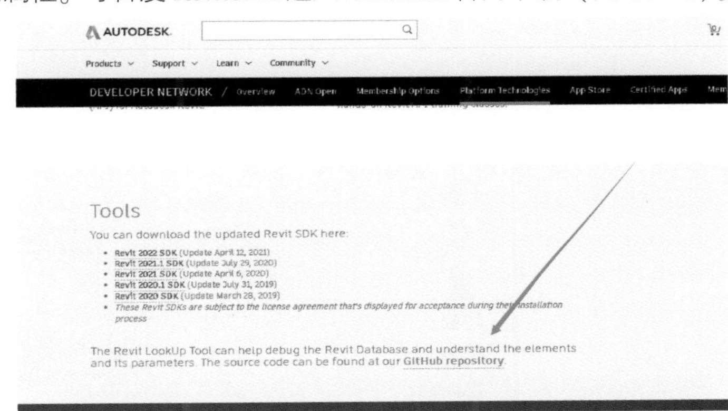

图 4. 3-90 Autodesk 官网

2. 利用 Revit Lookup 查询参数

选中构件后，依次单击“附加模块”⟶“Revit Lookup”⟶“Soonp Current Selection”，就可以查看构件的属性，如图 4. 3-91 所示。可以给这个操作设置快捷键，加快操作速度。

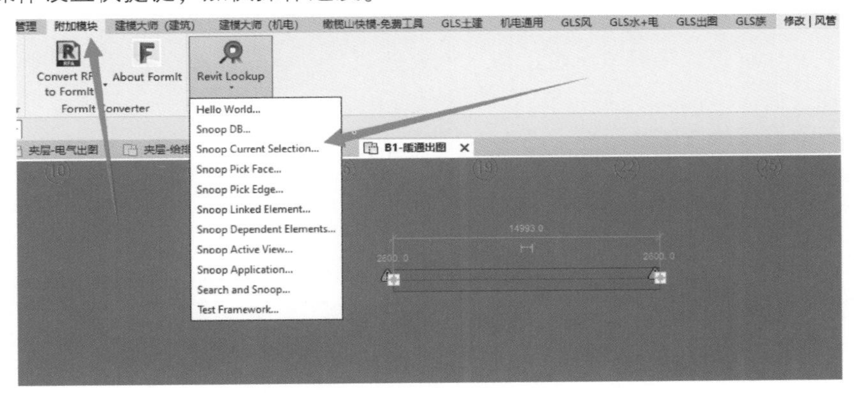

图 4. 3-91 查看构件的属性

查询结果界面见图 4. 3-92，界面里面有一个字段“Parameters”，单击这个字段，就能看到构件对应的参数，如图 4. 3-93 所示。

3. 在 Python 节点中获取参数的值

Dynamo 中获取参数值的节点为 Element. GetParameterValueByName。该节点需要构件和参数名称两个输入项。

图 4. 3-92　查询结果

图 4. 3-93　构件对应的参数

同理，在 Python 节点中获取参数的值，也要分两步：第一步是获取对应的参数，第二步是得到参数对应的值。

常用的获取参数的方法有三种（图 4. 3-94）。

（1）LookupParameter（name）方法，通过查找参数名字获得第一个名称为 name 的参数（图 4. 3-95）。

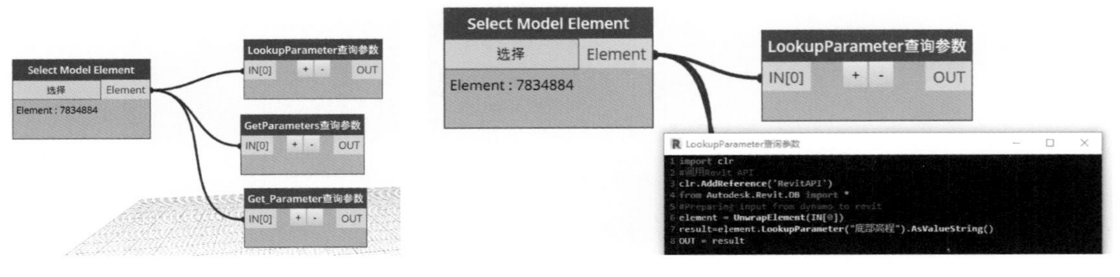

图 4. 3-94　获取参数　　　　图 4. 3-95　LookupParameter（name）方法

（2）GetParameters（name），即通过查找参数名字获得所有名称为 name 的参数。该方法返回的是一个列表（图 4. 3-96）。

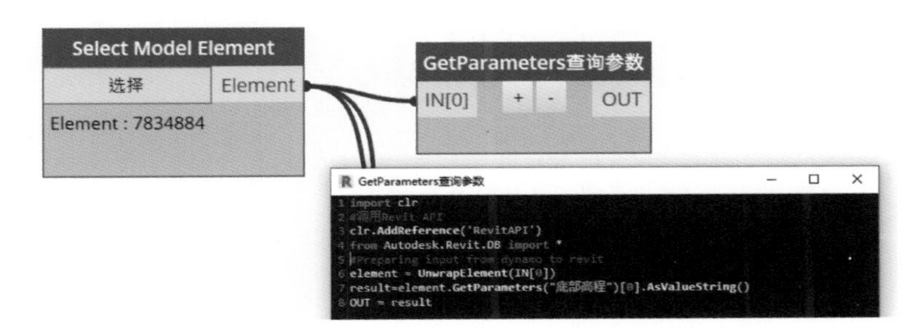

图 4. 3-96 GetParameters（name）方法

（3）get_Parameter（内置参数名称）方法，图 4. 3-97。

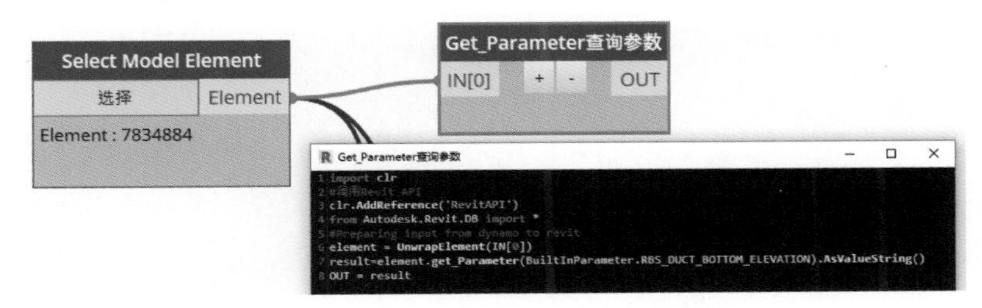

图 4. 3-97 get_Parameter（内置参数名称）方法

需要使用 Revit Lookup 获取内置参数名称。例如，需要获取风管的底部高程，选中风管后查询构件。选中“底部高程”参数的 Defination 字段，单击打开（图 4. 3-98）。

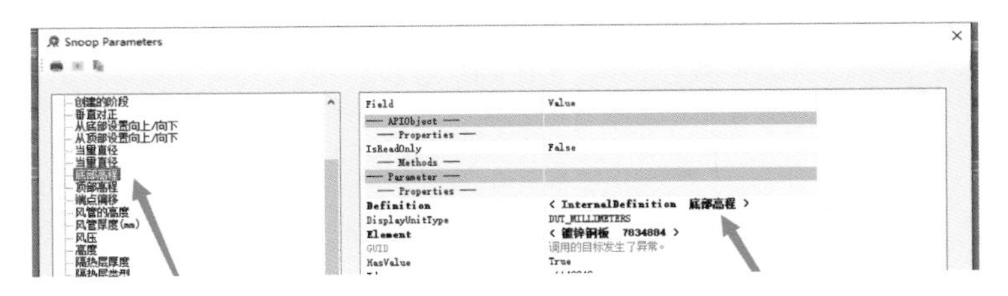

图 4. 3-98 参数的 Defination

参数的定义中 BuiltInParameter 字段的值 RBS_DUCT_BOTTOM_ELEVATION 就是风管底部高程对应的内置参数名称（图 4. 3-99）。

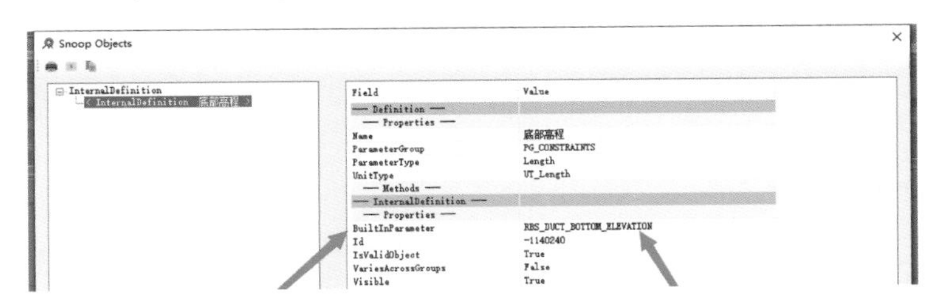

图 4. 3-99 内置参数名称

推荐使用 get_Parameter（内置参数名称）方法获取需要的参数，因为这个方法找到的参数是唯一的。

找到参数之后，还需要提取参数的值（图 4. 3-100）。参数值的数据类型不同，使用的方法也不同。AsDouble（）方法用于获取数字格式的参数值，注意其单位为英尺。(1 英尺 =304. 8 毫米)

AsInteger() 获取整数格式的参数值；AsString() 获取字符串格式的参数值；AsValueString() 将数字类型的参数作为字符串类型导出。

图4.3-99中风管底部高程是一个double类型的参数。所以可以使用AsDouble()或AsValueString()方法获取参数值。注意使用AsDouble()时需要单位换算。

— Methods —	
AsDouble	7.87401574803147
AsElementId	< null >
AsInteger	0
AsString	
AsValueString	2400
CanBeAssociatedWithGlobalPara...	False
GetAssociatedGlobalParameter	< null >

提取参数值

图4.3-100　提取参数

4. 在Python节点中修改参数的值

获取参数之后，可用Set()方法修改参数的值。修改风管底部高程的Python节点代码见图4.3-101。

设置参数

```
import clr
#调用Revit API
clr.AddReference('RevitAPI')
from Autodesk.Revit.DB import *
#调用文档修改需要的类
import sys
sys.path.append(r'C:\Program Files\Dynamo\Dynamo Revit\2\Revit_2019')
clr.AddReference('RevitServices.dll')
import RevitServices
from RevitServices.Persistence import DocumentManager
from RevitServices.Transactions import TransactionManager
#获取活动文档
doc = DocumentManager.Instance.CurrentDBDocument
uidoc=DocumentManager.Instance.CurrentUIApplication.ActiveUIDocument
#Preparing input from dynamo to revit
element = UnwrapElement(IN[0])
#开启事务
TransactionManager.Instance.EnsureInTransaction(doc)
#修改参数
result=element.get_Parameter(BuiltInParameter.RBS_DUCT_BOTTOM_ELEVATION).Set(3000/308.4)
#结束事务
TransactionManager.Instance.TransactionTaskDone()
OUT = result
```

图4.3-101　修改风管底部高程

修改参数时要注意单位之间的转换，API中使用的单位是英尺。另外对项目中模型的修改都要放在事务中进行。

Q84 怎样用Python语言对接Revit

1. 使用API文档

推荐ApiDocs.co在线查看API文档（图4.3-102）。

在左侧选中对应的Revit版本，中间选择要查询的类，右侧为类的介绍。

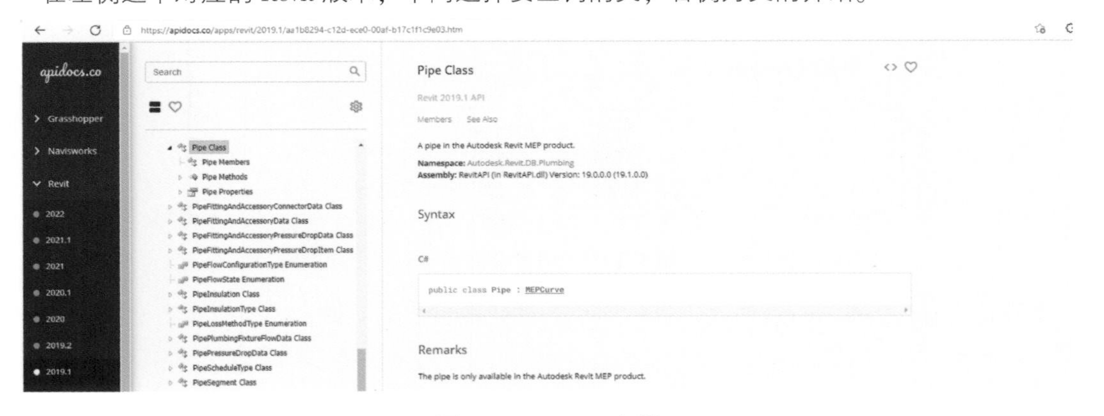

图4.3-102　API文档

例如，查询创建管道的有关方法时，进入在线网站后，单击 Revit 版本 2019.1；然后搜索关键字 Pipe，进入 Pipe 类。

类是方法和属性的集合，单击 Pipe 下的“Members”，可以找到 4 种创建管道的方法。

	ChangeTypeId(ElementId)	Changes the type of the element. (Inherited from Element.)
S	Create(Document, ElementId, ElementId, Connector, Connector)	Creates a new pipe that connects to two connectors.
S	Create(Document, ElementId, ElementId, Connector, XYZ)	Creates a new pipe that connects to the connector.
S	Create(Document, ElementId, ElementId, ElementId, XYZ, XYZ)	Creates a new pipe from two points.
S	CreatePlaceholder	Creates a new placeholder pipe.

图 4.3-103 创建管道的方法

方法前面带“S”的，表示是一个静态方法，使用这个方法不需要类的实例。用类名．方法名字的格式就行。单击具体方法可以查看详细的说明（图 4.3-104）。

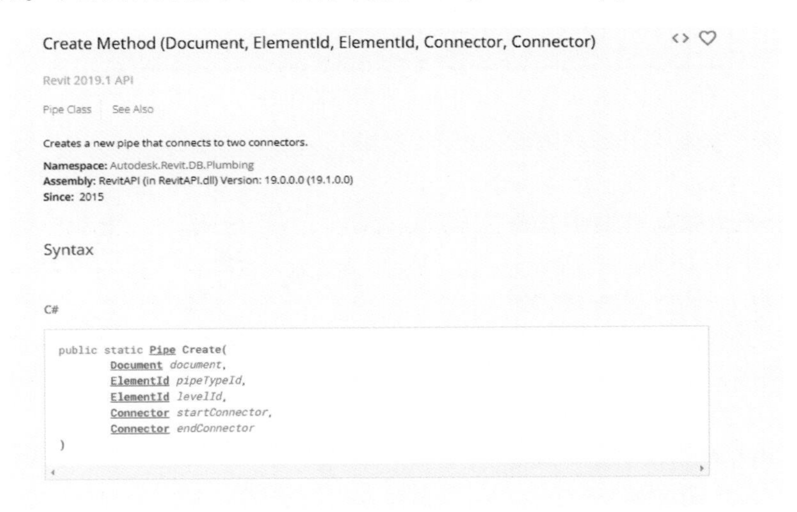
Create Method (Document, ElementId, ElementId, Connector, Connector)

Revit 2019.1 API

Pipe Class | See Also

Creates a new pipe that connects to two connectors.

Namespace: Autodesk.Revit.DB.Plumbing
Assembly: RevitAPI (in RevitAPI.dll) Version: 19.0.0.0 (19.1.0.0)
Since: 2015

Syntax

C#

```
public static Pipe Create(
        Document document,
        ElementId pipeTypeId,
        ElementId levelId,
        Connector startConnector,
        Connector endConnector
)
```

图 4.3-104 方法说明

类中除了方法，还有属性，管道部分属性如图 4.3-105 所示。

Properties

Name	Description
AssemblyInstanceId	The id of the assembly instance to which the element belongs. (Inherited from Element.)
BoundingBox	Retrieves a box that circumscribes all geometry of the element. (Inherited from Element.)
Category	Retrieves a Category object that represents the category or sub category in which the element resides. (Inherited from Element.)
ConnectorManager	The connector manager of this MEP curve. (Inherited from MEPCurve.)
CreatedPhaseId	Id of a Phase at which the Element was created. (Inherited from Element.)
DemolishedPhaseId	Id of a Phase at which the Element was demolished. (Inherited from Element.)
DesignOption	Returns the design option to which the element belongs. (Inherited from Element.)
Diameter	The diameter of the MEP curve. (Inherited from MEPCurve.)

图 4.3-105 管道部分属性

例如，想知道管道的直径，用 pipe. Diameter 就能获取。这里的 pipe 是一个管道的实例，就是模型中的管道。

2. 使用 Revit Lookup

在项目中选择构件，使用 Revit Lookup 查询构件属性，就可以查询构件对应的属性和方法及其值。如图 4. 3-106 所示，选中一根管道，查询后可知其 Id 的值为 6922872。

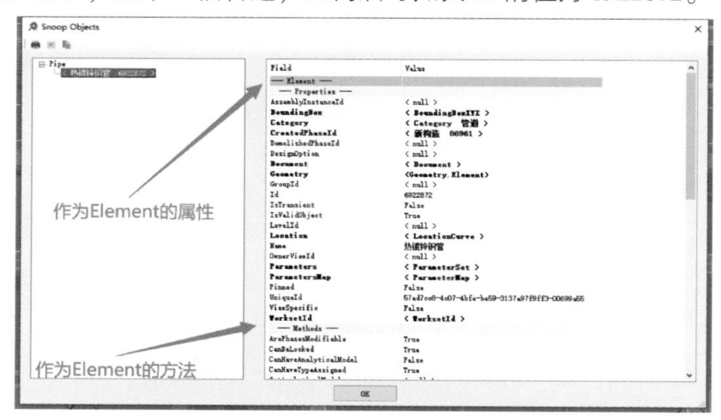

图 4. 3-106　查询构件属性

图 4. 3-106 中，左侧是构件的类名称和实例名称。右侧有两列数据：左边一列“Field”表示字段，右边一列“Value”表示对应的值。

编写程序时不清楚怎样获取某个值时，可以先用 Revit Lookup 查询这个构件。如图 4. 3-107 所示，想获取管道实例的管道类型，查询之后发现管道类型是管道实例的一个属性，那就可以用 pipe. PipeType 获取。

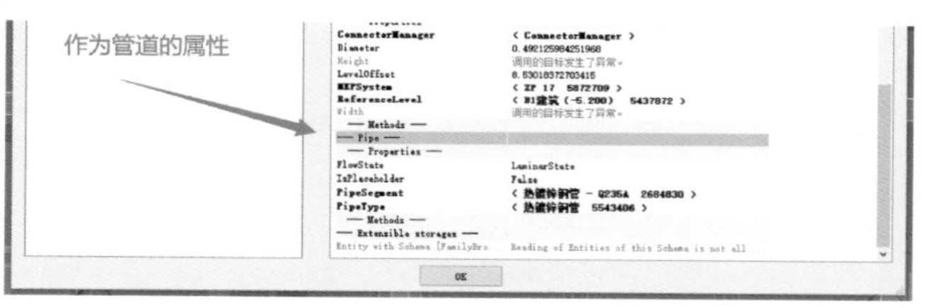

图 4. 3-107　获取管道实例的管道类型

图 4. 3-107 中黑色粗体部分可以继续单击展开。如图 4. 3-108 所示，PipeType 字段展开后，就列举了管道类型的各种属性和方法。

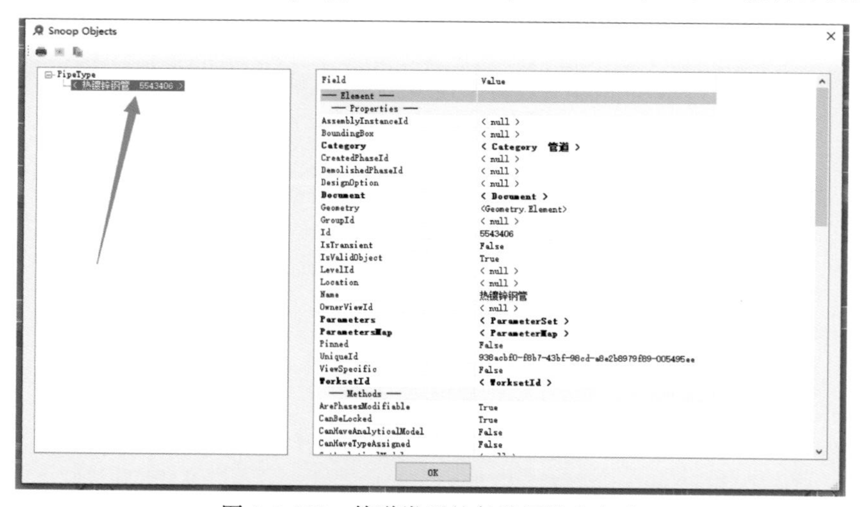

图 4. 3-108　管道类型的各种属性和方法

3. Doc、UIDoc、App、UIApp

因为 Revit 可以同时打开多个进程和文档，所以代码中要明确对哪个进程的哪个文档进行操作。

图 4. 3-109 中，13、14 句获取了当前活动文档类以及与用户交互有关的类。第 16 句从当前活动文档的用户交互有关的类中获取了选择集，并将选择集中图元的 ID 返回给集合 ids。

```
9  clr.AddReference('RevitServiceS.dll')
10 import RevitServices
11 from RevitServices.Persistence import DocumentManager
12
13 doc=DocumentManager.Instance.CurrentDBDocument
14 uidoc=DocumentManager.Instance.CurrentUIApplication.ActiveUIDocument
15
16 ids=uidoc.Selection.GetElementIds()
17 elems=[]
18 for id in ids:
19     try:
20         elems.append(doc.GetElement(id))
21     except:
22         elems.append("Element retrieval failed")
```

图 4. 3-109　获取用户选择集

4. Dynamo 空间图元和 Revit 空间图元的相互转换

Dynamo 内部调用 Revit 构件时，需要封装 Revit 构件。例如在 Revit API 中标高类的全名是：Autodesk. Revit. DB. Level；在 Dynamo 中名字为 Revit. Elements. Level。

在 Python Script 中调用 Revit API 处理 Dynamo 中的构件时，需要解封构件。而 API 创建的构件，需要使用 Dynamo 中的方法处理的，需要进行封装，见图 4. 3-110。

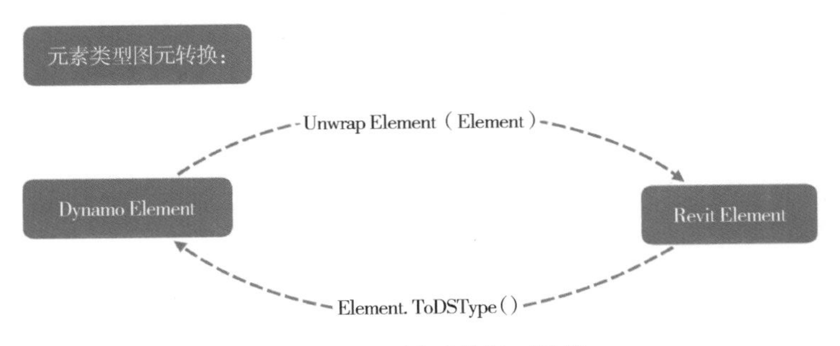

图 4. 3-110　图元的相互转换

打个比方，Dynamo 说中文，Revit API 说英语。Revit API 文件给 Dynamo 时，需要把文件翻译成中文，这就是封装。Dynamo 编辑完文件后，需要翻译成英语给 Revit API 编辑，这就是解封。如果 Dynamo 直接把中文文件给 Revit API，Revit API 会读不懂文件。

图 4. 3-111 中，34 行将 Dynamo 中的节点输入端输入的 Pipetype 解封，解封函数为 UnwrapElement（）。39 行利用 API 中管道的 Id 属性获取 Pipetype 的 ID 号。

第 48 行利用 Revit API 创建了管道，在 52 行对管道进行封装，以便在节点输出端输出管道。封装函数 ToDSType（False），里面有一个"isRevitOwned"的布尔参数。如果是在 Python 节点中创建的图元，不

```
Python Script
34 pipetype=UnwrapElement(IN[1])
35 systemtype=UnwrapElement(IN[2])
36 level=UnwrapElement(IN[3])
37 diameter=IN[4]
38
39 pipetypeid=pipetype[0].Id
40 systemtypeid=systemtype[0].Id
41 levelid=level.Id
42
43
44 elements=[]
45 TransactionManager.Instance.EnsureInTransaction(doc)
46 for i,x in enumerate(FirstPoint):
47     try:
48         pipe=Autodesk.Revit.DB.Plumbing.Pipe.Create
           (doc,systemtypeid,pipetypeid,levelid,x.ToXyz(),SecondPoint
           [i].ToXyz())
49
50         param=pipe.get_Parameter(BuiltInParameter.RBS_PIPE_DIAMETER_PARAM)
51         param.SetValueString(diameter.ToString())
52         elements.append(pipe.ToDSType(False))
53     except:
54         elements.append(None)
55
56 TransactionManager.Instance.TransactionTaskDone()
57
58 OUT = elements
运行    保存更改    还原
```

图 4. 3-111　封装和解封

为 Revit 所有，那就是 False；如果在运行程序之前已经在 Revit 空间中有的元素，则参数为 True。

参照点、模型点、线、面、实体等图元：

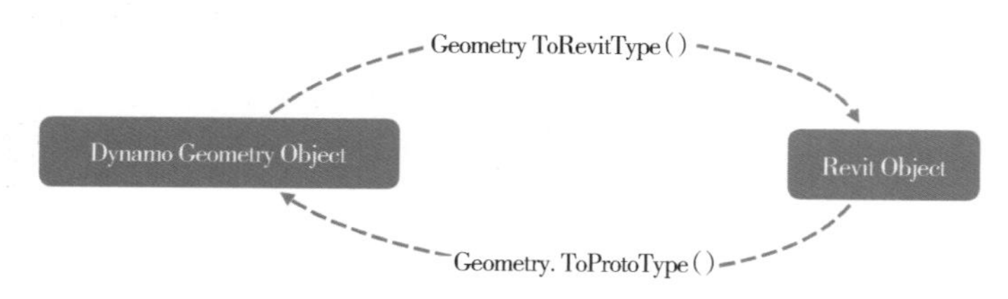

图 4. 3-112　参照点、模型点、线、面、实体等图元相互转换方法

另外，点、线、面等几何对象需要 Revit. GeometryConversion 转换，Revit 元素，转 Dynamo 元素，使用 ToProtoType() 方法；Dynamo 元素，转 Revit 元素，使用 ToRevitType() 方法，如图 4. 3-112、图 4. 3-113 所示。

```
29 areas=IN[0]
30 Revitelement=[]
31
32 doc = DocumentManager.Instance.CurrentDBDocument
33 TransactionManager.Instance.EnsureInTransaction(doc)
34 for area in areas:
35     revitele=area.ToRevitType()
36     Revitelement.append(revitele)
37 TransactionManager.Instance.TransactionTaskDone()
38
39 OUT = Revitelement
```

图 4. 3-113　几何对象转换

也可以使用 Dynamo 的 ImportInstance. ByGeometries，直接将 Dynamo 中的几何图元作为 import-Instance 导入 Revit 中（图 4. 3-114、图 4. 3-115）。

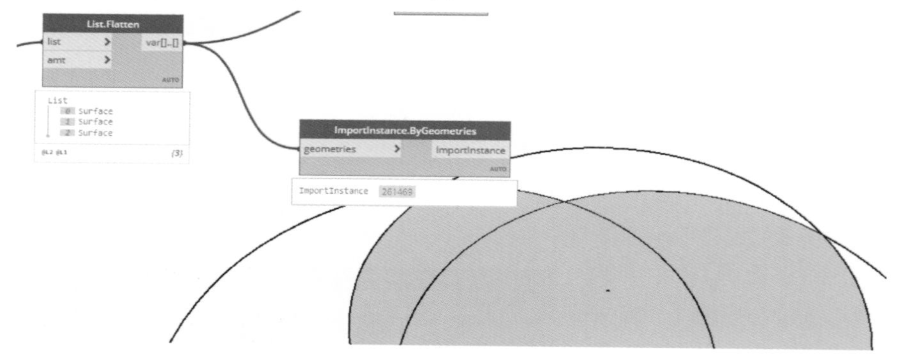

图 4. 3-114　Dynamo 中的图元

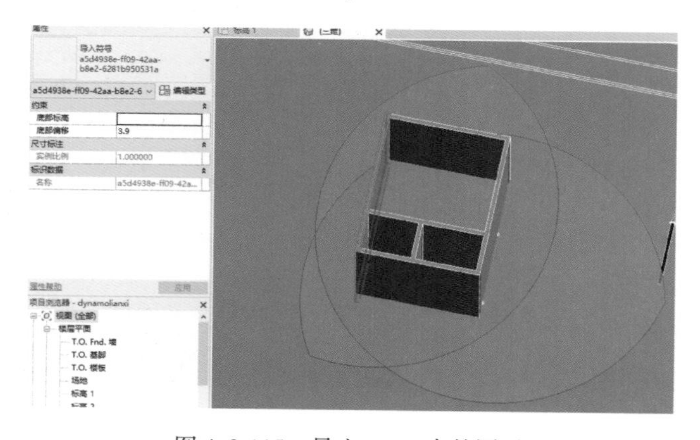

图 4. 3-115　导入 Revit 中的图元

如果是抽象的点，比如程序过程中生成的点，不是模型中的模型点或参照点，则使用另外的方法，如图 4. 3-116 所示。

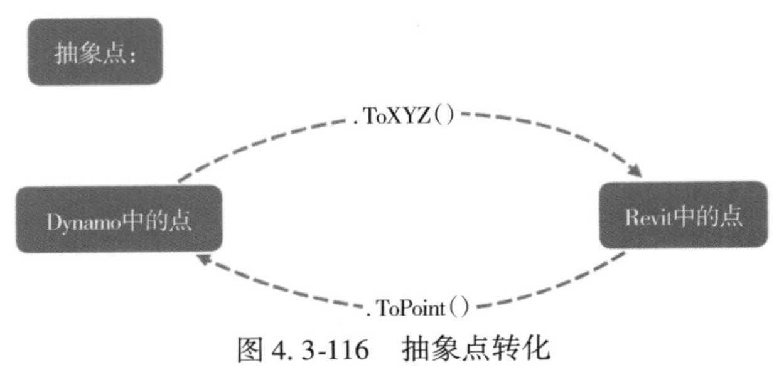

图 4. 3-116　抽象点转化

Revit 中向量和点都是用 XYZ 族表示的，和 Dynamo 中的向量转化如图 4. 3-117 所示。

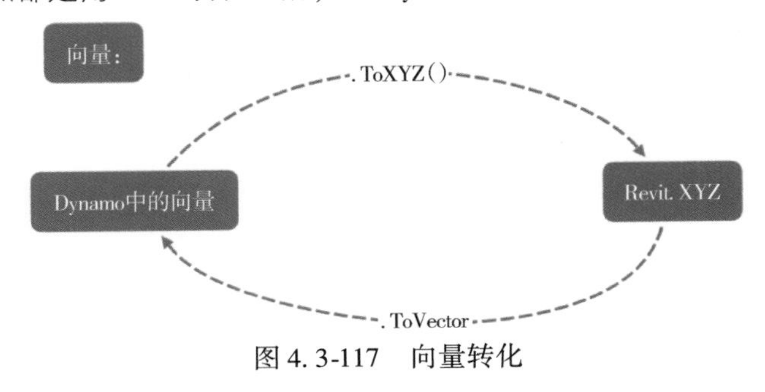

图 4. 3-117　向量转化

此外，获取 Revit 空间中链接模型构件的方法为：

首先将链接模型传入 IN ［0］ 节点，接着用下面的语句获取链接文件的 Document。

linkdoc = UnwrapElement （IN ［0］）. GetLinkDocument()

也可以直接使用 Bimorph 节点包中关于 LinkElement 有关的节点。

第 4 节　Python 应用案例

Q85 怎样实现主楼给水排水管道的自动翻模

主楼给水排水管道建模时，需要用翻模软件翻出管道立管和水平管，接着依次连接立管和水平管。每个不同系统的管道，都要操作一遍翻模软件，而且一个楼翻模完成后，还需要同样的操作数量翻下一个楼，非常麻烦。

可以利用 Dynamo 简化操作，步骤如下：

1. 在 Excel 表中填写数据（图 4. 4-1）

A	B	C	D	E	F	G	H	I
序号	系统类型	管道类型	管道直径	横管所在图层名称	横管偏移	立管所在图层		
1	F-重力废水	铸铁管	110	PIPE-废水	-600	VPIPE-废水		
2	Y-重力雨水	UPVC管	100	PIPE-雨水	-650	VPIPE-雨水		
3	N-空调冷凝水	UPVC管	75	PIPE-凝结	-1100	VPIPE-凝结		

图 4. 4-1　在 Excel 表中填写数据

2. 在 Dynamo 空间中选择标高和导入的 CAD 链接文件（图 4.4-2）

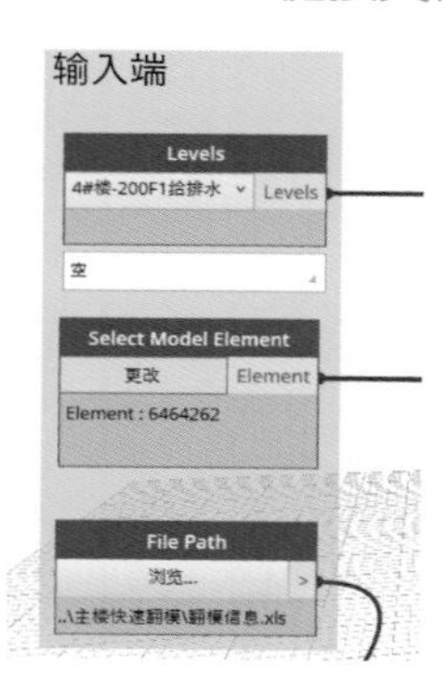

图 4.4-2　选择标高和导入的 CAD 链接文件

运行程序，即可完成一个主楼的翻模（图 4.4-3）。立管和水平管之间接头已经连接好了。

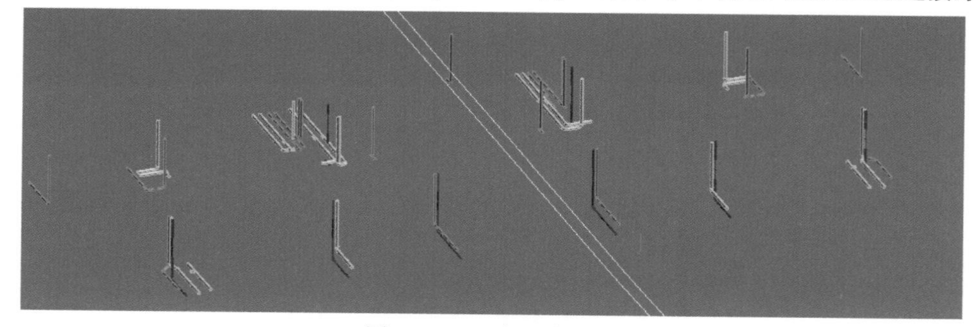

图 4.4-3　运行程序效果

具体实现步骤为：

读取 Excel 数据，丢弃掉表头，然后旋转列表（图 4.4-4）。

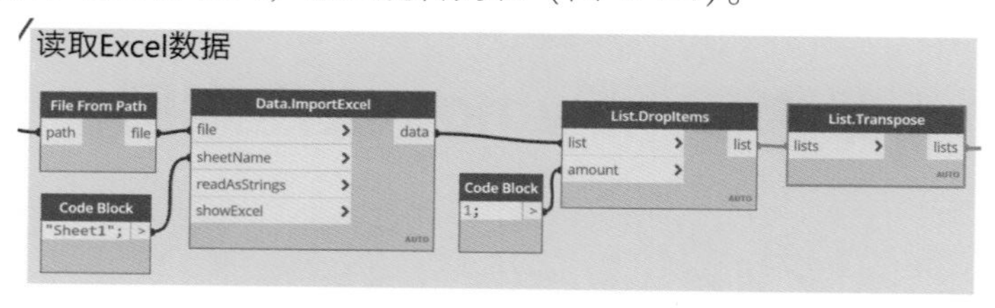

图 4.4-4　读取 Excel 数据

接着读取 Excel 文件中管道类型和管道系统的数据（图 4.4-5、图 4.4-6）。

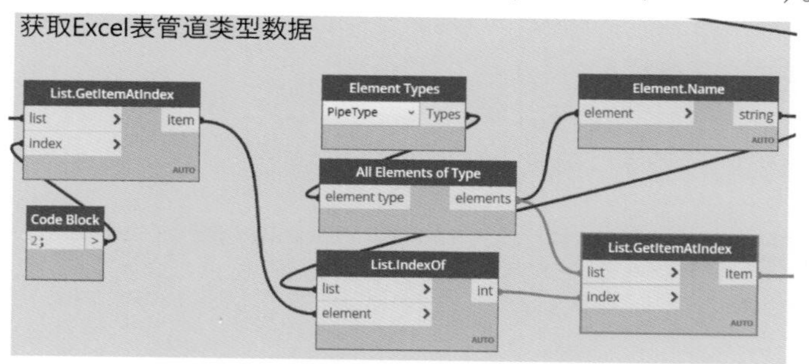

图 4.4-5　读取 Excel 文件中管道类型

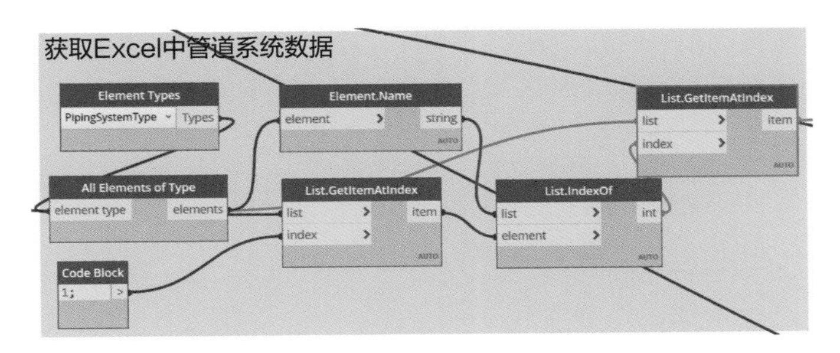

图 4.4-6　读取 Excel 文件中管道系统

利用 CAD. CurvesFromCADLayers 节点，读取水平管所在的图层上的直线（图 4.4-7）。

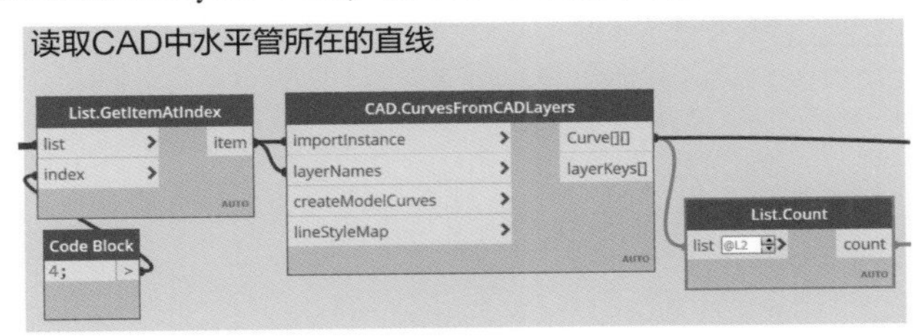

图 4.4-7　读取水平管所在的图层上的直线

用同样方法读取 CAD 中立管所在图层上的所有圆，获取圆的中心（图 4.4-8）。

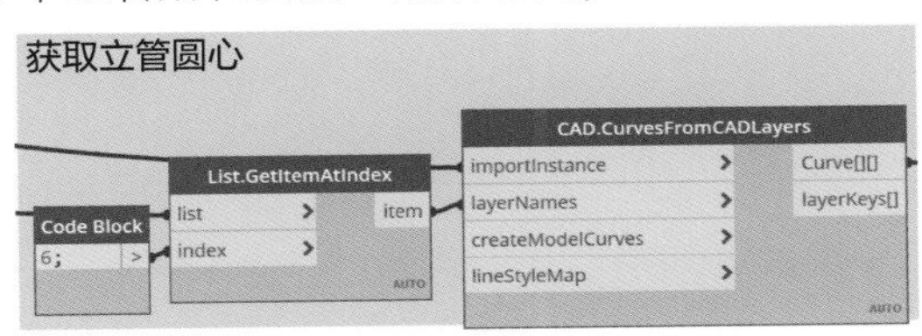

图 4.4-8　读取 CAD 中立管圆心

因为可能有圆弧（ARC）、直线（Line）等在相同图层上，所以可以利用是否是“C”开头，排除掉直线和圆弧，只保留圆（图 4.4-9）。

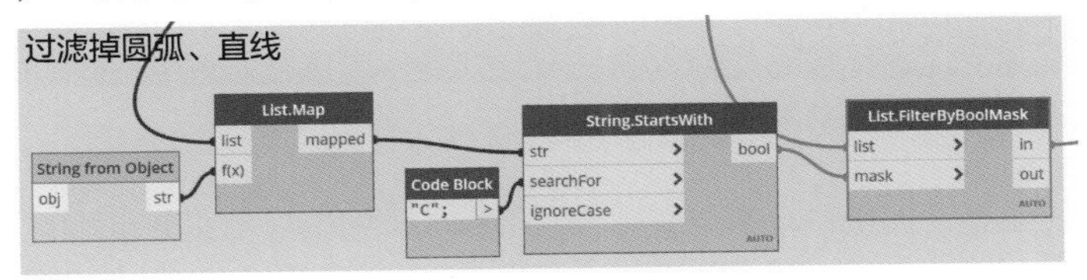

图 4.4-9　排除掉直线和圆弧

得到圆心后，将圆心向上偏移 2m 形成直线，作为立管的中心线（图 4.4-10）。

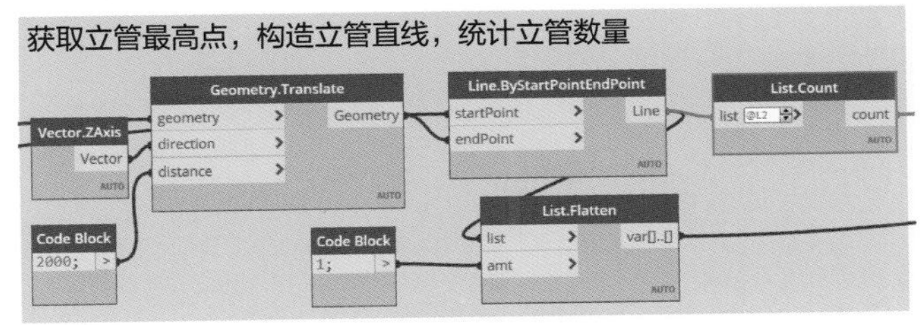

图 4.4-10　获取立管的中心线

生成管道，需要使用 MEPOVER 软件包的 Pipe. ByLines 节点。因为直线的数量和管道类型等参数的数量不一致，需要使用连缀。而该节点使用连缀比较麻烦，为此我们可以新建一个 Python 节点，使直线、管道类型、系统类型、标高、直径等信息一一对应（图 4. 4-11）。

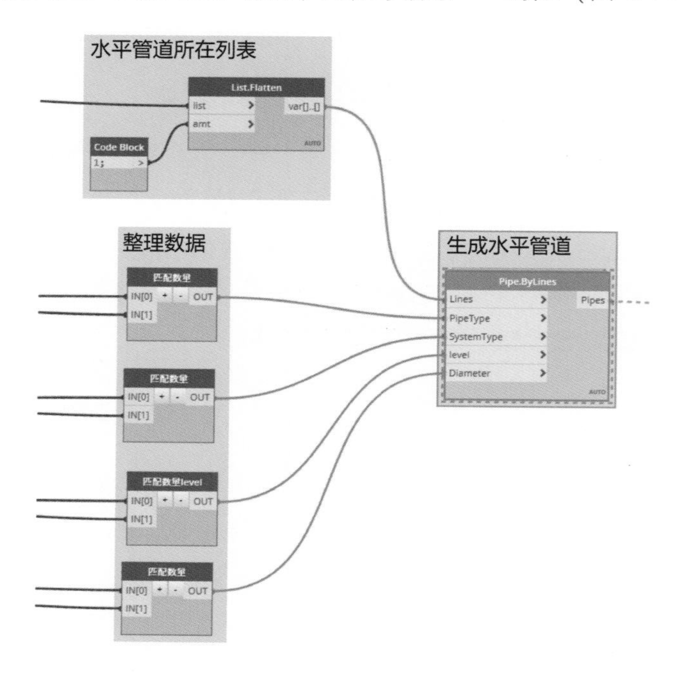

图 4. 4-11　整理数据

Python 节点代码见图 4. 4-12。

```
匹配数量
1 obj=IN[0]
2 num=IN[1]
3 outs=[]
4 times=len(num)
5 for x in range(times):
6     y=num[x]
7     for k in range(y):
8         outs.append(obj[x])
9 OUT = outs
```

图 4. 4-12　Python 节点代码

生成的水平管道和立管形成一个新列表，用 Elbow. ByMEPCurves 节点生成弯头（图 4. 4-13）。

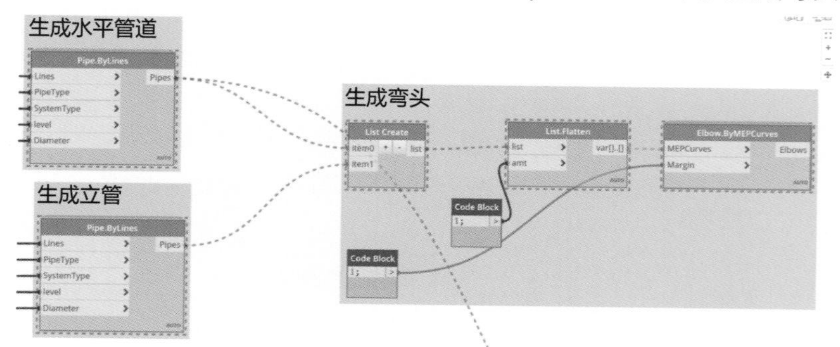

图 4. 4-13　生成弯头

该节点的原理是比较管道的接头的距离，连接最近的一组接头。因此要先生成接头，后调整水平管的偏移（图4.4-14）。

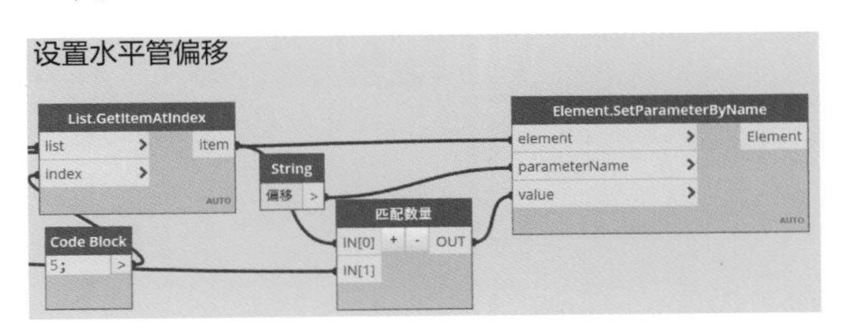

图4.4-14 调整水平管的偏移

应注意，对于程序来说，不能判断是先执行生成弯头还是先设置偏移。

为此，我们通过添加一个合并列表的节点（图4.4-15），将生成的弯头和水平管合成一个列表。再提取合并后的列表中的横管导入设置横管水平位移的节点。这样程序就能明白要先添加弯头后设置水平偏移。

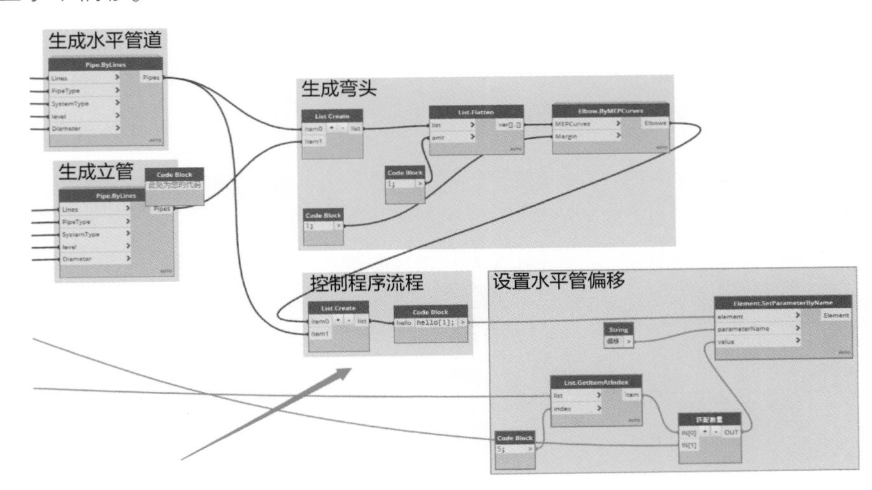

图4.4-15 添加一个合并列表的节点

Q86 怎样使用Dynamo给桥架做净高分析

Revit中风管和水管可以通过“分析”⟶“颜色填充”功能给不同净高的构件染色。但是桥架没有这个功能，可以使用Dynamo进行净高分析。

首先过滤出指定参照标高上的所有桥架（图4.4-16）。

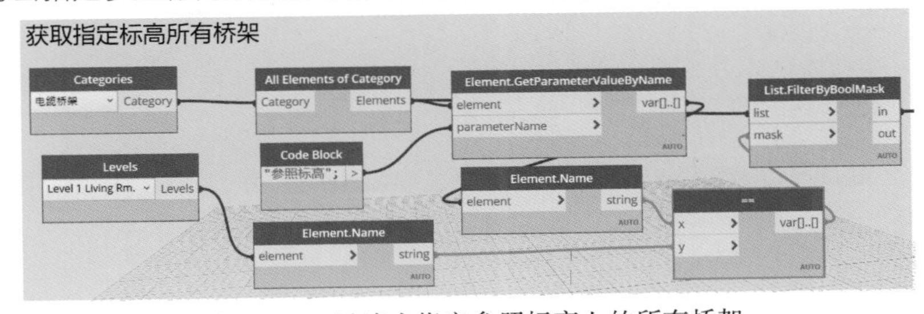

图4.4-16 过滤出指定参照标高上的所有桥架

然后根据与 Z 向量的角度的不同，筛选出水平桥架（图 4.4-17）。

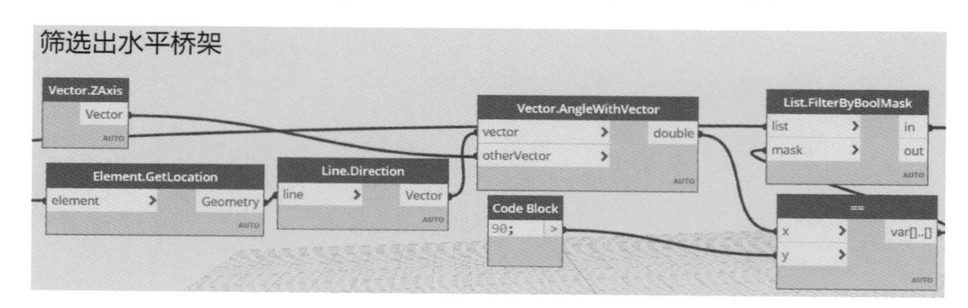

图 4.4-17　筛选出水平桥架

接着获取桥架的底部高程（图 4.4-18）。

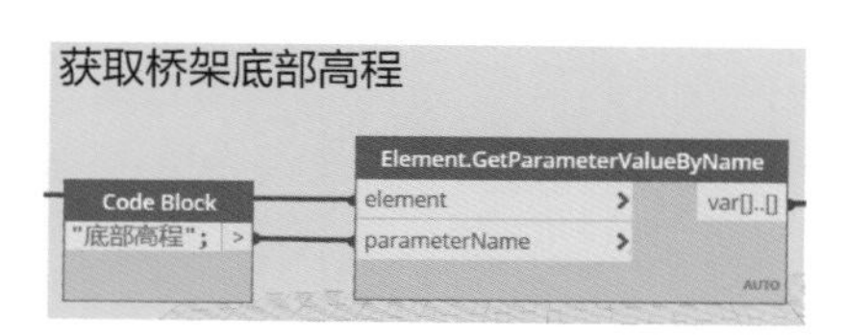

图 4.4-18　获取桥架的底部高程

按底部高程的不同，对桥架进行筛选，不同高程的桥架染上不同颜色（图 4.4-19）。

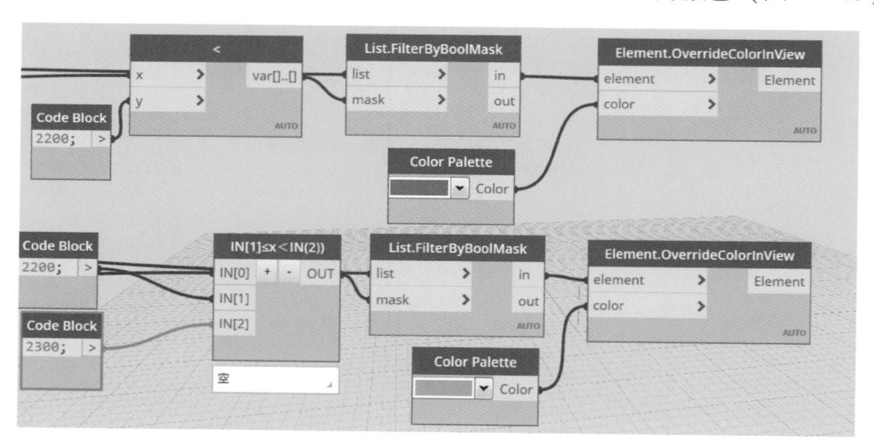

图 4.4-19　染色

这里我们新建了一个 Python 节点，用来获取 2200 ~ 2300 之间的数字，其代码为：

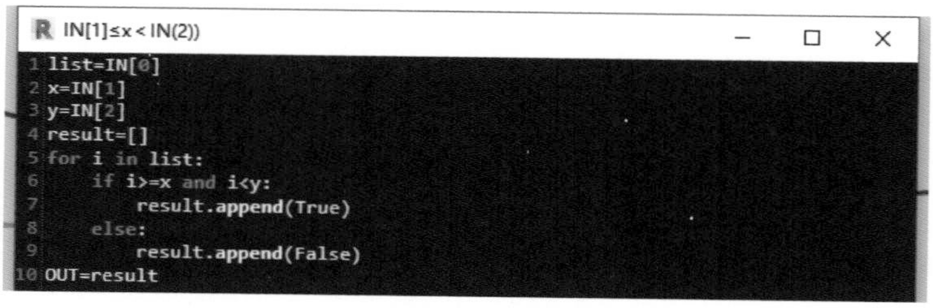

IN[1]≤x<IN(2))

```
1 list=IN[0]
2 x=IN[1]
3 y=IN[2]
4 result=[]
5 for i in list:
6     if i>=x and i<y:
7         result.append(True)
8     else:
9         result.append(False)
10 OUT=result
```

图 4.4-20　获取 2200 ~ 2300 之间的数字

Q87 怎样自动标注梁底净高

图 4. 4-21　标记族

梁底净高是管线综合中非常重要的一个参数。可以使用 Dynamo 将梁下净高通过模型文字，标注在梁上方。主要步骤如下：

因为没有在项目中直接添加模型文字的节点（Revit API 中只有给族文件中添加模型文字的方法），所以我们首先新建一个常规模型族，族里面放一个模型文字，以作为标记族使用。

为这个族添加一个名称为“显示文字”的参数（图 4. 4-22）。让模型文字的文字等于“显示文字”参数的值（图 4. 4-23）。

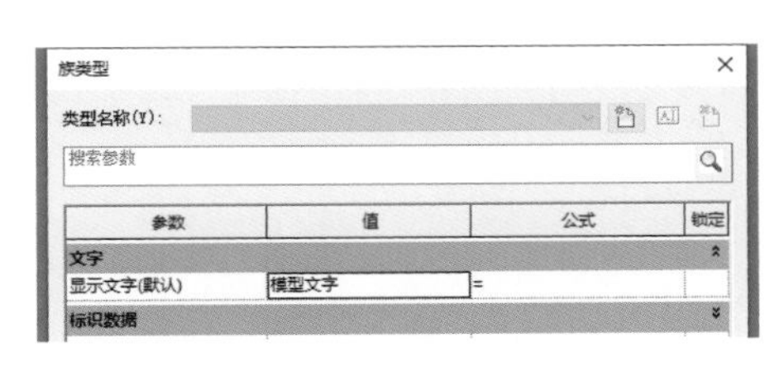

图 4. 4-22　“显示文字”参数

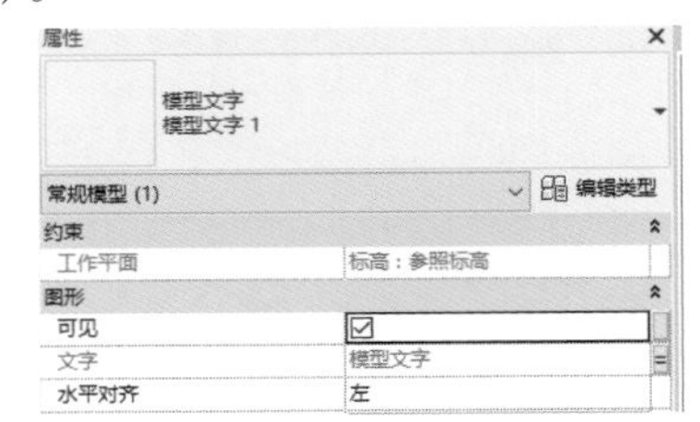

图 4. 4-23　设置参数

载入标记族到项目后，首先在 Dynamo 空间获取土建链接模型中所有的梁，见图 4. 4-24。

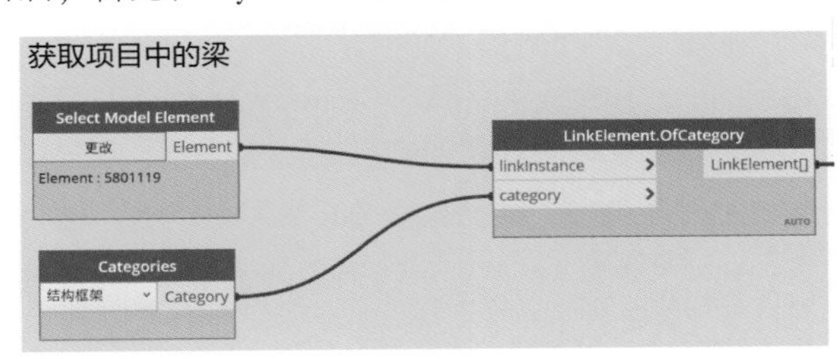

图 4. 4-24　获取土建链接模型中所有的梁

接着获取梁定位线的中点位置，以及底部高程、顶板高程、Z 轴偏移值等信息（图 4. 4-25）。注意“Z　轴偏移值”中，“Z”后面有一个空格键。

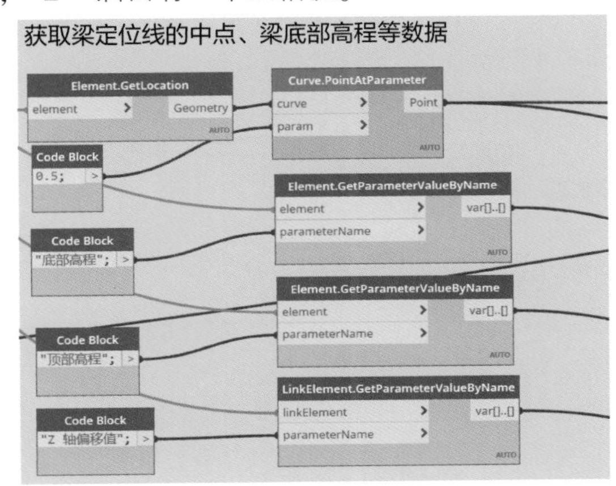

图 4. 4-25　获取梁的数据

车库没有斜梁，对于水平梁，梁的定位线不在梁中心，而在梁的参照平面上。梁的底部高程减去顶部高程就是梁高。梁的定位线中心点，向下移动梁高的距离，再移动 Z 轴偏移值的距离，再移动 500mm，就得到了一个梁下 500mm 的点（图 4.4-26）。

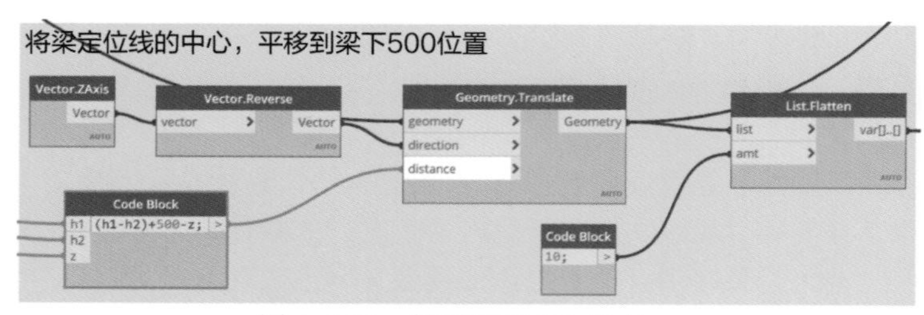

图 4.4-26　得到梁下 500 的点

从这个梁下 500mm 的点出发发射射线，就可以找到梁下的楼板（图 4.4-27）。

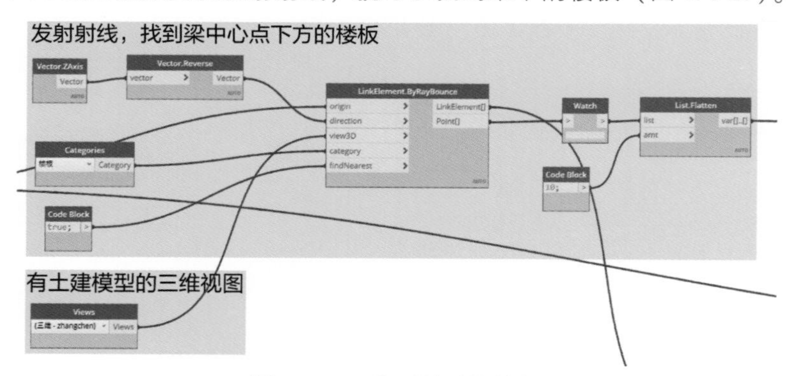

图 4.4-27　找到梁下的楼板

将射线和楼板的碰撞得到的点，和射线原点接入 Geometry. DistanceTo 节点，就可以获取两点之间的距离。这个距离加上原点和梁底的距离 500mm，再减去楼板的厚度，就是梁下的净高（图 4.4-28）。

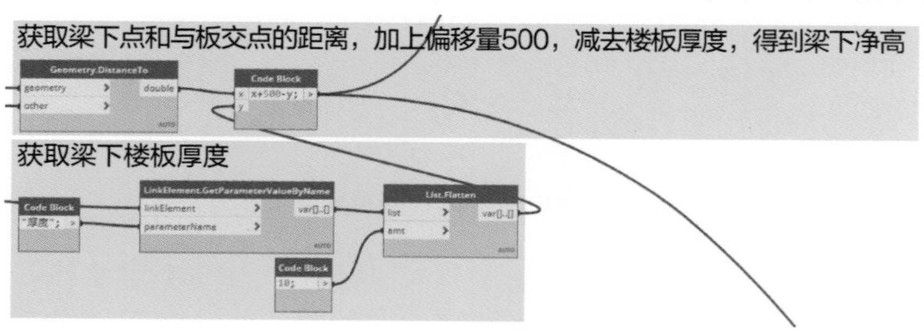

图 4.4-28　获取梁下净高

接着布置标记族，见图 4.4-29。

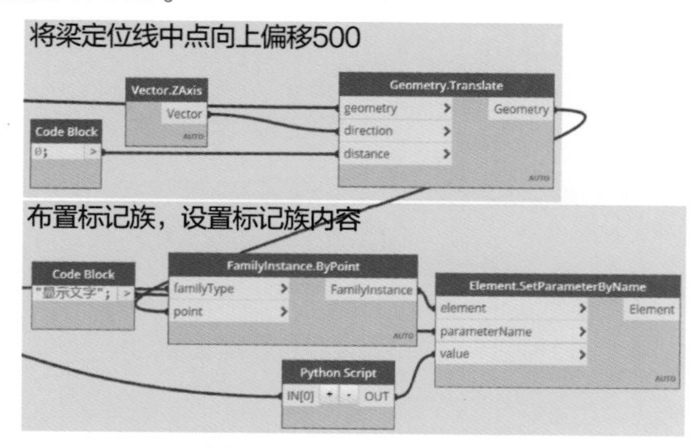

图 4.4-29　布置标记族

Python 节点作用有两个，一是处理空值（梁下没有板的情况）；二是将净高由数字转化为字符串，具体代码见图 4. 4-30。

```
Python Script
1 list=IN[0]
2 out=[]
3 for ele in list:
4     try:
5         out.append('%d' %ele)
6     except:
7         out.append("null")
8 OUT=out
```

图 4. 4-30　Python 节点

运行程序，就完成了梁下净高的标注（图 4. 4-31）。

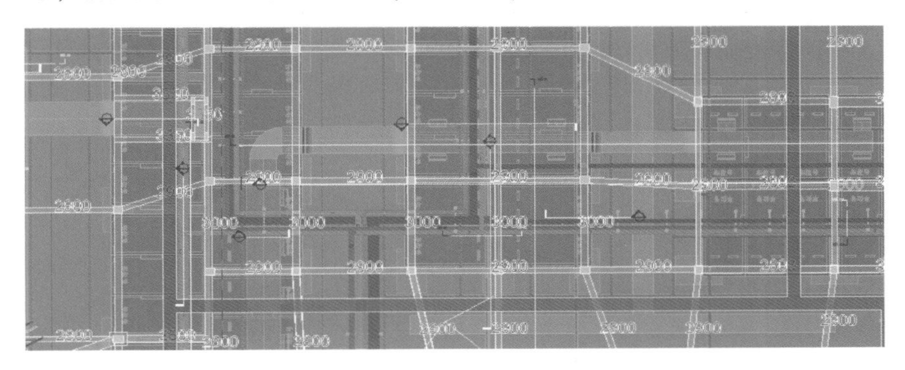

图 4. 4-31　标注效果

Q88 怎样为不同直径的管道添加不同厚度的保温层

首先，我们需要知道添加保温层命令在 API 中对应的方法。如果不知道添加保温层对应的英语单词，可以在启动时切换 Revit 为英文操作界面，步骤如下：

右键单击 Revit 的快捷方式，查看其属性，将 CHS 替换为 ENU（图 4. 4-32）。

在英语界面下启动 Revit，然后单击添加管道命令（图 4. 4-33）。

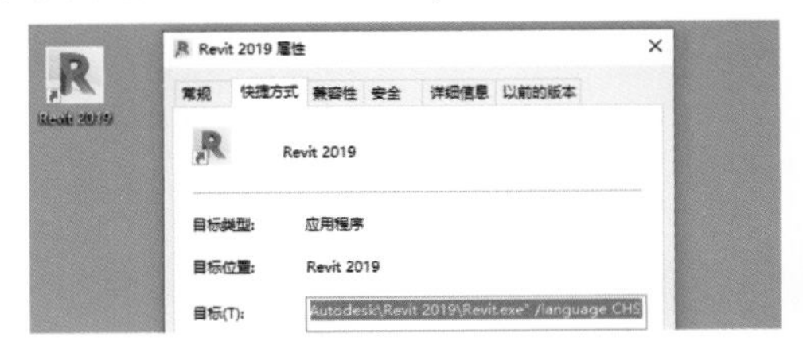

图 4. 4-32　切换 Revit 为英文操作界面

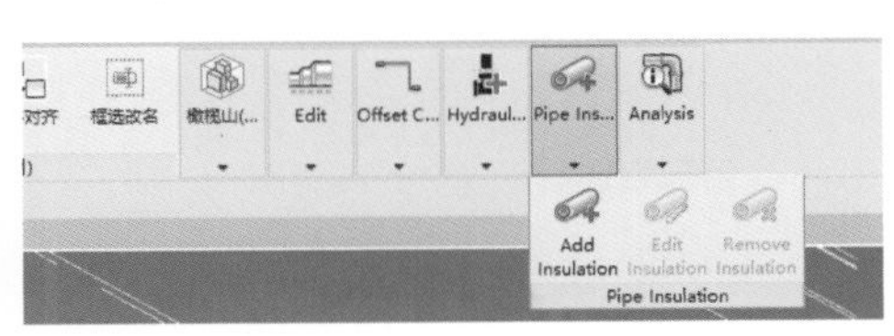

图 4. 4-33　单击添加管道命令

查询到添加保温层命令为 Add Insulation 后，我们在 API 文档中搜索这个方法。查看这个方法的说明（图 4. 4-34），可见需要文档、管道 ID、保温类型 ID、厚度 4 个参数。

```
C#
public static PipeInsulation Create(
        Document document,
        ElementId pipeOrContentElementId,
        ElementId pipeInsulationTypeId,
        double Thickness
)
```

图 4. 4-34　方法的说明

然后在 Dynamo 中新建 Python 节点，输入端为添加保温层需要的参数，输出端为添加的保温层。

Python 节点关键代码见图 4. 4-35。

```
19 doc = DocumentManager.Instance.CurrentDBDocument
20 uidoc=DocumentManager.Instance.CurrentUIApplication.ActiveUIDocument
21 #Preparing input from dynamo to revit
22 pipeId=IN[0]
23 pipeInsulationTypeId = UnwrapElement(IN[1]).Id
24 thickness=IN[2]
25 pipeInsulations=[]
26 #如果有事务需要执行
27 TransactionManager.Instance.EnsureInTransaction(doc)
28 for id,t in zip(pipeId,thickness):
29     try:
30         pipeInsulation=PipeInsulation.Create(doc,ElementId(id),pipeInsulationTypeId,t/304.8)
31         pipeInsulations.append(pipeInsulation.ToDSType(false))
32     except:
33         pass
34 TransactionManager.Instance.TransactionTaskDone()
35 OUT = pipeInsulations
```

图 4. 4-35　Python 节点关键代码

第 22 行将输入的管道 ID 赋值给列表 pipeId；第 23 行将 Dynamo 空间中输入的管道隔热层类型解封；第 24 行将输入的管道保温层厚度赋值给列表 thickness。

第 25 行新建一个列表 PipeInsulation 用于存储生成的管道保温层；第 27 行开始事务。

第 28 行遍历所有的管道，使用 zip 方法，同时遍历管道 Id 和保温层厚度两个列表。

第 30 行创建管道保温层。使用 ElementId( ) 方法，把 Dynamo 空间输入的整数类型的管道 Id 转化成 Revit 类型的 ElementId。

管道厚度要除以 304. 8，因为 API 中的单位是英尺，需要转化成毫米。

有了创建管道保温层的节点，我们还需要在 Dynamo 中筛选出同一系统类型下的所有管道，获取管道的直径，根据直径得到对应的保温层厚度。

在 Revit 模型空间中选择一根管道，利用管道系统类型的名字是否相同，筛选出需要添加保温层的管道（图 4. 4-36）。

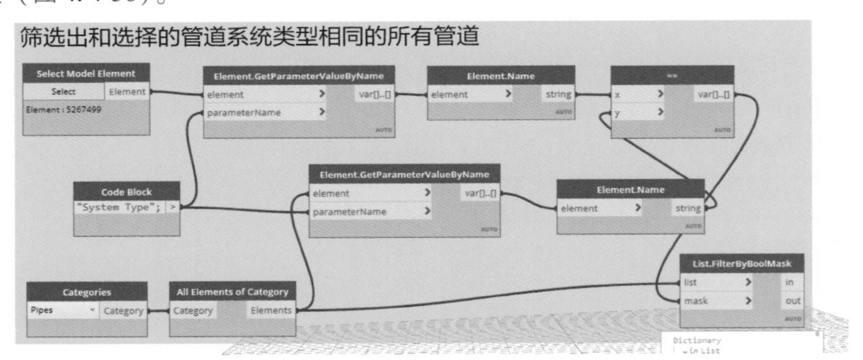

图 4. 4-36　筛选出需要添加保温层的管道

获取筛选出来的管道的直径，转化为要求的保温层厚度（图 4. 4-37）。

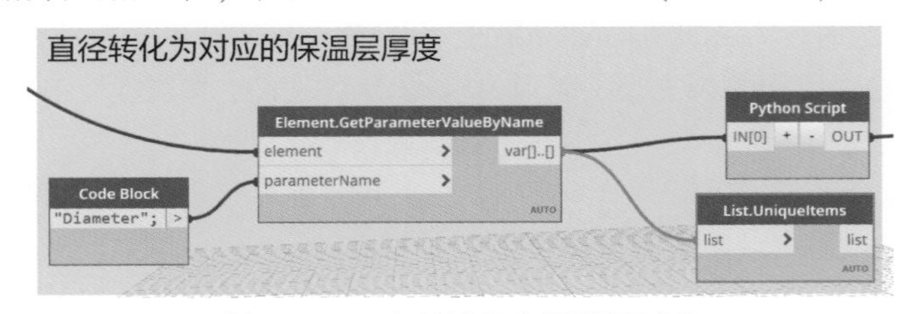

图 4. 4-37　直径转化为保温层厚度

其中直径转厚度的 Python 节点见图 4.4-38。

表示直径大于 100 的管道，厚度为 30；直径大于 65 小于等于 100 的管道，厚度为 20；直径小于等于 65 的管道，厚度为 10。

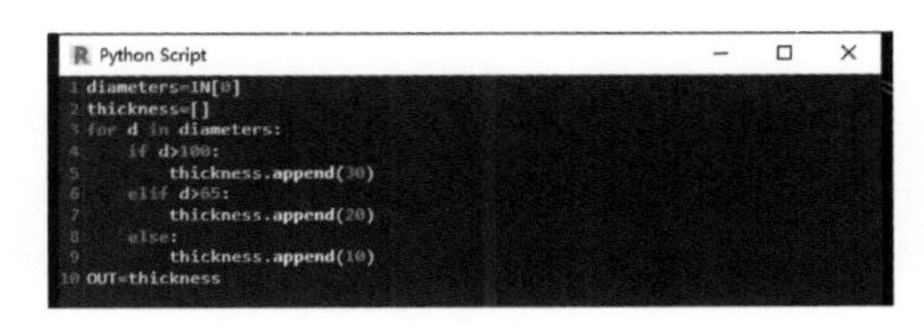

图 4.4-38　Python 节点

我们还需要保温层的类型这一参数。由于管道保温层是系统族，普通方法无法过滤出对应的 family type。这里我们新建一个 Python 节点，使用过滤器过滤图元（图 4.4-39）。

Python 节点关键代码见图 4.4-40。

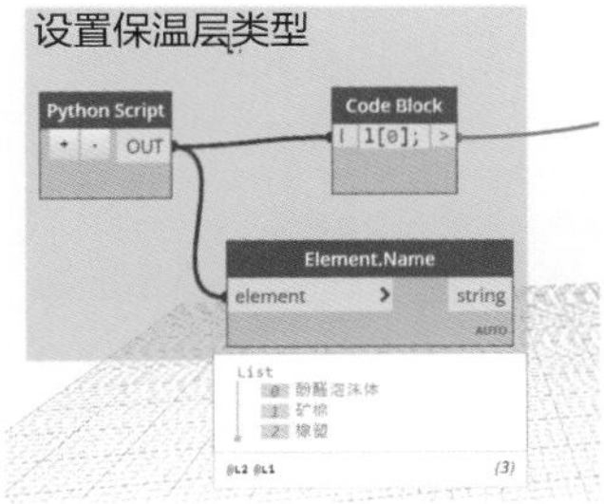

图 4.4-39　获取保温层的类型

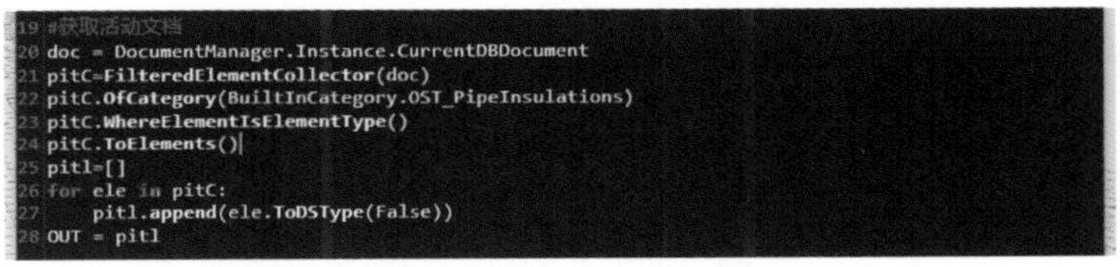

```
19 #获取活动文档
20 doc = DocumentManager.Instance.CurrentDBDocument
21 pitC=FilteredElementCollector(doc)
22 pitC.OfCategory(BuiltInCategory.OST_PipeInsulations)
23 pitC.WhereElementIsElementType()
24 pitC.ToElements()
25 pitl=[]
26 for ele in pitC:
27     pitl.append(ele.ToDSType(False))
28 OUT = pitl
```

图 4.4-40　Python 节点关键代码

使用 API 过滤器过滤图元的步骤为：

新建一个过滤元素收集器：pitC = FilteredElementCollector(doc)

给过滤元素收集器加载过滤器：pitC. OfCategory(BuiltInCategory. OST_ PipeInsulations)

获取族类型，排除掉族实例：pitC. WhereElementIsElementType( )

转化为元素：pitC. ToElements( )

将管道 ID、隔热层类型、隔热层厚度和生成隔热层的节点连接，见图 4.4-41。

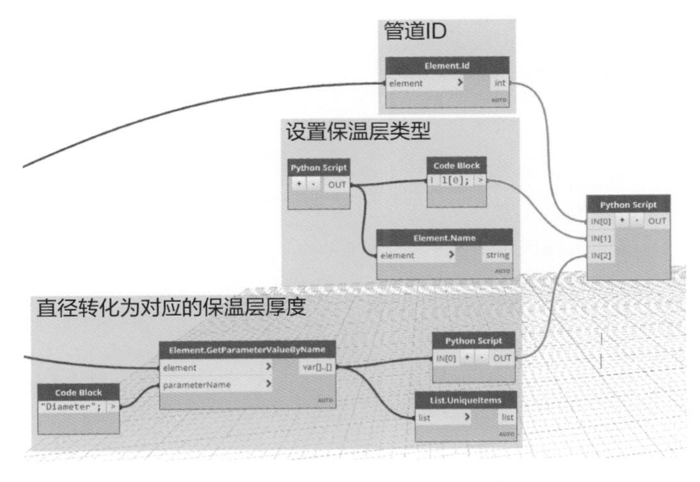

图 4.4-41　接入生成保温层的节点

这样就能为不同直径的管道添加不同厚度的保温层了。

Q89 怎样批量设置视图过滤器及其显示样式

使用过滤器控制视图中的图元显示十分方便，但是为视图添加过滤器，以及给每种过滤器指定视图样式的操作则比较烦琐。本节介绍利用 Dynamo 批量新建过滤器并为过滤器指定视图样式的方法。

1. 设置过滤器及视图显示样式的原理

步骤为新建过滤器→新建过滤规则→为规则添加过滤器→新建图形替换样式实例→设置图形替换样式→加载图形替换样式。

在 Dynamo 中使用已有的节点，实现方法见图 4.4-42。

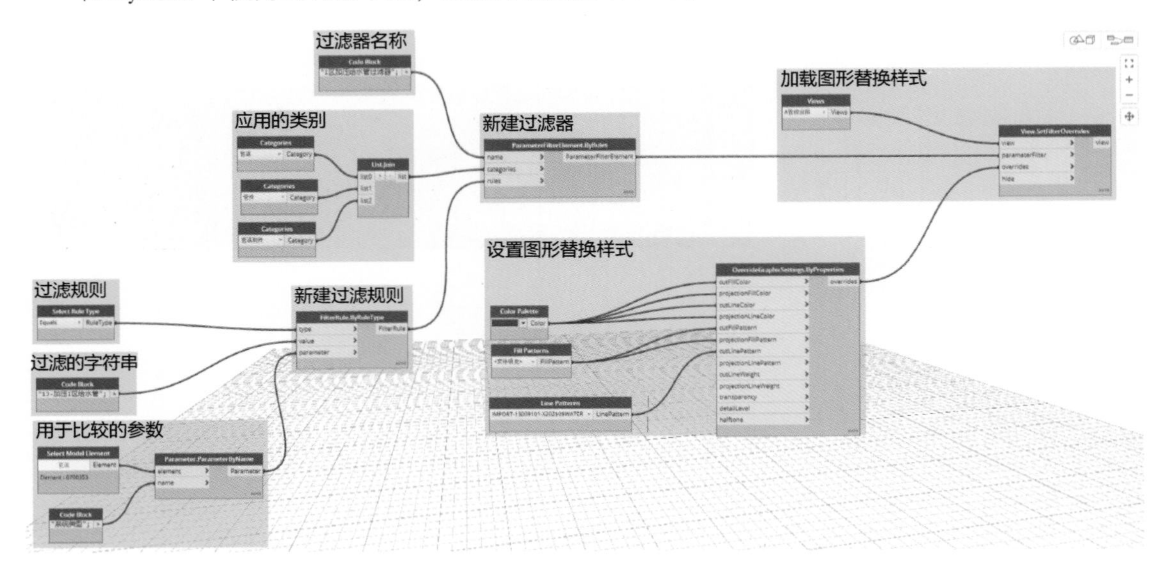

图 4.4-42　使用已有的节点设置视图显示

各部分具体节点见图 4.4-43 ~ 图 4.4-45。

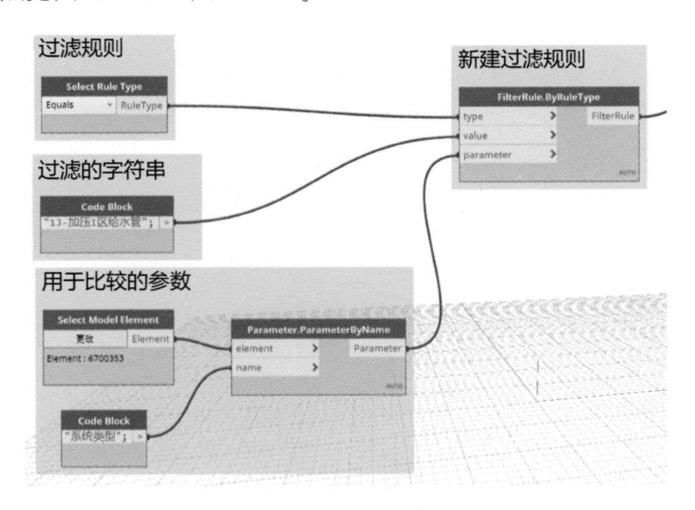

图 4.4-43　各部分具体节点 1

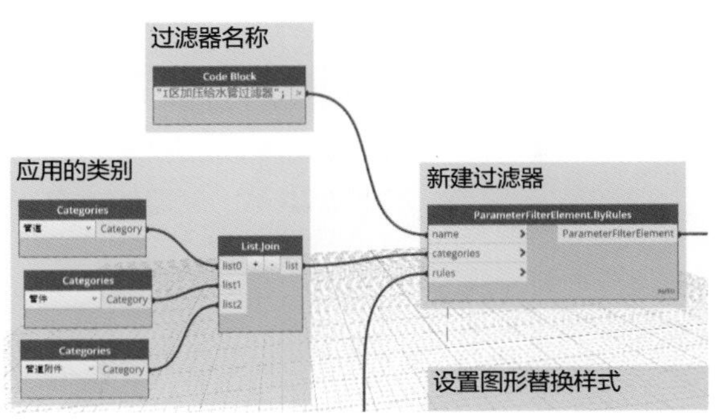

图 4. 4-44　各部分具体节点 2

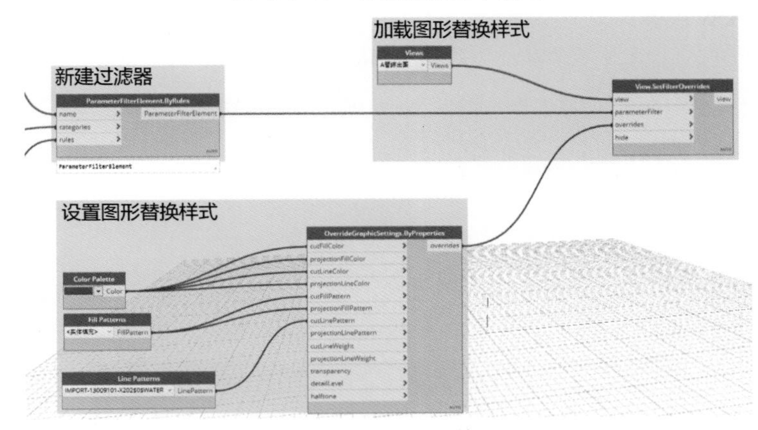

图 4. 4-45　各部分具体节点 3

上述程序已经能够实现一次添加一个过滤器，我们接着利用 Python + API 来实现批量布置。各步骤使用的 API 方法如图 4. 4-46 所示。

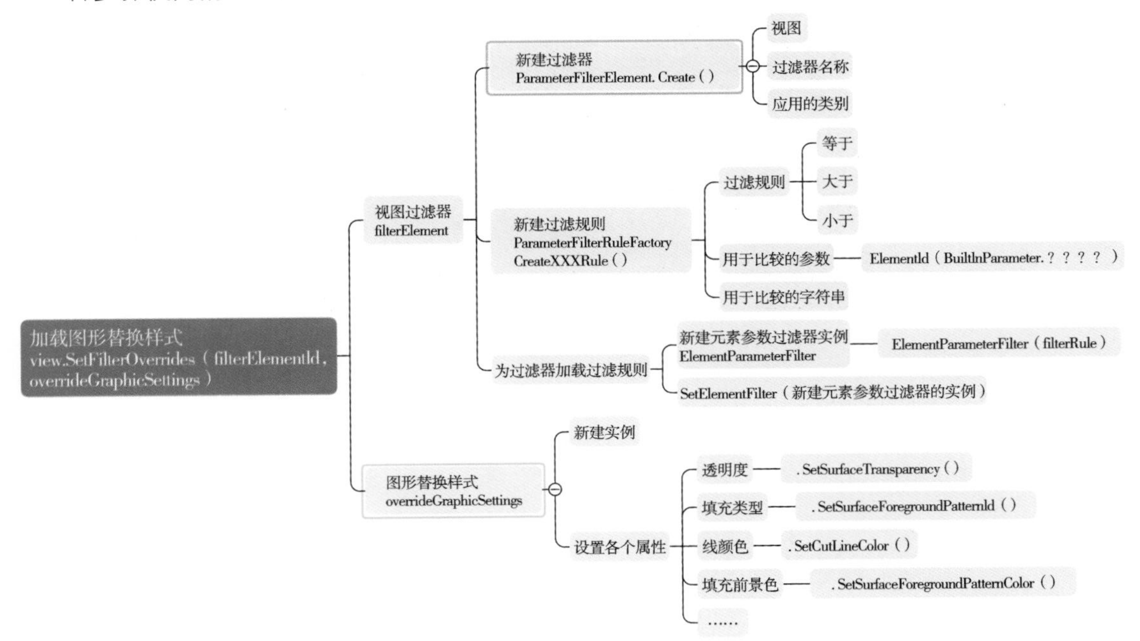

图 4. 4-46　各步骤使用的 API 方法

2. 批量布置方法

（1）为视图中的水管添加过滤器。首先获取所有水管的系统类型作为过滤器名字。对于刚开始建模的项目，可以新建 Excel 表格保存名字，然后在 Dynamo 中读取。本例中给项目中已经存在的管道新建过滤器，直接筛选出项目中的所有管道，读取系统类型信息，然后利用 List. UniqueItem 节点获取系统类型列表（图 4. 4-47）。

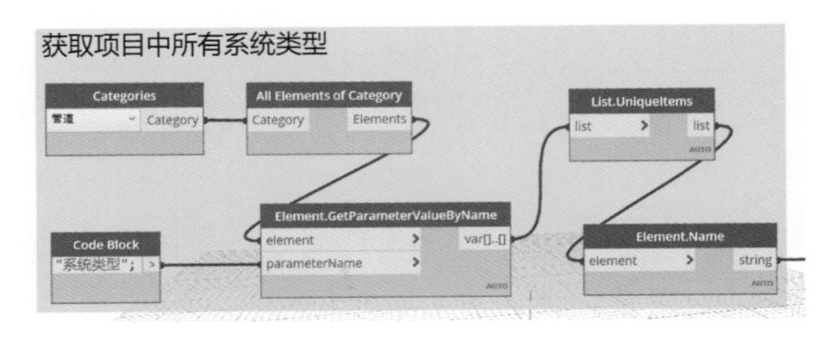

图 4. 4-47　获取系统类型

新建过滤器名字和已有的重复时会发生错误，所以可以系统类型前面加一个字符串，以使新建的过滤器名字唯一（图 4. 4-48）。

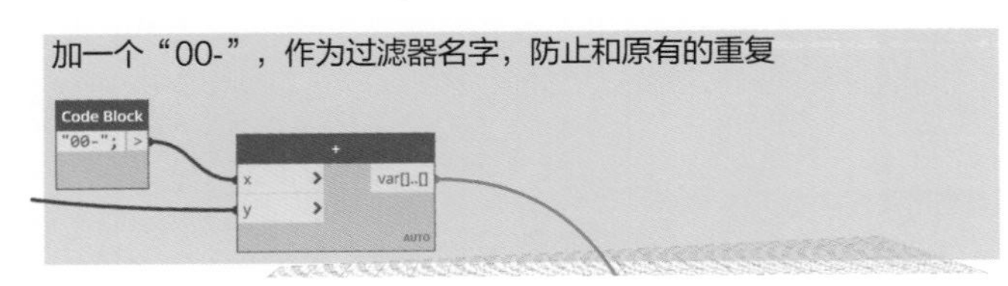

图 4. 4-48　使新建的过滤器名字唯一

接着把视图、过滤器名字、系统类型接入 Python 节点。节点关键代码见图 4. 4-49。

```
29 #获取活动文档
30 doc = DocumentManager.Instance.CurrentDBDocument
31 uidoc=DocumentManager.Instance.CurrentUIApplication.ActiveUIDocument
32 #Preparing input from dynamo to revit
33 #第一个节点输入视图，解封为Revit对象
34 view = UnwrapElement(IN[0])
35 #第二个节点输入过滤器名字
36 filterNames=IN[1]
37 #第三个节点输入系统类型名称，在规则中用来判断
38 filterStrings=IN[2]
39 #将管道、管道附件、管件内置类别Id存入列表中
40 categories=[]
41 categories.append(ElementId(BuiltInCategory.OST_PipeCurves))
42 categories.append(ElementId(BuiltInCategory.OST_PipeAccessory))
43 categories.append(ElementId(BuiltInCategory.OST_PipeFitting))
44 categoriesC=List[ElementId](categories)
45 #用系统类型是否相等进行判断，这里提取系统类型这个参数的ID
46 ParamId=ElementId(BuiltInParameter.RBS_PIPING_SYSTEM_TYPE_PARAM)
47 #如果有事务需要执行
48 TransactionManager.Instance.EnsureInTransaction(doc)
49
50 #遍历需要新建过滤器的名字列表
51 for filterName,filterString in zip(filterNames,filterStrings):
52     #新建过滤器
53     filter=ParameterFilterElement.Create(doc, filterName, categoriesC)
54     #新建过滤规则
55     filterRule=ParameterFilterRuleFactory.CreateEqualsRule(ParamId, filterString,True)
56     #实例化元素参数过滤器
57     eleFilter=ElementParameterFilter(filterRule)
58     #加载规则
59     filter.SetElementFilter(eleFilter)
60     #新建图形样式
61     over = OverrideGraphicSettings()
62     #加载过滤器，设置图形样式
63     view.SetFilterOverrides(filter.Id, over)
64 TransactionManager.Instance.TransactionTaskDone()
```

图 4. 4-49　节点关键代码

运行效果见图 4. 4-50。

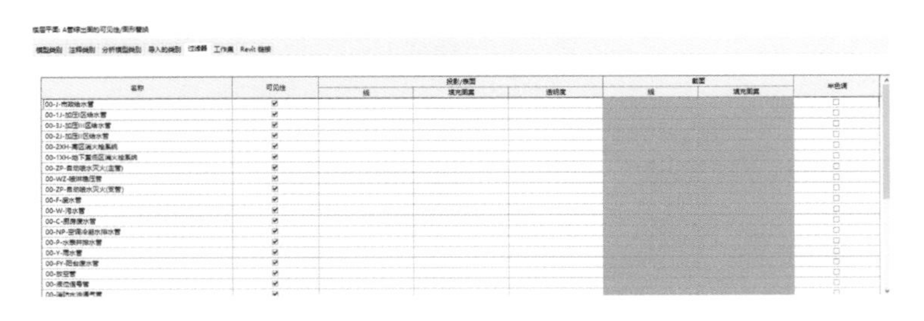

图 4. 4-50　运行效果

因为水管、风管一般使用系统材质区分颜色，所以这里我们只加载过滤器用于控制不同系统的显示，不设置过滤器对应的颜色。

（2）为视图中的风管添加过滤器。风管和水管相似，都是用系统类型进行区分。关键步骤见图 4.4-51 和图 4.4-52。

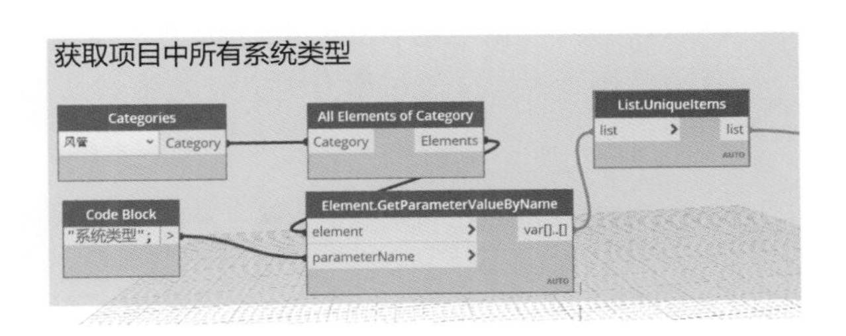

图 4.4-51　获取风管所有系统类型

（3）为视图中的桥架添加过滤器。桥架利用类型进行区分，关键步骤见图 4.4-53 和图 4.4-54。

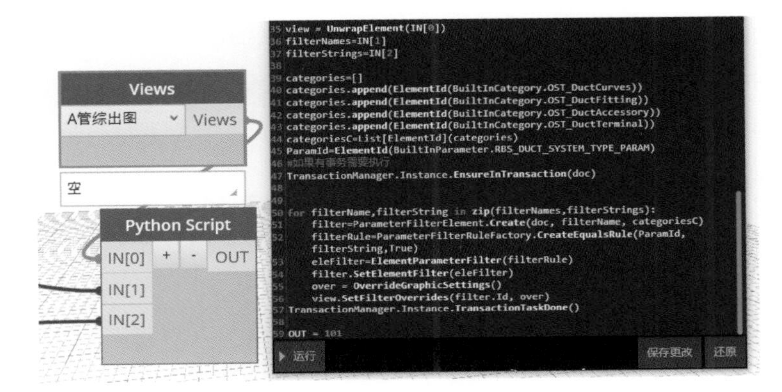

图 4.4-52　添加过滤器并设置视图

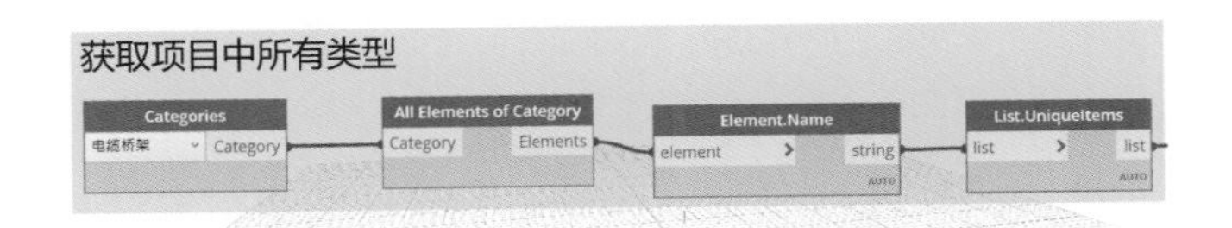

图 4.4-53　获取所有桥架类型

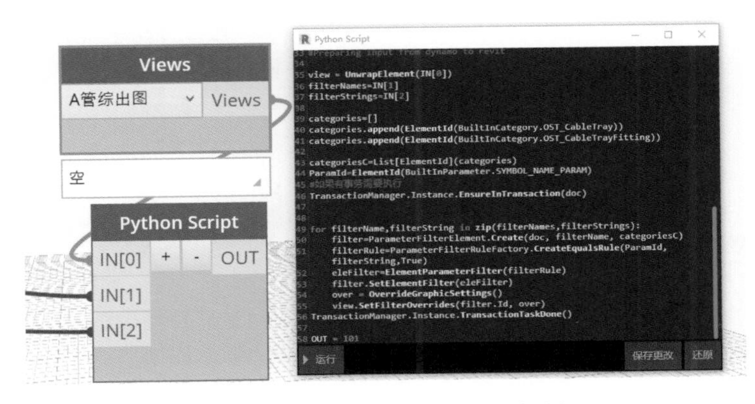

图 4.4-54　添加过滤器并设置视图

（4）为桥架过滤器指定颜色。可以新建一个 Excel 表格，填写各类桥架颜色的 RGB 信息，然后在 Dynamo 中读取颜色。

由于有的项目要求模型中桥架颜色和图纸相同，而在 Excel 中填非标准颜色的 RGB 值比较麻烦，所以这里我们直接在 Dynamo 中为各类桥架指定颜色。

首先筛选出视图中与桥架有关的过滤器（图 4. 4-55）。

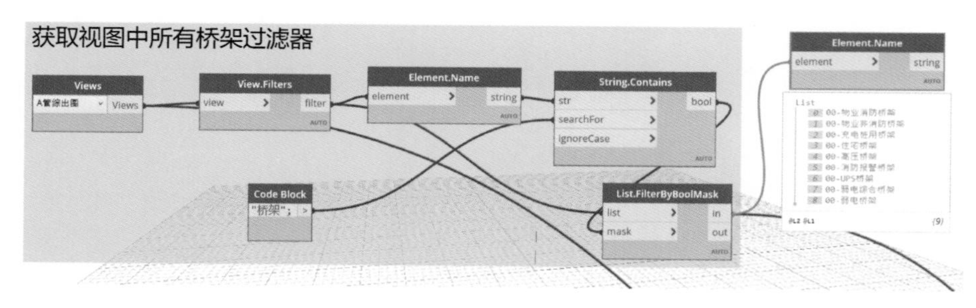

图 4. 4-55　筛选出视图中与桥架有关的过滤器

接着新建一个列表，对照过滤器名称指定颜色（图 4. 4-56）。

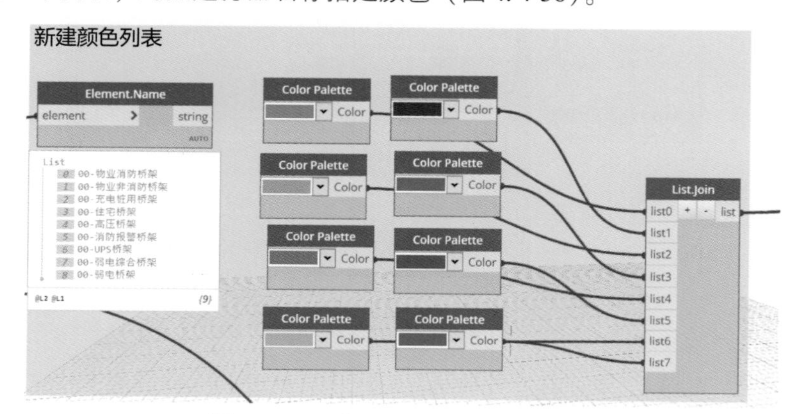

图 4. 4-56　对照过滤器名称指定颜色

然后设置视图显示样式，最后用 View. SetFilterOverrides 节点加载过滤器和视图显示样式（图 4. 4-57）。

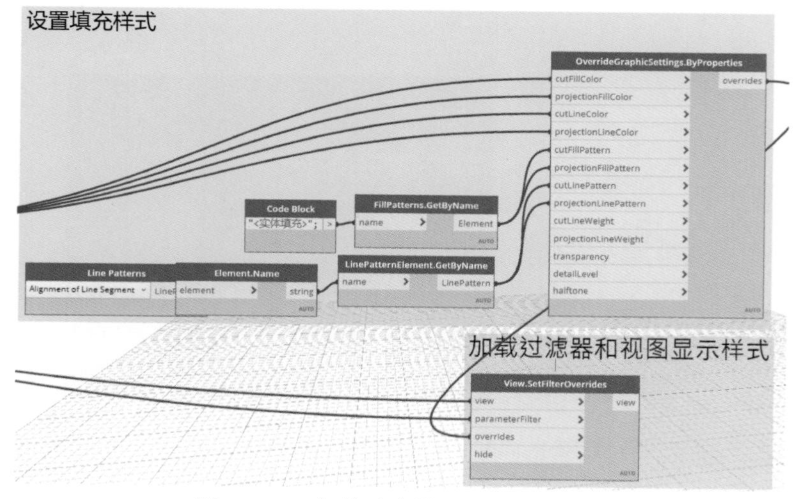

图 4. 4-57　加载过滤器和视图显示样式

运行效果见图 4. 4-58。

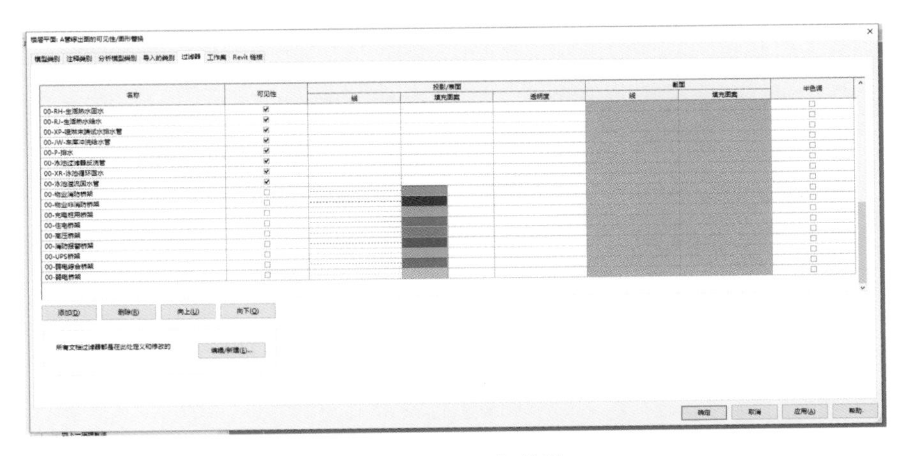

图 4. 4-58　运行效果

图 4. 4-58 中桥架过滤器被设置了填充图案。因为使用 API 加载图形样式时会默认取消“可见性”，所以运行完程序后需要手动单击一下可见性。

Q90 怎样自动寻找有净高不足风险的车位

当车位上方顶板和地面之间距离小于 2550mm 时，保证 2200mm 净高的情况下布置管线比较麻烦。当小于 2450mm 时，为了保证净高，已经没有足够的空间布置喷淋头。因此，有必要早点找出这些有净高风险的车位反馈给设计单位和业主。

寻找有净高风险的车位，传统方法是观察模型，比较费时间，且容易遗漏。可以使用 Dynamo 简化流程。

运行程序后，净高不足的车位都放了一个标记球，见图 4. 4-59。

该处剖面视图见图 4. 4-60。

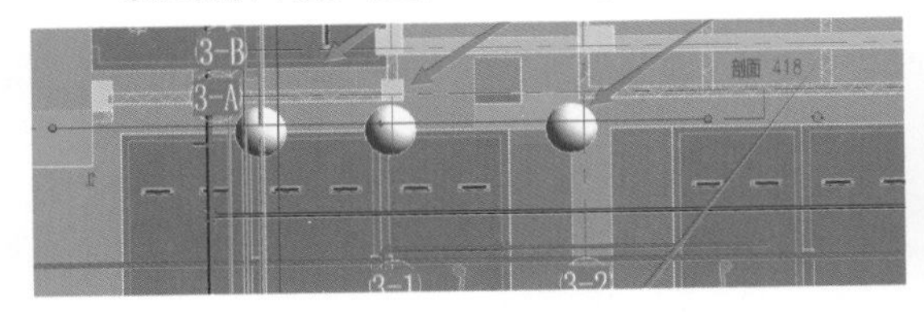

图 4. 4-59　标记球

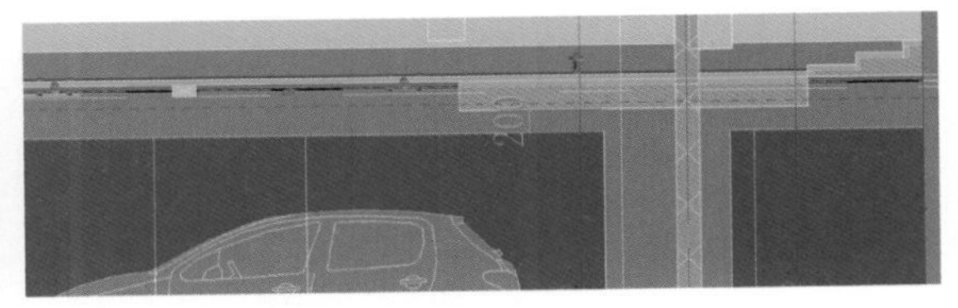

图 4. 4-60　净高不足的车位

可以在 Dynamo 空间中单击标记球的 ID 定位车位，具体实现步骤为：

筛选出土建链接模型中的车位（图 4. 4-61）。

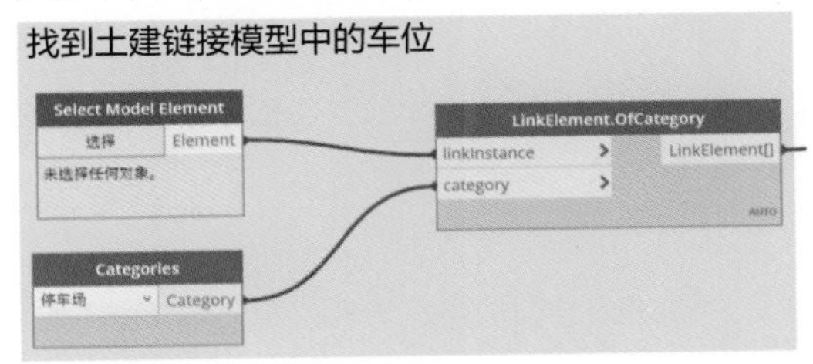

图 4. 4-61　筛选出土建链接模型中的车位

获取车位的范围盒后，将 MinPoint 抬高到 MaxPoint 的标高（图 4. 4-62）。

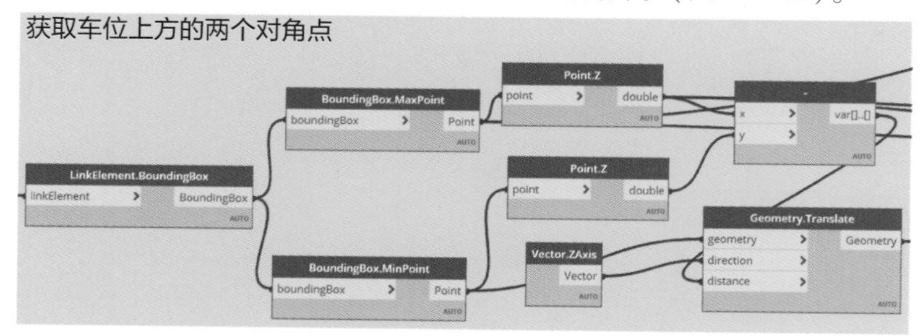

图 4. 4-62　将 MinPoint 抬高到 MaxPoint 的标高

从这两点出发，发射一条射线，获取碰撞点（图 4. 4-63）。

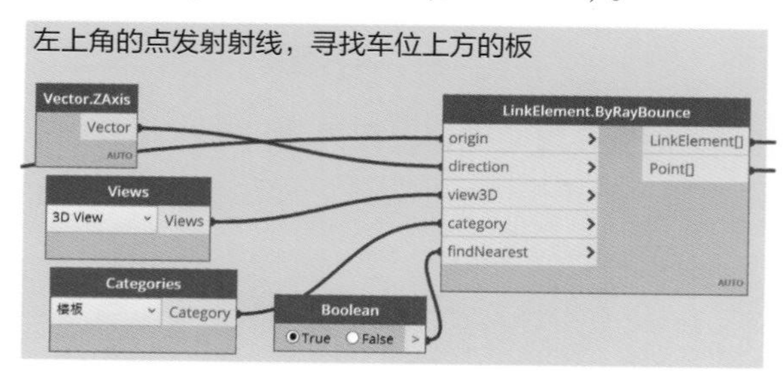

图 4. 4-63　获取碰撞点

射线碰撞点和车位角点的 Z 值的差，就是车位和楼板之间的净距（图 4. 4-64）。

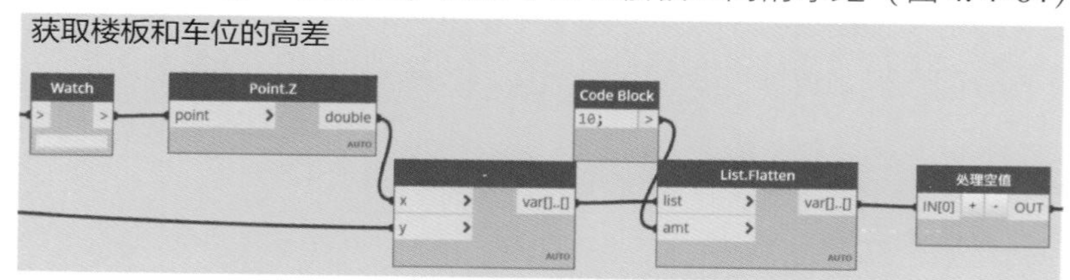

图 4. 4-64　获取射线碰撞点和车位角点的 Z 值的差

因为可能有的车位上方没有楼板，此时会出现空值，需要替换掉。Python 节点见图 4. 4-65。

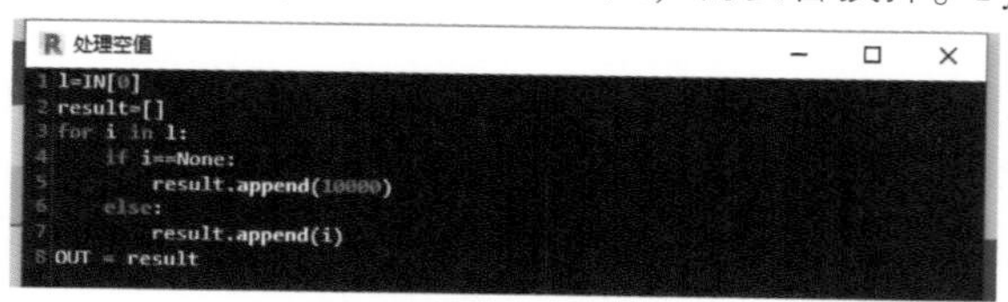

图 4. 4-65　Python 节点

比较车位两个点和楼板的距离，取最小值，判断这个最小值是否小于 350mm（图 4. 4-66）。

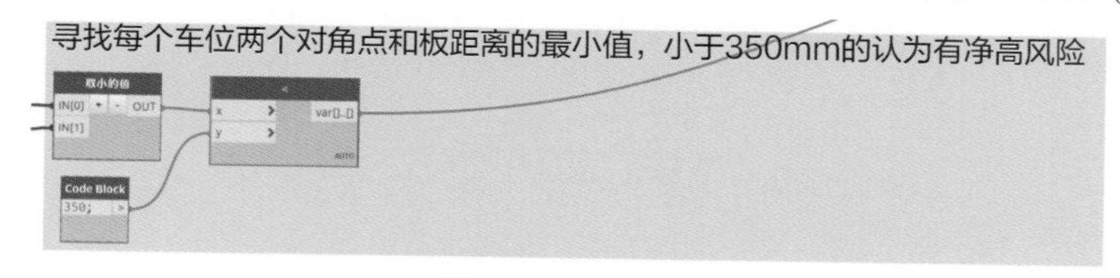

图 4. 4-66　取最小值

取最小值的 Python 节点见图 4. 4-67。

图 4. 4-67　Python 节点

利用和顶板的距离是否小于 350mm，筛选出有净高问题的点。在点上布置一个球，利用 ImportInstance. ByGeometry 节点，将 Dynamo 中的球导入 Revit 空间中（图 4. 4-68）。

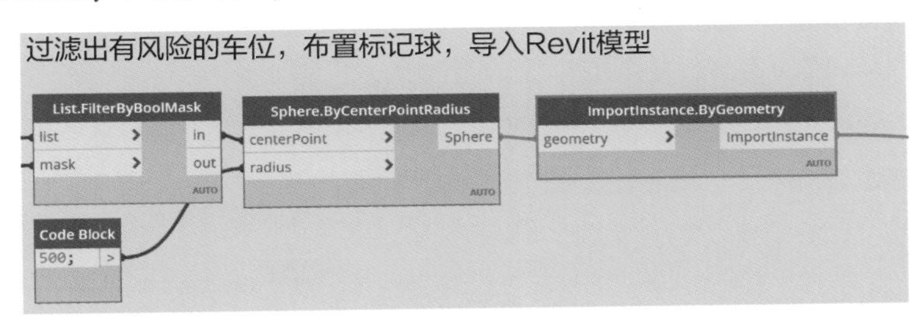

图 4. 4-68　布置标记

Q91 如何自动出车位不利因素示意图和统计表

出车位不利因素示意图和统计表，传统方法是对照 CAD 图纸一个个检查车位，比较麻烦。可以利用 Dynamo 自动出车位不利因素图和统计表，其步骤如下：

加载车位不利因素分析族，根据需要运行不同的节点文件，见图 4. 4-69。

名称	修改日期	类型	大小
不利因素表	2021/11/8 18:39	XLSX 工作表	141 KB
车位不利因素标记族	2021/11/6 10:16	Autodesk Revit 族	320 KB
出图--车位不利因素分析--600范围墙.DYN	2021/11/6 11:33	DYN 文件	161 KB
出图--车位不利因素分析--600范围消火栓.DYN	2021/11/8 18:29	DYN 文件	263 KB
出图--车位不利因素分析--600范围柱子.DYN	2021/11/6 11:30	DYN 文件	1,311 KB
出图--车位不利因素分析--顶上有风管.DYN	2021/11/8 18:41	DYN 文件	656 KB
出图--车位不利因素分析--集水坑.DYN	2021/11/6 10:14	DYN 文件	180 KB
出图--车位不利因素分析--门.DYN	2021/11/6 10:20	DYN 文件	134 KB

图 4. 4-69　节点文件

运行节点文件后在 Revit 中的显示效果见图 4. 4-70。

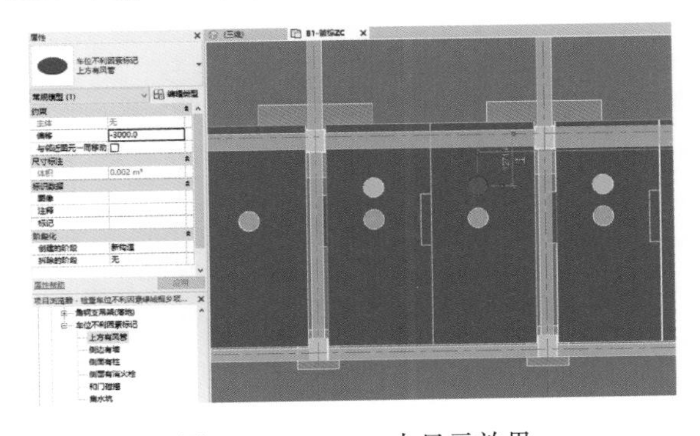

图 4. 4-70　Revit 中显示效果

Excel 统计表中显示效果见图 4. 4-71。

给标记族设置过滤器后，导出 CAD 图纸效果见图 4. 4-72。

	A	B	C	D	E
1	序号	土建模型中车位ID	顶板是否有风管		
2	1	8726755	否		
3	2	8726757	否		

图 4. 4-71　Excel 统计表

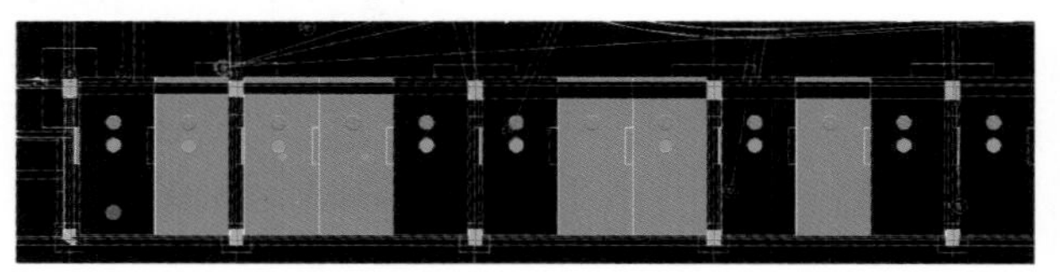

图 4. 4-72　CAD 图纸效果

Dynamo 中程序实现过程为：

（1）寻找两侧 600mm 范围内有墙柱的车位。先筛选出土建链接模型中的所有车位，见图 4. 4-73。为了判断车位的走向，先获取车位的范围盒，见图 4. 4-74。

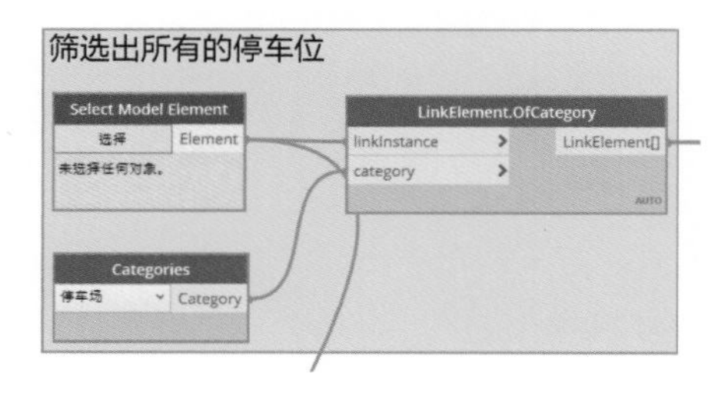

图 4. 4-73　筛选出土建链接模型中的所有车位

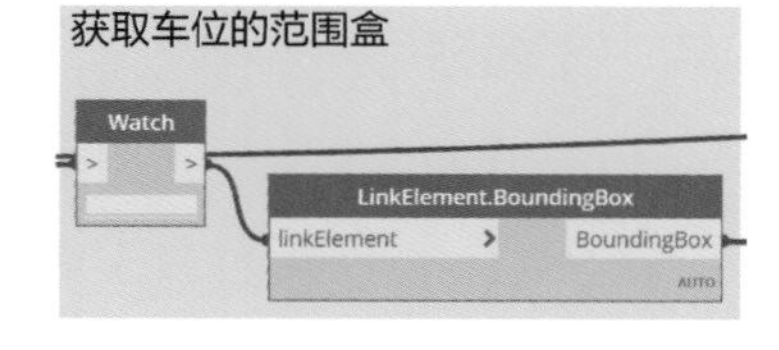

图 4. 4-74　获取车位的范围盒

获取范围盒两个角点各自 x、y 值的差，水平坐标差值更大的车位是东西走向，y 坐标差值更大的车位是南北走向的车位（图 4. 4-75、图 4. 4-76）。

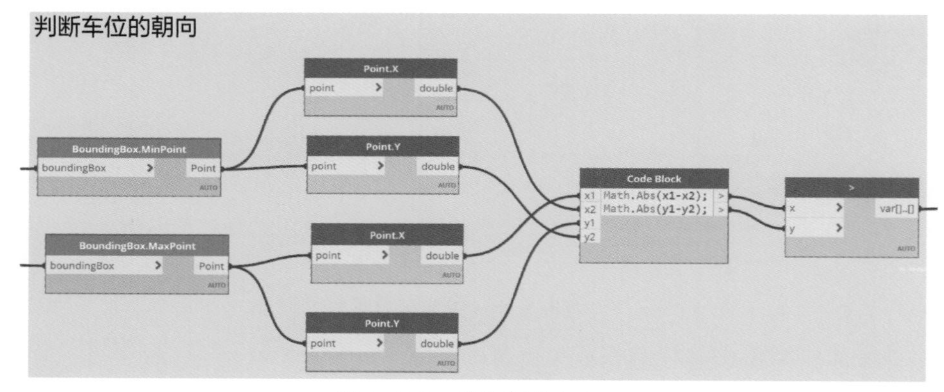

图 4. 4-75　判断车位方向 1

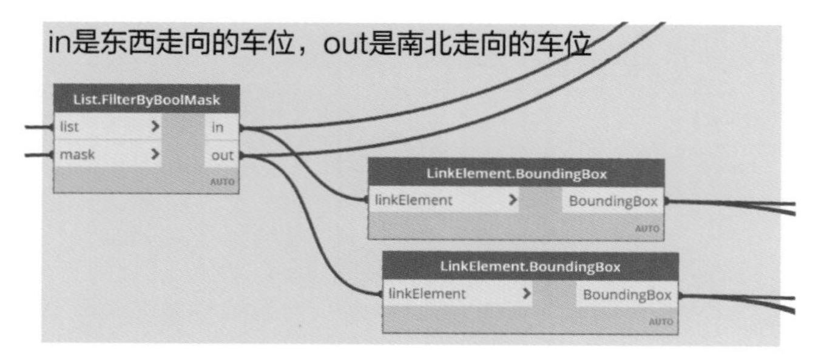

图 4. 4-76　判断车位方向 1

根据车位方向的不同使用不同的向量，使范围盒的角点沿两边扩展600mm，形成新的范围盒（图4.4-77、图4.4-78）。

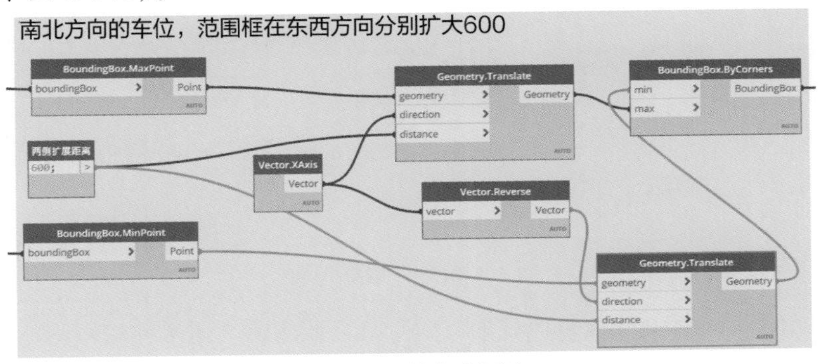

图4.4-77 扩大范围盒1

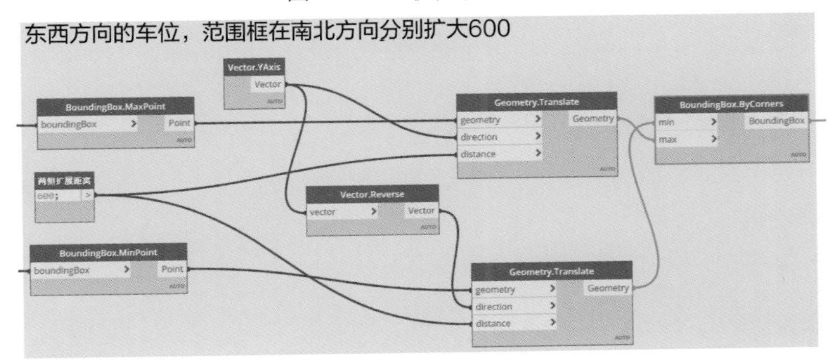

图4.4-78 扩大范围盒2

将新的范围盒转化为实体Solid，和土建模型中的墙进行碰撞检测（图4.4-79）。

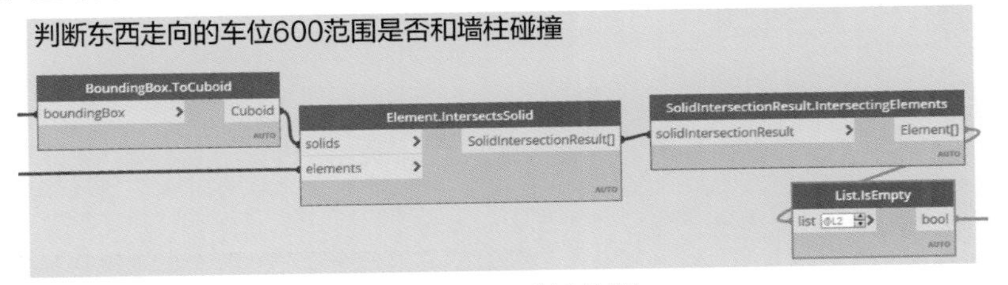

图4.4-79 碰撞检测

对于有碰撞的车位，根据走向不同，获取短边的中点的连线（图4.4-80）。

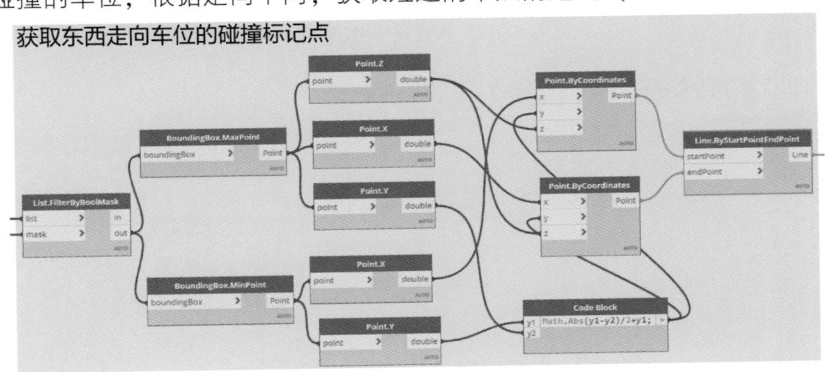

图4.4-80 获取碰撞标记点

将连线用 8 个点进行等分，将标记族布置在第 4 个点上（图 4. 4-81）。

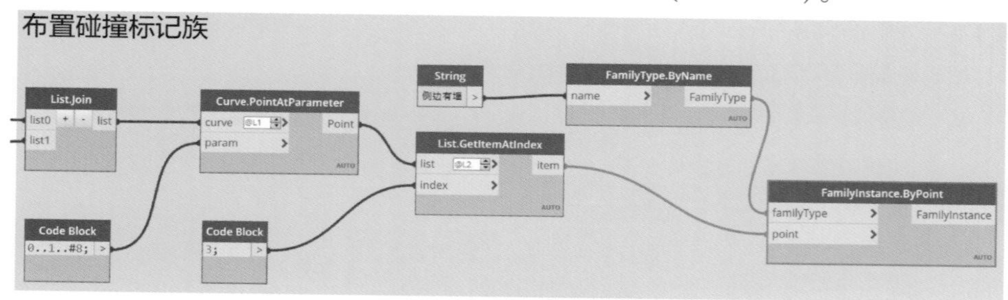

图 4. 4-81　布置标记族

如果需要，还可以将发生碰撞的车位的 ID 写入 Excel 表中（图 4. 4-82）。

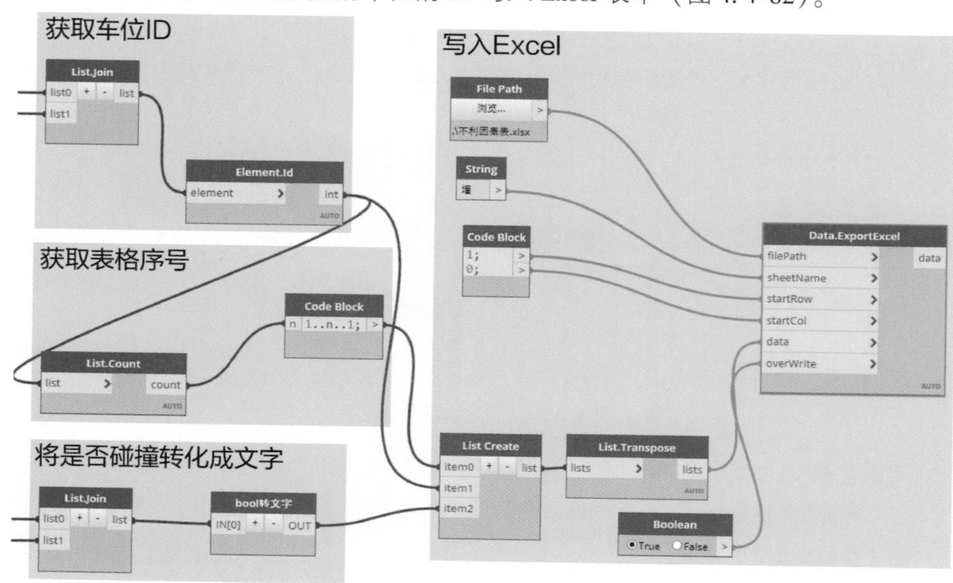

图 4. 4-82　写入 Excel 表中

Bool 转文字节点代码见图 4. 4-83。

（2）寻找两侧 600mm 范围内有消火栓箱的车位。步骤和寻找两侧 600mm 范围是否有墙一样，区别在于获取消火栓箱的方法（图 4. 4-84）。

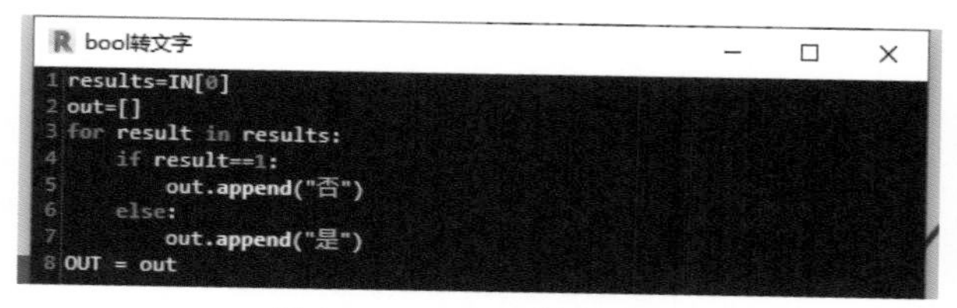

图 4. 4-83　Bool 转文字

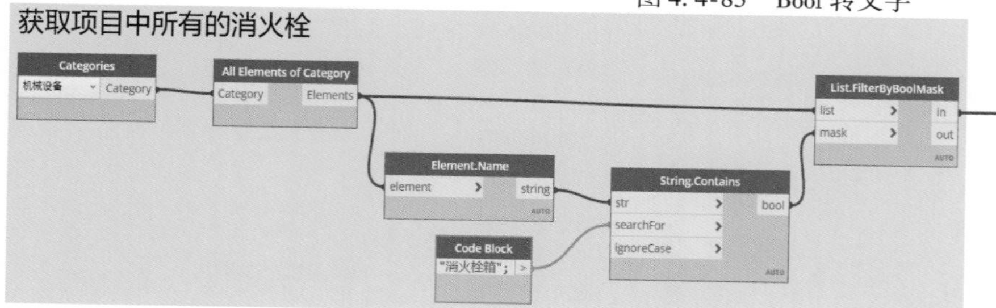

图 4. 4-84　获取消火栓箱

（3）寻找两侧600mm范围内有结构柱的车位。筛选结构柱的方法见图4.4-85。

其余步骤和寻找600mm范围是否有墙的程序一样。另外布置标记族时要选择对应的族和布置点。

（4）寻找顶上有风管的车位。筛选出风管和管件的方法见图4.4-86。

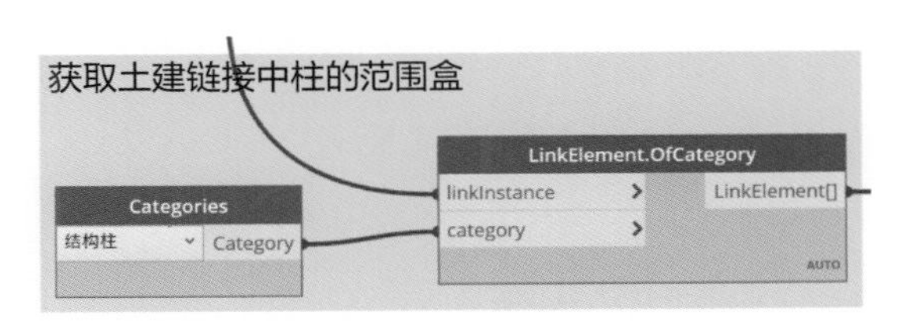

图4.4-85 筛选结构柱

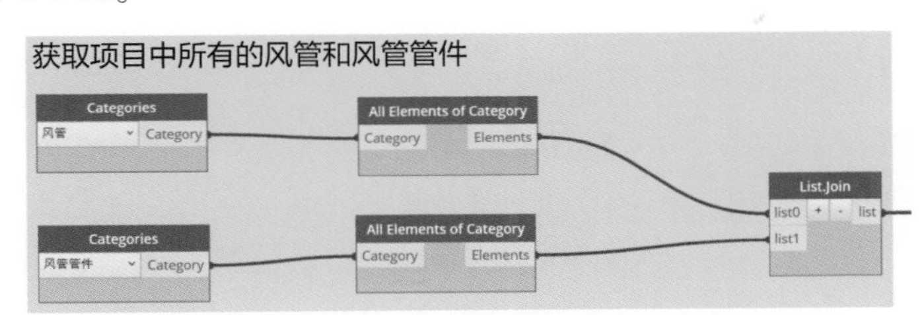

图4.4-86 筛选出风管和管件

将车位的范围盒向上扩大1m，见图4.4-87。

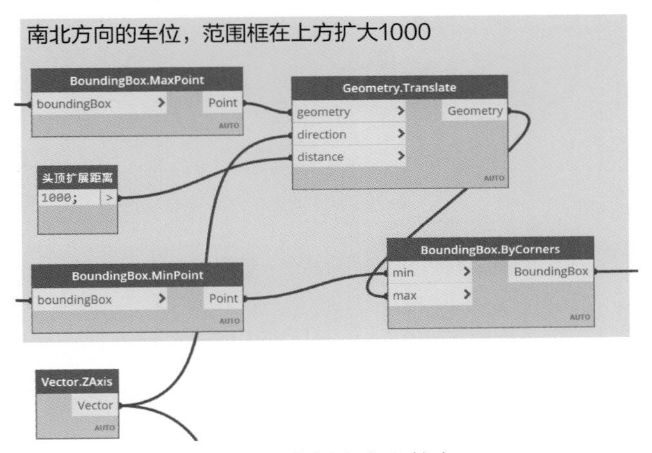

图4.4-87 范围盒向上扩大1m

剩余程序和寻找是否有墙在车位600mm范围的做法相同。

（5）寻找和集水坑碰撞的车位。这里我们换一种方法，用Geometry. DoesIntersect节点判断是否碰撞，关键步骤为：

获取集水坑的范围盒，见图4.4-88。

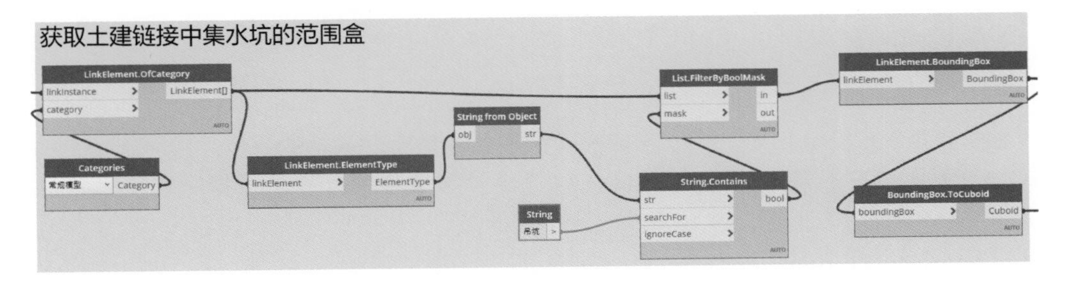

图4.4-88 获取集水坑的范围盒

抬高集水坑，见图4.4-89。

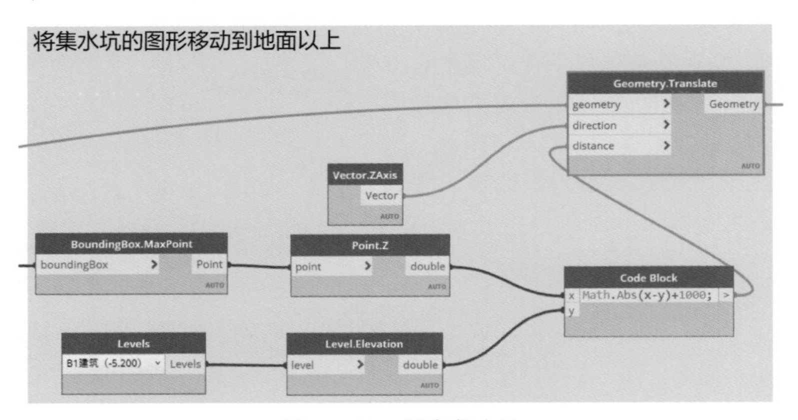

图4.4-89　抬高集水坑

判断集水坑抬高1m后是否和车位碰撞，见图4.4-90。

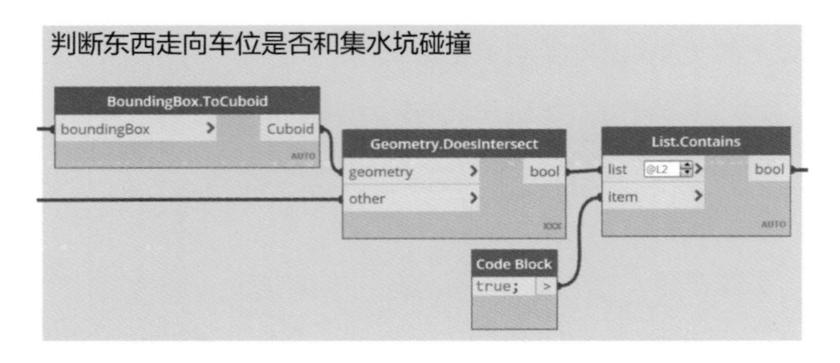

图4.4-90　判断集水坑抬高1m后是否和车位碰撞

（6）寻找周围有门的车位。筛选出门的范围盒，并转化为长方体实体，见图4.4-91。

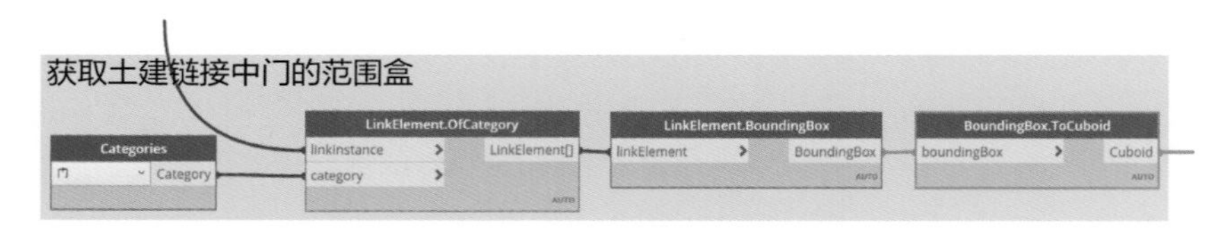

图4.4-91　筛选出门的范围盒

其余与寻找是否和集水坑碰撞的方法相似。

Q92 怎样解决套管布置问题

1. 使用Dynamo布置套管的优点

布置留洞套管是机电BIM工程师花费时间很多且容易出现问题的一步。目前市场上的插件还不能完全满足用户的需要，通过Dynamo建立套管布置程序，可以根据项目特点定制布置方案。

利用Dynamo布置套管的优点：

（1）能找到项目中所有的管道、桥架和土建链接模型的碰撞点并布置套管。从而避免遗漏套管。

（2）是否在建筑墙上留套管可以由自己指定。

（3）竖向管道和结构墙、柱碰撞时不会布置套管，避免布置没用的套管。

（4）布置穿楼板的套管时，能过滤掉水平管和主楼排水管（埋地的管道和主楼一层底板处不会布置套管）。

（5）桥架的类型、底标高等信息也应存储在套管中，方便以后标注。

（6）穿梁的套管，“穿梁”两个字存储在套管中，方便以后标注。

（7）套管中的偏移量，个位数已经进行了四舍五入。

图 4. 4-92　现场刚性防水套管

使用效果见图 4. 4-93 ~ 图 4. 4-95。

系统类型	JG-高区给水
洞口类型	
尺寸	DN65
标注标高	中心标高：4500

图 4. 4-93　墙柱上留洞套管信息

系统类型	消防报警桥架
洞口类型	
尺寸	100×50
标注标高	洞口底部标高：4300

图 4. 4-94　桥架留洞套管信息

系统类型	智能化桥架
洞口类型	
尺寸	200×100
标注标高	穿梁，洞口底部标高：2350

图 4. 4-95　梁上留洞套管信息

2. 程序编写方法

整体思路为：

分别获取需要布置套管的结构构件和机电构件。

将两类构件进行碰撞检测，获取和结构构件碰撞的管道。

获取有碰撞的管道和结构构件的相交线，利用相交线的中点布置套管。

根据相交线的角度和长度，调整套管的角度和长度。

读取有碰撞的管道的信息，填入套管信息中。

具体实现过程如下：

（1）水管在墙上布置套管。首先使用类别为条件，过滤出土建链接模型中所有的墙，接着利用名字中是否带“结构”两字来筛选出结构墙（图 4. 4-96）。

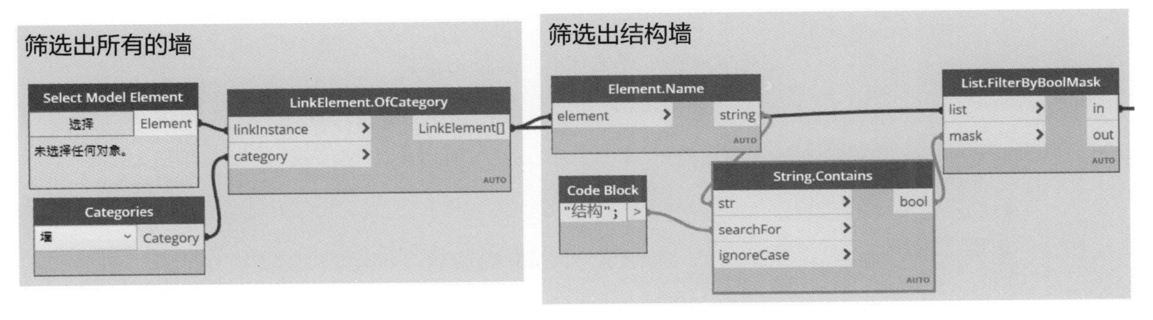

图 4. 4-96　筛选出结构墙

获取墙的范围盒 BoundingBox，再由 BoundingBox 获取墙的实体 Solid。这里不直接用 Element. Solids 节点直接获取 Solid，是因为实践过程中发现用这个节点程序容易崩溃。而用 Element ⟶Boundingbox ⟶Solid 的方式运行速度比较快（图 4. 4-97）。

使用 All Element of Category 过滤出项目中所有水管后，接着根据和 Z 向量的夹角是不是 90°，筛选出水平管（图 4. 4-98）。

获取墙的实体和所有水平管后，就可以使用 Element. IntersectsSolid 节点进行碰撞检测。该节点能获取实体和 Revit 元素的碰撞点，而且速度比 DoesIntersect 节点快了不少。

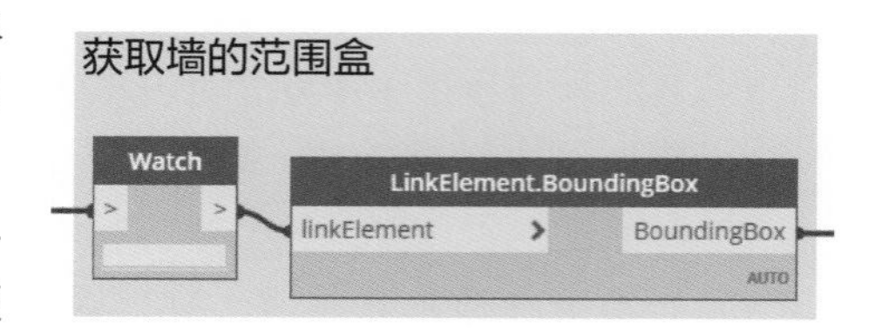

图 4. 4-97　获取墙的范围盒 BoundingBox

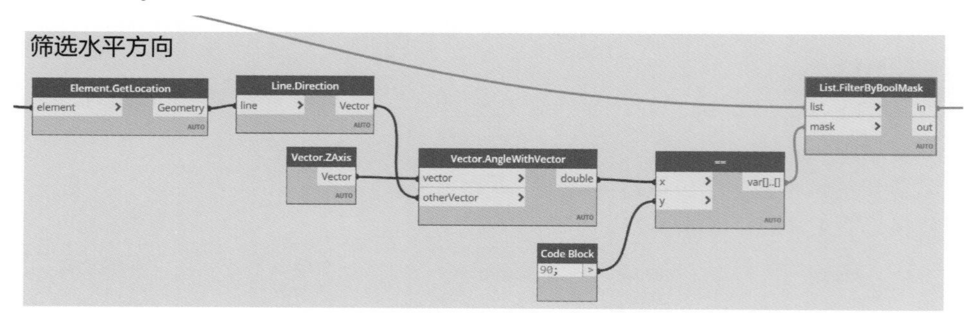

图 4. 4-98　筛选出水平管

Element. IntersectsSolid 节点会得到 SolidIntersectionResults，即碰撞结果。碰撞结果连接 IntersectingElements 节点后，会获得一系列“实体—实体碰撞的元素”的列表。

有 n 个实体，就有 n 个列表，每个列表里面是和对应实体碰撞的图元。用 list. isEmpty 节点，筛选出和墙碰撞的水管，见图 4. 4-99。

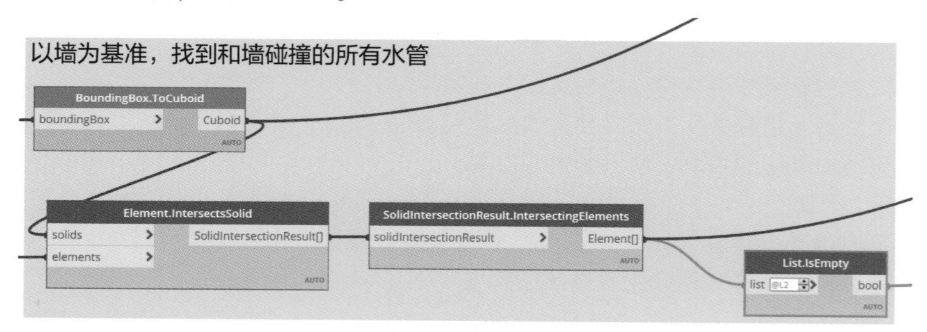

图 4. 4-99　筛选出和墙碰撞的水管

获取水管的定位线，和墙的实体连接到 Curve. SolidIntersection 节点，获取碰撞结果，再通过 CurveSolidIntersection. CurveSegments 节点获取水管中心线和墙实体的交线（图 4. 4-100）。

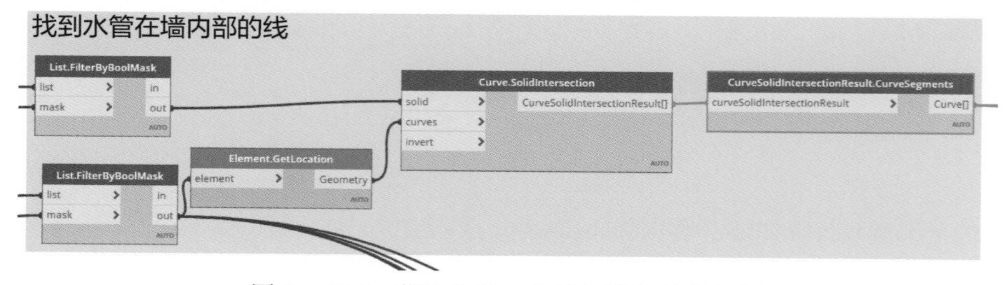

图 4. 4-100　获取水管中心线和墙实体的交线

获取线的中点，布置套管（图 4.4-101）。

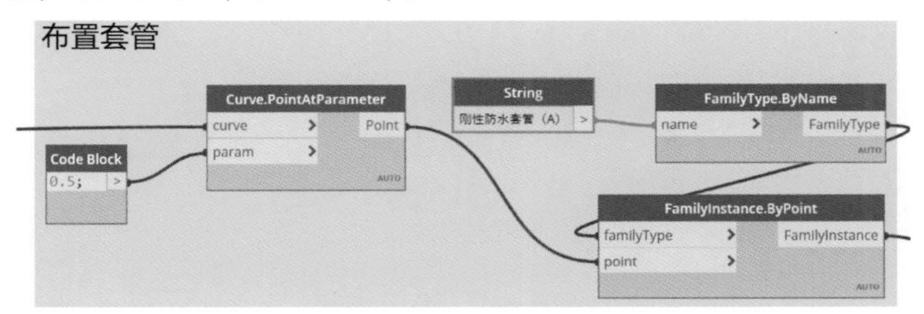

图 4.4-101　布置套管

此时布置好的套管都是东西方向的，需要进一步调整角度（图 4.4-102）。

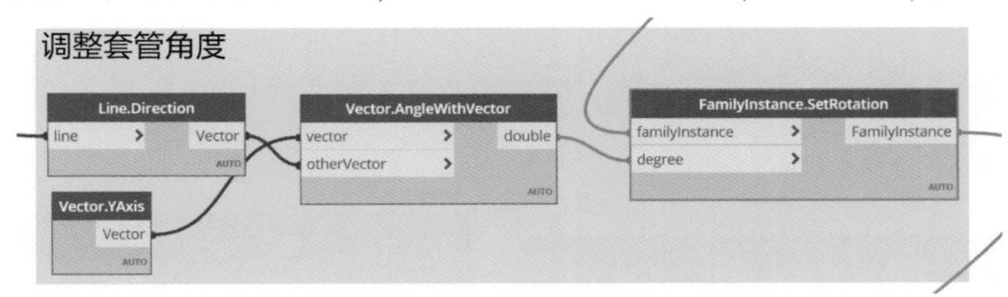

图 4.4-102　调整角度

设置完套管的角度后，再进一步设置套管的长度（图 4.4-103）。

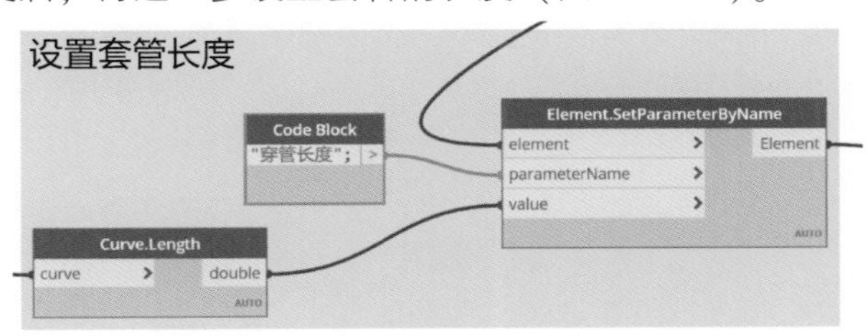

图 4.4-103　设置套管的长度

读取有碰撞的管道的直径，调整为套管的外半径，设置套管的外半径（图 4.4-104）。

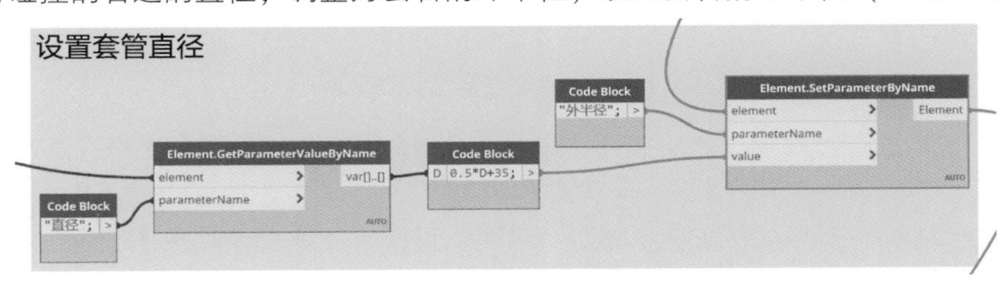

图 4.4-104　设置套管的外半径

调整完直径的套管，进一步填入管道的系统类型、直径等信息（图 4.4-105、图 4.4-106）。

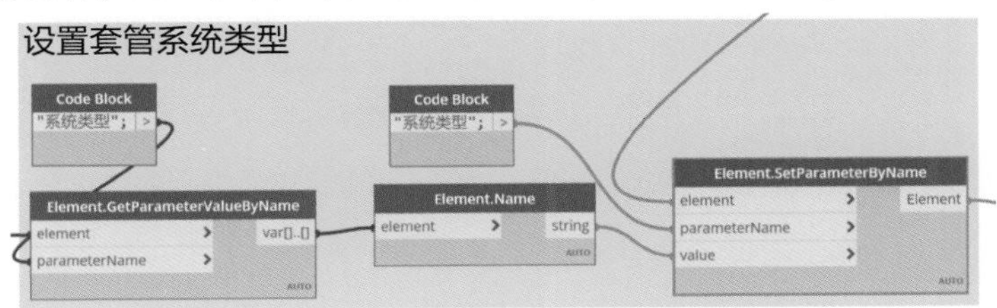

图 4.4-105　填入管道的系统类型、直径等信息

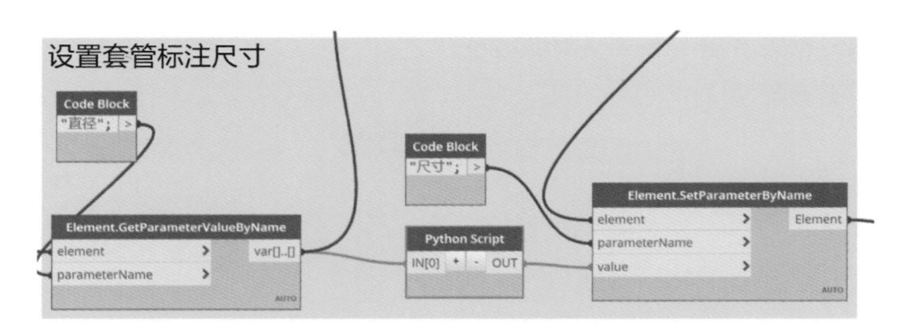

图 4.4-106　设置标注尺寸

因为读取的套管直径是一个数字，而套管中“尺寸”参数为字符串。所以需要一个 Python 节点来转换。将数字转换为字符串的同时，加上文字“DN”，代码如图 4.4-107 所示。

同理，填写管道标高时，也要进行数据格式转换，见图 4.4-109。这里可以加一个取整的过程，代码如图 4.4-108 所示。

```
biglist=IN[0]
out1=[]
out2=[]
for b in biglist:
    for s in b:
        k='%d' %s
        out2.append("DN"+k)
    out1.append(out2)
    out2=[]
OUT = out1
```

图 4.4-107　Python 节点

```
biglist=IN[0]
out1=[]
out2=[]
for b in biglist:
    for s in b:
        s1=10*round(s/10)
        k='中心标高: '+'%d' %s1
        out2.append(k)
    out1.append(out2)
    out2=[]
OUT = out1
```

图 4.4-108　Python 节点

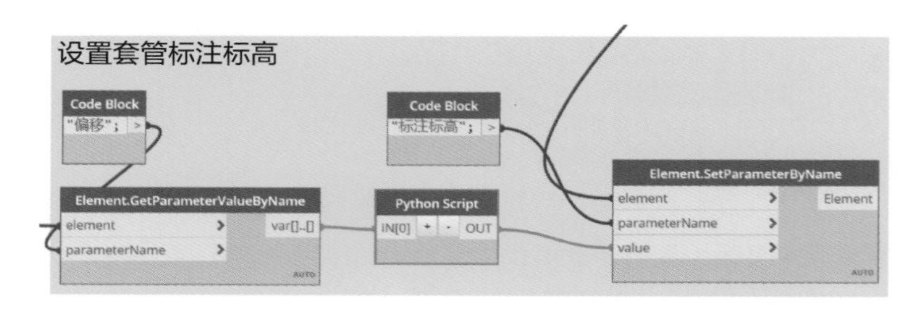

图 4.4-109　设置套管标注标高

（2）水管在梁上布置套管。水管在梁上布置套管的方法和在墙上布置的方法基本一致，不同之处在于筛选结构构件使用的 Category 为结构框架。

填写套管标高时，Python 节点中应增加“穿梁”两个字，方便以后出图，见图 4.4-110。

```
biglist=IN[0]
out1=[]
out2=[]
for b in biglist:
    for s in b:
        s1=10*round(s/10)
        k='穿梁，中心标高: '+'%d' %s1
        out2.append(k)
    out1.append(out2)
    out2=[]
OUT = out1
```

图 4.4-110　增加“穿梁”两个字

（3）水管在结构柱上布置套管。水管在结构柱上布置套管的方法和在墙上布置基本一致，不同之处在于筛选结构构件的 Category 为结构柱。

（4）水管在结构板上布置套管。水管在楼板上留洞，和在墙上留洞相比，有以下特点：

水管需要筛选出竖向的管道。

有的项目排水管不需要在楼板上留洞。

默认布置的套管是垂直 Z 轴的，需要转化为和 Z 轴平行。

和在墙上留洞的节点文件不同之处见图 4. 4-111 ~ 图 4. 4-113。

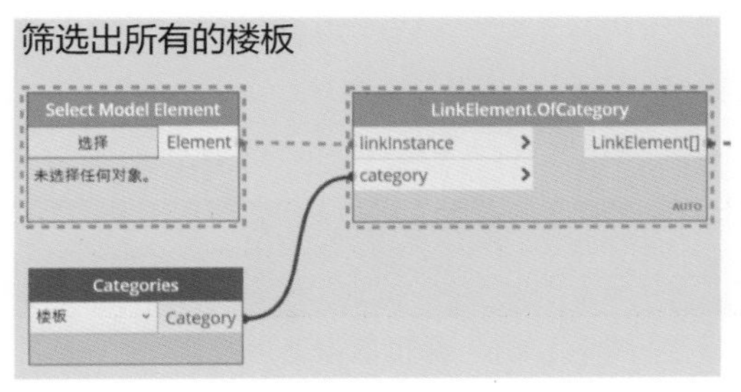

图 4. 4-111　筛选出楼板

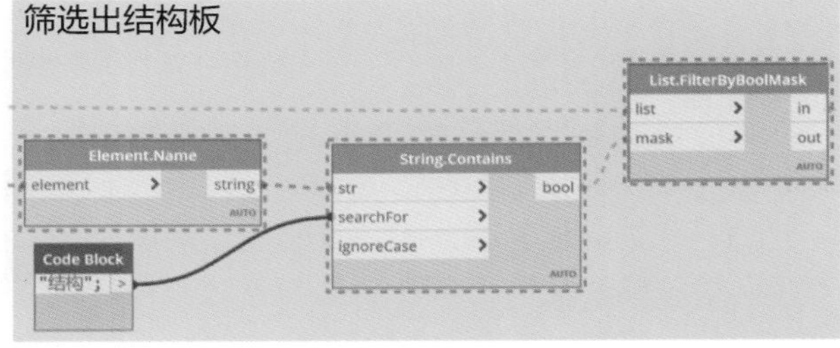

图 4. 4-112　筛选出结构板

利用工作集排除掉主楼的排水管。

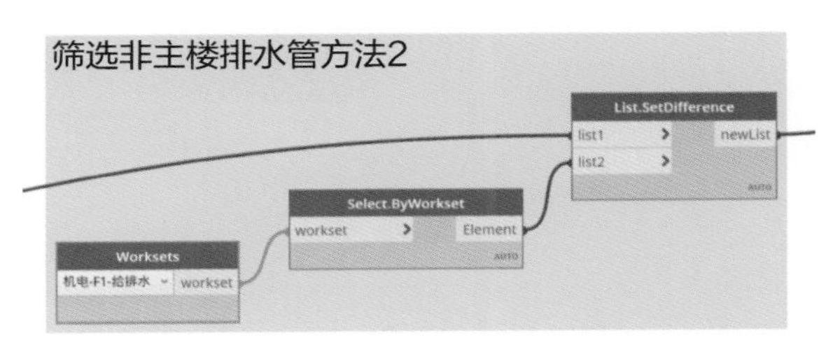

图 4. 4-113　排除主楼的排水管

Dynamo 中旋转构件的节点 FamilyInstance. Rotate 节点只能在 XY 平面上旋转构件。我们需要新建 Python 节点，利用 API 中的旋转方法调整套管方向。Python 节点主要代码见图 4. 4-114。

Python Script

```
38 def toRvtId(_id):
39     if isinstance(_id, int) or isinstance(_id, str):
40         id = ElementId(int(_id))
41         return id
42     elif isinstance(_id, ElementId):
43         return _id
44 
45 lmntIds, axises, angles = [], [], []
46 for i, j in zip(IN[0], IN[1]):
47     lmntIds.append(toRvtId(UnwrapElement(i)))
48     axises.append(j.ToRevitType())
49 angles = IN[2]
50 
51 # "Start" the transaction
52 TransactionManager.Instance.EnsureInTransaction(doc)
53 
54 elements = []
55 for axis_, angle_, lmntId_ in zip(axises, angles, lmntIds):
56     Autodesk.Revit.DB.ElementTransformUtils.RotateElement(doc, lmntId_,
       axis_, angle_)
57     elements.append(doc.GetElement(lmntId_))
58 
59 # "End" the transaction
60 TransactionManager.Instance.TransactionTaskDone()
61 
62 #Assign your output to the OUT variable
63 OUT = elements
```

▶ 运行　　保存更改　还原

图 4. 4-114　Python 节点主要代码

调整角度的整体节点见图 4. 4-115。

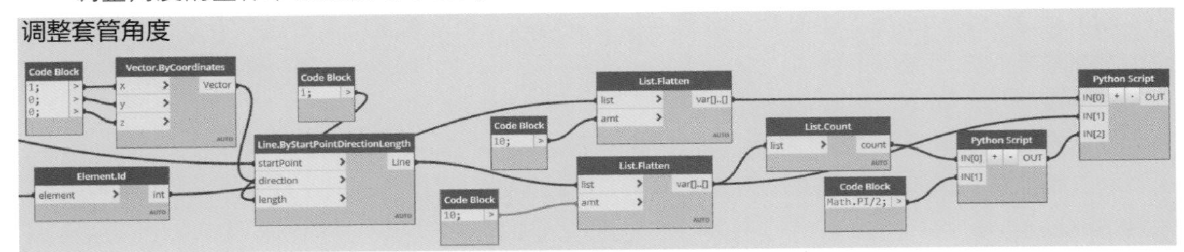

图 4. 4-115　调整角度的整体节点

其中角度数据处理的 Python 节点见图 4. 4-116。

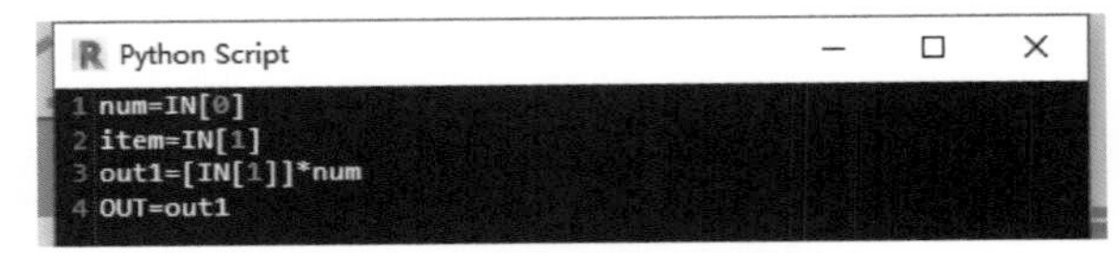

```
1 num=IN[0]
2 item=IN[1]
3 out1=[IN[1]]*num
4 OUT=out1
```

图 4. 4-116　角度数据处理

（5）桥架在结构构件上布置套管。桥架在墙、梁、柱、楼板上布置套管的方法，和水管相似。其中一些不同之处在于：

1）设置套管标注尺寸时，需要桥架的宽度和高度信息，见图 4. 4-117。

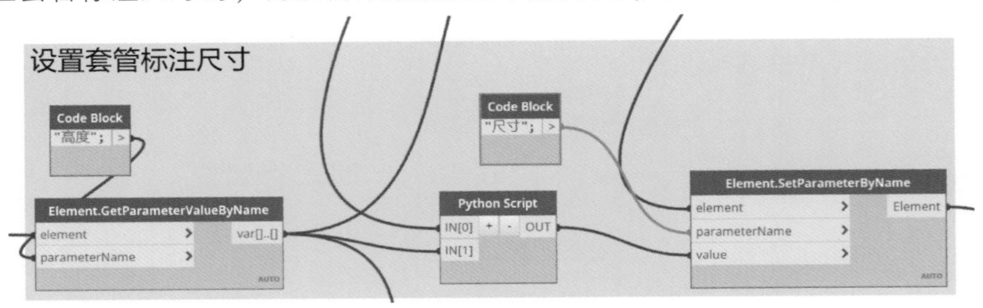

图 4. 4-117　设置套管标注尺寸

2）需要 Python 节点将桥架的宽度和高度组合成“宽度 X 高度”的格式，见图 4. 4-118。

```
1 kbiglist=IN[0]
2 out1=[]
3 out2=[]
4 gbiglist=IN[1]
5
6
7 for x,y in zip(kbiglist,gbiglist):
8     for s,h in zip(x,y):
9         k='%d' %s
10        k1='%d' %h
11        k3=k+"x"+k1
12        out2.append(k3)
13    out1.append(out2)
14    out2=[]
15 OUT = out1
```

图 4. 4-118　Python 节点

3）填写桥架的标注标高时，Python 节点应添加“洞口底部标高”这几个文字，见图 4. 4-119。

```
1 biglist=IN[0]
2 out1=[]
3 out2=[]
4 for b in biglist:
5     for s in b:
6         s1=10*round(s/10)
7         k='洞口底部标高: '+'%d' %s1
8         out2.append(k)
9     out1.append(out2)
10    out2=[]
11 OUT = out1
```

图 4. 4-119　添加“洞口底部标高”

3. 使用 Dynamo 布置套管注意点

1）Dynamo 生成的图元和节点文件是绑定的，所以一个项目需要多次布置套管时，可能会出现运行文件后以前布置的套管被删除的问题，此时 Revit 撤销栏下会有“Dynamo element reconciliation”的事务，解决方法为：所有节点文件先另存，后使用。保证每个文件只使用一次。

2）对于大型项目，先冻结放套管的节点，分两次运行程序。视图只开一个三维视图，用剖面框控制一个很小的视图范围，这样 Revit 需要绘制的图元较少，能保证运行速度。

3）所有有碰撞的地方都会生成套管，所以生成的套管要检查一下是否合适，单击 ID 就能跳到套管位置。

4）本节例中获取的是项目中所有管线，也可以用元素收集器，只获取当前视图中的管线。读者可扫码（见右图）获取本书配套下载资源中的节点文件，以便在线实时应用学习。

Dynamo 节点文件
资源下载码

Q93 怎样自动对齐标注文字

出图时，为保证标注的文字能够便于阅读，标注文字的尺寸会比管道之间的间距大得多。这就导致成排管线标注的文字会相互碰撞，如图 4. 4-120 所示。

为了相互避让，需要将文字拖到一边，如图 4. 4-121 所示。

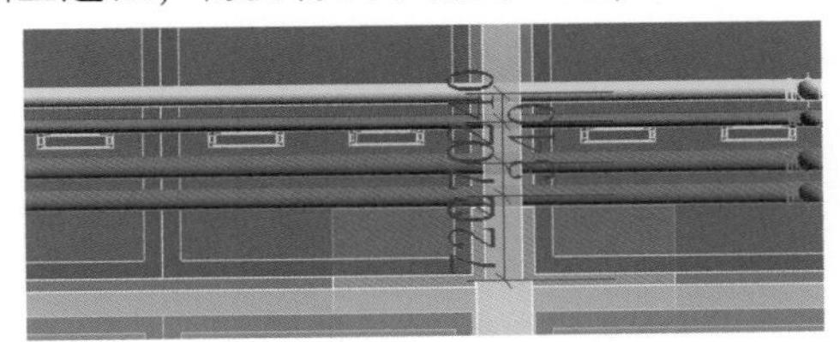

图 4. 4-120　标注的文字相互碰撞

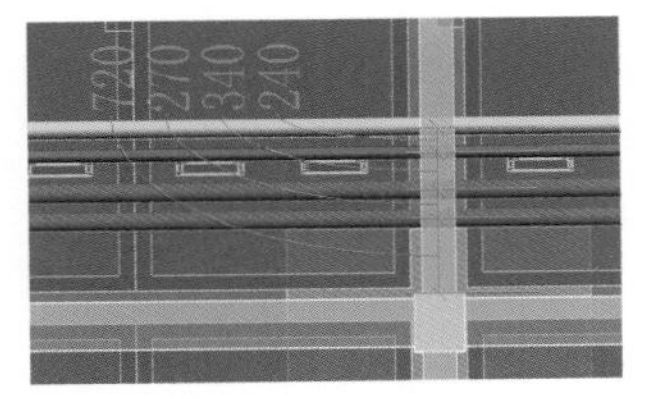

图 4. 4-121　文字相互避让

此步骤手工处理工作量很大（要修改的标注很多），且文字不能相互精确对齐。为此可以用 Dynamo 简化操作，其基本思路为：

让用户选择需要挪动文字位置的尺寸标注。

获取尺寸标注的定位点。

提示用户选择新的定位点。

从用户选择的点出发，间隔一定距离生成新定位点。

将尺寸文字挪动到新定位点。各定位点见图 4. 4-122。

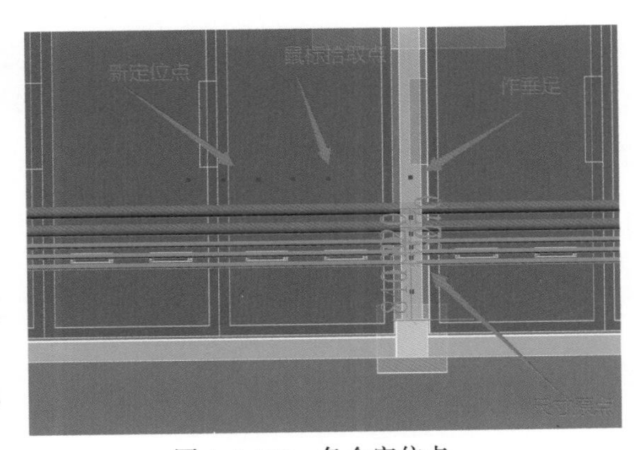

图 4. 4-122　各个定位点

以上步骤的难点在于：

如何判断新定位点的方向。为此，我们先获取尺寸原点所在的直线，接着从鼠标拾取点向尺寸所在的直线做垂足。以垂足为起始点，鼠标拾取点为端点新建向量，这个向量的方向就是新定位点的方向。

如何做到尺寸文字的新旧定位点一一对应。我们的方法是比较尺寸原点和鼠标拾取点的距离，获取各个点的距离的名次，然后匹配新定位点。比如和鼠标拾取点最近的尺寸原点，其新定位点为鼠标拾取点。第二近的尺寸，即新定位点为靠鼠标拾取点最近的点。

Dynamo 中具体实现过程为：

读取用户当前选择的构件，筛选出注释尺寸。因为选取尺寸时容易把周围的管件一起选上，所以要过滤一下选择集，只保留尺寸标注（图 4. 4-123）。

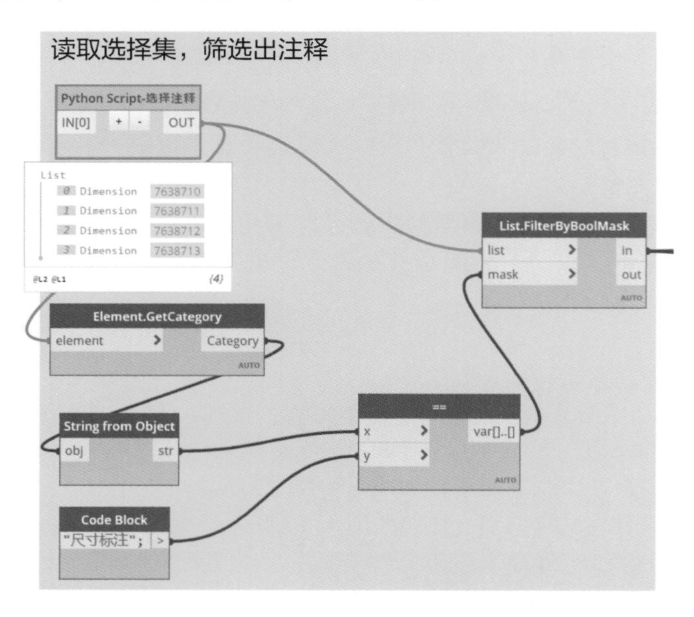

图 4. 4-123　选择尺寸标注

Python 节点关键代码见图 4. 4-124。

```
39 ids=uidoc.Selection.GetElementIds()
40 eles=[]
41 for id in ids:
42     eles.append(doc.GetElement(id))
43 #TransactionManager.Instance.TransactionTaskDone()
44
45 OUT = eles
运行　　保存更改　还原
```

图 4. 4-124　Python 节点关键代码

39 行获取当前文档的选择集，通过选择集的 GetElementIds( ) 方法获取构件 ID 的列表。

40 行新建一个集合，用来存储构件。

41、42 行将图元 ID 转化为构件，存储到新列表中。

接着获取注释所在的直线（图 4. 4-125），利用两个尺寸原点的连线新建直线。

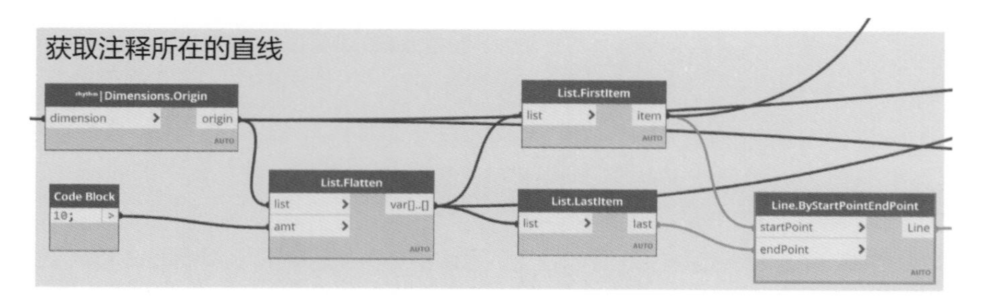

图 4. 4-125　获取注释所在的直线

然后让用户选择新的定位点（图 4. 4-126）

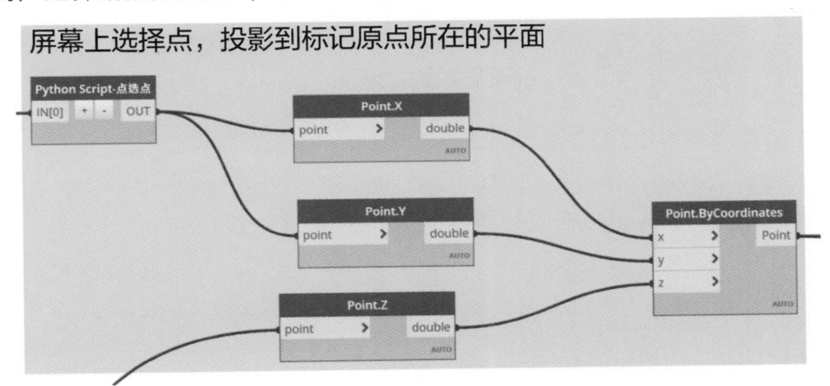

图 4. 4-126　让用户选择新的定位点

Python 节点关键代码见图 4. 4-127。

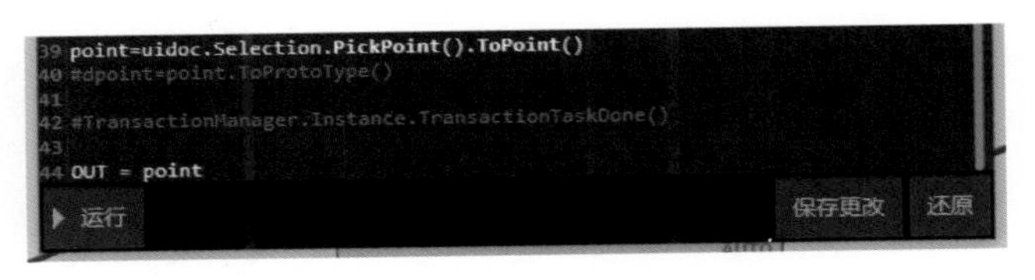

图 4. 4-127　Python 节点关键代码

第 39 句，首先调用 API 中的 PickPoint( ) 以获取用户选择的点，接着将这个 Revit 中的点通过 ToPoint( ) 方法，转化为 Dynamo 空间中的点。更多关于选择类 Selection 有关的方法，可以查询 API 文档。

拾取点的 Z 坐标为当前参照标高和 ±0 的距离。需要调整成和标注原点的 Z 坐标一致。

接着获取用户选择的点在尺寸所在直线上的垂足。原理是 Curve. ParameterAtPoint 节点对于不在直线上的点，会返回一个最近点，也就是垂足的 Parameter，用这个 Parameter 接入 Curve. PointAtParameter 节点，就可以返回垂足点（图 4. 4-128）。

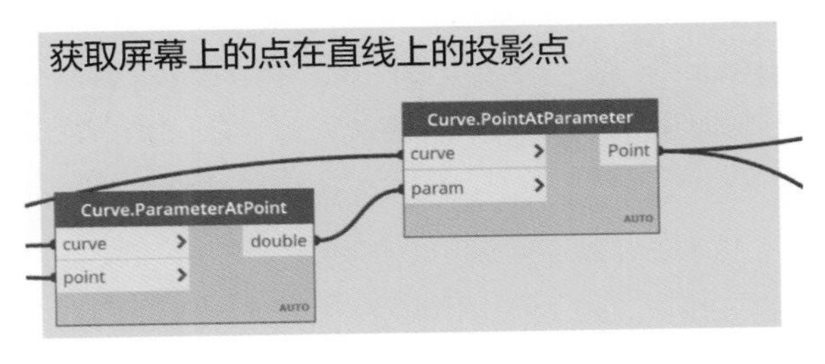

图 4. 4-128　获取用户选择的点在尺寸所在直线上的垂足

以垂足为起点，用户选择点为端点，生成的向量就是尺寸新定位点的坐标方向。从用户选择点出发，以该向量为方向，间隔 500 布置点。点的数量 n 就是选择的标注的文字的数量（图 4. 4-129）。

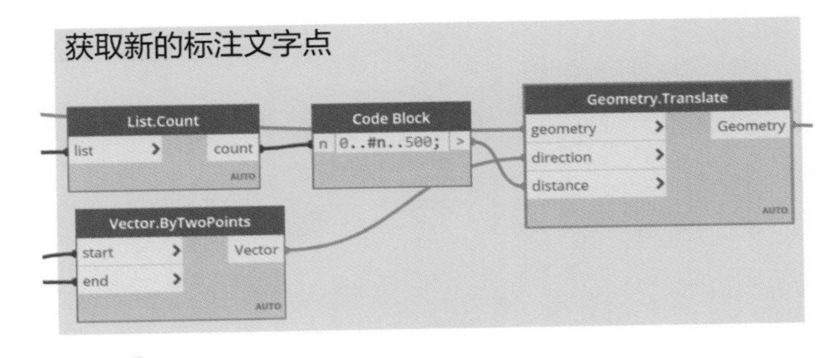

图 4. 4-129　尺寸新定位点

接着计算标注文字原位置和用户选择点的距离，对这个距离进行排序，用 List. IndexOf 节点获得各个标注点在距离上的名次。例如离用户选择点最近的点，其对应的 Index 就是 0；第 2 近的点，对应的 Index 就是 1. 用这些 Index 通过 List. GetItemAtIndex 节点去获取新生成的点列表中对应的元素，形成新定位点按排序后的列表。这样就做到了新旧点之间的一一对应，见图 4. 4-130。

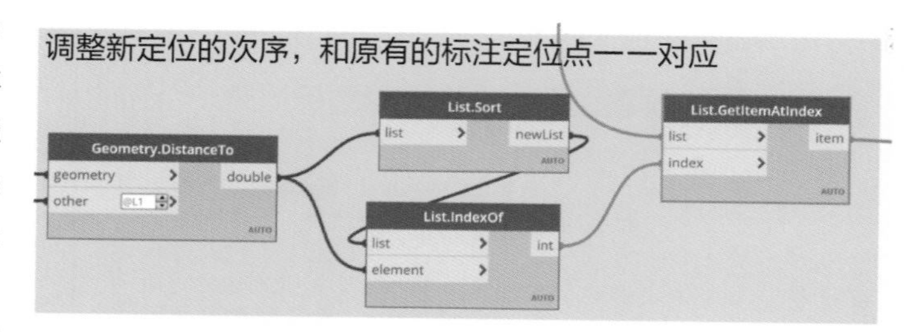

图 4. 4-130　形成新定位点

因为用户选择的尺寸线中可能有连续标注，所以需要调整新定位点列表级别上的格式，以和尺寸原定位点的列表格式一致，见图 4. 4-131。

Python 节点如图 4. 4-132 所示。

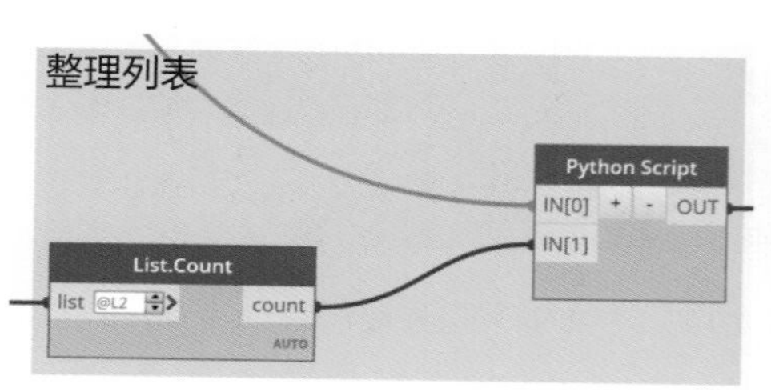

图 4. 4-131　调整新定位点

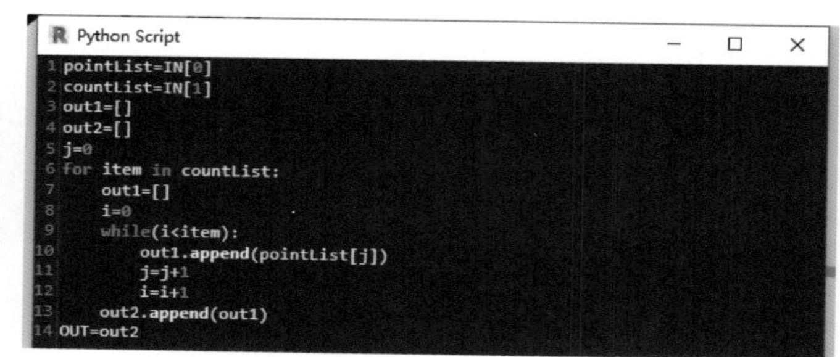

图 4. 4-132　Python 节点

最后将尺寸文字挪动到新定位点（图 4. 4-133）。

因为这个程序需要不断运行多次，所以我们使用 Dynamo 播放器运行程序（图 4. 4-134）。

图 4. 4-133　重新定位文字

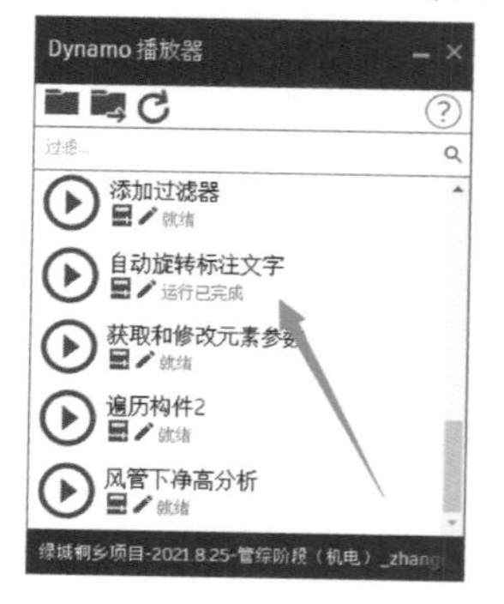

图 4. 4-134　Dynamo 播放器

实际操作时，先选中要调整的尺寸标注。单击 Dynamo 播放器上的运行按钮，程序会提示用户选择一个定位点。用户单击之后，尺寸线文字就完成了移动和对齐。

Q94 怎样自动布置开口向上的风口

手工或是翻模软件布置的风口，默认开口是向下的。有的项目风管被设计为开口向上，常规做法是在模型中通过新建剖面布置风口，然后回到平面视图中调整风口的定位点。当风口数量很多时，这样做非常麻烦，可以通过 Dynamo 进行简化操作。选中需要修改的风口，运行 Dynamo 节点即可完成风口 180°旋转。

运行程序前，见图 4.4-135。

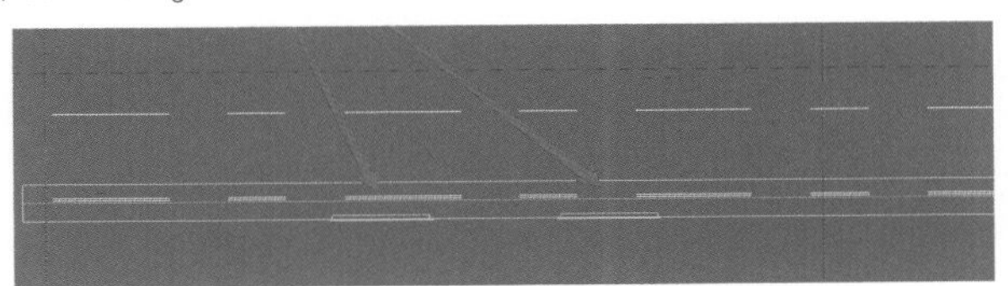

图 4.4-135　运行程序前

运行程序后，见图 4.4-136。

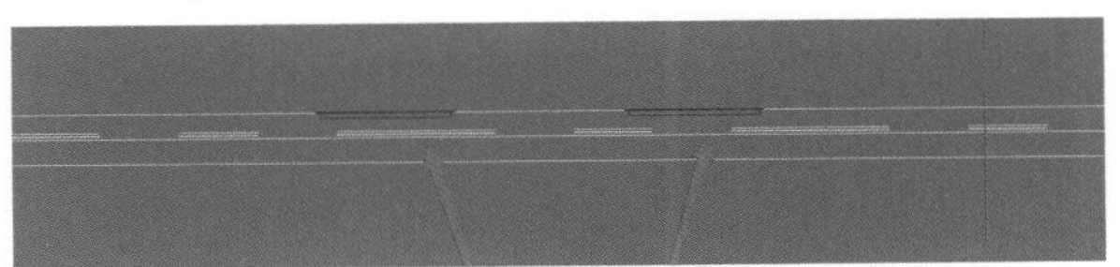

图 4.4-136　运行程序后

下面介绍解决问题的具体思路（图 4.4-137）。要将开口向下的风口改成向上开口，需要先断开风口和风管的连接，然后旋转风口，最后重新连接风口。

接着在 Revit API 文档中查询各步骤需要用的方法。对于断开连接，查询关键字 disconnect，可以找到一个和连接件有关的方法，见图 4.4-138。

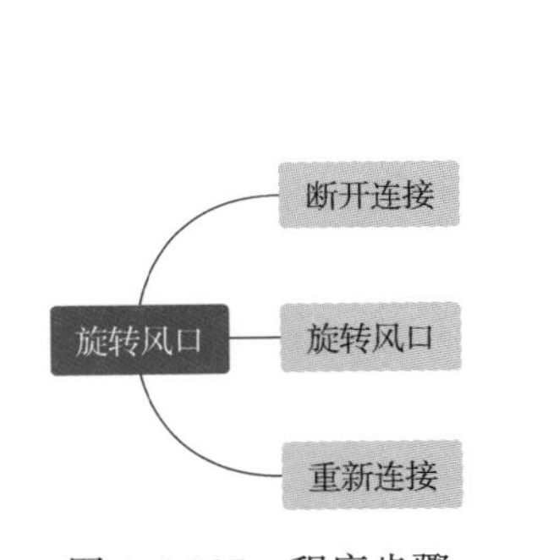

图 4.4-137　程序步骤

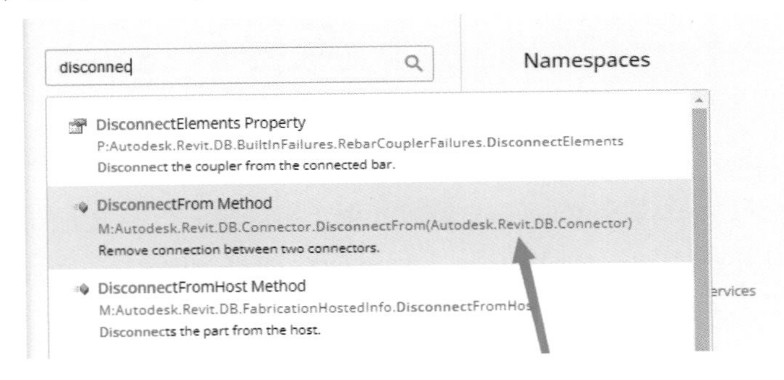

图 4.4-138　断开连接的方法

单击进入方法的详情说明，见图 4.4-139。

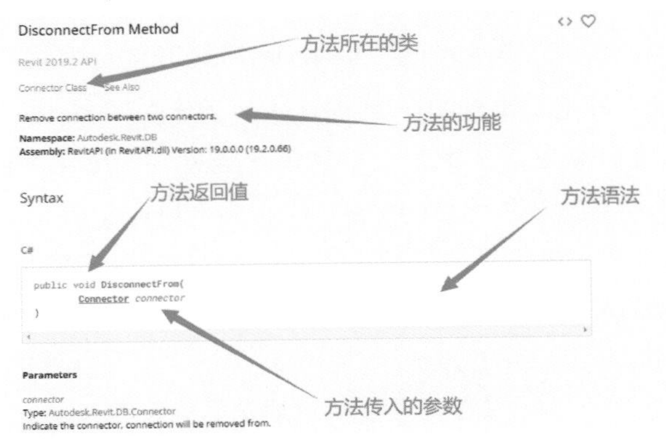

图 4.4-139　方法的详情说明

可见该方法是 Connector 类的实例的方法，功能是断开两个连接件之间的联系。需要传入一个 Connector 参数，也就是要断开的连接件。

为了找到风口和风管的连接件，我们在项目中选中一个风口，使用 Revit LookUp 查看风口的属性和方法，里面有一个“MEPModel”字段（图 4. 4-140），可能和连接件有关。

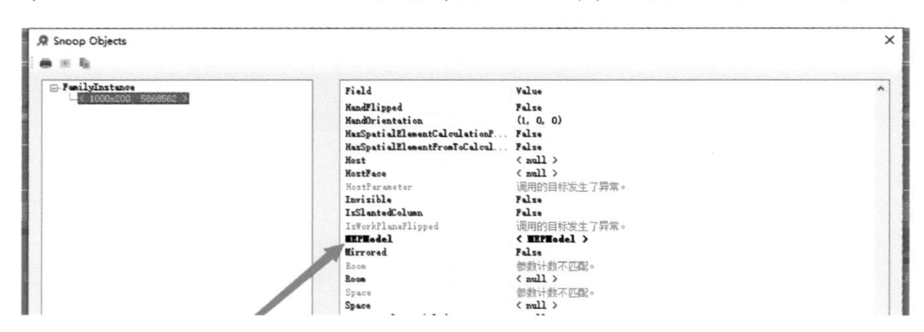

图 4. 4-140 “MEPModel”字段

单击这个字段展开，发现有一个 ConnectorManager 可能和连接件有关，于是接着展开这个 ConnectorManager 字段（图 4. 4-141）。

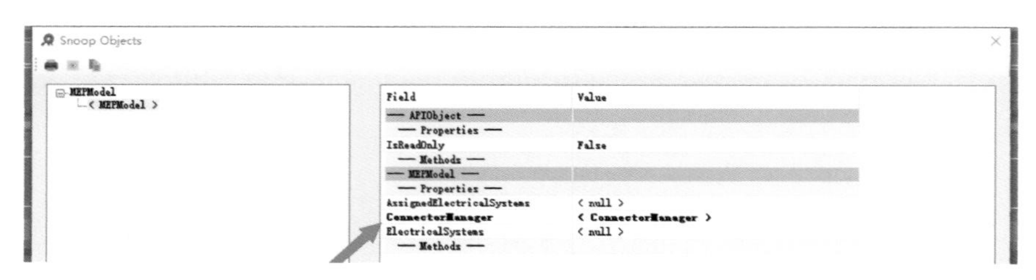

图 4. 4-141 ConnectorManager 字段

展开后，发现有 Connector 参数（图 4. 4-142）。于是我们知道了获取风口的连接件的语法为 ele. MEPModel. ConnectorManager. Connectors，其中 ele 是一个连接件。

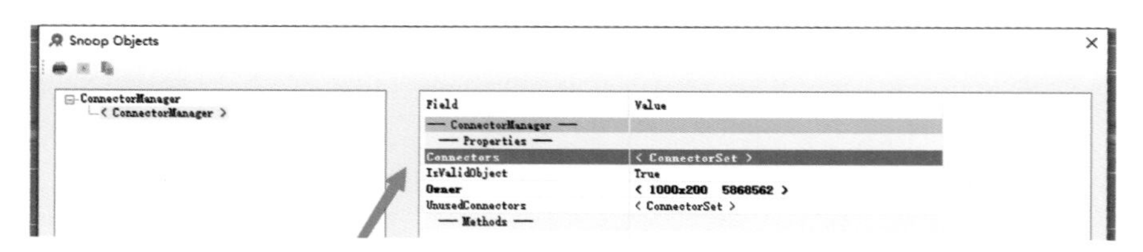

图 4. 4-142 Connector 参数

要注意这里的 Value 是一个 ConnectorSet，连接件组成的集合，虽然对于风口来说集合里面只有一个连接件，但是这个值仍然是一个集合，不是单个连接件。图 4. 4-143 所示是一个风管的 Connectors 查询结果，这个风管就有 6 个 connector，见图 4. 4-144。

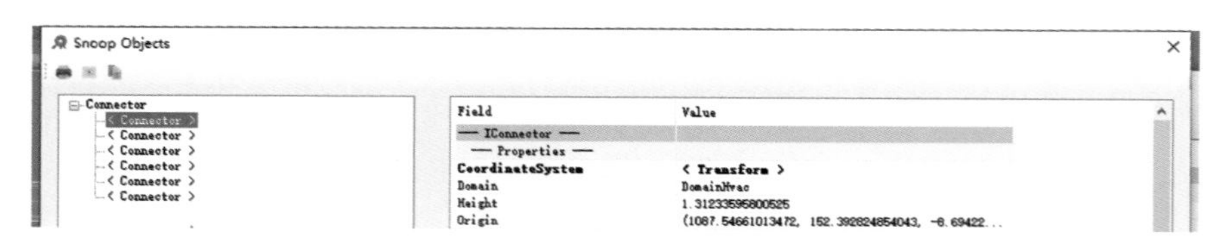

图 4. 4-143 风管查询结果

图 4. 4-144 被查询的风管

继续单击风口的 < ConnectorSet >，可以看到风口连接件有一个 AllRefs 字段（图 4. 4-145），表示连接到的对象。

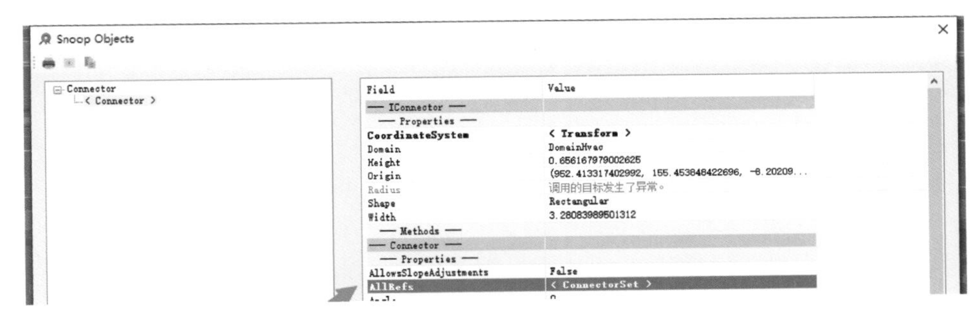

图 4. 4-145 AllRefs 字段

单击 AllRefs 字段后，可以看到风口的连接件，连接到了两个 Connector。第一个 connector（图 4. 4-146）连接风管，第二个（图 4. 4-147）连接风管系统。

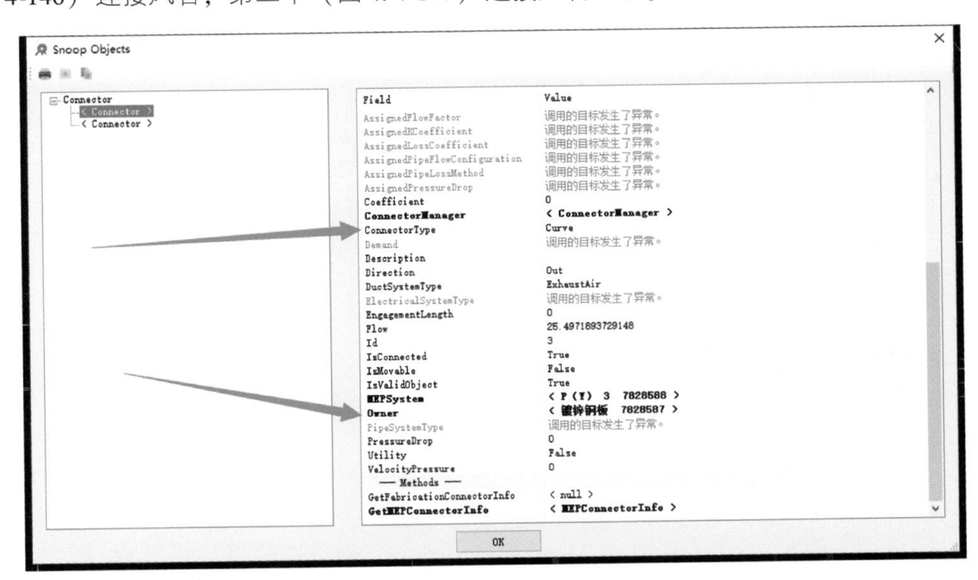

图 4. 4-146 第 1 个 Connector，注意其 ConnectorType 字段值为 Curve

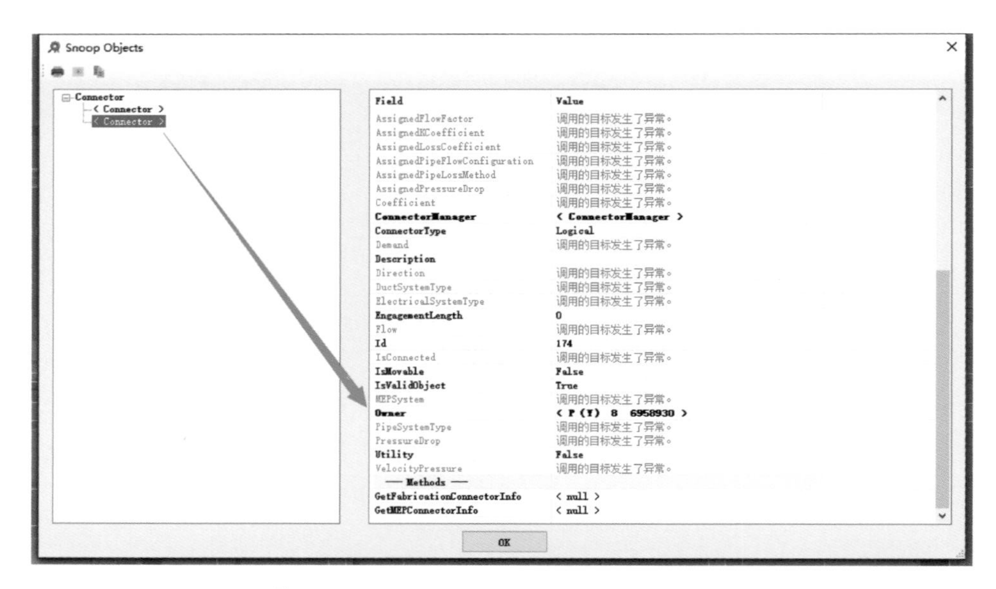

图 4. 4-147　第 2 个 Connector，注意其 ConnectorType 字段值为 Logical

这样我们可以通过连接件的 ConnectorType 值过滤出风管的连接件，再通过风管的连接件的 Owner 属性获取风管。第一步断开连接的步骤整理如图 4. 4-148 所示：

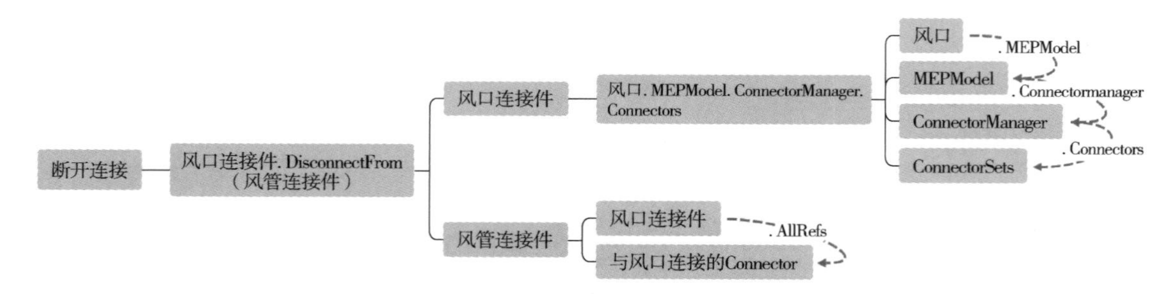

图 4. 4-148　断开连接的步骤

第二步是旋转风口，查询 API 文档，搜索关键字“Rotate”，找到批量旋转元素（图 4. 4-149）的方法 RotateElements（）。

```
C#

public static void RotateElements(
        Document document,
        ICollection<ElementId> elementsToRotate,
        Line axis,
        double angle
)
```

图 4. 4-149　批量旋转元素的方法

阅读这个方法的说明，可知该方法为静态方法（方法有 Static 关键字），所在的类为 ElementTransformUtils。这个方法需要文档、被旋转的图元 Id、旋转轴、角度四个参数。角度根据方法说明，是以弧度为单位。风口要旋转 180°，为此我们引入 Python 库中的 math，用 math. radians

(180) 方法，获取需要的弧度。

旋转轴是风管的中心线。选中一根风管，用 Revit LookUp 查看风管属性，可以找到风管有 Location 字段（图 4. 4-150），值为 LocationCurve。

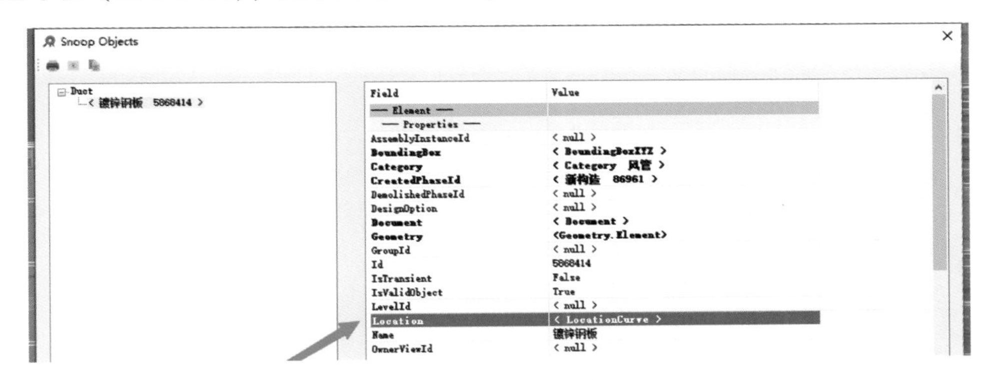

图 4. 4-150 Location 字段

单击 LocationCurve 字段（图 4. 4-151），可以看到其 Curve 字段的值是 Line。

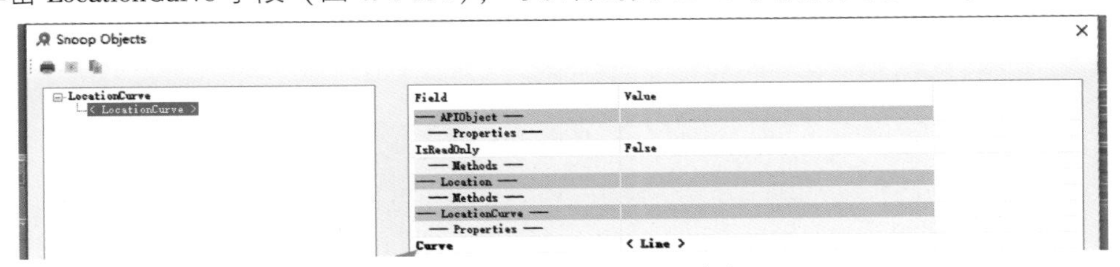

图 4. 4-151 LocationCurve 字段

这个 line 就是我们需要的定位轴。

第二步旋转构件的方法，整理如图 4. 4-152 所示。

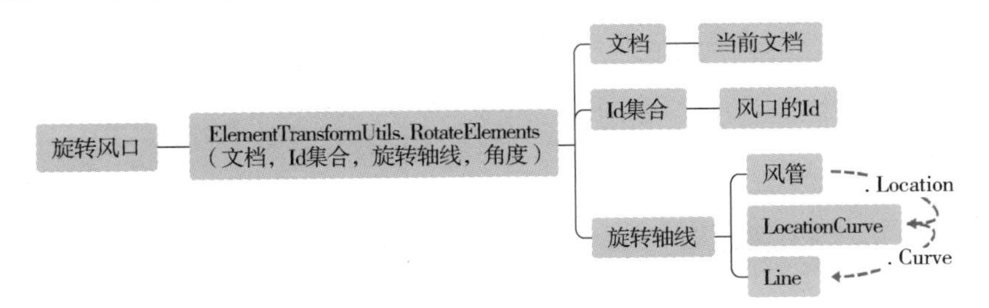

图 4. 4-152 旋转构件的方法

第三步为连接旋转后的风口和风管，在 Revit API 文档中搜索关键字 Connect，找到 ConnectAirTerminalOnDuct 方法，见图 4. 4-153。

C#

```
public static bool ConnectAirTerminalOnDuct(
        Document document,
        ElementId airTerminalId,
        ElementId ductCurveId
)
```

图 4. 4-153 ConnectAirTerminalOnDuct 方法

该方法需要文档、风口 Id、风管的 Id。

这样我们就完成准备工作（图 4. 4-154），可以开始编写程序了。

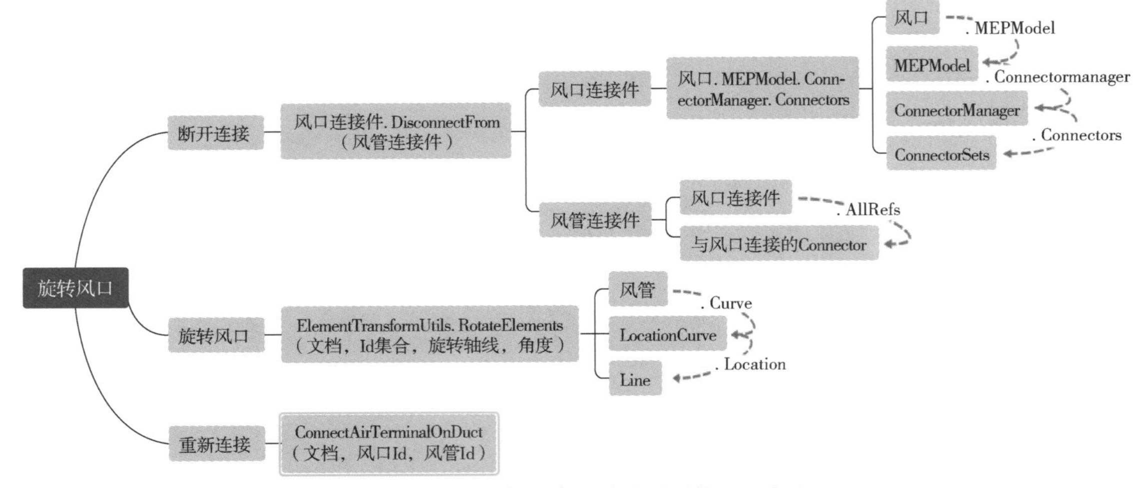

图 4. 4-154　程序思路及需要用到的 API 方法

关键代码见图 4. 4-155，各行代码功能详见注释。

```
25 ids=uidoc.Selection.GetElementIds()
26 eles=[]
27 connectorSets=[]
28 for id in ids:
29     ele=doc.GetElement(id)
30     if ele.Category.Name=="风道末端":
31         eles.append(ele)
32         connectorSets.append(ele.MEPModel.ConnectorManager.Connectors)
33 #开始事务
34 TransactionManager.Instance.EnsureInTransaction(doc)
35
36 #遍历每一个风口
37 for connectorset in connectorSets:
38     for connector in  connectorset: #遍历每一个连接件集合中的连接件
39         connectorsetDA=connector.AllRefs#获取和连接件连接的所有连接件形成的集合
40         for connectorD in connectorsetDA:#遍历连接件集合中的连接件
41             if connectorD.ConnectorType.ToString() == "Curve":#判断是不是风管的连接件
42                 duct = connectorD.Owner #如果是，找到对应的风管
43                 airTerminal = connector.Owner#记录此时的风口
44                 connector.DisconnectFrom(connectorD)#断开风口和风管的连接
45                 line=duct.Location.Curve#获取风管中心线
46                 mepCurve=doc.GetElement(duct.Id) #获取风管的MEPCurve
47                 ElementTransformUtils.RotateElement(doc,airTerminal.Id,line,math.radians(180))#旋转风口
48                 MechanicalUtils.ConnectAirTerminalOnDuct(doc,airTerminal.Id,mepCurve.Id)#连接风口
49 #结束事务
50 TransactionManager.Instance.TransactionTaskDone()
51 OUT = eles
▶ 运行                                                    保存更改   还原
```

图 4. 4-155　关键代码

第5章 项目管理技术要点

第1节 BIM工程项目管理流程及标准

Q95 机电BIM工程流程是怎样的

机电BIM工程流程见图5.1-1。

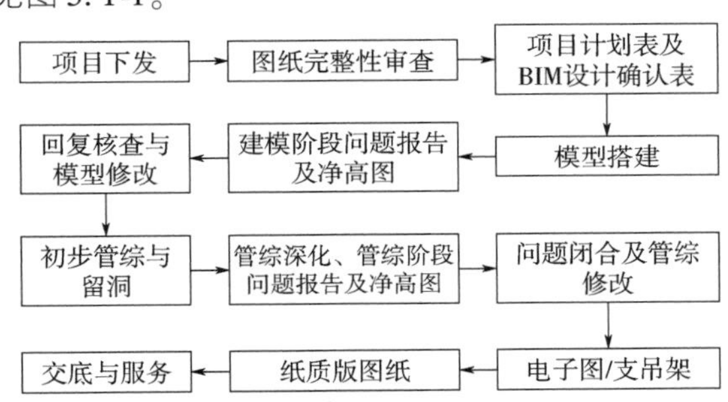

图5.1-1 机电BIM工程流程

各阶段工作要点见表5.1-1。

表5.1-1 各阶段工作要点

工作阶段	工作内容	工作细项	精度/要求
建模阶段	水建模	消火栓建模	含单专业报告编制、消防泵房及各阀件；系统名称，管道类型、颜色严格按照公司模板
		自动喷淋建模	含单专业报告编制、湿式报警阀间及各阀件；系统名称，管道类型、颜色严格按照公司模板
		平战给水系统建模	含单专业报告编制、给水泵房及各阀件；系统名称，管道类型、颜色严格按照公司模板
		排水系统建模	含单专业报告编制、一层排水建模（地上地下以正负零为界）、压力排水建模、重力排水预埋管等；系统名称，管道类型、颜色严格按照公司模板，压力排水阀门高度须严格按要求并且同一标高
	暖通建模	平时暖通系统建模	含单专业报告编制，精度需要绘制到排风扇以及风口；系统名称，管道类型、颜色严格按公司模板
		战时暖通系统建模	含单专业报告编制、人防口部各配件，人防口部内除管道外，油网过滤器，超压排气活门、气密测量装置等都应当绘制；系统名称，管通类型、颜色严格按照公司模板
	电气建模	电气系统建模	含单专业报告编制、桥架建模、电箱及控制箱建模；系统名称，管道类型、颜色严格按照公司模板

（续）

工作阶段	工作内容	工作细项	精度/要求
管综阶段	管综排布	管线方案初排	工作任务需要对管线简单间距排布，大区管线标高统一设定，对水平空间与垂直空间的管线有预见性排布建议；对管线功能合理性做分析
		留洞图（含阶段管线排布）	对留洞区管线进行优化，并需要考留洞后管线是否具备调整可能，做好预备调整方案；原则上留洞必须满足地库管线大方向的标高以及水平间距
		净高分析图（含阶段管线排布）	一共分为三大阶段，第一阶段为管综初排时的净高分析图，第二阶段为管综细致调整阶段的净高分析图，第三阶段为电子图（净高优化完整）阶段净高图
		管综方案细致调整	对全地库进行管综优化并通过报告、微信沟通、会议等方式解决各类管综问题，调整后管线无净高问题，管线敷设满足设计规范，排布可满足支架敷设（小部分不影响净高的十字交叉可暂时不加理会）
		最终模型优化	对所有小管进行翻弯，进行管线碰撞检测并修改，对最终优化完成管线与最终版本设计图纸的核对并检查系统完整性，对修改后管线的阀门、配件以及需要增加阀门与配件的位置进行查漏补缺
		问题报告编制	对各阶段报告进行审核并补充，对格式表头等进行统一的编制；对内完成问题报告跟踪表，对外完成报告内容解释、跟进等工作
		水出图	应有水平管线与立管定位标注、尺寸标注；应有图例说明；应有图框以及电子签；最终图纸形式应有PDF格式，PDF导出参数应当一致
		暖出图+综合管线出图+剖面图	应有水平风管与立管定位标注、尺寸标注，风口需做标注及定位，风机应有编号标注；应有图例说明；应有图框以及电子签，最终图纸形式应有PDF格式，PDF导出参数应当一致（剖面图中应包含支架信息）
		电气出图	应有水平桥架与立管定位标注、尺寸标注；应有图例说明，应有图框以及电子签，最终图纸形式应有PDF格式，PDF导出参数应当一致
		底图处理	底图需用最新建筑图并同一色块；最新结构图中柱需套入建筑图中，底图中包合设计说明、图框等公用信息

Q96 和业主前期需要确认哪些内容

（1）是否设置搬家通道，如果设置，请业主提供路线图及净高要求。

（2）净高要求，包括汽车坡道、车道（默认2400mm）、车位（默认2200mm）、地下室门厅、夹层及其他位置。

（3）管线优先安装位置，是优先安装在车道上方还是车位上方；水管90°翻弯还是45°翻弯；与桥架成排翻弯时是否需要和桥架翻弯角度一致。

（4）人防管线及设备平时是否安装。

（5）高压桥架高压线路是否经地下室至变电所；高压桥架是否可以与其他管线综合并做综合支架。

（6）自来水管是否可以与其他管线综合并做综合支架。

（7）桥架三通是否300mm宽及其以下桥架可采用斜插三通，300mm宽以上桥架采用平开三通。

（8）管线间距确认，默认间距：桥架净距，同类桥架100～150mm；强弱电桥架，100～150mm；300mm宽及其以下100mm间距，300mm宽以上150mm间距；管道间净距：100mm；管道与桥架净距：150mm；风管与桥架净距：300mm；风管与管道净距：300mm。

注：（个别空间紧张处除外）加中间立杆处水管间距200mm，桥架100～150mm。

（9）梁下间距：桥架是否可贴梁安装：（一般50～100mm，最小30mm）；风管是否可贴梁安装（默认梁下50mm）；水管是否可贴梁安装。

（10）无梁楼盖体系的地库，风管距离板下净距。

（11）地库照明是否采用照明桥架；规格多少（默认100mm×50mm）。

（12）排烟风管是否考虑防火包裹，如果考虑，厚度取多少。《建筑防烟排烟系统技术标准》GB 51251—2017中规定要求进行防火保温，但目前项目实施标准不一。由于目前防火保温能做到最小壁厚50mm，大的有100mm，会导致净高降低100～200mm，因为涉及地库净高控制故需业主明确。

（13）项目现场目前进度情况。

Q97 如何划分项目工作集和项目共享文件夹

1. 如何划分工作集

机电工程系统繁多，某些情况下使用工作集控制图元显示效率比过滤器要高，但是工作集不是划分得越细越好。

〔**举例**〕有一个多层项目，笔者一开始按照“楼层—系统”的原则划分工作集，结果光自动喷水灭火系统一层就有7个工作集，6层就变成了42个工作集。建模过程中来回切换工作集非常麻烦，还经常忘记切换工作集。最后只好先在一个工作集里面画完，接着在立面视图中重新划分工作集。

从理论上说，设置好管道系统和平面视图范围，就能显示想要的出图效果。工作集划分太细的话，利用工作集显示视图就和筛选管道系统工作量差不多，但过程中却增加了很多工作量，得不偿失。

工作集划分标准可参考表5.1-2。

表5.1-2 工作集划分标准

序号	工作集名称	包含系统	备注
1	机电—楼层—给水排水	给水、污水、废水、雨水等和消防、暖通无关的给水排水系统	主楼和地下室给水排水通过楼层来区分（主楼1F，地下室B1）
2	机电—楼层—消防水	消火栓、自动喷淋主管、自喷支管、水幕等消防有关给水排水系统	建议自喷、雨淋等系统主管和支管分系统建模，不用再分主管和支管两个工作集
3	机电—楼层—暖通水	空调冷凝水、冷媒、热媒供水等暖通有关的给水排水系统	—
4	机电—楼层—人防给水	人防战时给水	人防水箱和连接水箱的一小段管道战前安装，大面的战时给水排水管道验收时就安装好了，还是要画的
5	机电—楼层—空调风	送风、新风、排风等空调有关系统	—

（续）

序号	工作集名称	包含系统	备注
6	机电—楼层—通风及防排烟	加压送风、排风兼消防排烟、送风兼消防补风、事故排风等消防有关排风、送风、普通排风等和空调无关的送排风	和空调有关的系统放在空调风工作集里面
7	机电—楼层—人防暖通风	人防送风（战时） 人防排风（战时）	战时才使用的系统放在这个工作集里面，平战兼用的放在平时通风工作集里面 战时使用的风管一般验收前现场也要安装的
8	机电—楼层—高压电	强电高压桥架	—
9	机电—楼层—强电	消防强电、普通强电、母线、充电桩、照明等桥架	—
10	机电—楼层—消防弱电	消防广播、消防报警桥架	消防弱电和普通弱电桥架不要放在一个工作集里面，普通弱电放在“智能化”工作集里面
11	机电—楼层—智能化桥架	弱电广播、弱电综合、UPS桥架	人防战时桥架不用另建工作集，桥架名称体现人防就行
12	地下室留洞 主楼排水管留洞	留洞有关的套管	主楼排水管和其他管道套管要用工作集区分开来，方便后期出图

备注：泵房、报警阀间等单独设置工作集。夹层管线比较少，可以划分为“夹层—给水排水”和“夹层—桥架”两个工作集。

如图5.1-2所示，减压阀板前为喷淋支管2，后为喷淋主管1。两种喷淋管道可以在一个工作集中，建模的时候按不同的系统建模。管线综合时，喷淋主管移动位置比较灵活，喷淋支管移动位置时要考虑喷头布置，两者颜色不同，容易区分。

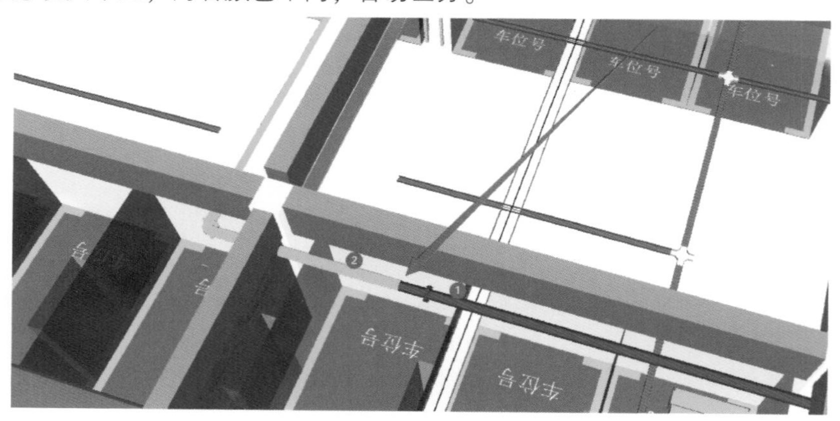

图5.1-2　两种喷淋管道

2. 项目共享文档的命名

一级文件夹命名（图5.1-3）：

2021.7.27上坤上饶项目	2021/8/23 15:10	文件夹

图5.1-3　一级文件夹命名

二级文件夹命名，见图 5. 1-4。

名称	修改日期	类型
1-图纸	2021/8/18 17:24	文件夹
2-revit模型	2021/8/6 10:02	文件夹
3-NV模型	2021/8/6 10:03	文件夹
4-报告	2021/8/6 10:04	文件夹
5-净高分析图	2021/8/6 10:04	文件夹
6-出图	2021/8/6 10:04	文件夹
7-PPT	2020/5/28 19:36	文件夹
8-动画	2021/8/6 10:04	文件夹
9-甲方要求	2021/8/24 16:22	文件夹
10-内部交流文件（内部文件定期删除）	2021/8/24 16:09	文件夹
11-其他（表扬信等）	2021/8/6 10:05	文件夹

图 5. 1-4　二级文件夹命名

收到的图纸，按照“收到日期—内容”的格式命名，参见图 5. 1-5。

模型文件按照“项目名称—时间—项目阶段”的格式命名（图 5. 1-6）。机电建模、留洞、管综三个阶段分别建立模型，便于后期向业主展示 BIM 优化点。

名称	修改日期	类型
2021.2.26-收全套图纸	2021/7/21 9:30	文件夹
2021.3.1-收人防全专业图纸	2021/7/21 9:30	文件夹
2021.3.1-收主楼给排水图	2021/7/21 9:30	文件夹

图 5. 1-5　收到的图纸

名称
滨江万家笕桥项目20210327-建模阶段（机电）
滨江万家笕桥项目20210327-留洞阶段（机电）
滨江万家笕桥项目20210518-管综阶段（机电）

图 5. 1-6　模型文件命名

咨询报告文件夹中可放置机电、土建、问题报告跟踪表 3 个文件夹，参见图 5. 1-7。

电脑 › 本地磁盘 (E:) › (二组) 2021.2.26滨江万家笕桥项目 › 4-报告 ›

名称	修改日期	类型	大小
1-机电	2021/7/21 9:33	文件夹	
2-土建	2021/7/21 9:33	文件夹	
3-问题报告跟踪表	2021/7/21 9:33	文件夹	

图 5. 1-7　咨询报告文件夹

机电和土建文件夹中，放置问题报告和问题报告回复两个文件夹（图 5. 1-8）。问题报告回复文件夹用于放置业主和设计单位对咨询报告的回复。

图 5. 1-8　问题报告和问题报告回复

咨询报告按照“时间-项目名称-版次”的格式命名（图 5. 1-9）。

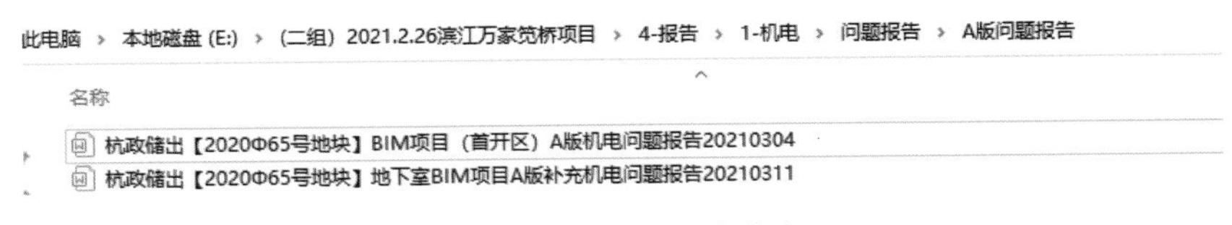

图 5. 1-9　咨询报告命名

出图文件夹按照“出图时间-图纸内容”格式命名，见图 5. 1-10。

2021.05.17-地库留洞	2021/8/25 11:07	文件夹
2021.05.21-管综及桥架出图	2021/7/21 9:34	文件夹
2021.05.26-给排水及暖通出图	2021/7/21 9:34	文件夹
2021.05.28-全专业出图	2021/7/21 9:34	文件夹
2021.06.30-全专业出图	2021/7/21 9:34	文件夹
2021.06.30-支吊架出图	2021/7/21 9:34	文件夹

图 5. 1-10　出图文件夹

Q98 施工投标现场布置制作时有哪些注意点

越来越多的施工单位在投标时会委托 BIM 咨询单位，把现场平面布置制作成三维模型进行效果展示。咨询单位的工作者为施工单位制作投标现场布置模型时，应注意以下几点：

1. 投标文件中绝对不要出现企业信息

暗标投标时，如果出现具体的企业信息，将导致废标这样的严重后果。建模人员平时遇到没有的族，习惯到网络族库里面找，而族库里面的族外形上往往带有制作这个族的企业的标识。因此，从族库中下载的族，使用前必须要检查一下。

如图 5. 1-11 所示，从族库下载的塔式起重机族，上面带有企业的名字。

图 5. 1-11　带有企业名字的塔式起重机族

2. 要对照图例表布置

如图 5. 1-12 所示，井架和施工电梯的图例有点类似，结果建模人员将所有的井架都布置成了施工电梯。

而井架（图 5. 1-13）和施工电梯（图 5. 1-14）其实是不一样的。

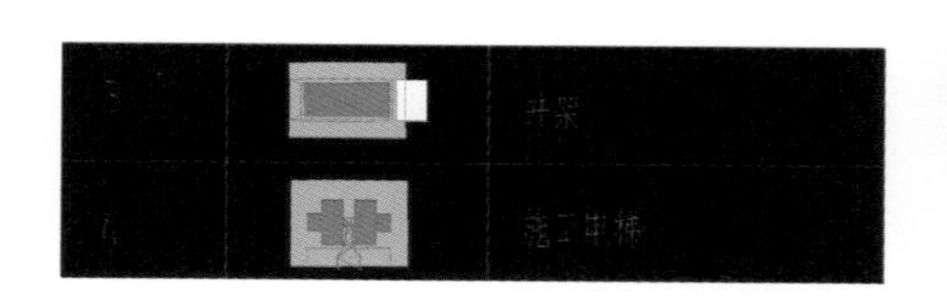

图 5. 1-12　井架和施工电梯图例

图 5. 1-13　现场井架

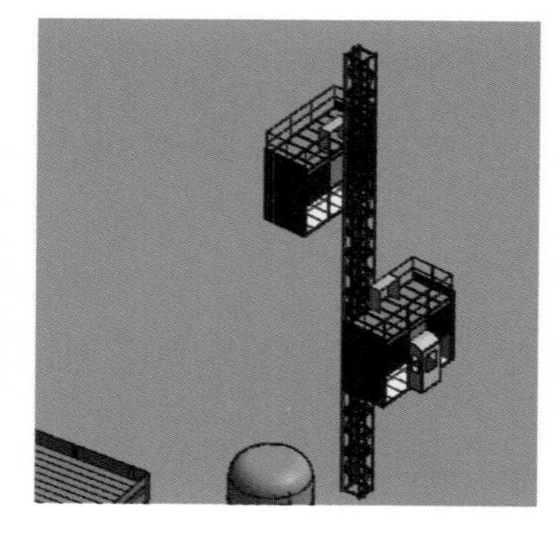

图 5. 1-14　模型中的施工电梯

建模人员在建模时要严格按照施工单位提供的图纸和图例来布置，既不要漏布，也不要错误布置。

3. 遇到不熟悉的构件，要先上网查现场照片或是咨询施工单位的人员

如图 5. 1-15 所示的配套洗车的沉砂池，建模人员从族库中下载了族之后，直接布置了上去，结果出现了沉砂池比地面还高的情况。

建模人员对现场情况不熟悉，遇到在图纸上没见过的构件时，可以上网查一下工地上这个

构件的具体照片。也可以咨询一下施工单位的工作人员，避免出现类似这样非常不合理的布置。

4. 大型机械和主体结构位置关系要准确

塔式起重机布置时，相邻的塔式起重机高度不要都一样，否则塔式起重机的悬臂就会打架了。相邻的塔式起重机高差可以设置成2m左右。

图5.1-15 没有调整标高的沉淀池族

图5.1-16 现场沉砂池照片

分阶段制作模型时，施工电梯是主体出现几层以后再出现的。主体没有封顶的，施工电梯要比主体结构矮上几层，等主体封顶后，再升到和屋面差不多高。

装修阶段时，电梯位置是最后进行外装的，称之为“拉链口”。建模时不要出现拉链口的幕墙、保温都做完了，施工电梯还在的情况。

塔式起重机要比主体结构早出现，然后随着主体上升，主体封顶一段时间后拆除。

第2节 BIM咨询报告要点

Q99 水专业咨询报告编制有哪些要点

1. 咨询报告编制通用要点

（1）问题描述要具体详细。问题报告是给他人看的，而他人是不可能像自己一样了解情况的。所以要把自己放在设计单位或是业主的角度，问题的叙述要让不了解情况的人能够一目了然。

如图5.2-1所示，叙述了问题部位、土建条件、问题内容。即使不看附图，也能明白是什么问题。

报告附图的作用是提供丰富的信息，让设计单位不用来回找图纸。不要只截模型视图，因为设计单位是没有模型的，他们对图纸更熟悉，所以需要截图纸给他们看。

问题分析	
问题描述	此处车位，15#非机动车坡道板下净高2350（板底距离车位竖向间距150），有较多管线经过，考虑喷淋支管及喷头安装空间不足，影响车位，请设计复核。
优化建议	管线绕行，喷淋上喷空间（此处150）需水设计与建筑结构协调。

图5.2-1 问题叙述样例

（2）同一类型问题，部位很多的，问题报告中应逐个提出，然后附图。尽量不要用“此类问题不止一处，请设计单位复核”的语句。把所有有问题的地方一次都找出来，虽然自己多花了时间，但是设计单位能够一次改到位，从而避免了反复修改。如图5.2-2所示，一类问题用一种颜色标注。

常见的需要附图的问题有：管道和结构碰撞、管道穿功能房间、管道和坡道碰撞、桥架路由需要调整、风管路由需要调整、净高不足处、结构和给水排水图纸集水坑位置不对应等。

（3）报告里面的问题越全面越好，不要第一次报告只提建模问题，而把管综中可能遇到的问题放在第二次问题报告上。第一次提问题就要带着管综的视角去寻找，尽量把涉及结构有关的问题一次提全了。

2. 水专业咨询报告问题点、格式及注意点

（1）管道的数量、直径、标高标注错误；系统图和平面图不对应；阀件缺失等。这类问题在建模过程中就可以发现，注意建模的时候在问题边上画一条详图线标注上，以免遗忘。

问题报告格式可参考如下：

此处接消火栓箱管道尺寸为 DN150，管道尺寸是否有误，请设计及业主复核。

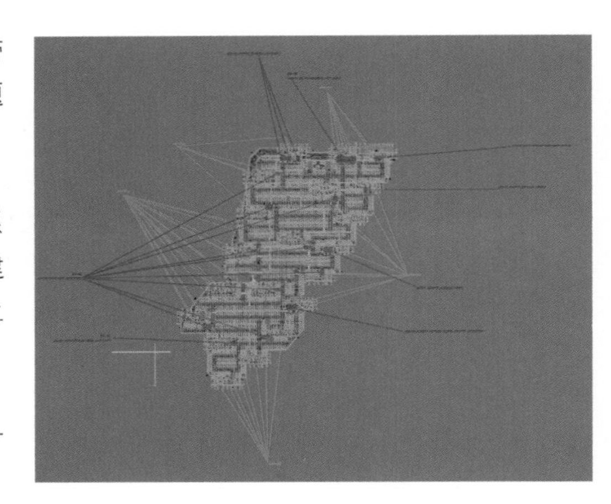

图 5.2-2　问题报告附图

（2）管道和主体（墙、梁、柱、板）碰撞问题。检查方法是观察模型，多切剖面，或是导到 Navisworks 进一步检查碰撞情况。

问题报告格式可参考如下：

此处地上一层厨房排水管在系统图上标注的高度为 -900mm，板面标高为 -300mm，该排水管对应的位置在地下一层为结构墙，排水管与结构墙碰撞，请设计及业主确认。

优化建议：建议设计结合地下室结构情况复核此处厨房排水管位置。

（3）管道穿风井、带电房间、水池。管线不能穿风井，是因为火灾发生时，高温气体会使排水管道软化，且在风井内的管道无法维修，另外管道也会影响风井通风量。管道不能穿带电房间和水池，是为了避免管道漏水造成损失。问题报告格式可参考如下：

3#处一层排水管穿主楼弱电间，请设计及业主复核。

注意点：

1）寻找管道是否穿带电房间，方法是在主楼给水排水管建模的视图中导入地下室建筑图（可以复制地下室给水排水建模视图中的底图到主楼给水排水建模视图），然后观察地下室带电房间上方是否有水管穿过（也可以导出带底图和管道的 CAD 图纸，然后在 CAD 快速看图中遍历房间）。发现带电房间穿水管的地方，还需要做剖面，观察设计单位是否已经提前做了双层板或是降板处理。

2）对于带夹层的主楼，底图需要用夹层底图。不要用地下室的底图。

3）有的图纸风井位置不会标注文字，需要自己判断哪里是风井（风机房周围都要检查一下）。

（4）主体梁影响找坡管布置。如图 5.2-3 所示，排水管 1 长度较长，设计单位指定了 2 处防水套管标高。管道考虑找坡后，从 2 点出发，到主体梁 3 处时，管道会和主体梁发生碰撞。

图 5.2-3　主体梁影响找坡管布置

（5）排水管排到坡道上，没有进入覆土；或是排水管与坡道碰撞。

问题报告格式可参考如下：

此处 PL-2 的排水管排至 1#自行车坡道，请设计复核。

11 号楼 WL-1、FL-1 的排水横管，中心距离地下室地面为 4450mm，坡道处梁距离地下室车库地面为 4450mm，排水管和机动车坡道二碰撞，无法排水。

（6）净高问题。水专业容易出现净高问题的部位主要有：楼梯休息平台（图 5.2-4）、门厅位置；夹层下车位；非机动车坡道平台下及夹层。

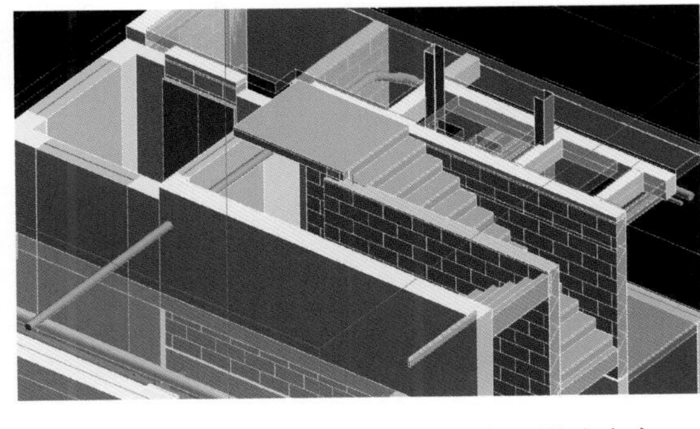

图 5.2-4　管道穿楼梯休息平台上方，影响净高

要注意喷淋管喷头和顶板之间有距离要求，所以顶板离地小于 2450mm 的地方，布置喷淋管就会占用车位的空间，这种地方也要提出来。

有人防的工程，要考虑穿顶板时密闭闸阀是否有安装空间。

（7）消防栓箱有关的问题有：

1）和墙、柱、门碰撞，特别是坡道位置的斜梁（图 5.2-5）。

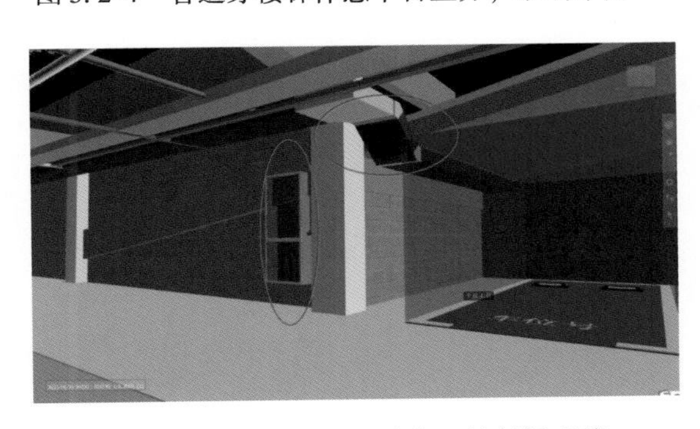

图 5.2-5　消防栓箱和坡道位置的斜梁碰撞

2）侵占车位，特别是位于两个车位之间的消火栓。因为标准消火栓箱长度是 700mm，而车位之间一般距离为 600mm。

3）影响车门开启。

（8）防火卷帘有关的问题主要是上方有管道通过时，是否有足够的空间让管子通过。

（9）压排有关的问题有：

1）是否影响车位。

2）压排位于楼梯间内影响通道净宽。

3）压排位于门厅走道内影响美观。

4）结构集水坑和给水排水图纸集水坑位置是否一致。

Q100 怎样进行风管下净高分析

风管体积较大，不仅占用大量净高空间，而且翻弯和调整路由都比较困难，容易出现净高问题。必须在项目前期将风管有关问题全部反馈设计单位解决，否则结构施工完成后很难调整。

提第一版问题报告时，必须在所有风管位置切剖面，分析风管净高。参考《利用 Dynamo 快速建立风管剖面》一节，可加快分析的速度。本节讲解风管下净高分析的方法。

1. 风管净高分析的有关数据

（1）结构施工误差 50mm。

（2）风管防火包裹 50mm（和项目具体做法有关，需要业主明确）。

（3）考虑防火包裹和施工误差，梁和风管最小间距为 100mm。当净距 100mm 无法满足风管下净高时，可以使用施工误差空间。

（4）长距离布置时，风管上方距离顶板净距大于200mm（净距不考虑保温，200mm主要是为了上法兰方便）。

（5）消声器尺寸，每个方向都比风管大100mm。

（6）宽度大于1.2m的风管，需要增加喷淋下喷，按100mm考虑。消声器下方可不考虑下喷。

（7）单独布置的风管，支吊架按50mm考虑。

（8）下喷和支吊架可以交错布置。需要设置下喷的风管净高分析时，要扣除下喷和支吊架之间的最大值。比如风管使用50mm支吊架时，则下方要扣除100mm下喷空间；风管使用150mm综合支吊架时，下方应该扣除150mm支吊架空间。

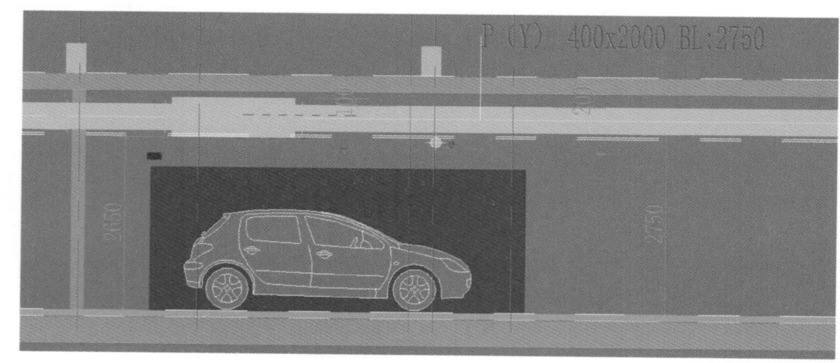

图5.2-6　风管下净高分析

如图5.2-6所示，风管尺寸400mm×2000mm；宽度大于1.2m，需要考虑下喷。

风管最高布置时，风管和顶板净距200mm，此时风管下方距离楼板2750mm。

风管下的净高为：

风管和楼板净距=2750mm－防火包裹50mm－max（支吊架50mm，下喷100mm）=2750mm－50mm－100mm=2600mm

消声器下净高为：

风管和楼板净距=2750mm－消声器增加尺寸100mm－防火包裹50mm－支吊架50mm=2750mm－100mm－50mm－50mm=2550mm

2. 风管下方容易出现的问题

（1）风管消声器下方车位净高不足。

（2）风管影响排烟机房门口过梁设置。

（3）风管下车道或车位净高不足。

如图5.2-7所示，风管从风机房出发，经过风机房门洞口，车位上方布置有消声器。位置1处水平方向剖面见图5.2-8。

梁和风管净距50mm，用于防火包裹。风管已经不能再提升，2处剖面见图5.2-9。

此时，消声器和车位之间只有50mm空间，只够布置防火包裹。支吊架将侵占车位处50mm净高。

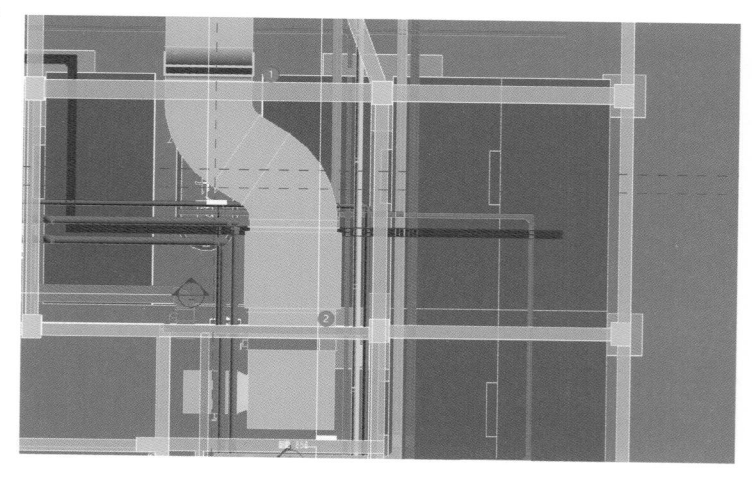

图5.2-7　某项目风管

门口部位的风管，已经和门相交。风管不仅影响门的安装，还影响门上方过梁的安装。注意过梁比门洞宽 200mm 左右，平面图上的门洞和风管紧贴时，也要考虑风管对过梁安装的影响。

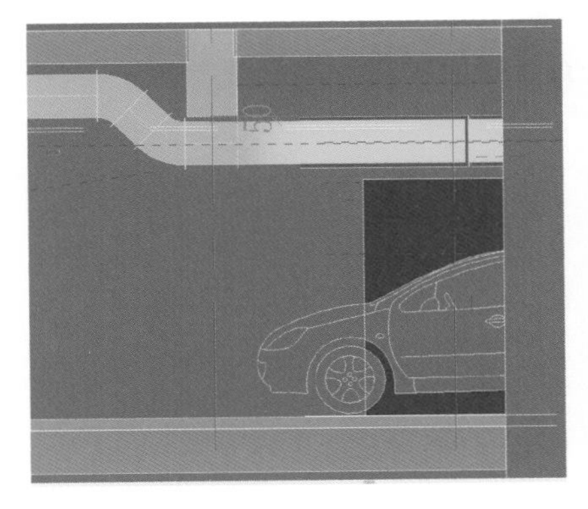

图 5.2-8　位置 1 处剖面

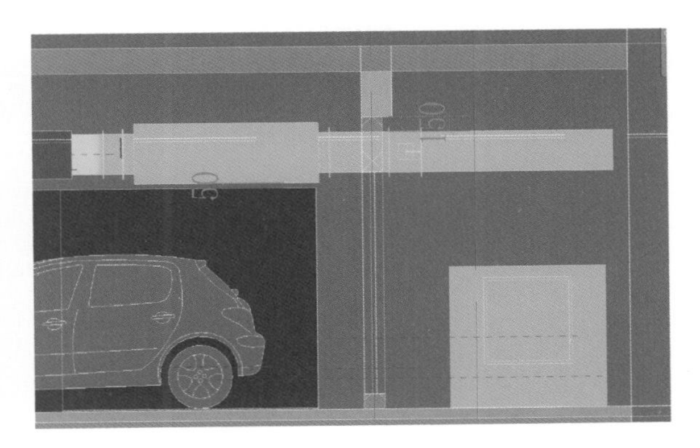

图 5.2-9　位置 2 处剖面

Q101 暖通和电气工程咨询报告有哪些要点

1. 暖通工程中有关问题

发现风管有关问题的方法是多切剖面观察。可参考第 4 章的内容简化建剖面的操作量。暖通工程常见的问题和注意点如下：

（1）挡烟垂壁下净高。有的项目挡烟垂壁底距地设计的比 2400 还低，需要请业主确认。

（2）风管下净高。该类问题后附平面图加模型剖面图，问题描述格式为：此处性质 + 梁高 + 梁底净高 + 布置管线尺寸 + 其他考虑 + 实际净高 + 不满足业主目标标高 + 请复核，问题描述举例（尺寸单位：mm）：

〔**举例**〕此处为车道区域，梁高 700，梁底标高 3000，梁下布置一根 2000 × 400 风管，管线梁底布置，管底标高 2550，考虑支吊架及下喷空间 150，此处车道上方净高仅有 2400，不满足业主内控车道 2600 净高要求，请设计及业主复核。

（3）风管穿结构墙位置没有留洞。

（4）风管和结构柱、结构梁、柱帽、防火卷帘盒碰撞。

（5）出风口下有管道。

（6）超压排气活门安装需凸出墙体 450，可能出现超压排气活门侵占车位的问题。

（7）人防门和管道碰撞问题。

问题描述举例（尺寸单位：mm）：

〔**举例**〕图中所示战时排风管尺寸为 D600，风管下净高为 2300，考虑人防门挂钩，人防门开启需要 2400 的高度，风管影响人防门开启，请设计及业主复核。

（8）风管标注尺寸和图示尺寸不一致，尺寸等信息缺失类的图面问题。

（9）竖向风管影响车位。

2. 桥架有关的问题

（1）桥架下净高。主要出现在夹层下方等原来净高就不够的地方。问题描述举例（尺寸单位：mm）：

〔**举例**〕此处为 B1 层车道区域，梁高 900，梁底标高 2800，梁底布置两根 200 × 150 电缆桥架，桥架梁底布置管底标高 2600，考虑支吊架空间 50，此处车道净高仅有 2550，不满足业主内控车道 2600 净高要求，请设计及业主复核。

优化建议：建议桥架往南侧偏移一跨，桥架安装在车位上方。

（2）桥架标注缺失等图面问题。遇到这类问题，先看看类似的部位有没有标注，条件相似的，参考有标注的部位就行。

参考文献

[1] 靳慧征，李斌．建筑设备基础知识与识图［M］.2 版．北京：北京大学出版社，2016.

[2] 傅峥嵘．Autodesk Revit MEP 技巧精选［M］. 上海：同济大学出版社，2015.

[3] Autodesk Asia Pte Ltd. Autodesk Revit 2015 机电设计应用宝典［M］. 上海：同济大学出版社，2015.

[4] 杨远丰．建筑工程 BIM 创新深度应用——BIM 软件研发［M］. 北京：中国建筑工业出版社，2021.

[5] 宋姗，程鑫．中国速博增值服务平台 Autodesk Dynamo 基础课程［M/OL］. https：//www. chinasub. com. cn/kc_classify_details. html？courseid = 883f993c-0b52-4d15-ad23-fd3b19f1ea2d&v = 15853944 88854.

[6] 吴所谓．Dynamo 与 RevitAPI 之间的类型转换［M/OL］. https：//zhuanlan. zhihu. com/p/54180589.

[7] 橄榄山 B 站官方账号．https：//space. bilibili. com/369057042？from = search&seid = 14616331665674717730&spm_ id_ from = 333. 337. 0. 0.

[8] AlanWang-HL. Revit 二开——上下风口翻转［M/OL］. https：//blog. csdn. net/weixin_ 46563153/article/details/115391365？spm = 1001. 2014. 3001. 5501.

致谢

感谢机械工业出版社建筑分社薛俊高副社长的大力支持。

感谢北京橄榄山软件有限公司总经理叶雄进、中建八局发展建设有限公司安装经理齐劲青、中国电建集团华东勘测设计研究院有限公司 BIM 经理徐四维等业界前辈为本书提供序言。

感谢北京橄榄山软件有限公司业务经理张云在本书写作期间专门为我开通橄榄山插件的试用。橄榄山软件功能多，客服好，强烈推荐大家使用；张经理还在 B 站一直更新 BIM 系列教学视频“430 快课”，推荐大家观看。

感谢杨露露、刘敏、徐成等杭州优辰建筑设计有限公司的领导传授业务知识；感谢杭州华筑建筑科技有限公司负责人叶天翔在百忙之中阅读本书样稿，并给出了不少建设性的意见。

感谢宋姗老师的 Dynamo 教学视频。听宋老师讲 Dynamo，若饮醇醪，不觉自醉。

我的 BIM 老师 Gavin Crump 说过：“Knowledge is most powerful when it’s shared openly”。分享让知识更有力量，这正是我写作本书的动力。希望本书能够帮助大家提升工作效率，让我们一起努力，为中国的社会主义现代化建设做出更大的贡献。